内线电工实用操作技术

刘法治　周　锋　杨晓兵　等编著

机 械 工 业 出 版 社

本书通过图文并茂的形式，结合初、中级电工人员的工作实际需要，较全面地介绍了内线电工的实用操作技术和维修经验。

本书主要内容包括：安全用电、电工基本操作技术、常用电工材料及其应用、室内线路操作技术、常见低压配电技术、常见低压配电线路应用实例、常用照明灯具的安装检修技术、三相异步电动机的拆装与维修、常用低压电器的选用、电动机基本控制线路的安装与维修技术。本书内容简明扼要、通俗易懂、易学易用，读者通过对本书的学习，能较大提高电工的综合技术水平。

本书可供广大初、中级电工技术人员阅读参考，亦可作为高校相关专业大学生提高职业操作技能的参考书。

图书在版编目（CIP）数据

内线电工实用操作技术/刘法治等编著.—北京：机械工业出版社，2012.2（2014.7重印）

ISBN 978-7-111-37332-2

Ⅰ.①内…　Ⅱ.①刘…　Ⅲ.①电工技术　Ⅳ.①TM

中国版本图书馆CIP数据核字（2012）第016096号

机械工业出版社（北京市百万庄大街22号　邮政编码100037）

策划编辑：林春泉　责任编辑：顾　谦

版式设计：刘　岚　责任校对：闫玥红

封面设计：路恩中　责任印制：杨　曦

唐山丰电印务有限公司印刷

2014年7月第1版第2次印刷

184mm×260mm · 16.25印张 · 399千字

标准书号：ISBN 978-7-111-37332-2

定价：44.00元

凡购本书，如有缺页、倒页、脱页，由本社发行部调换

电话服务

社服务中心：（010）88361066

销售一部：（010）68326294

销售二部：（010）88379649

读者购书热线：（010）88379203

网络服务

门户网：http://www.cmpbook.com

教材网：http://www.cmpedu.com

前　言

随着我国工业化进程的加快发展，各行各业电气设备的大量增加，迫切需要一大批具有实际操作和维修技术的电工技术人员。为了帮助维修电工从业人员和在校电气类专业学生较快地掌握电气设备的实际操作技术和维修技术，我们组织了多年从事实践操作和维修的工作经验丰富的人员编著了本书。

本书针对维修电工操作应掌握的技能，收集了工程实践的典型实例，并吸收了电类专业相关文献中的精华部分，结合了编著者的实践经验。本书特点如下：突出基础知识与基本技能，注重实践，强调实用性；图多来自操作现场，形象直观，仿佛身临其境，现场感强；坚持“简明、实用、够用”的原则，以循序渐进的方法培养操作能力，内容通俗易懂，语言精练，使读者更加形象、直观、轻松地理解和掌握电工技术与技能，便于自学。

本书由刘法治、周锋、杨晓兵等编著，编写分工如下：杨可可编写第 1 章，周锋、李艳共同编写第 2 章，皇甫振伟编写第 3 章，杨晓兵编写第 4 章，史增勇、张锐共同编写第 5 章，刘法治、孔琳琳共同编写第 6 章，武庆东编写第 7 章，杨跃宗编写第 8 章，刘法治编写第 9 章，付广春编写第 10 章。

编著者在本书的编写过程中，参考了大量的书刊、技术资料、图表等相关文献，得到了多位有经验同事和朋友的大力支持和热情帮助，在本书出版之际，对相关文献资料的作者、同仁及朋友的鼎力相助表示衷心感谢。

由于编写时间仓促，编著者水平有限，书中不妥和错漏之处在所难免，恳请广大同行和读者给予批评指正。

作　者

目　录

第1章 安全用电

1.1 安全用电常识

1.1.1 安全用电基础知识

电能是国民经济的重要能源，在现代家庭生活中也不可缺少。但是不懂得安全用电知识就容易造成触电身亡、电气火灾、电器损坏等意外事故，所以“安全用电，性命攸关”。

1）不要请无资质的装修队及人员铺设电线和接装用电设备，安装、修理电器用具要找有资质的单位和人员。

2）房间装修，隐藏在墙内的电源线要放在专用阻燃护套内，电源线、线槽（管）、开关、插座等要选用合格产品，且电源线的截面积应满足负荷要求，住宅内用电电源插座应采用安全插座。在高温、潮湿和有腐蚀性气体的场所，如厨房、浴室及卫生间等，不允许安装一般的插头、插座，应选用有罩盖的防溅型插座。检修这类场所的灯具时，要特别注意防止触电，最好停电后进行。

3）漏电保护开关应安装在无腐蚀性气体、无爆炸危险品的场所，要定期对漏电保护开关进行灵敏性检验。

4）导线、接头、插座、接线盒要按连接位置分开，连接应符合规范，不得乱拉乱接电线，注意导线连接处要有良好的绝缘，不要随意将三项插头改为两项插头。

5）室内布线及电气设备不可有裸露的带电体，对于裸露部分应包上绝缘带或装设罩盖。当刀开关罩盖、熔断器、按钮盒、插头及插座等有破损而使带电部分外露时，应及时更换，不可将就使用。

6）开关要装在相线上，不能装在零线上。采用螺口灯座时，相线必须接在灯座的顶心上，灯泡拧进后，金属部分不可外露。悬挂吊灯的灯头离地面的高度不应小于2m。

7）更换灯泡时要先关闭电源，人站在木凳或干燥的木板上，使人体与地面绝缘。

8）不要在一个多口插座上同时使用多个电器。使用插座的地方要保持干燥，并不要将插座电线缠绕在金属管道上。电线延长线不可经由地毯或挂有易燃物的墙上，也不可搭在铁床上。

9）不用湿手触摸电器，不用湿布擦拭电器。发现电器周围漏水时，暂时停止使用，并且立即通知维修人员做绝缘处理，等漏水排除后，再恢复使用。要避免在潮湿的环境（如浴室）下使用电器，更不能让电器淋湿、受潮或在水中浸泡，家用电淋浴器在洗澡时一定要先断开电源、并有可靠的防止突然带电的措施。

10）购买电器产品时，要选择有质量认定的合格产品。要及时淘汰老化的电器，严禁电器超期服役。新购买的电器，要事先了解其性能、特点、使用方法及注意事项，防止乱动。

11）有金属外壳的家用电器，如电冰箱、电扇、电熨斗、电烙铁及电热炊具等，要用有接地极的三项插头和三口插座，而且要求接地装置良好或者加装漏电保护器。当不能满足这些要求时，至少应采取电气隔离措施。

12）用电器具出现异常，如出现电灯不亮、电视机无影像或无声音及电冰箱、洗衣机不起动等情况时，要先断开电源，再做修理。

13）电气设备工作时，不允许以拖拉电源线的方式来搬移电器。不用用电设备时，应及时切断电源，特别在使用电熨斗、电烙铁等电热器件时，必须远离易燃物品。使用时，人不要离开，用完后应切断电源，拔下插头以防意外。尽量避免雨天修理电气设备或移动带电的电气设备。

14）临时使用的电线要用绝缘电线、花线及电缆等，禁止使用裸导线，并且不得随地乱拖，要尽可能吊挂起来。临时线使用后应及时拆除，不要长久带电。临时线的绝缘性能也要符合要求，不能用老化、破旧的电线。拆除临时线时需先切断电源，并从电源一端拆下负载；安装时，顺序与此相反，即线路全部安装完毕后才能接通电源。

15）禁止在电线上晾衣服、挂东西，不要接近已断了的电线，更不可直接接触，雷雨时不要接近避雷装置的接地极。

16）尽可能不要带电修理电器和电线。在检修前，应先用试电笔检测是否带电，经确认无电后方可工作。另外，为防止电路突然来电，应拉开刀开关、拔下熔断器盖（或芯）并带在身上。

1.1.2 电气消防常识

电气线路往往由于短路、接触电阻过大、电动机电刷打火、电动机长时间过载运行、有断路器或电缆头爆炸、雷击、低压电器触头分合而产生火花、熔断器熔断及电热设备使用不当等均可能引起电气火灾，故作为电气操作人员应该掌握必要的电气消防知识，以便在发生电气火灾时，能运用正确的灭火知识，指导和组织人员迅速灭火。

1）电气火灾的危害性很大，一旦发生，损失惨重。因此，对电气火灾一定要贯彻“预防为主、防消结合”的原则，防患于未然。

2）如果室内常用电器或电路起火，一定要保持头脑冷静，首先尽快切断电源，或者将室内的电路总开关关掉，然后用专用灭火器对准着火处喷射。如果身边没有专用灭火器，在断电的前提下，可用常规的方式将火扑灭；如果电源没有切断，切忌不能用水或者潮湿的东西去灭火，避免引发触电事故。但电视机、电脑着火应用毛毯、棉被等物品扑灭火焰。

3）发生火灾时，不要惊慌，迅速报警，尽快切断电源，防止火势蔓延。

4）无法切断电源时，应用不导电的灭火剂灭火，如采用黄沙、二氧化碳灭火器、1211灭火器、四氯化碳灭火器及干粉灭火器灭火；切忌不能用水及泡沫灭火剂扑灭火焰。

5）灭火人员不可使身体及手中的灭火器碰触到有电的导线或电气设备，防止灭火时发生触电事故。如果电线断落在地上，灭火人员最好穿绝缘鞋。

6）在危急情况下，为了争取灭火的主动权，应争取时间控制火势，在保证人身安全的情况下可以带电灭火，在适当时机再切断电源，但千万要注意安全。

7）对于旋转电动机火灾，为防止因矿物性物质落入设备内部而击穿电动机的绝缘，一般不宜用干粉、沙子、泥土灭火。

1.1.3　灭火器的使用常识

灭火器是一种轻便的灭火工具，它可以用于扑救初起火灾，控制蔓延。不同种类的灭火器，适用于不同情况的火灾，其结构和使用方法也各不相同。灭火器的种类较多，常用的主要有泡沫灭火器、二氧化碳灭火器、干粉灭火器和 1211 灭火器。下面分别介绍这 4 种灭火器。

1. 干粉灭火器

干粉灭火器分手提式和推车式。

（1）手提式干粉灭火器

手提式干粉灭火器（干粉储压式灭火器）以氮气为动力，将筒体内干粉压出，如图 1-1 所示。手提式干粉灭火器适宜于扑救石油产品、油漆、有机溶剂火灾，它能抑制燃烧的联锁反应而灭火。它也适宜于扑灭液体、气体、电气火灾（干粉有 5 万 V 以上的电绝缘性能），有的还能扑救固体火灾。

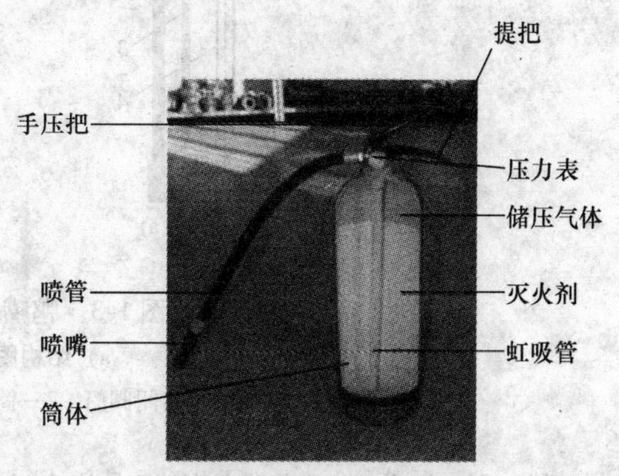

图 1-1　手提式干粉灭火器

手提式干粉灭火器不能用于扑救轻金属燃烧的火灾。

使用时先拔掉保险销（有的是拉起拉环），再按下手压把，干粉即可喷出。灭火时要接近火焰喷射；干粉喷射时间短，喷射前要选择好喷射目标；由于干粉容易飘散，不宜逆风喷射。

注意保养灭火器，要放在好取、干燥、通风处。每年要检查两次干粉是否结块，如有结块要及时更换；每年检查一次药剂重量，若少于规定的重量或看压力表如气压下降，应及时充装。

（2）推车式干粉灭火器

使用推车式干粉灭火器时，首先将推车式干粉灭火器快速推到火源附近，拉出喷射胶管并展直，拔出保险销，开启扳直阀门手柄，对准火焰根部，使粉雾横扫重点火焰，注意切断火源，控制火焰窜回，由近及远向前推进灭火。推车式干粉灭火器如图 1-2 所示。

手提式干粉灭火器 2～3kg 的有效射程距离为 2.5m；4～5kg 的有效射程距离为 4m，时间为 8～9s；8kg 的有效射程距离为 5m，时间为 12s。

推车式干粉灭火器 35～50kg 的有效射程距离为 8m，时间为 20s；70kg 的有效射程距离为 9m，时间为 25s。

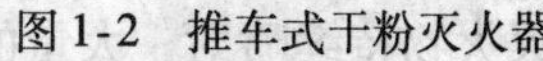
图 1-2　推车式干粉灭火器

2. 二氧化碳灭火器

二氧化碳灭火器主要适用于扑救贵重设备、档案资料、仪器仪表、额定电压为 600V 以下的电器及油脂等的火灾，不适用于扑灭钾、钠、镁、铝、铀等物质火灾。二氧化碳灭火器分手提式和推车式。

（1）手提式二氧化碳灭火器

手提式二氧化碳灭火器分为手轮式和鸭嘴式两种。鸭嘴式二氧化碳灭火器的使用方法如图1-3所示。

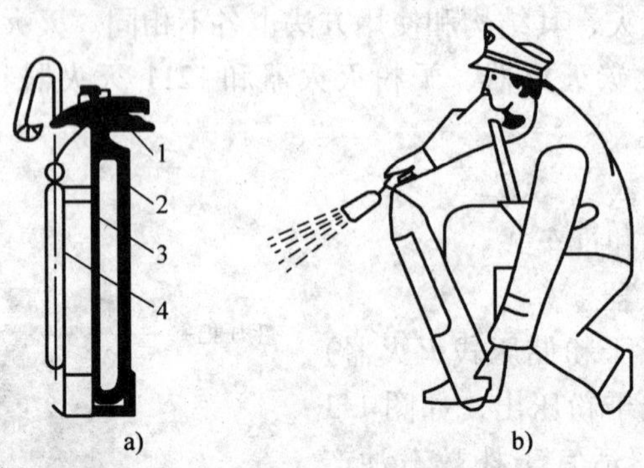

图1-3 鸭嘴式二氧化碳灭火器

a）结构图 b）使用方法

1—启闭阀门 2—筒体 3—虹吸管 4—喷筒

手提式二氧化碳灭火器的钢瓶内装有液态二氧化碳。使用时，液态二氧化碳从灭火器喷出后迅速蒸发，变成固体雪花状的二氧化碳。固体二氧化碳在燃烧物体上迅速挥发而变成气体。当二氧化碳气体在空气中含量达到30%～35%时，物质燃烧就会停止。使用鸭嘴式二氧化碳灭火器时，一手拿喷筒对准火源，一手握紧鸭舌，即可喷出气体。尽管二氧化碳导电性差，但电器电压超过60V时必须先停电、后灭火。二氧化碳怕高温，灭火器存放点温度不应超过42℃。使用时，不要用手摸金属导管，也不要将喷筒对着人，以防冻伤。喷射方向应顺风，切勿逆风使用。

对手提式二氧化碳灭火器要定期检查，重量少于5%时，应及时充气和更换。

（2）推车式二氧化碳灭火器

推车式二氧化碳灭火器的使用方法：同推车式干粉灭火器一样。

3. 泡沫灭火器

泡沫灭火器适用于扑救油脂类、石油类产品及一般固体物质的初起火灾，不能扑救水溶性可燃、易燃液体的火灾（如醇、酯、醚、酮等物质）和电器火灾。泡沫灭火器目前主要是化学泡沫，将来要发展空气泡沫。泡沫灭火器只能立着放置。泡沫灭火器分手提式和推车式。

（1）手提式泡沫灭火器

手提式泡沫灭火器如图1-4所示。泡沫灭火器筒身内悬挂装有硫酸铝水溶液的玻璃瓶或用聚乙烯塑料制成的瓶胆，筒身内装有碳酸氢钠与发泡剂的混合溶液。使用时将筒身颠倒过来，碳酸氢钠与硫酸两溶液混合后发生化学作用，产生二氧化碳气体泡沫由喷嘴喷出，对准被灭火物持续喷射，大量的二氧化碳气体覆盖在物体表面，使其与氧气隔绝，即可将火势控制。使用时必须注意，不要将筒盖、筒底对着人体，以防万一爆炸伤人。

筒内药剂一般每半年，最迟一年换一次，冬夏季节要做好防冻、防晒保养。

(2) 推车式泡沫灭火器

先将推车式泡沫灭火器推到火源近处展直喷射胶管，将推车筒体稍向上活动，转开手轮，扳直阀门手柄，手把和筒体立即触地，将喷枪头直对火源根部周围，覆盖重点火源。

泡沫 MP6m 灭火器 10L 的有效射程距离为 5m，时间为 35s；65L 的有效射程距离为 9m，时间为 150s 左右。

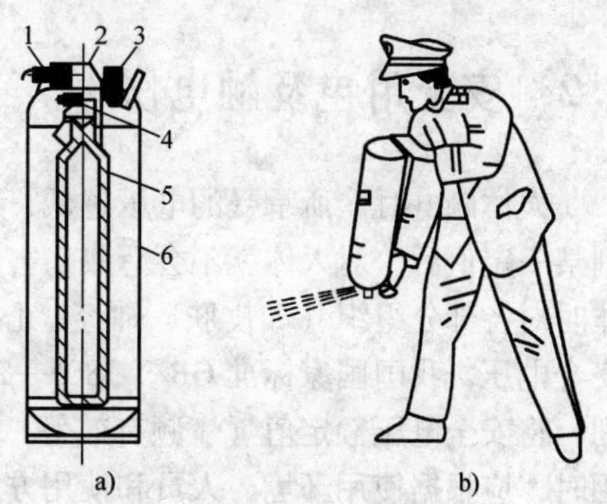

图 1-4 手提式泡沫灭火器

a) 普通式结构 b) 使用方法

1—喷嘴 2—筒盖 3—螺母 4—瓶胆盖 5—瓶胆 6—筒身

4. 手提式 1211 灭火器

(1) 手提式 1211 灭火器钢瓶内装满二氟一氯一溴甲烷的卤化物，是一种使用较广泛的高效灭火器。灭火时不污染物品，不留痕迹，特别适用于扑救精密仪器、电子设备、文物档案资料火灾。它的灭火原理也是抑制连烧的联锁反应，也适宜于扑救油类火灾。

使用时要首先拔掉保险销，然后握紧压把开关，由压杆使密封阀开启，在氮气压力作用下，灭火剂喷出。使用时灭火筒身要垂直，不可平放和颠倒使用。它的射程较近，喷射时要顺风，接近着火点，对准火源根部左右扫射，并快速向前推进，当火被扑灭后，松开压把开关，喷射即停止，要注意防止回头复燃，如图 1-5 所示。

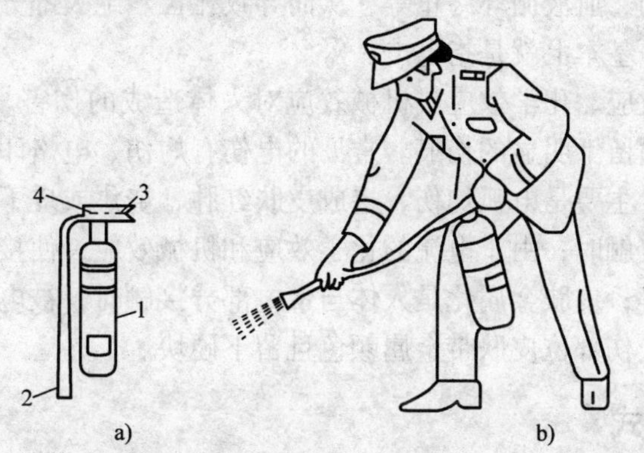

图 1-5 手提式 1211 灭火器

a) 普通式结构 b) 使用方法

1—筒身 2—喷嘴 3—压把开关 4—保险销

手提式 1211 灭火器每三个月要检查一次氮气压力，每半年要检查一次药剂重量、压力，药剂重量若减少 10%，应重新充气、灌药。

(2) 推车式 1211 灭火器

推车式 1211 灭火器使用方法同推车式干粉灭火器一样。

手提式 1211 灭火器，1kg 的有效射程为 2.5m；2 ~3kg 的有效射程为 3.5m；4kg 的有效射程为 4.5m，时间为 8s。

推车式 1211 灭火器，25kg 的有效射程为 8m，时间为 20s；40kg 的有效射程为 8m，时间为 25s。

1.2　安全用电及触电伤害

人体触电时，所承受的电压越低，通过人体的电流就越小，触电伤害就越轻。当电压低到某一定值后，对人体就不会造成伤害了。在不带任何防护设备的条件下，当人体接触带电体时对各部分组织（如皮肤、神经、心脏、呼吸器官等）均不会造成伤害的电压值，叫做安全电压。我国国家标准 GB/T 3805—2008《特低电压（ELV）限值》规定了安全电压的系列，将安全电压额定值（工频有效值）的等级规定为 42V、36V、24V、12V 和 6V。具体选用时，应根据使用环境、人员和使用方式等因素确定。特别危险环境中使用的手持电动工具应采用 42V 安全电压；有电击危险环境中使用的手持照明灯和局部照明灯应采用 36V 或 24V 安全电压；金属容器内、特别潮湿处等特别危险环境中使用的手持照明灯应采用 12V 安全电压；水下作业等场所应采用 6V 安全电压。当电气设备采用 24V 以上安全电压时，必须采取防护措施，防止直接接触触电。

1.2.1　人体触电的种类

人体触电时电流对人体的伤害有两种类型：一是电击，二是电伤。

电击是指电流通过人体内部时对人体所造成的伤害。电击致伤的主要部位在人体内部，它可使肌肉抽搐、内部组织损伤，造成发热、发麻、神经麻痹等，严重时会引起昏迷、窒息，甚至心脏停止跳动、血液循环终止等，从而导致死亡。绝大部分触电事故都是电击造成的，通常所说的触电，基本上就是指电击。

电伤是电流的热效应、化学效应或机械效应对人体造成的伤害。电伤多见于肌体外部，往往会在人体皮肤表面留下明显的伤痕。常见的电伤有灼伤、电烙印和皮肤金属化等。灼伤由电流的热效应引起，主要是电弧灼伤，造成皮肤红肿、烧焦或皮下组织损伤；电烙印是在人体与带电部分紧密接触时，由于电流的化学效应和机械效应，使接触部位的皮肤变硬，形成肿块，使皮肤变色等；皮肤金属化是人体与带电部分接触时，被电流熔化和蒸发的金属微粒渗入皮肤表层，使受伤部位皮肤带金属颜色且留下硬块。

1.2.2　人体触电方式

1. 单相触电

人体的一部分在接触一根带电相线的同时，另一部分又与大地（或零线）接触，电流从相线流经人体到地（或零线）形成回路，称为单相触电，如图 1-6 所示。在触电事故中，大都分属于单相触电事故。

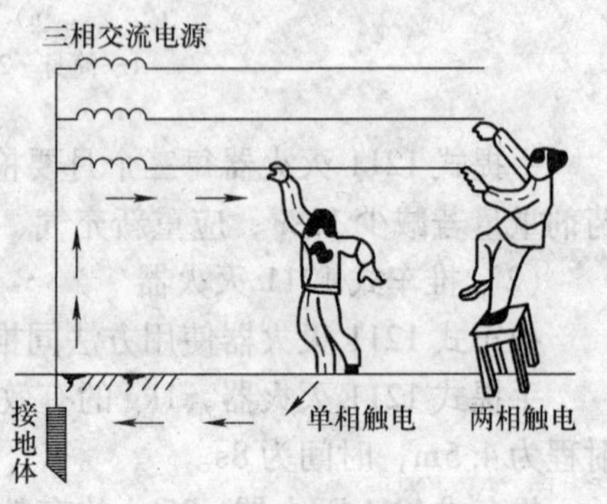

图 1-6　单相触电和两相触电

2. 两相触电

人体的不同部位同时接触电气设备的两相带电体而引起的触电事故，称为两相触电，如图 1-6 所示。这种情况下，不管电网中性点是否接地，人体都将受到线电压的作用。触电的危险性比单相触电大。

3. 跨步电压触电

图1-7 跨步电压触电

雷电流入地、载流电力线（特别是高压线）断落到地以及电器故障接地时，会在接地点周围形成强电场，其电位分布以接地点为中心向周围扩散，电位值逐步降低而在不同位置间形成电位差（电压）。当人跨进这个区域时，分开的两脚间所承受的电压，称为跨步电压。在跨步电压作用下，电流从人的一只脚流进，从另一只脚流出，造成触电，这就是跨步电压触电，如图1-7所示。跨步电压大小与人距接地点的距离远近有关。人距接地点越近，跨步电压越高；反之，人距接地点越远，跨步电压越低。一般在距接地点20m以外处，跨步电压接近于零。跨步电压还与分开的两脚之间的跨距有关，由图1-7中可以看出，人的两脚跨距越大，故承受的跨步电压越大；反之，则越小。因此如遇带电导线断落地面，要划出一定的警戒区，若有人处在警戒区内，绝不能跨步奔走，应采用单足或并足跳离危险区，以防造成跨步电压触电。

4. 接触电压触电

运行中的电气设备由于绝缘损坏或其他原因，可造成接地短路故障。接地电流通过接地点向大地流散，从而在地面上距接地点不等的地方呈现出不同的电位。若有人用手触及漏电设备外壳，将有一电压加在人的手和脚之间（称接触电压），接触电压值的大小随人体站立点的位置而异，人体距离接地短路故障点越远，接触电压值越大，人体站在距接地短路故障点在20m以外的地方，触及漏电设备外壳时，接触电压达到最大值，等于漏电设备的对地电压，如图1-8所示。

5. 感应电压触电

由于大气变化（如雷电活动），会产生感应电荷，还有一些停电后可能产生感应电压的设备未挂临时地线，这些设备和线路对地都存在感应电压。人触及这些带有感应电压的设备和线路时会造成触电事故，这种触电称为感应电压触电，如图1-9所示。

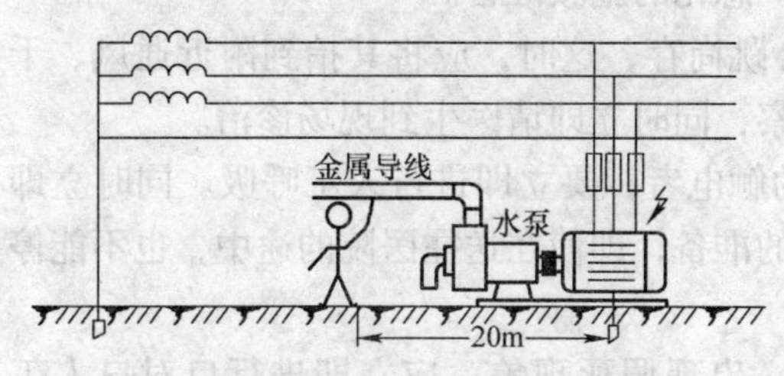

图1-8 接触电压与人体位置

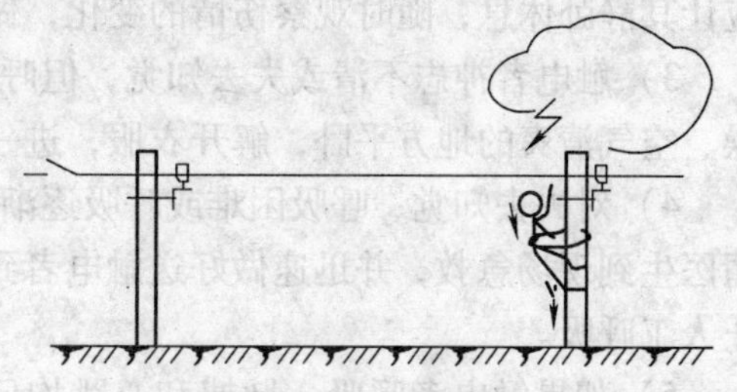

图1-9 感应电压触电

电气安全工作规程中规定，在停电线路上工作，遇有危及工作人员人身安全的气候变化（如雷雨、闪电）时，全体工作人员应离开工作现场，对于停电后可能产生感应电压的设备和线路应悬挂临时接地线后方可进行工作。

6. 剩余电荷触电

检修人员在检修或遥测停电后的并联电容、电力电缆电路、电力变压器及大容量电动机等设备时，由于检修、遥测前或遥测后没有对其充分放电，这些设备的导体上留有一定数量的剩余电荷。另外并联电容因其放电电路故障而不能及时放电，电容退出运行后又未进行人工放电，电容的极板上将带有大量的剩余电荷。此时如触及这些带有剩余电荷的设备，带有电荷的设备将通过人体放电，造成触电事故。这种触电称为剩余电荷触电。为了防止这类触电事故发生，对于停电后的并联电容、电力电缆、电力变压器及大容量的交流电动机等设备，必须充分进行人工放电后，才能进行检修工作，在遥测电气设备的绝缘后，还必须及时进行充分的人工放电，以防止发生剩余电荷触电事故。

1.3 触电急救与预防措施

1.3.1 使触电者尽快脱离电源的方法

当发生触电事故时，触电现场急救要做到迅速、准确、就地、坚持。发现有人触电，千万不要惊慌，最关键、最首要的措施是使触电者尽快脱离电源，这是减轻伤害和救护触电者的关键步骤。应迅速关断电源，把人从触电处移开。如果触电现场远离开关或不具备关断电源的条件，只要触电者穿的是比较宽松的干燥衣服，救护者可站在干燥木板上，用一只手抓住衣服将其拉离电源，或用绝缘体（如木棍等）将带电体从人体上拨开，切不可触及带电人的皮肤。触电者处在高空时，应使其脱离电源的同时，做好摔落的保护措施。

1.3.2 针对触电者各种不同情况的处理方法

1）触电者神志清醒，能回答问题，只是感觉头昏、乏力、心悸、出冷汗、恶心、呕吐，四肢发麻，属于症状较轻，应让其就地静卧休息一段时间，以减轻心脏负担，加快恢复。同时，应迅速请医生到现场观察、诊断，做好一切抢救准备，一旦需要，立即开始抢救。

2）触电者神志断续清醒，出现一度昏迷。对这种情况，一方面要请医生救治，一方面应让其静卧休息，随时观察伤情的变化，做好万一恶化的施救准备。

3）触电者神志不清或失去知觉，但呼吸、心跳尚存，这时，应将其抬到附近通风、干燥、空气清爽的地方平卧，解开衣服，进一步观察，同时立即请医生到现场诊治。

4）对失去知觉、呼吸困难或呼吸逐渐微弱的触电者，要立即进行人工呼吸。同时立即请医生到现场急救，并迅速做好送触电者到医院的准备，即使在送往医院的途中，也不能停止人工呼吸。

5）如果触电者呼吸、脉搏和心跳均已停止，出现假死现象，应立即进行口对口人工呼吸和胸外心脏挤压进行抢救；凡呼吸停止，且口鼻均受伤的触电者应采用牵手人工呼吸法进行抢救。千万不能为了量血压、听心音等耽误抢救时间。同时，要立即请医生到现场救治，并尽快把触电者转送到医院抢救。在送往医院的途中，不能停止人工呼吸和胸外心脏挤压。

1.3.3 现场急救方法

口对口人工呼吸法、胸外心脏挤压法是现场主要的急救方法。对重症状触电者，如果呼吸停止，应采用口对口人工呼吸法，迫使其体内外气体交换得以维持；如果心脏停止跳动，应采用胸外心脏挤压，维持人体内的血液循环；如果呼吸、脉搏均已停止，应同时使用上述两种抢救方法。对于呼吸停止，且口鼻均受伤的触电者应采用牵手人工呼吸法进行抢救。

首先应迅速将触电者仰面平卧，颈部枕垫软物，头部稍后仰，松开衣服和腰带；并清理口腔内食物、血块、假牙等异物。

1. 打开气道

触电者神志丧失后，全身肌肉张力下降、舌肌松弛、舌根后坠、贴在咽后壁，造成上呼吸道梗阻。所以必须先打开气道，以解除上呼吸道梗阻。打开气道的方法有三个：

（1）仰头抬颈法

抢救者跪或站在触电者头部一侧，一手放在触电者颈后，将其颈部托起，另一手下压额部即可。

（2）仰头举颌法

抢救者将一只手的食指、中指放在颌部并上提，另一只手放在触电者前额下压即可。

（3）拉颌法

抢救者站或跪在触电者头部一侧，用双手固定两侧下颌角，并向上提起。此法适用于疑有颈椎损伤者。

以上三种方法均应使头部充分后仰，使下颌角与耳垂连线和地面垂直，如图1-10所示。

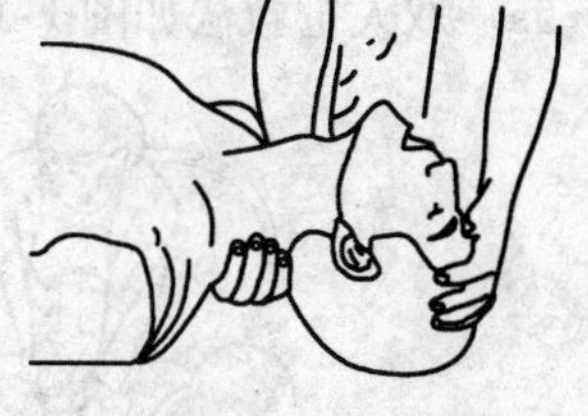

图1-10 打开气道

2. 口对口（或口对鼻）人工呼吸法

如图1-11所示，口对口吹气打开气道后，如触电者无呼吸，急救者深深吸气，捏紧触电者的鼻子，大口地向触电者口中吹气，然后放松鼻子，使之自身呼气，如此重复进行，每次以5s左右为宜，不可间断，直至触电者苏醒或专业急救人员到来。

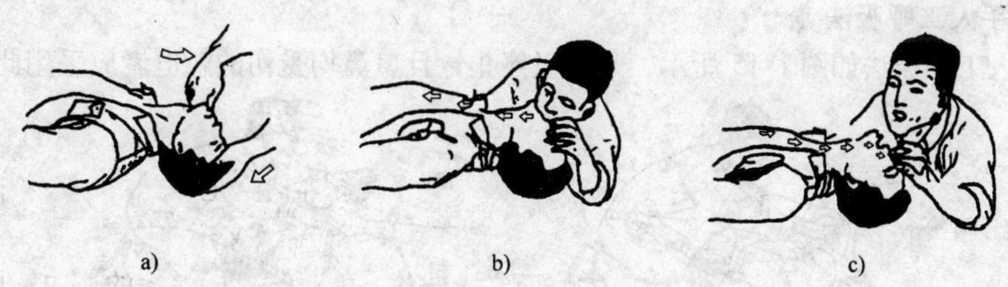

图1-11 口对口人工呼吸法

3. 胸外心脏按压法

口对口吹气2次后，应立即检查颈动脉是否搏动，如无搏动，迅速进行胸外心脏按压抢救。使触电者伸直仰卧，后背着地处应结实（如硬地、木板等），急救者跪跨在触电者臀部位置，右手掌按照图1-12a所示位置放在触电者的胸上，中指指尖置于其颈部凹陷边缘，掌根所在的位置即为正确压区，然后将左手掌压在右手掌上，如图1-12b所示，自上向下均衡地用力挤压胸骨下端，使其下陷3~4cm，气流如图1-12c（箭头方向）所示。然后突然放松挤压，要注意手掌不能离开胸壁，依靠胸部的弹性自动恢复原状，如图 1-12d 所示。按照上述步骤连续不断地进行操作，约 60 次/min。挤压时定位须准确，压力要适当，连续进行到触电者苏醒或专业急救人员到来。

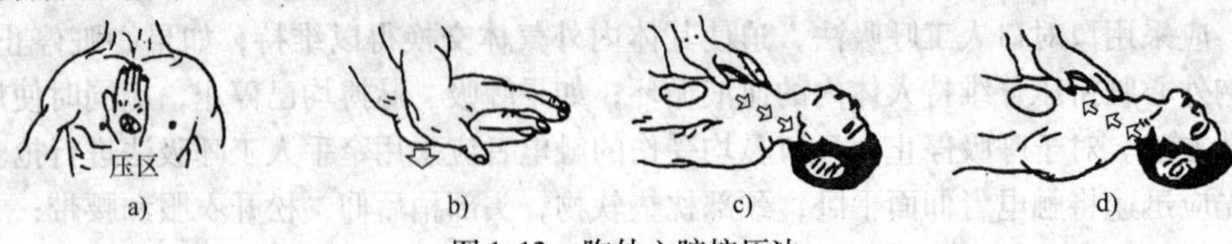

图 1-12 胸外心脏按压法

a）中指对凹膛当胸一手掌 b）掌根用力向下压 c）慢慢压下 d）突然放松

4. 人工呼吸法与胸外心脏按压法同时进行

（1）单人抢救法

由一人完成抢救时，两种方法应交替进行，即进行口对口吹气 2～3 次。再按压心脏 10～15 次，且速度应适当快些，如此循环，如图 1-13 所示。

（2）双人抢救法

由两人完成抢救时，一人进行按压，另一人进行口对口吹气。每按压 5 次，吹气 1 次、如此循环。两人交换位置或换其他人时，不得打破原有的节律，必要时按压停止时间不得大于 5s。双人抢救法如图 1-14 所示。

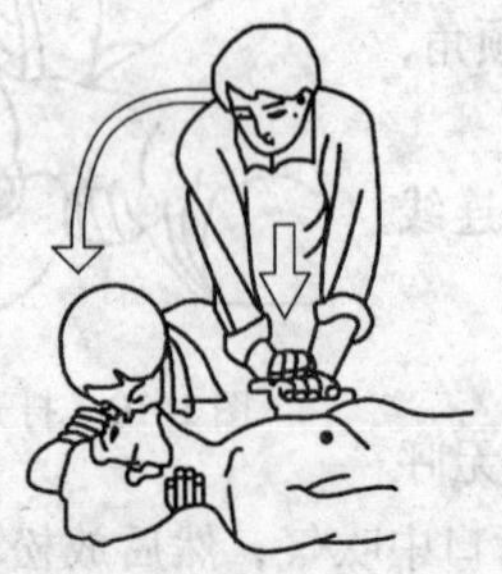

图 1-13 单人抢救法

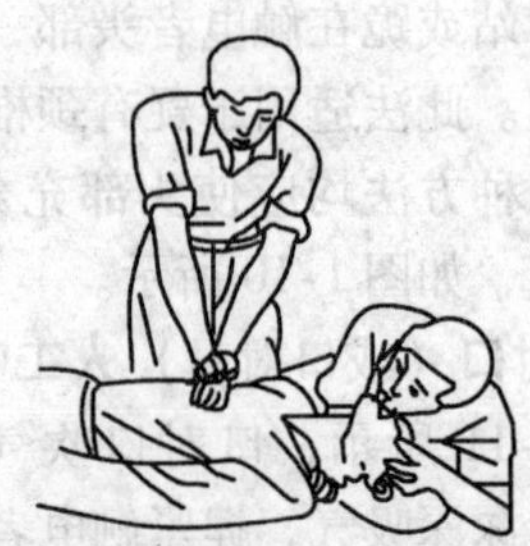

图 1-14 双人抢救法

5. 牵手人工呼吸法

牵手人工呼吸法如图 1-15 所示，凡呼吸停止，且口鼻均受伤的触电者应采用此法抢救。

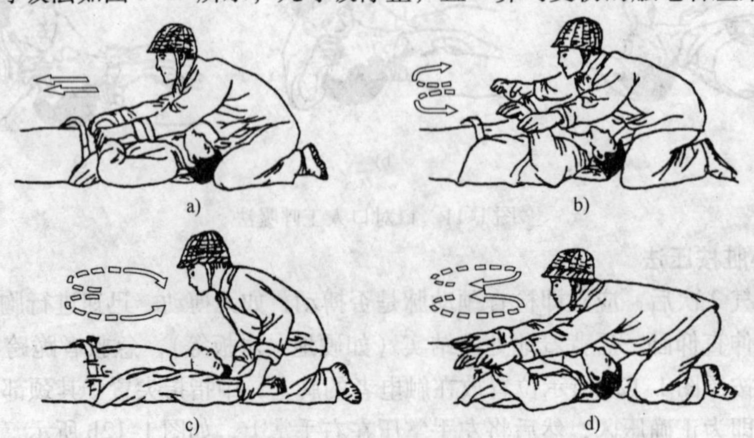

图 1-15 牵手人工呼吸法

6. 俯卧压背呼吸法

俯卧压背呼吸法只适宜触电后溺水、肚内喝饱了水的触电者。

1）对触电后溺水的触电者，可将触电者面部朝下平俯卧在木板上，木板向前倾斜10°左右，触电者腹部垫放柔软的垫物（如枕头等），这样，压背时会迫使触电者将吸入腹内的水吐出。

2）操作者跨腰跪，四指并拢，尾指压在触电者背部肩胛骨下（相当于第七对肋骨）。压背时，操作者手臂不要弯，用身体重量向前压。向前压的速度要快，向后收缩的速度可稍慢，每分钟完成14~16次。

俯卧压背呼吸法的口诀如下：四指并拢压一点，挺胸抬头手不弯；前冲速度要突然，还原速度可稍慢；抢救溺水用此法，倒水较好效果佳。

7. 抢救有效特征

可触到颈动脉搏动，可测到血压；面色由苍白变红润；瞳孔对光反射恢复；躁动；出现自主心跳；出现自主呼吸；神志恢复。

1.3.4 预防直接触电的措施

人体直接接触带电体而触电，称为直接触电。任何电气设备和线路，为了防止人体偶然触及或者过分接近带电体，都必须采取一定的保护措施。

1. 绝缘措施

绝缘措施是用绝缘材料将带电体封闭起来，保证人体不会触及带电导体而发生触电事故。良好的绝缘措施是电气设备和线路正常运行的必要条件，是防止触电事故的重要措施。

常用的电工绝缘材料有瓷、玻璃、云母、橡胶、木材、塑料、布、纸、矿物油等。

2. 屏护措施

采用遮栏、护罩、护盖、栅栏等屏护装置将带电体与外界隔绝开来，防止人员接近、触及带电体，以杜绝不安全因素的措施称为屏护措施。凡是金属材料制作的屏护装置，均应正确接地或接零。

屏护装置应与下述安全措施配合使用：

1）屏护装置应有足够的尺寸，与带电体之间应保持必要的距离。

2）被屏护的带电部分应有明显的标志，标明规定的符号或涂上规定的颜色。

3）遮栏、栅栏等屏护装置，应根据被屏护的对象挂上“止步，高压危险！”、“禁止攀登，高压危险！”、“当心触电！”等标示牌或安全标志，如图1-16所示。

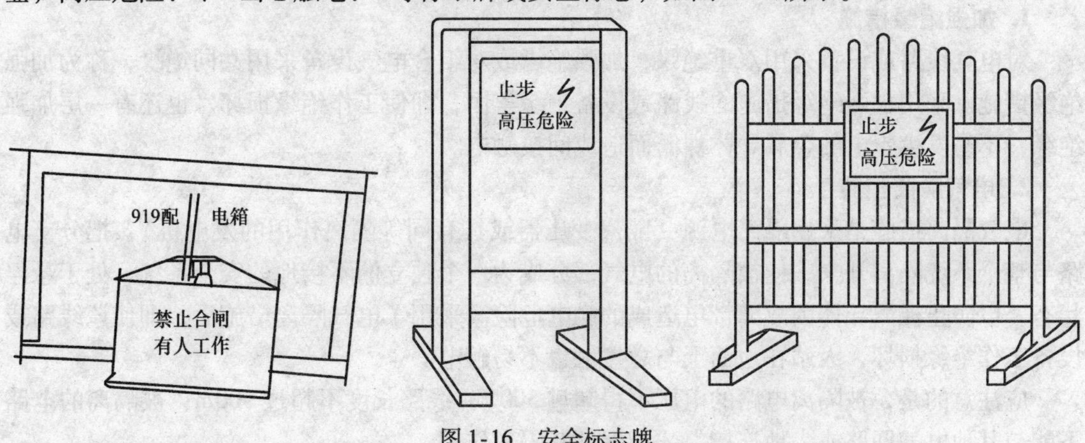

图1-16　安全标志牌

4）配合采用信号装置或联锁装置，前者一般是用灯光或仪表指示有电，后者是采用专门的装置，当人体越过屏护装置可能接近带电体时，被屏护的装置自动断电。

3. 间距措施

为防止人体触及或过分接近带电体，防止车辆和其他物体碰撞或过分接近带电体，避免火灾和各种短路事故，在带电体与地面之间、带电体与带电体之间、带电体与其他设施之间，都必须保持一定的安全距离，称为间距措施。安全间距的大小取决于电压的高低、设备的类型、安装的方式等因素。

4. 采用安全电压

当电气设备需要采用安全电压来防止触电事故时，应根据使用场所、操作人员条件、使用方式、供电方式和线路状况等多种因素，选用国家标准中排列的不同等级的安全电压规定值。各单位在选用安全电压等级时可结合实际情况参照表 1-1 进行。

表 1-1　安全电压选用举例

安全电压（交流有效值）		选用举例
额定值/V	空载上限值/V	
42	50	在有触电危险的场所使用的手持电动工具
36	43	在矿井、多导电粉尘等场所使用的行灯等
24	29	可供某些具有人体可能偶然触及的带电体的设备选用

5. 采用电气联锁

将电气设备安装在有电气联锁的特定场所，保证在通电的条件下，人体不能触及或过分接近带电体，例如在通往禁区的门窗上装设安全开关，保证工作人员进入禁区时处于停电状态。

1.3.5　预防间接触电的措施

人体触及正常时不带电，而在故障情况下变为带电的金属导体所造成的触电事故称为间接触电。在人身触电事故中，间接触电所占的比例是相当高的，为此应采取相应的技术措施来保证人身安全。

1. 加强绝缘措施

对电气线路或设备采用双重绝缘，加强绝缘或对组合电气设备采用共同绝缘，称为加强绝缘措施。采用加强绝缘措施的线路或设备绝缘牢固，即使工作绝缘损坏，也还有一层加强绝缘，不易发生带电的金属导体裸露而造成间接触电。

2. 电气隔离措施

电气隔离措施是采用隔离电源（隔离变压器或具有同等隔离作用的发电机），把分支电路与整个系统隔离开来，使被隔离的电气部分成为一个独立的不接地的安全系统，处于悬浮状态，以防止裸露导体因故障带电造成的触电危险。采用了电气隔离措施后，即使该线路或设备工作绝缘损坏，人站在地面上与之接触也不易触电。

应注意的是，被隔离电路的电压不得超过 500V，线路长度不超过 500m；被隔离的电路不能与其他电气回路或大地连接，才能保证其隔离作用。

3. 自动切断电源措施

自动切断电源措施是根据低压配电网的运行方式和安全需要，采用适当的自动化元件和连接方法，使带电线路或设备上发生触电事故时，能在规定时间内自动切断电源，从而起到保护作用。切除电路一般可通过熔断器、断路器的过电流脱扣器、热继电器以及电流型漏电保护器。对于不同的配电网，可根据其特点，分别采用过电流保护、漏电保护、过电压保护、欠电压保护、短路保护、接零保护等措施。

第2章　电工基本操作技术

2.1　常用电工工具和电气安全用具

2.1.1　常用电工工具的使用

专业电工在工作中，所用的螺钉旋具、尖嘴钳、钢丝钳、断线钳、剥线钳、电工刀、电烙铁、活扳手等常用工具，称为常用电工工具。

1. 螺钉旋具

螺钉旋具俗称螺丝刀或起子，它是一种紧固或拆卸螺钉的工具。

（1）螺钉旋具的式样和规格

螺钉旋具的式样和规格有很多，接头部形状可分为一字形和十字形两种，如图2-1所示。

一字螺钉旋具常用规格有50mm、100mm、150mm和200mm等，电工必备的是50mm和150mm两种。十字螺钉旋具专供紧固和拆卸十字槽的螺钉，常用的规格有：Ⅰ号适用于螺钉直径为2～2.5mm，Ⅱ号为3～5mm，Ⅲ号为6～8mm，Ⅳ号为10～12mm。

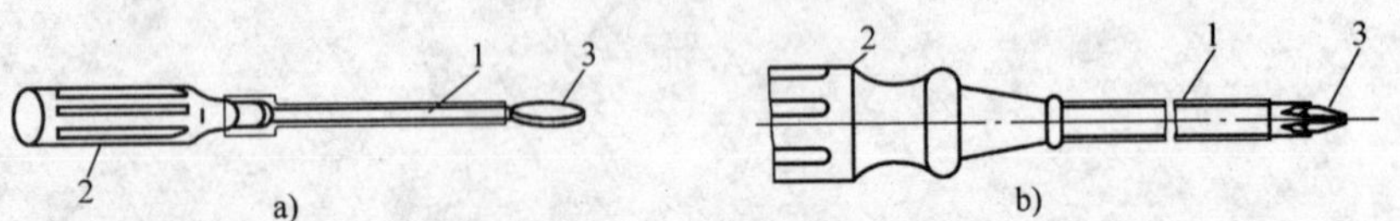

图2-1　螺钉旋具

a）一字螺钉旋具　b）十字螺钉旋具

1—绝缘套管　2—握柄　3—头部

磁性旋具按握柄材料可分为木质绝缘柄和塑胶绝缘柄。它的规格较齐全，分十字形和一字形。金属杆的刀口端焊有磁性金属材料，可以吸住待拧紧的螺钉，能准确定位、拧紧，使用很方便，目前使用也较广泛。

（2）螺钉旋具的使用方法

1）大螺钉旋具的使用。大螺钉旋具一般用来紧固较大的螺钉。使用时，除大拇指、食指和中指要夹住握柄外，手掌还要顶住柄的末端，这样就可防止旋具转动时滑脱，如图2-2a所示。

2）小螺钉旋具的使用。小螺钉旋具一般用来紧固电气装置接线柱头上的小螺钉。使用时，可用手指顶住木柄的末端捻旋，如图2-2b所示。

（3）使用螺钉旋具的安全知识

1）电工不可使用金属杆直通柄顶的螺钉旋具，否则易造成触电事故。

2）使用螺钉旋具紧固和拆卸带电的螺钉时，手不得触及旋具的金属杆，以免发生触电事故。

3）为了避免螺钉旋具的金属杆触及皮肤或邻近带电体，应在金属杆上穿套绝缘管。

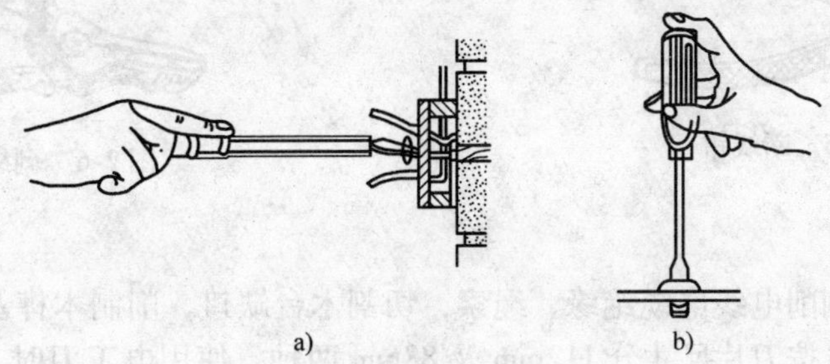

图2-2 螺钉旋具的使用方法
a）大螺钉旋具 b）小螺钉旋具

2. 尖嘴钳

尖嘴钳的头部尖细，适用于在狭小的工作空间操作。尖嘴钳也有铁柄和绝缘柄两种，尖嘴钳规格有130mm、160mm、180mm、200mm四种。绝缘柄的耐压为500V，其外形如图2-3所示。尖嘴钳的用途如下：

1）带有刀口的尖嘴钳能剪断细小金属丝。

2）尖嘴钳能夹持较小螺钉、垫圈、导线等零件。

3）在装接控制线路时，尖嘴钳能将单股导线弯成所需的各种形状。

3. 钢丝钳

维修电工使用的钢丝钳，必须是绝缘柄的。绝缘柄钢丝钳是用来夹持、铰断、弯曲导线或铁丝等的工具。钢丝钳的耐压为500V。平头钢丝钳的规格有150mm、175mm、200mm三种，如图2-4所示。电工钢丝钳的使用注意事项如下：

1）使用前，一定要检查绝缘柄的绝缘是否良好。绝缘若损坏，进行带电作业时会发生触电事故。

2）剪切带电导线时，不得用刀口同时剪切相线和零线，或同时剪切两根相线，以免发生短路事故。

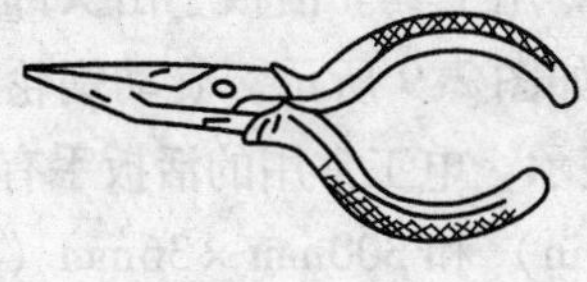

图2-3 尖嘴钳

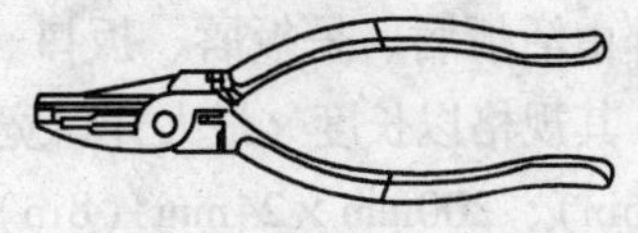

图2-4 平头钢丝钳

4. 断线钳

断线钳又称斜口钳，电工用断线钳的钳柄为绝缘柄，其外形如图2-5所示，绝缘柄的耐压为500V。断线钳是专供剪断较粗的金属丝、线材及导线电缆时使用的。

5. 剥线钳

剥线钳是用来剥去导线端部的绝缘层及剪断导线的专用工具，如图2-6所示。其绝缘手柄耐压为500V，规格有140mm、180mm两种。

使用剥线钳时，将要剥的绝缘层长度用标尺定好后，即可把导线放入相应的刃口中

(比导线直径稍大)，用手将钳柄一握紧，导线的绝缘层即被割破，且自动弹出。

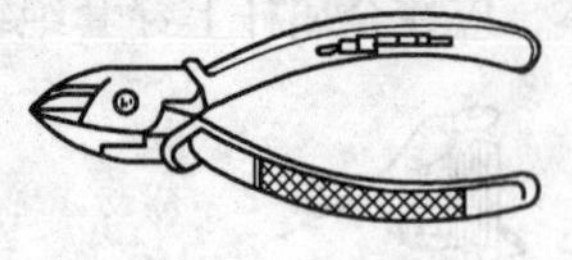
图2-5 断线钳

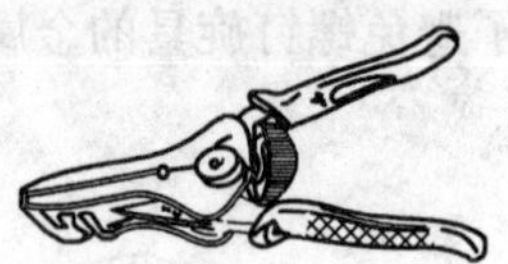
图2-6 剥线钳

6. 电工刀

电工刀是用来剖削电线电缆绝缘、绳索，切割木台缺口，削制木榫及软金属材料的工具，如图2-7所示，按刀片尺寸分112mm及88mm两种。使用电工刀时，应将刀口朝外剖削。剖削导线绝缘层时应使刀面与导线呈较小的锐角，以免割伤导线。使用完毕后，应随时将刀身折进刀柄。使用电工刀时应注意如下事项：

1）使用电工刀时应注意避免伤手，不得传递未折进刀柄的电工刀。

图2-7 电工刀

2）电工刀用毕，随时将刀身折进刀柄。

3）电工刀刀柄无绝缘保护，不能用于带电作业，以免触电。

7. 电烙铁

电烙铁是烙铁钎焊的热源，通常以电热丝作为热元件，分内热式和外热式两种，其外形如图2-8所示。常用的规格有11W、25W、33W、45W和75W等多种。焊接弱电元件时，宜采用25W和45W两种规格；焊接强电元件时，需用45W以上规格。电烙铁的功率应选用适当，如过大既浪费电能又容易烧毁元件，如过小会因热量不够而影响焊接质量。

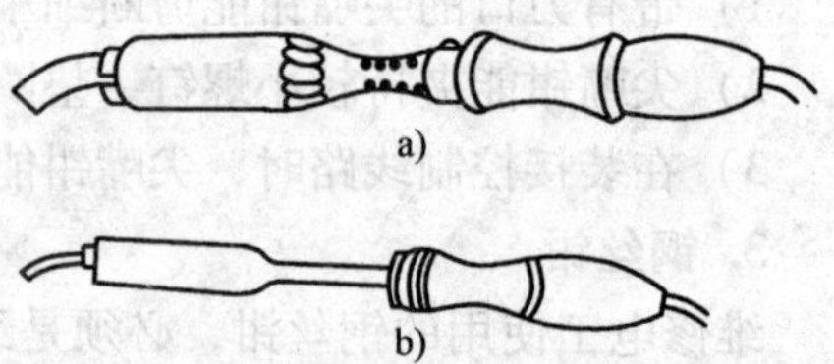

图2-8 电烙铁

a）外热式电烙铁 b）内热式电烙铁

电烙铁用毕，要随时拔去电源插头，以节约电能，延长使用寿命。在导电地面（如混凝土和泥土地面等）使用时，电烙铁的金属外壳必须妥善接地，以防漏电时触电。

8. 活扳手

活扳手俗称活络扳头，是用来紧固和起松螺母的一种专用工具。活扳手由头部和柄部组成，头部由活扳唇、呆扳唇、扳口、蜗轮和轴销等构成，如图2-9所示。旋动蜗轮可调节扳口大小。其规格以长度×最大开口宽度（单位为mm）来表示，电工常用的活扳手有150mm×19mm（6in）、200mm×24mm（8in）、250mm×30mm（10in）和300mm×36mm（12in）四种规格。

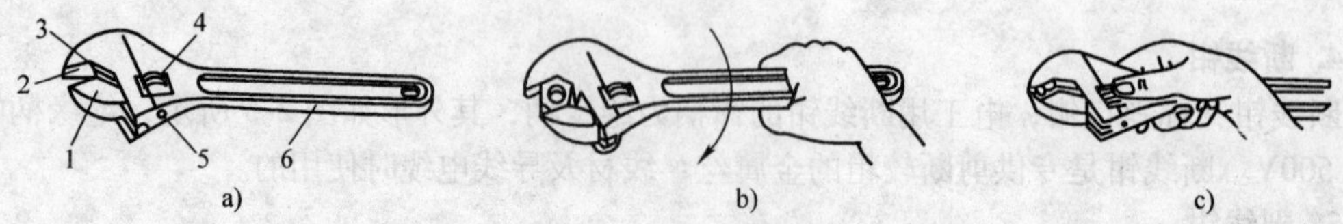

图2-9 活扳手的结构及使用

a）活扳手的结构 b）扳动较大螺母时的握法 c）扳动较小螺母时的握法

1—活扳唇 2—扳口 3—呆扳唇 4—蜗轮 5—轴销 6—手柄

活扳手的使用方法：

1）扳动大螺母时，常用较大的力矩，手应握在靠近柄尾处。

2）扳动较小螺母时，所用力矩不大，但螺母过小易打滑，故手应握在接近扳头的地方，这样可随时调节蜗轮，收紧活扳唇，防止打滑。

3）活扳手不可反用，以免损坏活扳唇，也不可用钢管接长手柄来施加较大的扳拧力矩。

4）活扳手不得当作撬棍和锤子使用。

9. 电工工具夹

电工工具夹是户内外登高操作时必备工具之一，如图 2-10 所示，用来插装螺钉旋具、电工刀、测电笔、钢丝钳和活扳手等电工常用工具。分有插装三件、五件工具等各种规格，用皮带系在腰间。

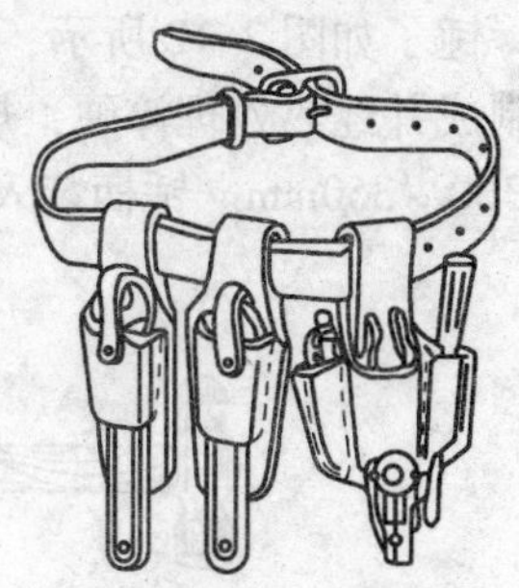

图 2-10　电工工具夹

10. 喷灯

喷灯是一种利用喷射火焰对工件进行加热的工具，常用来焊接铅包电缆的铅包层、大截面铜导线连接处的搪锡以及其他连接表面的防氧化镀锡等。喷灯火焰温度可达 900℃以上。

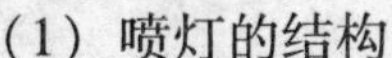

（1）喷灯的结构

喷灯的结构如图 2-11 所示，按其使用燃料可分为煤油喷灯和汽油喷灯两种。

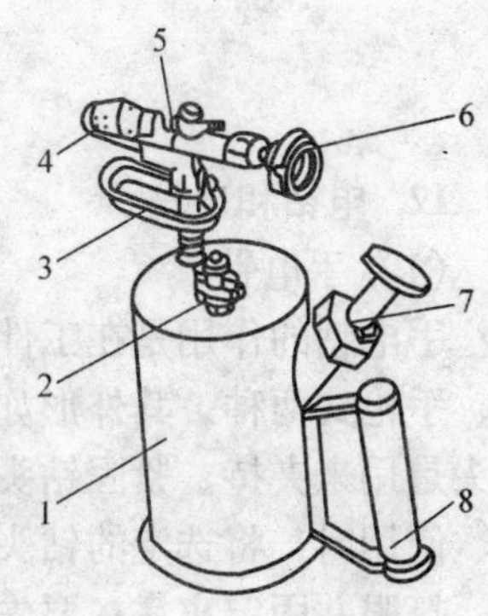

图 2-11　喷灯的结构
1—筒体　2—加油阀
3—预热燃烧盘　4—火焰喷头
5—喷油针孔　6—放油调节阀
7—打气阀　8—手柄

（2）喷灯的使用方法

1）加油：旋下加油阀下面的螺栓，倒入适量油液，油量以不超过筒体的 3/4 为宜。保留一部分空间的目的在于储存压缩空气，以维持必要的空气压力。加完油后应及时旋紧加油口的螺栓，关闭放油调节阀的阀杆，擦净撒在外部的油液，并认真检查是否有渗漏现象。

2）预热：先在预热燃烧盘内注入适量汽油，用火点燃，将火焰喷头烧热。

3）喷火：当火焰喷头烧热，而燃烧盘内汽油燃完之前，用打气阀打气 3～5 次，然后再慢慢打开放油调节阀的阀杆，喷出油雾，喷灯即点燃喷火。随后继续打气，直到火焰正常为止。

4）熄火：先关闭放油调节阀，直至火焰熄灭，再慢慢旋松加油口螺栓，放出筒体内的压缩空气。

（3）使用喷灯时的安全注意事项

1）喷灯在加、放油及检修过程中，均应在熄火后进行。加油时应将油阀上的螺栓先慢慢放松，待气体放尽后方可开盖加油。

2）煤油喷灯筒体内不得掺加汽油。

3）喷灯使用过程中应注意筒体内的油量，一般不得少于筒体容积的 1/4。油量太少会使筒体发热，易发生危险。

4）打气压力不应过高。打完气后，应将打气柄卡牢在泵盖上。

5）喷灯工作时应注意火焰与带电体之间的安全距离，距离10kV以下带电体应大于1.5m；距离10kV以上带电体应大于3m。

（4）喷灯的维护

1）喷灯用完后，应放尽气体，存放在不受潮的地方。

2）不得用重物碰撞喷灯，以防喷灯出现裂纹，影响安全使用。

3）喷灯的螺栓、螺母等有滑丝现象应及时更换。

11. 电工用锤子

锤子如图2-12所示，它是电工常用的敲击工具，由锤头、木柄和楔子组成。锤头用T7钢制成并经热处理淬硬，规格有0.25kg、0.5kg和1kg等。锤柄用比较坚韧的木材制成，长为300~350mm。锤柄装入锤孔后用楔铁楔紧，以防锤头脱落。

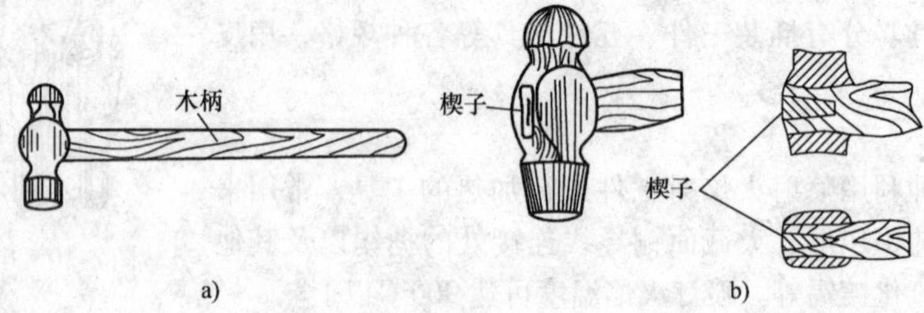

图2-12　锤子
a）锤子　b）锤子打楔部位

12. 电钻和电锤

（1）手电钻

手电钻的作用是在工件上钻孔，主要由电动机、钻夹头、钻头、手柄等组成，分为手提式、手枪式两种，其外形如图2-13所示。手电钻通常采用电压为220V的交流电动机，钻夹头是用来夹持、紧固钻头的，钻头一般采用麻花钻。

使用时，将选定的钻头柄部塞入钻夹头的三爪卡内，用专用钥匙夹紧。工件应按要求划线、打眼并固定牢靠；要先进行试钻，使试钻出的浅坑保持在中心位置。动作要平稳，压力不易过大，并经常退钻排屑。

（2）冲击钻

冲击钻（见图2-14）是一种旋转带冲击的电钻，一般制成可调式结构。当调节开关在旋转而无冲击位置“钻”时，装上普通麻花钻头能在金属上钻孔；当调节开关在旋转带冲击位置“锤”时，装上镶有硬质合金的钻头，能在砖石、混凝土等脆性材料上钻孔。

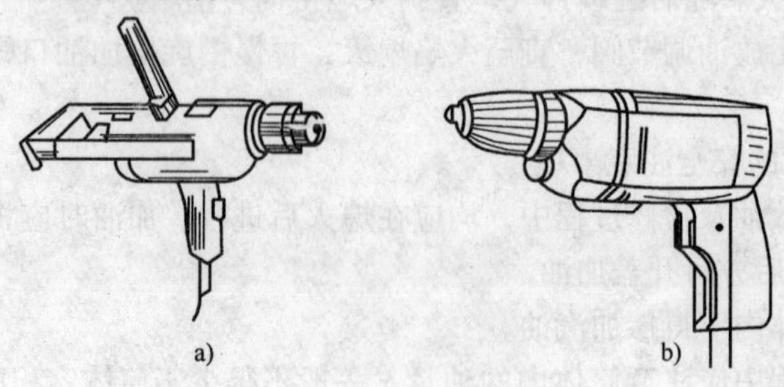

图2-13　手电钻
a）手提式　b）手枪式

冲击钻常用于在配电板（盘）、建筑物或其他金属材料、非金属材料上钻孔，如图 2-14 所示。其用法是，把调节开关置于钻的位置，钻头只旋转而没有前后的冲击动作，可作为普通钻使用。若调到“锤”的位置，通电后边旋转、边前后冲击，便于钻削混凝土或砖结构建筑物上的孔。有的冲击钻调节开关上没有标明“钻”或“锤”的位置，可在使用前让其空转观察，无冲击动作是在“钻”的位置，有冲击动作则是在“锤”的位置。也有的冲击电钻没有装调节开关，通电后只有边旋转边冲击一种动作。在钻孔时应经常把钻头从钻孔中拔出，以便排除钻屑。钻较坚硬的工件或墙体时，不能加压力过大，否则将使钻头退火或电钻过载而损坏。电工用冲击钻，可钻 6～16mm 圆孔。作普通钻时，用麻花钻头；作冲击钻时，用专用冲击钻头。

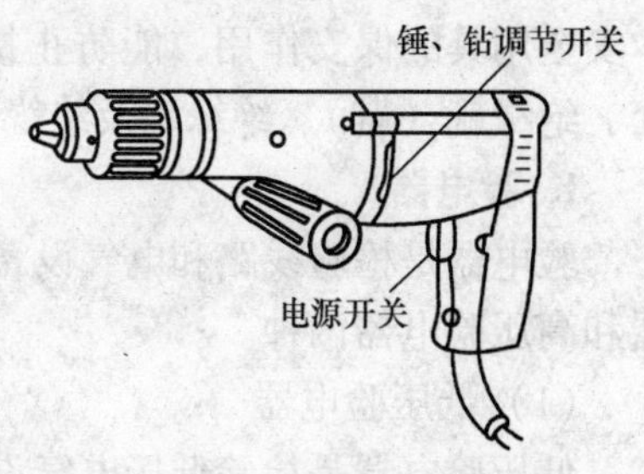

图 2-14　冲击钻

有的冲击钻还可调节转速，分为双速和三速。在调速或调挡（“冲”或“钻”）时，均应停转。使用方法同电钻。

冲击钻的技术数据见表 2-1。

表 2-1　冲击钻技术数据

规格 /mm	最大钻孔直径/mm		冲击次数 /(次/min)	额定转速 /(r/min)	额定电压 /V	输入功率 /W
	钢材	砖石、混凝土				
12	6	12	2400	850	220	250
16	10	16	16000/36000	800/1800	220	370
18	13	18	6360	530	380	400

（3）电锤

电锤主要用于混凝土结构上的凿孔、开槽、打毛等作业。用电锤凿孔并使用膨胀螺栓，可提高各种管线、机床设备等安装速度和质量，降低施工费用。按其结构形式可分为动能冲击锤、弹簧气垫锤、弹簧冲击锤、冲击旋转锤、曲柄连杆气垫锤和电磁锤等。

2.1.2　电气安全用具

为了保障从事电气作业人员的安全，防止在操作和检修过程中发生触电、电灼伤、电弧烧伤、坠落等事故，电工必须配备合格的电气安全用具，同时也必须学会并正确使用各类相应的电气安全用具，以保障电工的人身安全及电网的安全运行。电气安全用具分防护安全用具和绝缘安全用具两大类。

防护安全用具有安全帽、安全带、安全照明灯具、护目眼镜、防毒面具、标示牌和临时遮拦等。它可分为人体防护用具、安全技术防护用具及登高作业安全用具三类。

绝缘安全用具主要有验电器（笔）、绝缘杆、绝缘夹钳、绝缘台、绝缘手套、绝缘靴（鞋）、绝缘垫、携带型接地线等。绝缘安全用具又可分为如下两类：

1）基本安全用具：它的绝缘强度大，能长时间承受电气设备的工作电压，并能在该电压等级内产生过电压时保证工作人员的人身安全，如验电器、绝缘杆和绝缘夹钳等。

2）辅助安全用具：它的绝缘强度小，不能承受电气设备的工作电压，只是用来加强基本安全用具的保安作用，能防止接触电压、跨步电压和电弧对操作人员的伤害，如绝缘手套、绝缘靴（鞋）、绝缘垫及绝缘台等。

1. 验电器

验电器是检验线路和电气设备是否带电压的一种基本的安全检测工具。它分为低压验电器和高压验电器两种。

(1) 低压验电器

低压验电器是检验低压电气设备或线路是否带电的专用测量工具，俗称验电笔，简称电笔。有笔式和螺钉旋具式两种，如图 2-15 所示。

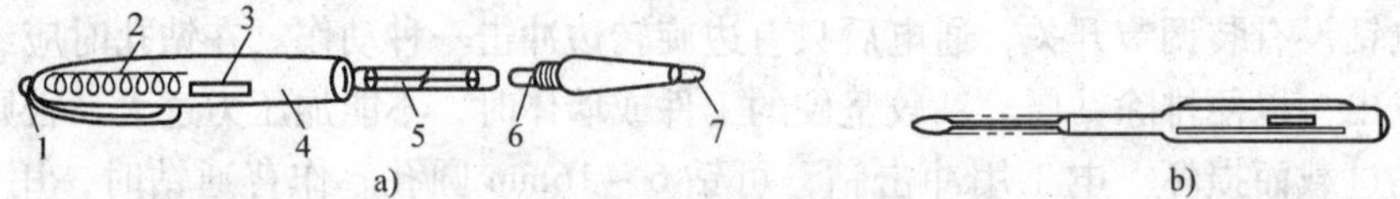

图 2-15　低压验电器

a）笔式　b）螺钉旋具式

1—笔尾金属部分　2—弹簧　3—观察窗　4—笔身　5—氖管　6—电阻　7—笔尖金属部分

低压验电器由笔尖、笔身、弹簧、氖管、电阻等部分组成。使用时用手指触及笔尾的金属部分使氖管小窗背光朝自己。当用低压验电器测带电体时电流经带电体、低压验电器、人体、地形成回路，只要带电体与大地之间的电位差超过 60V，电笔中的氖管就发光。使用时应防止笔尖金属部分触及人手或别的导体，以防触电和短路。

使用低压验电器之前与之后，应在确知带电的低压电气设备或线路上试验，以证实验电器良好，验电正确。应定期（每 6 个月 1 次）进行试验，试验标准为施加交流 4kV 耐压持续 1min 且发光，电压不高于额定电压的 25%。

低压验电器的作用如下：

1）根据氖管发光的强弱来估计电压的高低，氖管发光越强，电压越高。

2）区别相线与零线，在交流电路中当验电器触及导线时氖管发光的即为相线，正常情况下，触及零线不发光。

3）区别直流电与交流电，交流电通过验电器时，氖管里的两个极同时发光。直流电通过验电器时，氖管里两个极只有一个发光，发光的一极即为直流电的负极。

(2) 高压验电器

高压验电器又称高压测电器，它作为高压设备、线路验电的一种专用安全器具，在装设接地线前必须用高压验电器进行验电以确认无电。目前常用的高压验电器主要有声、光型和回转带声、光型两种。

声、光型验电器的特点是当验电器的金属电极接触带电体时，验电器流过电流会发出声、光报警信号。

回转带声、光型验电器的特点是利用带电导体尖端放电产生的电风来驱使指示器叶片旋转，同时发出声、光信号。

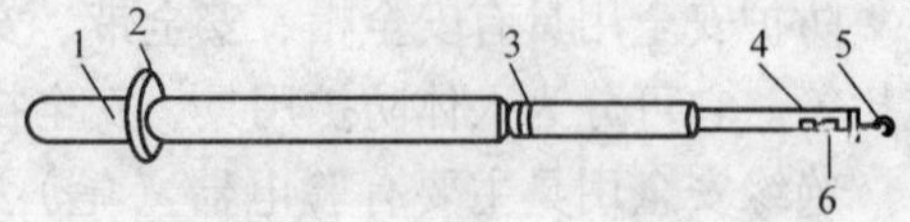

图 2-16　10kV 高压验电器

1—握柄　2—护环　3—紧固螺钉

4—氖管　5—金属钩　6—氖管窗

10kV 高压验电器如图 2-16 所示，由金属钩、氖管、氖管窗、紧固螺钉、护环和握柄组成。

使用和保管注意事项如下：

1）用验电器前，应先检查验电器的工作电压与被测设备的额定电压是否相符，验电器是否超过有效试验期，绝缘部分有无污垢、损伤、裂纹。

2）利用验电器的自检装置，检查验电器的指示器叶片是否旋转以及声、光信号是否都正常。

3）验电时，工作人员必须戴绝缘手套，并且必须握在绝缘棒护环以下的握手部分，不得超过护环，金属钩钩住带电体，有电时发出声、光信号，如图 2-17 所示。要有人在旁边监护，且不可单独操作。

4）验电时，应将验电器的金属接触电极逐渐靠近被测设备，一旦验电器的叶片开始正常回转，且发出声、光信号，即说明该设备有电。这时，应立即将金属接触电极移开被测设备，以保证验电器的使用寿命。

验电器不应受邻近带电装置的影响而发亮。所谓邻近带电装置是指距离 150mm 的 6kV 装置、距离 250mm 的 10kV 装置及距离 500mm 的 35kV 装置。

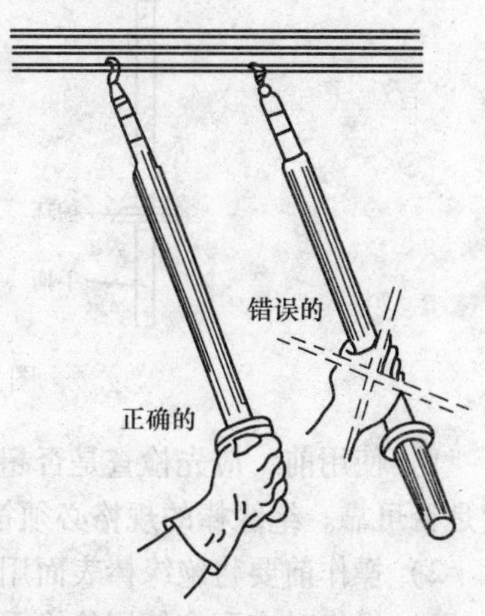

图 2-17　高压验电器使用方法

5）验电时，若指示器的叶片不转动，也未发出声、光信号，则说明验电部位已确实无电压。

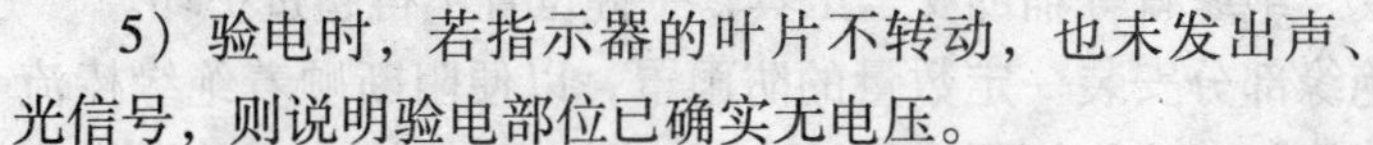

6）在停电设备上验电前后，应在有电设备上先行验电，以确证验电器功能是否正常。

7）在停电设备上验电时，必须在设备进出线两侧各相分别验电，以防在某些意外情况下可能出现一侧或其中一相带电而未被发现。

8）验电时，验电器不应装接地线，除非在木梯、木杆上验电，不接地不能指示者，才可装接地线。

9）验电器应按电压等级统一编号。应使用与被试设备相应电压等级的验电器验电，每个电压等级的验电器现场至少要保持 2 支。

10）验电器用后应装匣放入柜内，保持干燥，避免积灰和受潮，应定期进行试验，试验周期与标准应符合国家标准。

2. 绝缘棒

绝缘棒由工作部分、绝缘部分和手柄部分组成，如图 2-18所示。工作部分是由金属或强度较大的材料制成的钩子，其长度一般为 5～8mm。绝缘部分和手柄部分是由浸渍过绝缘漆的木材、硬塑料、玻璃钢等绝缘性能好的材料制成的，其长度有一定的要求，当额定电压在 10kV 及以下时，绝缘部分的最小长度不应小于 1.1m，手柄长度不应小于 0.4m。

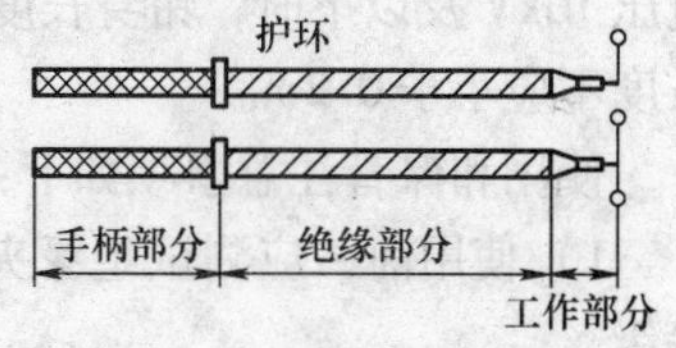

图 2-18　绝缘棒结构

绝缘棒主要用来闭合或断开高压隔离开关、跌落熔断器以及用于进行带电测量和试验等工作，如图 2-19 所示。要求其具有良好的绝缘性能和足够的机械强度。

使用和保管注意事项如下：

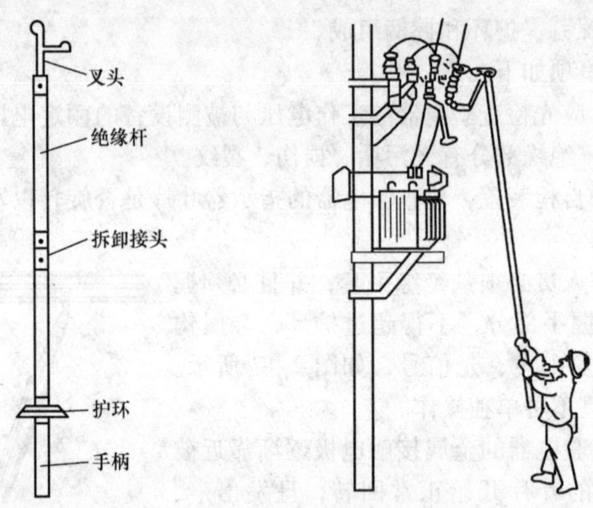

图 2-19 合上或断开高压隔离开关

1）使用前，应先检查是否超过有效试验期，检查绝缘棒的表面是否完好，各部分的连接是否可靠。绝缘棒的规格必须符合被操作设备的电压等级。

2）操作前要将绝缘棒表面用清洁的干布擦拭干净，务必使棒的表面干燥、清洁。

3）操作时应配合使用绝缘手套、绝缘靴等辅助安全工具，手握位置不得超过护环。

4）雨天使用绝缘棒时，应在绝缘部分安装一定数量的防雨罩，以便阻断顺着绝缘棒流下的雨水，使其不致形成连续的水流柱，而大大降低湿闪电压。同时可保持一定的干燥表面，保证湿闪电压合格。另外，雨天使用绝缘棒操作室外高压设备时，还应穿绝缘靴。

5）绝缘棒应统一编号，存放在特制的木架上，为防止其弯曲，最好是垂直悬挂在专用的挂架上。

6）绝缘棒应定期进行试验，试验周期与标准应符合国家标准。

3. 绝缘夹钳

绝缘夹钳主要用于在35kV及以下电气设备上带电装拆熔断器等。绝缘夹钳由工作钳口、钳身和钳把三部分构成，各部分所用材料多为硬塑料或胶木，如图2-20所示。手握部位，其长度也有一定要求，在额定电压10kV及以下时，钳身长度不应小于0.75m，钳把长度不应小于0.2m。

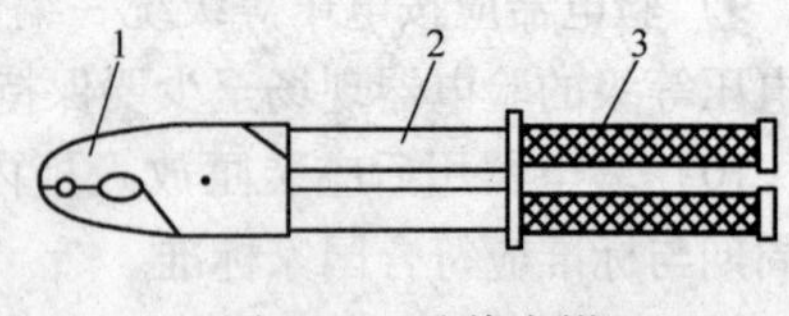

图 2-20 绝缘夹钳

1—工作钳口 2—钳身 3—钳把

使用和保管注意事项如下：

1）使用前，应测试绝缘夹钳的绝缘电阻。绝缘棒的规格必须符合被操作设备的电压等级。

2）使用时，绝缘夹钳上不允许装接地线，以免在操作时由于接地线在空中晃动而造成接地短路和触电事故。

3）室内操作时，应戴好护目眼镜和绝缘手套，穿绝缘靴或站在绝缘台（垫）上，手握绝缘夹钳时要精力集中并保持平衡。在室外操作时，应使用带有防雨罩的绝缘夹钳。

4）绝缘夹钳应放置在室内干燥、通风的工具架上，以防受潮和磨损。

5）绝缘夹钳应定期进行试验，试验标准应符合国家标准。

4. 钳形电流表

钳形电流表是不需断开电路就可测量电路中电流的一种便携式仪表。它分为交流钳形电流表和交直流钳形电流表两类。交直流钳形电流表可测量交流和直流电流，但因其构造复杂、成本高，所以现在使用的大多是交流钳形电流表。钳形电流表根据电流互感器原理制成，如图2-21a所示；它的铁心用绝缘手柄分开，可卡住被测量的母线或导线，装在钳体上的电流表接到装在铁心上的二次绕组两端。常用的钳形电流表外形如图2-21b所示。使用时，先将其量程转换开关转到合适的挡位，手持胶木手柄，用手指勾住铁心开关柄，用力握，铁心打开，将被测导线从铁心开口处引入铁心中央，松开铁心开关柄，使铁心闭合，钳形电流表指针偏转，读取测量值。再打开铁心，取出被测导线，即完成测量任务。

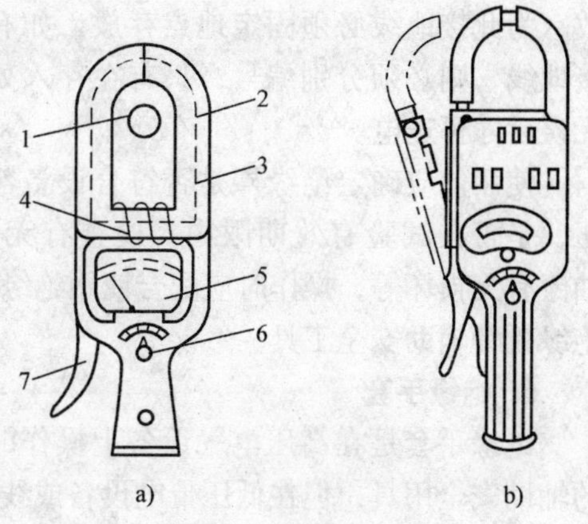

图2-21 钳形电流表

a）原理图 b）张开图

1—被测导线 2—互感器 3—铁心 4—二次绕组 5—电流表 6—量程选择开关 7—铁心开关柄

钳形电流表的使用方法及注意事项如下：

1）使用前对仪表外观进行检查，外观应完好，绝缘应完好无破损，手柄应清洁干燥。

2）钳形电流表不允许测高压线路的电流，检测线路的电压不得超过钳形电流表所规定的阈值，以防绝缘击穿造成触电事故。

3）测量前先估算电流的大小来选择适当的量程。不能用小量程测量大电流。不了解所测电流时，应先用较大量程粗测，然后视被测电流的大小，减小量程以求准确测量。改变量程时需将被测导线退出钳口，不能带电旋转量程开关。

4）每次测量只能钳入一根导体，由于钳形电流表量程较大，在测量小电流时读数困难，偏差大时，可将导线在铁心上绕几匝，再将读得的电流数除以匝数即得实际的电流值。

5）不能用于测量裸导线电流的大小，以防触电。

5. 携带型接地线

携带型接地线是最可靠的防护性安全用具，它可防止在已停电的设备上工作时突然送电所带来的危险，或者由于邻近高压线路感应而产生的感应电压的危险，是保证工作人员生命安全极为可靠的用具。

携带型接地线由夹头、绝缘柄和多股裸软铜线组成。夹头由铜或铝合金制成，用于紧固在各相线及地线上，应注意能承受短路电流通过时所产生的电动力。绝缘柄固定在夹头螺栓上，也可制成活动可拆形式，旋动绝缘柄即可夹紧或放松夹头。四根短路线用裸软铜线，其中三根接相线，一根接地线，如图2-22所示。不可使用外包绝缘物的导线，以便肉眼检查导线有无断裂现象。不可用铝焊来连接导线或夹头，以防大的短路电流通过时产生高温而熔化。

使用接地线必须验明设备确实无电后才能进行，否则将产生严重的短路事故。装设接地线时应先装接地线端，然后装接三根相线端，拆卸时先拆三根相线端，后拆地线端。必须戴上绝缘手套进行操作，以防万一。只有确认地线全部拆除后方可送电，否则也将造成短路事故。为此接地线必须固定地点存放，如有多组接地线，则必须分别编号，只有在存入处清点无误后才可送电。

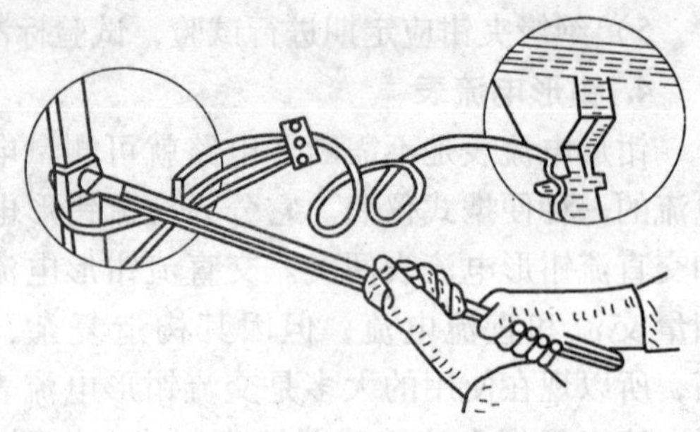
图 2-22　携带型接地线

使用前应确定绝缘棒是否符合设备额定电压，是否在试验有效期限内，检查有无损伤、油漆有无损坏等，操作时应配合使用绝缘手套、绝缘靴等辅助安全工具。

6. 绝缘手套

绝缘手套是在高压电气设备上操作时使用的辅助安全用具，但在低压带电设备或线路上工作时又可作为基本安全用具。操作高压隔离开关、高压跌落式熔断器以及装、拆接地线时均应戴绝缘手套。绝缘手套由特种橡胶制成，如图 2-23a 所示。绝缘手套一般分 12kV 和 5kV 两种（这都是以试验电压命名的，其长度一般不应小于 30 ~40cm，戴上后至少应超出手腕 10cm）。

使用与保管注意事项如下：

1）使用绝缘手套前，应检查是否超过有效试验期。使用前，应先进行外部检查，查看橡胶是否完好，查看表面有无磨损或破裂、划痕或其他损伤。如有胶破损或漏气现象，应禁止使用。

绝缘手套的检查具体方法是，将手套朝手指方向卷曲，当卷到一定程度时，内部空气因体积减小、压力增大，手指若鼓起，为不漏气，即为良好，如图 2-23b 所示。

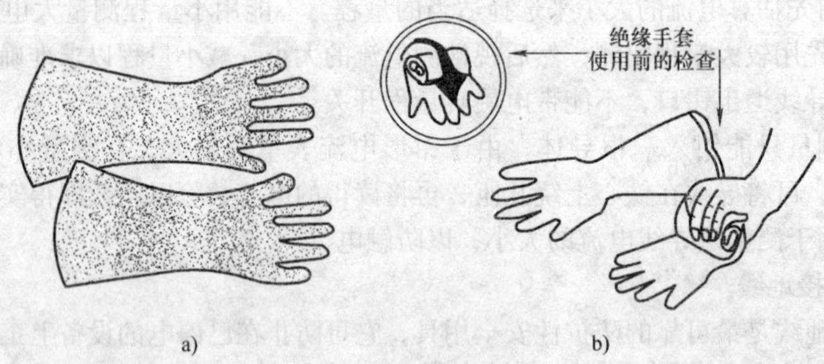

图 2-23　绝缘手套
a）绝缘手套　b）绝缘手套的检查

2）使用绝缘手套时，应将外衣袖口放入手套的伸长部分里。

3）绝缘手套是由具有绝缘性能的橡胶制成的，绝缘手套不得挪作他用，也不可将一般橡胶手套或医疗或化学用的手套充当绝缘手套使用。

4）绝缘手套使用后应擦净、晾干，最好洒上一些滑石粉，以免粘连。应存放在干燥、阴凉的地方，存放在专用的柜内，与其他工具分开放置，其上不得堆压任何物件，以免刺破手套。

5）绝缘手套不允许放在过冷、过热、阳光直射和有酸、碱、药品的地方，以防胶质老化，降低绝缘性能。

6）绝缘手套应统一编号，现场使用的绝缘手套最少应保持两副。

7）应定期进行试验，试验周期与标准应符合国家标准。

7. 绝缘靴（鞋）

绝缘靴（鞋）的作用是使人体与地面绝缘。绝缘靴在进行高压操作时作为与地绝缘的辅助安全用具，也可作为防止跨步电压的基本安全用具；绝缘鞋则仅能在低电压场合下使用。

绝缘靴（鞋）是由特种橡胶制成的。绝缘靴通常不上漆，它与涂有光泽黑漆的橡胶雨靴在外观上有所不同，如图2-24a所示。

图2-24　绝缘靴（鞋）
a）绝缘靴　b）绝缘鞋

使用及保管注意事项如下：

1）使用绝缘靴（鞋）前，应检查绝缘靴（鞋）是否完好，是否超过有效试验期。

2）绝缘靴（鞋）应统一编号，现场使用的绝缘靴（鞋）最少应有两双。

3）绝缘靴（鞋）不得当作雨鞋或作其他用，其他非绝缘靴（鞋）（如医疗、化学上使用的）也不能代替绝缘靴（鞋）使用。

4）绝缘靴（鞋）如试验不合格，则不能再穿用。

5）绝缘靴（鞋）在每次使用前应进行外部检查，查看表面有无损伤、磨损或破漏、划痕等，如有砂眼漏气，应禁止使用。

6）绝缘靴（鞋）应存放在干燥、阴凉的地方，并存放在专用的柜内，要与其他工具分开放置，其上不得堆压任何物件。

7）绝缘靴（鞋）不允许放在过冷、过热、阳光直射和有酸、碱、药品的地方，以防胶质老化，降低绝缘性能。

8）绝缘靴（鞋）使用期限，制造厂规定以大底磨光为止，即当大底露出黄色面胶（绝缘层）时就不适合在电工作业中使用了。

9）绝缘靴（鞋）应定期进行试验，试验周期与标准应符合国家标准。

8. 绝缘垫

绝缘垫一般铺在配电室等地面上以及控制屏、保护屏和发电机、调相机的两侧，如图2-25所示，其作用与绝缘靴（鞋）基本相同。当进行带电操作开关时，可增强操作人员的对地绝缘，避免或减轻发生单相接地或电气设备绝缘损坏时接触电压与跨步电压对人体的伤害。在1kV以下低压配电室地面上铺绝缘垫，可作为基本安全用具起到绝缘作用（万一接触带电部位时也不致发生重大伤害）；而在1kV以上时，仅作辅助安全用具。

使用与保管注意事项如下：

1）在使用过程中，应保持绝缘垫干燥、清洁，注意防止与酸、碱及各种油类物质接触，以免受腐蚀后老化、龟裂或变黏，从而降低其绝缘性能。

图 2-25　绝缘垫

2）绝缘垫应避免阳光照射或锐利金属划刺，存放时应避免与热源（暖气等）距离太近，以防加剧老化变质，从而使绝缘性能下降。

3）使用过程中要经常检查绝缘垫有无裂纹、划痕等，发现有问题时立即禁用，并及时更换新垫。

4）绝缘垫应每半年用低温肥皂液清洗一次。

5）绝缘垫应每两年试验一次，试验标准应符合国家标准。

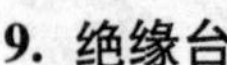

9. 绝缘台

绝缘台是在任何电压等级的电力装置中作为带电工作时使用的辅助安全用具。它的台面用干燥的、漆过绝缘漆的木板或木条做成，四角用绝缘瓷瓶作台脚，如图 2-26 所示。

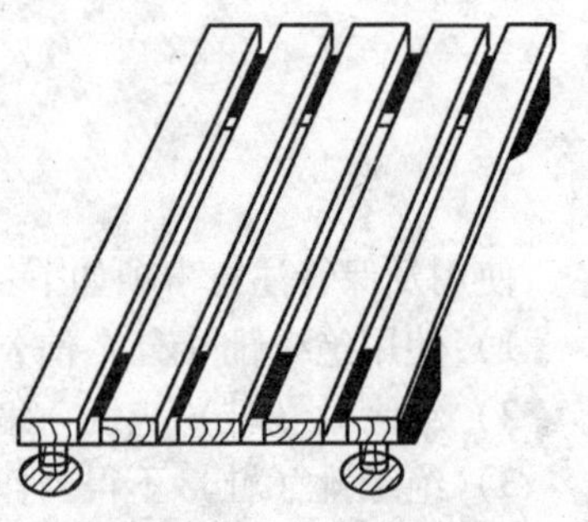

图 2-26　绝缘台

绝缘台面的最小尺寸是 0.80m × 0.80m。为便于移动、清扫和检查，台面不要做得太大，一般不超过 1.5m × 1.0m。台面条板间的距离不得大于 2.5cm，以免鞋跟陷入。台面的边缘不得伸出支持绝缘瓷瓶的边缘以外，以免工作人员站立在台面边缘时发生倾倒。绝缘瓷瓶的高度不小于 10cm。

使用及保管注意事项如下：

1）绝缘台必须放在干燥的地方。用于户外时，要避免台脚陷入泥中造成站台面触及地面，从而降低绝缘性能。

2）绝缘台的定期试验为 3 年一次。试验标准为不分使用电压等级，一律加交流电压 40kV，持续时间为 2min。

10. 安全帽

安全帽是对人体头部受外力伤害起防护作用的安全用具，如图 2-27a 所示。在变配电构架、架空线路等电气设施的安装或检修现场，以及在可能有上空落物的工作场所，都必须戴上安全帽，以免落物打伤头部。

安全帽的防护作用大体分为

1）对飞来物体击向头部时的防护。

2）万一从 2m 及以上高处坠落时对头部的防护。

3）在沟道内行走，头部碰到障碍物时的防护，或从交通工具上甩出时对头部的防护。

4）对工作人员头部触电或电击时的防护。

每一个作业人员必须学会正确使用安全帽，如果戴法和使用不正确，就不能起到充分的防护作用。对安全帽的使用和防护应注意以下 6 点：

1）安全帽帽衬是起缓冲作用的，帽衬松紧是由带子调节的。一般调节为人体头顶和帽壳内顶的空间至少要有32mm才能使用。这样做，不仅在遭受冲击时帽体有足够的空间可供变形，而且这种间隔也有利于头和帽体之间的通风。

2）安全帽必须戴正，不要把安全帽歪戴在脑后，否则会降低安全帽对于冲击的防护作用。

3）使用安全帽时，要把下颏带系结实，否则就可能在物体坠落时，由于安全帽掉落而起不到防护作用。另外，如果安全帽下颏带未系牢，即使帽体与头顶之间有足够的空间，也不能充分发挥防护作用，而且当头前后摆动时，安全帽容易脱落。

4）在使用过程中，要爱护安全帽，在休息时不要坐在上边，以免使其抗压强度降低或遭损坏。

5）使用安全帽前应仔细检查有无龟裂、下凹、裂痕和磨损等情况，千万不要使用有缺陷的帽子。另外，安全帽的材质会逐步老化变脆，必须定期检查更换。安全帽若保管、使用良好，可使用5年以上。

6）对于使用近电报警式安全帽，还应注意以下4点：

① 每次使用前，选择灵敏开关置于“高挡”或“低挡”，然后按一下安全帽的自检开关，若能发出音响信号，即可使用。

② 工作时头戴近电报警式安全帽接近电力线路或电气设备时至报警距离范围（每种近电报警式安全帽的开始报警距离不同，具体数据见厂家说明书），若发出了报警声音，则表明线路或设备带电，否则（可能）不带电。

③ 近电报警式安全帽不能代替验电器。在装设接地线之前，必须使用合格的验电器验证设备确无电压后，方可装设接地线。

④ 当发现自检报警声音降低时，表明电池已快耗尽，应及时更换电池。同时要注意安全帽的保管，不用时应将其放置于室内干燥、通风和固定位置。

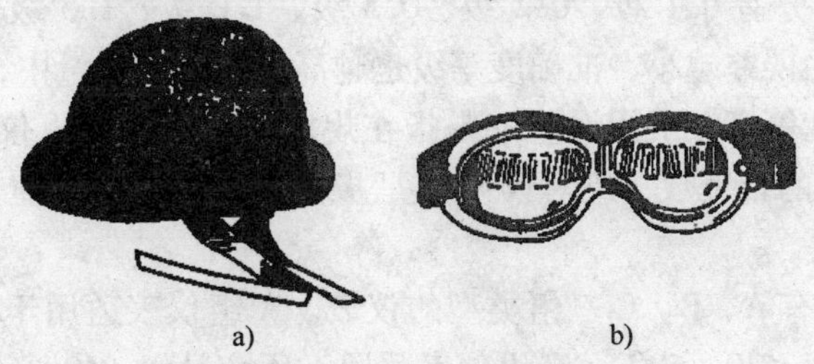

a)　　b)

图2-27　安全帽与护目镜

a）安全帽　b）护目镜

11. 护目镜

护目镜是在操作、维护和检修电气设备或线路时，用来保护眼镜使其免受电弧灼伤及防止脏物落入眼内的安全用具，如图2-27b所示。护目镜应是封闭型的，镜片玻璃要能够耐热并能在一般机械力作用下不致破碎。根据防护对象的不同，护目镜可分为防碎屑打击、防有害物体飞溅、防烟雾灰尘及防辐射线等。

护目镜被电气工作人员广泛使用，有关注意事项如下：

1）护目镜的选择要正确。要根据工作性质、工作场合选择相应的护目镜。如装、卸高压熔断器时，应选用防辐射护目镜；在向蓄电池内注入电解液时，应选防有害液体护目镜或戴防毒气封闭式无色护目镜。

2）护目镜的宽窄和大小要恰好适合使用者的要求。如果大小不合适，护目镜滑落到鼻尖上，结果就起不到防护作用。

3）护目镜要按出厂时标明的遮光编号或使用说明书使用，并保管于干净、不易碰撞的地方。

4）使用护目镜前应检查护目镜表面光滑，无气泡、杂质，以免影响工作人员的视线，镜架平滑，不可造成擦伤或有压迫感。同时，镜片与镜架衔接要牢固。

2.2 常用电工仪表的使用

电工测量所用的仪器仪表统称为电工仪表、电工使用电工仪表进行电流、电压、电功率和电阻等电工量的测量，以便掌握电气设备的特性、运行情况和检查电器元件的质量情况。电工仪表的种类很多，在这里仅介绍常用的万用表、绝缘电阻表、功率表、电能表等电工仪表。

2.2.1 电工仪表的分类

电工仪表的种类和规格很多，简单介绍常见的6种分类方法。

1）按其结构特点及工作原理分为磁电式、电磁式、电动式、感应式、整流式、静电式、电子式。其中磁电式、电磁式和电动式仪表是较常用的。

2）按使用方法分为安装式、便携式两种。安装式仪表是固定安装在开关板或电气设备面板上的仪表，又称面板式仪表。它的准确度一般不高，广泛应用于发电厂、配电所的运行监视和测量中；便携式仪表是可以携带的仪表，其准确度较高，广泛应用于电气试验、精密测量及仪表检定中。

3）按准确度等级分有0.1级、0.2级、0.5级、1.0级、1.5级、2.5级、5.0级共七级。数字越小，仪表的误差越小，准确度等级也越高。在电工测量中，通常用仪表的引用误差来表示仪表的准确度等级。引用误差 γ 是指在规定的工作条件下仪表的绝对误差 Δ 与仪表测量上限值 A_m 比值的百分数，绝对误差 Δ 是指仪表测量的指示值 A_x 与被测量的实际值 A_0 的差值。

4）按使用条件分有A、B、C三组类型的仪表。A组仪表适用于环境温度0~40℃；B组仪表适用于环境温度-40~50℃；C组仪表适用于环境温度-40~60℃。

5）按被测量的电学量的性质分为电流表、电压表、功率表、电能表、电阻表和多种用途的仪表。

电流表按其量程又分为安培表，是以安培为电流的计量单位，用A表示；毫安表，是以毫安为电流单位，用mA表示；微安表，是以微安为电流单位，用μA表示。

电压表按其量程又分为千伏表，以千伏为电压的计量单位，用kV表示；伏特表，以伏特为电压的计量单位，用V表示；毫伏表，以毫伏为电压的计量单位，用mV表示。

根据被测电流的种类不同，上述电流表和电压表又分为直流表、交流表和交直两用表。

多种用途仪表是指具有多种测量功能的仪表。如应用广泛的万用表，能测量电流、电压、电阻等多种电参数。又如万用电桥，除能测量电阻外，还能测量电容和电感。

6）按仪表的测量指示方式分为：①直读指示仪表，它把电量直接转换成指针偏转角，如指针式万用表：②比较仪表，它与标准器比较，并选取两者比值，如直流电桥；③图示仪表，它显示两个相关量的变化关系，如示波器；④数字仪表，它把模拟量转换成数字量直接显示，如数字万用表。

2.2.2　电工仪表的选用

1）电气测量仪表的准确度等级一般不得低于 2.5 级，发电机控制盘上的仪表及直流系统的仪表不应低于 1.5 级。在缺少 1.5 级仪表时，可用 2.5 级仪表加以调整，使其在正常工作条件下，误差达到 1.5 级的标准。

2）与仪表连接的分流器、附加电阻、电流互感器、电压互感器的准确度不应低于 0.5 级。而仅作电流或电压测量时，1.5 级和 2.5 级的仪表允许使用 1.0 级的互感器。非重要回路的 2.5 级电流表允许使用 1.0 级的互感器。

3）在选择仪表用互感器和仪表的测量范围时，应考虑设备在正常运行条件下使仪表的指示经常在仪表标尺工作量程的 2/3 以上，当电力设备过载时，也可以有适当的指示。

4）在可能出现短时间冲击过载的电气设备上，应装有标有过负载标记的电流表。

5）对于有互供设备的变配电所，应装设符合互供条件的电测仪表。例如，当功率有送、受电关系时，就需要安装两组电能表和有双向标度尺的功率表；对有可能出现两个方向电流的直流电路，也应装设有双向标度尺的直流电流表。

2.2.3　万用表

万用表是一种多功能、多量程便携式测量仪表，一般可用来测量电阻、直流电流、直流电压、交流电压、电平、电容、电感、晶体管直流参数等。万用表分机械式和数字式两种，每一种又有很多型号。

1. 机械式万用表的使用

机械式万用表的结构一般都是由表头（磁电式测量机构）、测量线路、功能与量程选择开关组成。现以 MF－50 型万用表为例，介绍其使用方法及注意事项。MF－50 型万用表如图 2-28 所示。

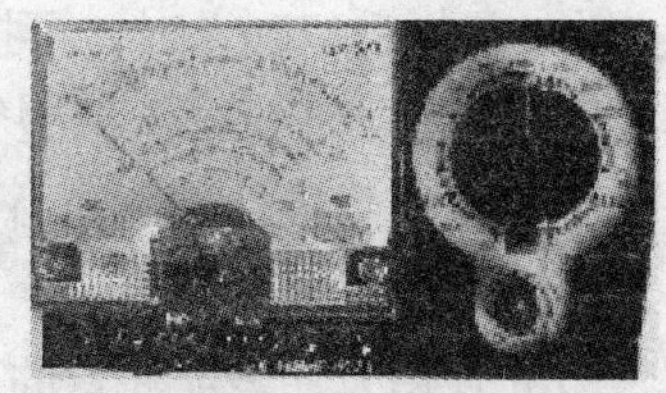

图 2-28　MF－50 型万用表

（1）电阻的测量

欧姆挡有 R×1、R×10、R×100、R×1k、R×10k 五个量程，欧姆挡的刻度线是上面第一条（∞～0）。测量时将红表笔插入“＋”插孔内，黑表笔插入“－”插孔内，把转换开关放在欧姆挡，选择合适的量程（应使被测电阻接近该量程的中心值）。先调零，即将两表笔短接，旋动调零旋钮，使表针指在欧姆挡刻度线 0 位处（如无法调至 0 位，需更换电池），然后即可测量电阻，测量时将被测电阻接在红黑表笔之间，表头的读数乘以倍率就是被测电阻的阻值。测量电阻时应注意不能带电测量，如果电路中有电容，应先将其放电后才能测量，另外不能在闭合回路中测量。

（2）直流电流的测量

直流电流挡有 2.5mA、25mA、250mA、100μA、2.5A 五个量程，其中 100μA 和 2.5A

为两个扩展量程，刻度线是第二条（0~250）。测量时将红、黑表笔分别插入“+”、“-”插孔中，根据所测电流的估计值旋动转换开关到直流电流挡适当的量程上，然后将万用表串入被测电路中。若万用表指针反偏则调换表笔。使用扩展量程时，将量程转换开关放在250mA量程上，黑表笔不动，将红表笔插入刻度盘下面相应的插孔内即可。测量时万用表应串入被测电路。切不可并联到电路上，以免损坏万用表。

（3）电压的测量

测量直流电压，将转换开关转至直流电压挡，并将红、黑表笔分别插入“+”、“-”插孔中。刻度线是第二条。直流电压挡有2.5V、10V、50V、250V、1000V五个量程，根据所测电压的估计值将转换开关置于合适的量程上。若所测量电压数值无法估计，可先用万用表的最高测量量程，若指针偏转很小，再逐级调低到合适的测量量程。测量时应注意正、负极性不要接错，以免指针反偏，损坏仪表。

测量交流电压，将转换开关转至交流电压挡，交流电压挡有10V、50V、250V、1000V四个量程。0~10V量程的刻度线是第三条，其余量程看第二条刻度线。测量交流电压时不分正、负极，所需量程由被测量电压高低来确定。若所测量电压数值无法估计，同直流电压测量方法一样，由高量程到低量程逐级调到合适的量程。

（4）晶体管放大倍数的测量

测量晶体管放大倍数时，先将转换开关转至R×1k的欧姆挡上并调零，然后将转换开关置于h_{FE}挡，将晶体管的各引脚插入刻度盘下面相应的插孔内。PNP型晶体管观察第四条刻度线，NPN型晶体管观察第五条刻度线，指针所指数值即晶体管的放大倍数。

（5）晶体管反向截止电流I_{ceo}的测量

I_{ceo}为集电极与发射极间的反向截止电流（基极开路）。转动开关至R×1k（或R×100或R×10或R×1）量程上，将测试棒两端短路，调节零欧姆电位器，使指针对准零欧姆（此时满刻度电流值约145μA，而R×1、R×10、R×100量程，对应为145mA、14.5mA、1.45mA）。分开测试棒，然后将欲测的晶体管插入管座内，指针指示数值约为反向截止电流值，当I_{ceo}大于145μA时，可换用R×100或R×10量程测量。NPN型晶体管应插入N型管座，PNP型晶体管应插入P型管座。

（6）二极管极性判别和晶体管引脚的辨别

参阅相关书籍。

（7）使用万用表应注意的事项

1）使用前，一定要仔细检查转换开关的位置选择，避免误用而损坏万用表。

2）使用时，不能旋转转换开关；特别是高电压和大电流时，严禁带电转换量程。

3）电阻测量必须在断电状态下进行。

4）使用完后，将转换开关旋至空挡或交流电压最高量程位置上。

2. 数字万用表的使用

数字万用表以其测量精度高、可靠性好、显示直观、速度快、功能全、小巧轻便、耗电量小以及便于操作等优点，受到人们的普遍欢迎，已成为电子、电工测量以及电子设备维修的必备仪表。下面以DT-930G型数字万用表为例说明其使用方法，DT-930G型数字万用表如图2-29所示。

(1) 电阻的测量

图2-29 数字万用表

将黑表笔插入“COM”插孔，红表笔插入“V/Ω”插孔。当输入端开路时屏幕显示过载符号“1.”，测量电阻时将电阻接在红、黑表笔之间，量程开关转至相应的电阻量程上，显示屏显示的数值即被测电阻值，如果电阻值超过所选量程，则显示屏会显示过载符号，这时应将开关转到高一挡上。

(2) 直流电流的测量

将黑表笔插入“COM”插孔，红表笔插入“mA”插孔（最大200mA）或“20A”插孔（最大20A）。将量程开关转至直流电流挡DCA相应的量程上，然后将表笔串入被测电路中，显示屏上则显示被测电流的数值及方向。若无法估计被测电流，应将量程放在最高挡，然后根据显示数值选择合适的量程。若显示屏上显示“1.”，则表明已超过量程范围，必须将量程开关转至高挡位上。注意最大输入电流为200mA或20A。过大的电流会将熔丝熔断，用20A挡位无保护，过大的电流将使电路发热，甚至损坏仪表。

(3) 直流电压的测量

将黑表笔插入“COM”插孔，红表笔插入“V/Ω”插孔，将量程开关转至直流电压DCV相应的量程上，然后将表笔并在被测电路上，显示屏上所显示的数值和方向即为被测电压值。若无法估计被测电压，应将量程放在最高挡，然后根据显示数值选择合适的量程。若屏幕上显示“1.”，则表明已超过量程范围，必须将量程开关转至高挡位上。测量电压不可超过1000V，否则会损坏仪表。

(4) 交流电流的测量

将黑表笔插入“COM”插孔，红表笔插入“mA”插孔（最大200mA）或“20A”插孔中（最大20A）。将量程开关转至交流电流挡ACA相应的量程上，然后将表笔串入被测电路中，显示屏上则显示被测电流的数值。若无法估计被测电流，应将量程放在最高挡，然后根据显示数值选择合适的量程。若屏幕上显示“1.”，则表明已超过量程范围，必须将量程开关转至高挡位上。注意最大输入电流为200mA或20A。过大的电流会将熔丝熔断，用20A挡位无保护，过大的电流将使电路发热，甚至损坏仪表。

(5) 交流电压的测量

将黑表笔插入“COM”插孔，红表笔插入“V/Ω”插孔，将量程开关转至交流电压ACV相应的量程上，然后将表笔并在被测电路上，显示屏上则显示被测电压的数值。若无法估计被测电压，应将量程放在最高挡，然后根据显示数值选择合适的量程。若屏幕上显示“1.”，则表明已超过量程范围，必须将量程开关转至高挡位上。测量电压不可超过700V，否则会损坏仪表。

(6) 电容的测量

将量程开关置于相应的电容量程上，将被测电容插入“CX”插孔。若被测电容超过所选量程的最大值，显示屏上会显示“1.”，此时应将量程开关转至高一挡位上。在测量电容之前，屏幕显示可能尚未回零，残留读数会逐渐减少，它不会影响测量结果。

(7) 二极管及通断测试

将黑表笔插入“COM”插孔，红表笔插入“V/Ω”插孔（红表笔极性为正）；将量程开关置二极管测试挡，并将表笔接到被测二极管上，红表笔接二极管正极，黑表笔接二极管负极，读数为二极管正向压降的近似值；将表笔连接到待测线路的两点，如果内置蜂鸣器发声，则两点之间电阻值低于70Ω。

（8）晶体管放大倍数的测量

将量程开关置于h_{EF}挡，确定所测晶体管为PNP型或NPN型，将发射极、基极、集电极分别插入相应的插孔，显示屏上显示的数值即为晶体管的放大倍数。

（9）频率的测量

将表笔或屏蔽电缆接入“COM”和“V/Ω”输入端，量程开关转到频率挡上，将表笔或屏蔽电缆接在信号源或被测负载上，显示器上显示被测信号的频率。注意：禁止输入超过250V直流或交流峰值的电压，以免损坏仪表。

（10）注意事项

1）当显示屏出现“LOBAT”或“~”时表明电池电压不足应更换。装换电池时，关掉电源开关，打开电池盒后盖，即可更换。

2）当测量电流没有读数时，请检查熔丝。过载保护熔丝熔断后更换时，需打开整个后端盒盖，即可更换。

3）测量完毕，应关闭电源，若长期不用，应取出电池，以免产生漏电损坏仪表。

4）这种仪表不宜在日光及高温、高湿的地方使用与存放。其工作温度为0~40℃，相对湿度小于80%。

2.2.4　绝缘电阻表

绝缘电阻表是专门用来测量绝缘电阻值的便携式仪表，俗称摇表、兆欧表，在电气安装、检修和试验中应用十分广泛。

绝缘电阻表分指针式绝缘电阻表和数字绝缘电阻表。

1. 指针式绝缘电阻表

指针式绝缘电阻表主要由直流发电机、磁电式比率表和测量线路组成，其外形如图2-30所示。

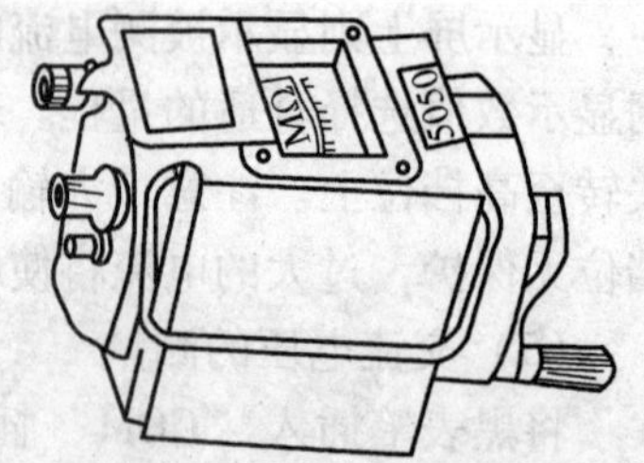

图2-30　绝缘电阻表

（1）选择绝缘电阻表测量范围的原则

不使测量范围过多地超出被测绝缘电阻的数值，以免因刻度较粗产生较大的读数偏差。绝缘电阻表的额定电压一定要与被测电气设备或线路的工作电压相适应。一般测量50V以下的用电器绝缘，可选用250V绝缘电阻表；测量50~500V的电器设备绝缘，选用500V绝缘电阻表为宜；额定电压在500V以上的电器设备绝缘，应选用1000V或2500V的绝缘电阻表；对于绝缘子、母线等要选用2500V或3000V的绝缘电阻表。

（2）绝缘电阻表的使用方法

使用绝缘电阻表时，需在设备不带电的情况下进行。为此，测量前必须将被测电气设备的电源断开，并对被测设备进行充分的放电，以排除断电后其电感、电容带电的可能性。另外，测量前必须对被测设备进行清洁处理，以防止灰尘、油污等因素对测量结果的影响。

绝缘电阻表上有三个接线端子，分别标着“线路（L)”接线端子、“接地（E)”接线端子、“屏蔽（G）”接线端子。进行一般测量时，将被测绝缘电阻接到“L”和“E”两个接线端子上。

使用绝缘电阻表前应进行检查。将绝缘电阻表平稳放置，先使“L”、“E”两个端子开路，摇动手摇发电机的手柄，使发电机的转速达到额定转速，这时的指针应该指在标尺的“∞”刻度处；然后再将“L”、“E”短接，并缓慢摇动手柄，指针应指在“0”位，短接时必须缓慢摇动，以免电流过大烧坏绕组。如果指针不指在刻度线的“∞”或“0”位上，必须对绝缘电阻表进行检修后才能使用。

若测量线路对地的绝缘电阻时，应将被测端接到“L”接线端子上，而“E”端子接地，如图2-31a所示。测量电动机或变压器绕组间绝缘电阻时先拆除绕组间的连接线，将“E”、“L”端分别接于被测的两相绕组上，如图2-31b所示。测量电动机或设备对地绝缘电阻时，“E”端接电动机或设备外壳，“L”端接被测绕组的一端，如图2-31c所示。当被测对象为芯线与外皮之间的绝缘电阻时，除将被测两端分别接“L”和“E”两个接线端子外，还要将电缆芯线与外皮之间的绝缘层接到屏蔽接线端子“G”上（以消除因电缆表面潮湿等因素而产生的漏电流引起的测量误差），如图2-31d所示。然后转动手柄（一般规定为120r/min），读数时一般以1min后的读数为准，即可测得其绝缘电阻。

当绝缘电阻表没有停止转动和被测物没有放电之前，不可用手去触及被测物的测量部分，或进行拆除导线的工作。在测量具有大电容设备的绝缘电阻之后，必须将被测物对地放电，然后再停止绝缘电阻表发电机手柄的转动，这主要是防止电容放电而损坏仪表。

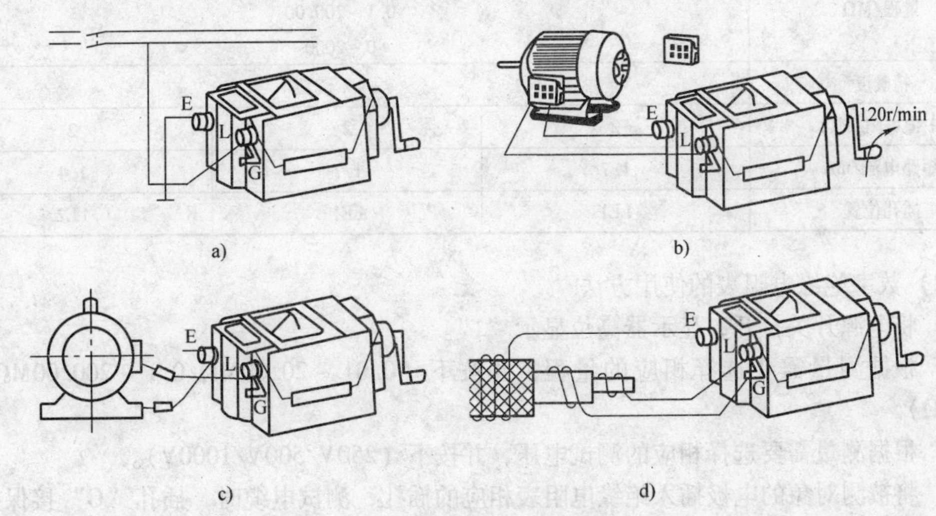

图2-31　绝缘电阻表的接线方法

a）测量线路的绝缘电阻　b）测量电动机的相间绝缘电阻　c）测量电动机的接地绝缘电阻　d）测量电缆的绝缘电阻

2. 数字绝缘电阻表

数字绝缘电阻表采用三位半LCD显示，测试电压由直流电压变换器将9V直流电压变成250V/500V/1000V直流电压，并采用数字电桥进行高阻测量。具有量程宽、读数直观、携带使用方便、整机性能稳定等优点，适用于各种绝缘电阻的测量。图2-32所示是数字绝缘电阻表的外形。

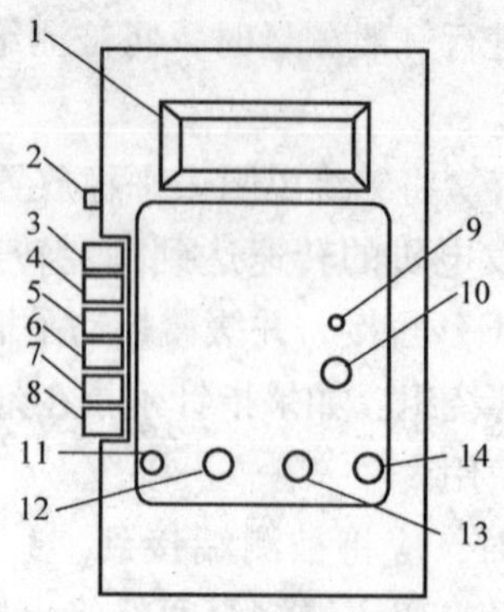

图 2-32 数字绝缘电阻表

1—LCD 2—电源开关（自锁式电源开关） 3、4、5—量程选择开关（0.01~20.00MΩ/0.1~200.0MΩ/0~2000MΩ） 6、7、8—电压选择开关（250V/500V/1000V） 9—高压指示（LED 显示） 10—自复式测试按键（PUSH） 11—G 屏蔽端，测电缆时接保护环电极 12—L 线路端，接被测对象线路端 13、14—E1/E2 接地端，接被测对象的地端

（1）数字绝缘电阻表的技术数据

数字绝缘电阻表的技术数据见表 2-2。

表 2-2 数字绝缘电阻表的技术数据

测试电压/V	250（1±10%）	500（1±10%）	1000（1±10%）
量程/MΩ	0.01~20.00 0.1~200.00 0~2000		
精确度	±4%读数		
中值电阻/MΩ	2	2	2
短路电流/mA	1.7	1.7	1.4
插孔位置	LE1	LE1	LE2

（2）数字绝缘电阻表的使用方法

1）将电源开关打开，显示器高位显示“1”。

2）根据测量需要选择相应的量程，并按下（0.01~20.00MΩ/0.1~200.00MΩ/0~2000MΩ）。

3）根据测量需要选择相应的测试电压，并按下（250V/500V/1000V）。

4）将被测对象的电极插入绝缘电阻表相应的插孔，测试电缆时，插孔“G”接保护环。

5）将输入线“L”接至被测对象线路端，要求“L”引线尽量悬空，“E1”或“E2”接至被测对象接地端。

6）压下测试按键“PUSH”（此时高压指示 LD 点亮）测试进行，当显示值稳定后即可读数，读值完毕后松开“PUSH”按键。

7）若显示器最高位仅显示“1”，则表示超量程，需要换至高量程挡，当量程按键已处在 0~2000MΩ 挡时，则表示绝缘电阻已超过 2000MΩ。

（3）数字绝缘电阻表使用注意事项

1）测试前应检查被测对象是否完全脱离电网供电，并应短路放电再进行操作，以保障测试操作安全。

2）测试时，不允许手持测试端，以保证读数准确和人身安全。

3）测试时如显示读数不稳，有可能是环境干扰或绝缘材料不稳定的影响，此时将“G”端接到被测对象屏蔽端，可使读数稳定。

4）电池不足时LCD上有欠电压符号“LOBAT”显示，请及时更换电池。长期存放时应取出电池，以免电池漏液损坏仪表。

5）由于仪表具有自动关机功能，如在测试过程中遇到仪表自动关机，则需关闭电源开关，再重新打开开关，即可恢复测试。

6）空载时，如有数字显示，属正常现象，不会影响测试。

7）为保证测试安全和减少干扰，测试线采用硅橡胶材料，请勿随意更换。

8）仪表请勿置于高温、潮湿处存放，以延长使用寿命。

2.2.5　功率表

功率表俗称瓦特表，是用来测量电路功率的仪表。常用的功率表为电动系仪表，由电动系测量机构和附加电阻构成，它既可以测量直流电路的电功率，也可以测量正弦和非正弦交流电的功率。功率表分单相功率表和三相功率表。

在选用功率表时，首先要考虑功率表的电压量程和电流量程，使电流量程允许通过负载电流，电压量程不能低于负载电压。此外，还要根据被测电路交流负载功率因数的大小考虑选用普通功率表还是低功率因数功率表。对功率因数很低的负载，应选用低功率因数功率表去测量，以保证测量的准确度。

1. 单相功率表的使用

功率表通常都是多量限的，一般有两个电流量限，两个或三个电压量限。标度尺上只标出分度格数，不标注瓦特数。读数时，应先根据所选的电压、电流量程以及标度尺满度时的格数，求出每格瓦特数（又称功率表常数），然后再乘以指针偏转的格数，即得到所测功率的瓦特数。图2-33所示为多量程功率表的外形及内部接线。现以D26－W型功率表为例说明其使用方法。

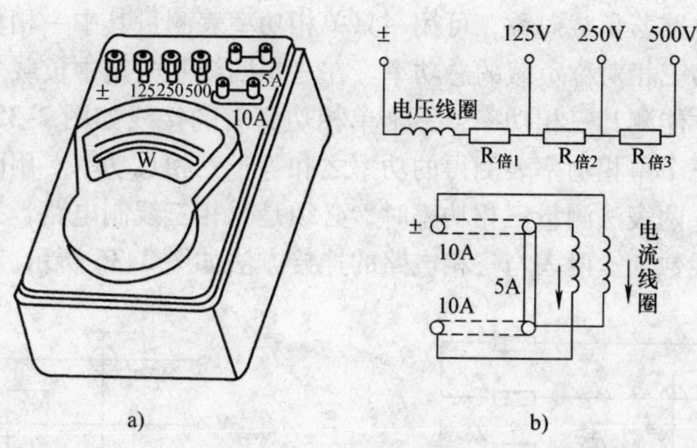

图2-33　多量程功率表
a）外形图　b）内部接线图

（1）功率表接线

功率表上标有“＊”号的电流端和电压端被称为发电机端。这是为了使接线不致发生错误而标出的特殊标记。功率表的正确接法必须遵守“发电机端”的接线规则，即功率表标有“＊”号的电流端必须接至电源的一端，而另一电流端则接至负载端。电流线圈是串联接入电路的。功率表上标有“＊”号的电压端钮可以接至电流端的任意一端，而另一个电压端则跨接至负载的另一端。功率表的电压支路是并联接入被测电路的。

（2）功率表接线方式的正确选择

功率表有两种不同的接线方式，即电压线圈前接和电压线圈后接。

1）电压线圈前接法如图 2-34a 所示，适用于负载电阻远比电流线圈电阻大得多的情况。因为这时电流线圈中的电流虽然等于负载电流，但电压支路两端的电压包含负载电压和电流线圈两端的电压，即功率表的读数中多出了电流线圈的功率消耗。如果负载电阻远比电压线圈电阻大，那么引起的误差就比较小。

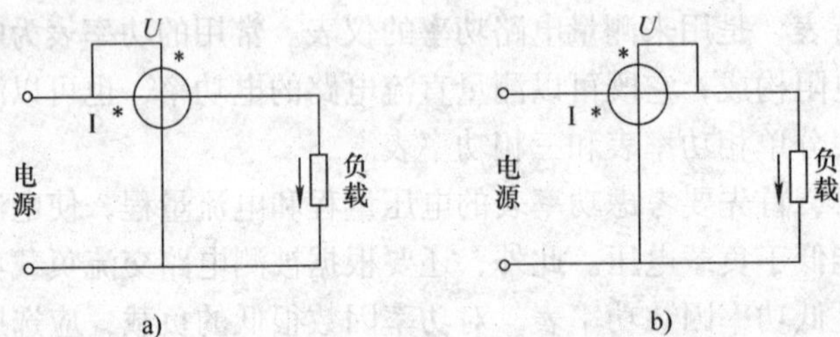

图 2-34　功率表接线方式

2）电压线圈后接法如图 2-34b 所示，适用于负载电阻远比电压支路电阻小得多的情况。此时与电压线圈前接法情况相反，虽然电压支路两端的电压与负载电压相等，但电流线圈中的电流却包括负载电流和电压支路电流。如果电压线圈的电阻远比负载电阻大，则电压支路的功耗对测量结果的影响就较小。

（3）单相功率表测量三相功率

在三相四线制电路若负载对称，可用一只单相功率表测量其中一相负载的功率，然后将该表读数乘以 3 即为三相对称负载的总功率。在三相四线制电路中负载多数是不对称的，需用三个单相功率表才能测其三相功率，三个单相功率表的接线如图 2-35 所示。每个功率表测量一相的功率，三个单相功率表测得的功率之和等于三相总功率。用两个单相功率表测三相三线制电路功率，两表法测量三相功率时，必须是三相三线制电路，三相总功率等于两只功率表测得的功率代数和。两表与三相电路的连接方法如图 2-36 所示。两功率表的电流线

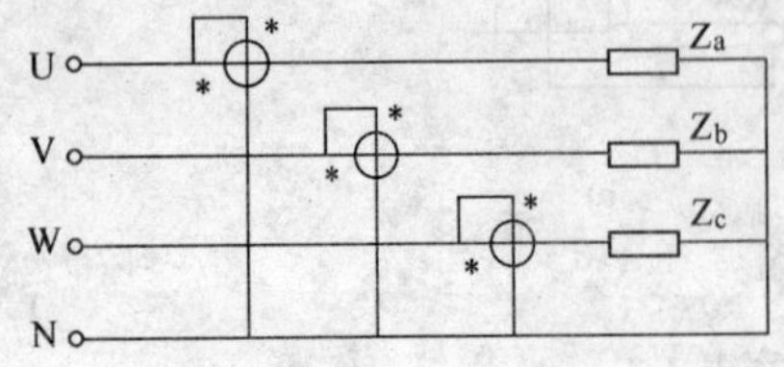

图 2-35　不对称三相四线负载功率的测量

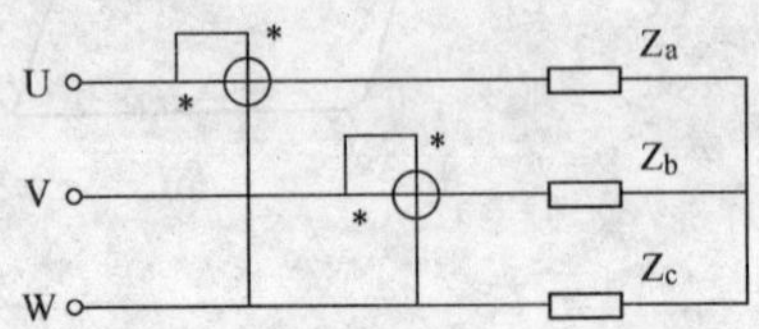

图 2-36　两表法测量三相功率

圈串联接入任意两线，使通过电流线圈的电流为三相电路的线电流（电流线圈的“＊”端必须接到电源侧）；两功率表电压线圈的“＊”端必须接到该功率表电流线圈所在的线，而另一端必须同时接到没有接功率表电流线圈的第三条线上。

2. 三相功率表的使用

常用的三相功率表有三相二元功率表和三相三元功率表两种。三相二元功率表适用于测量三相三线制或负载完全对称三相四线制的电路。三相三元功率表则适用于测量一般三相四线制电路的功率。

三相二元功率表具有两个独立单元，每一个单元就相当于一个单相功率表。它有 7 个接线端钮，其中 4 个为电流端钮，另外 3 个为电压端钮，接线如图 2-37a 所示。接线时，电流线圈带＊端钮分别接至 U 和 W 相的电源侧，使电流线圈通过线电流；电压线圈带＊端钮分别接 U 和 W 相的电源侧，无＊标志的端钮接 V 相，使电压支路承受线电压。

三相三元功率表包含 3 个独立单元，用来测量三相四线制线路功率，接线如图 2-37b 所示。仪表外壳上有 10 个接线端钮，包括 3 个电流线圈的 6 个端钮和 3 个电压线圈的 4 个端钮。接线时将 3 个电流线圈分别串联在三相线路中，3 个电压线圈则应分别并联在三根线路和零线上。

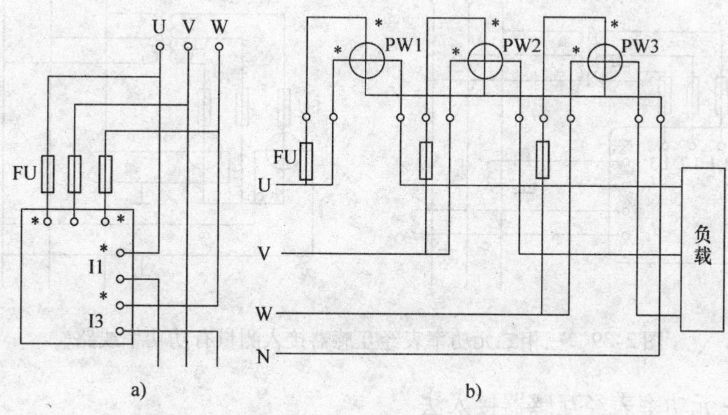

图 2-37　三相功率表测量三相有功功率线路

3. 三相功率表经互感器接入测量有功功率线路

在测量高电压或负荷电流很大的功率时，要通过电压或电流互感器与功率表相接。若电压高则接入电压互感器，若负载电流很大，则接入电流互感器。接线时除功率表电流和电压量限应满足互感器二次侧额定电流和电压（电流互感器二次侧额定电流为 5A，电压互感器二次侧额定电压为 100V）外，还应注意功率表的极性不能接反；并应根据电压和电流互感器的电压比和电流比计算出功率表的倍率。配用互感器的三相功率表的表盘刻度实际上是按扩大量限后的数值刻度的。

图 2-38 所示为电流互感器的外形和接线，电流互感器二次绕组标有“K1”或“+”的接线端子要与功率表带“＊”的电流线圈的进线端子连接，标有“K2”或“-”的接线端子要与功率表电流线圈的出线端子连接，不可接反。电流互感器的一次侧标有“L1”或“+”、“L2”或“-”，标有“L1”接线端子应接主回路电源进线，标有“L2”的接线端子应接主回路电源出线。电流互感器二次侧“K2”接线端子的外壳和铁心都必须可靠接地，

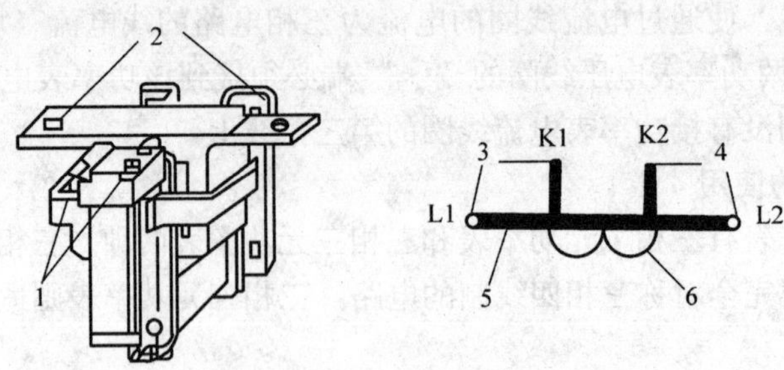

图 2-38　电流互感器

1—二次绕组接线柱　2—一次绕组接线柱　3—进线柱　4—出线柱

5—一次绕组　6—二次绕组

安装时电流互感器应装在功率表的上方。

（1）三相二元功率表经互感器接入法

这种方法可以测量三相三线制线路的三相有功功率，如图 2-39 所示。

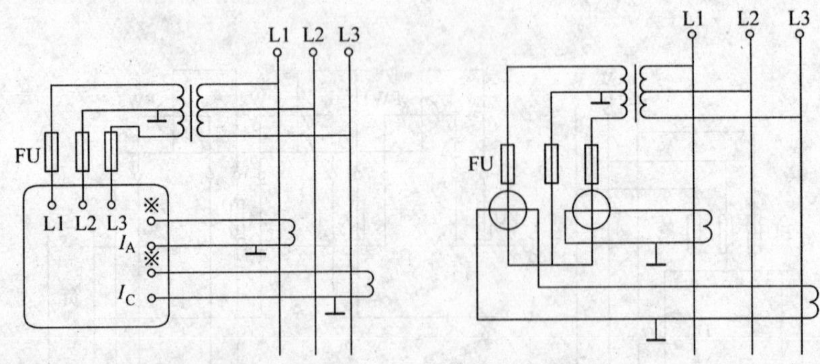

图 2-39　三相二元功率表经互感器接入测量有功功率线路

（2）三相三元功率表经互感器接入法

在三相四线制中性点接地低压 380/220V 供电系统中，为了满足三相功率表扩大电流量限的需要，可经电流互感器接入三相三元功率表。读数时应乘以电流互感器的电流比（倍率）。接线时，应将电流互感器的 K1 端分别按入功率表带“＊”的电流接线端子，K2 端接入不带“＊”的电流端子，且 K2 端应接地或接零。带“＊”的电压端子应接在电流互感器的 L1 端，不带“＊”的电压端子接在零线上，如图 2-40 所示。

4. 三相无功功率测量线路

（1）一表法测量三相无功功率线路

由电工学知识可知，单相交流电路中的无功功率为 $Q = UI\sin\varphi = UI\cos(90° - \varphi)$。由此可知，如果改变接线方式，设法使功率表电压支路上的电压 U 与电流线圈上的电流 I 之间的相位差为（$90° - \varphi$），这样就可用有功功率表测量无功功率。

在对称三相线路中，线电压 U_{VW} 与相电压 U_U 之间有相位差，也就是当相电压 U_U 和相电流 I_U 之间差 φ 角时，U_{VW} 和 I_U 之间相差（$90° - \varphi$）相位角。如图 2-41 所示，把 U_{VW} 加到功率表的电压支路上，电流线圈仍然接在 U 相，这时功率表的读数为 $Q_1 = U_{VW}I_U\cos$

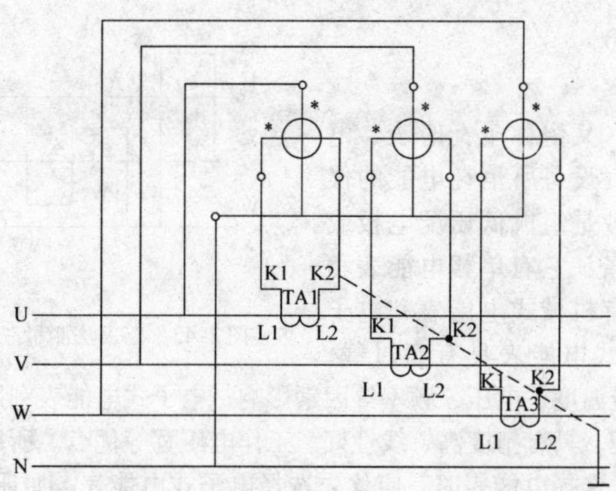

图 2-40　三相三元功率表经互感器接入测量有功功率线路

$(90°-\varphi)$。而对称三相电路中的无功功率为 $Q=U_L I_L \sin\varphi$（U_L、I_L 为线电压与线电流）。

比较上面两个式子可知，只要把上述有功功率表读数 Q_1 乘以$\sqrt{3}$，就可得到对称三相线路的总无功功率，即 $Q=\sqrt{3}Q_1$。

（2）二表法测量三相无功功率线路

用两只功率表或三相二元功率表测三相线路无功功率可按图 2-42 接线，得到的三相线路无功功率 $Q=\frac{\sqrt{3}}{2}(Q_1+Q_2)$。当电源电压不完全对称时，二表跨相法比一表跨相法误差小，因此实际中常用二表跨相法测量三相线路的无功功率。

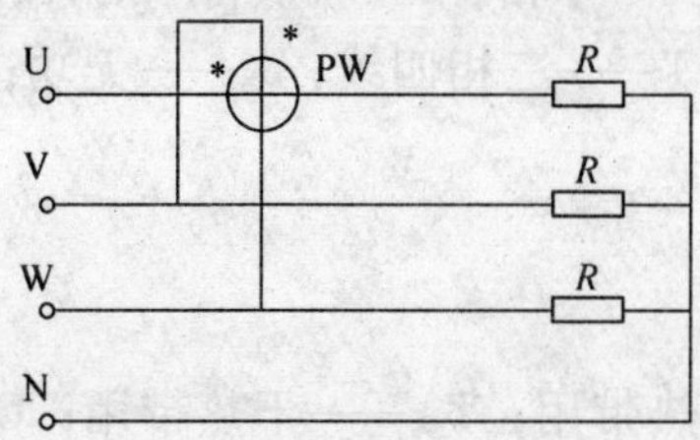

图 2-41　一表法测量三相无功功率线路

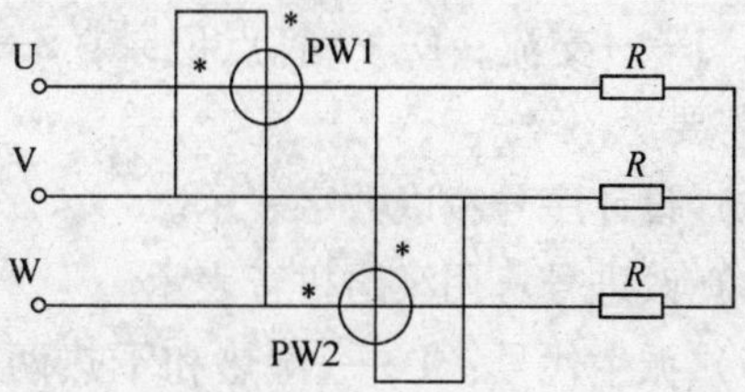

图 2-42　二表法测量三相无功功率线路

（3）三表法测量三相无功功率线路

在实际被测线路中，三相负载大部分是不对称的，这就需要用三表法测量，接线如图 2-43 所示，三只有功功率表所测的无功功率分别为 $Q_1=U_{VW}I_U\cos(90°-\varphi)=U_{VW}I_U\sin\varphi=\sqrt{3}Q_U$，$Q_2=U_{WU}I_V\cos(90°-\varphi)=U_{WU}I_V\sin\varphi=\sqrt{3}Q_V$，$Q_3=U_{UV}I_W\cos(90°-\varphi)=U_{UV}I_W\sin\varphi=\sqrt{3}Q_W$（$Q_U$、$Q_V$、$Q_W$ 分别为 U 相、V 相、W 相无功功率），故三相总功率为 $Q=Q_U+Q_V+Q_W=\frac{1}{\sqrt{3}}(Q_1+Q_2+Q_3)$。即只要把 3 只功率表上的读数相加后再除以$\sqrt{3}$，就得到了三相电路的总无功功率。因此，三表法适用于电源对称、负载对称或不对称的三相三线制和三相四线

制线路。

2.2.6 电能表

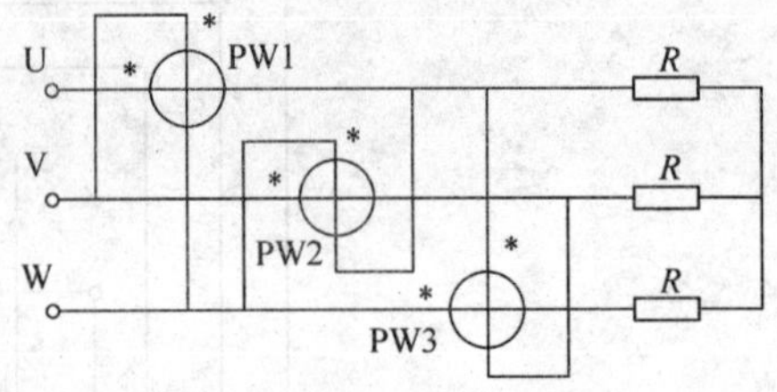

图 2-43　三表法测量三相无功功率线路

电能表俗称电表，又俗称千瓦时表、电能表，是用来计量电气设备所消耗电能的仪表。它具有累计功能，是组成低压配电板或配电箱的主要电气设备，它有单相电能表和三相电能表之分，又有机械式电能表和电子式电能表之分。机械式电能表具有高过载、价格低等优点，但易受温度、电压、频率等因素影响；电子式电能表利用集成电路将采集到的电脉冲信号进行处理，具有精度高、线性好、工作电压宽等优点。所以电子式电能表正逐步取代机械式电能表，选择电能表时，应优先选择电子式电能表。照明配电箱（盘）中单相电能表用得较多，动力箱（盘）中三相电能表用得较多。

1. 电能表的型号

电能表的型号含义为

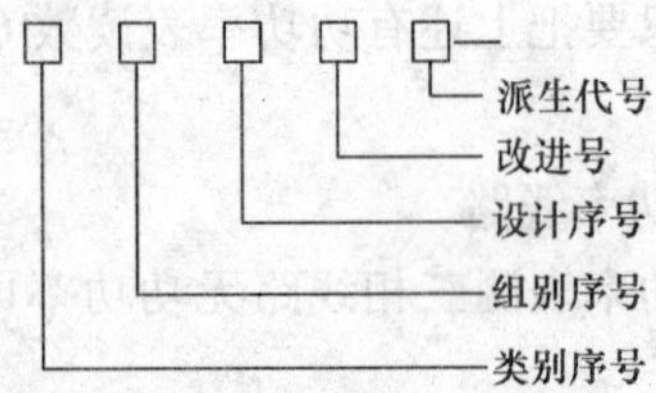

1）类别代号：交流电能表类别代号均为 D。

2）组别代号：A——安培小时计；B——标准；D——单相；F——伏特小时计；H——总耗；J——交流；L——打点记录；S——三相三线；T——三相四线；X——无功；Z——最大需要。

3）设计序号：以数字表示。

4）改进号：用汉语拼音表示。

5）派生代号：T——湿热和干热两用；TH——湿热带用；TA——干热带用；G——高原用；H——一般用。

2. 电能表的铭牌

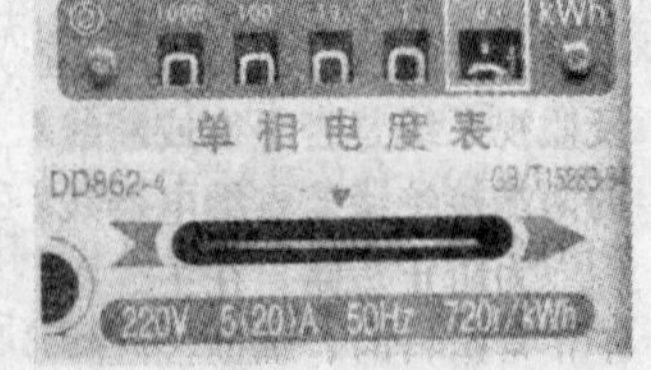

图 2-44　电能表的铭牌

电能表的铭牌上有额定电压、标定电流、额定最大电流、电源频率、电能表常数等参数。图 2-44 所示为一单相电能表的铭牌，图的上侧为电能表计量的数值（多少千瓦时）；下侧标有如下参数：~220V、5(20)A、50Hz、720r/kWh，表示此表的工作电源电压为交流 220V、标定电流为 5A（额定最大电流为 20A）、电源频率为 50Hz、额定电压每走 1kWh 铝盘转 720 圈。

电能表表盘上的两个电流值 5(20)A，其中 5A 是标定电流，它表示电能表计量电能时的标准计量电流；20A 是额定最大电流值，是指电能表长期工作在误差范围内所允许通过的最大电流，电能表可以在额定最大电流时工作，但不宜超过此电流长期使用。

3. 电能表的结构和工作原理

交流电能表一般都是采用感应原理制成的。电能表的结构如图2-45所示，它由电流线圈、电压线圈及铁心、铝盘、转轴、轴承、数字盘等组成。电流线圈串联于电路中，电压线圈并联于电路中。在用电设备开始消耗电能时，电压线圈和电流线圈产生主磁通穿过铝盘，在铝盘上感应出涡流并产生转矩，使铝盘转动，带动计数器计算耗电的多少。用电量越大，所产生的转矩就越大，计量出用电量的数字就越大。

4. 单相电能表

常见单相电能表的外形如图2-46所示。

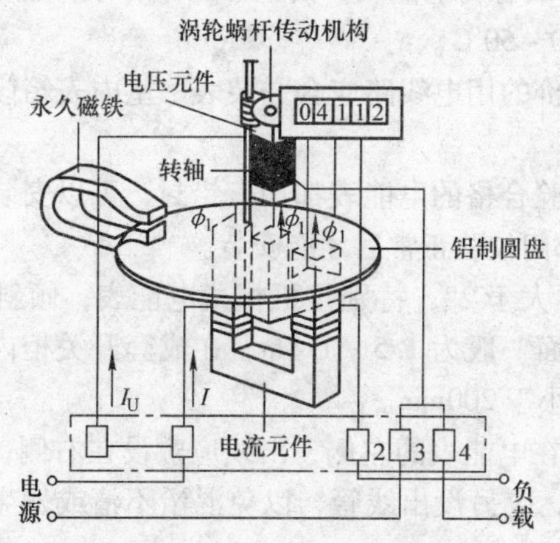

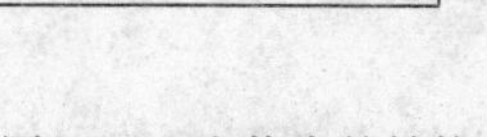

图2-45　电能表的结构

图2-46　单相电能表

（1）单相电能表的选用

单相电能表额定电压为220V，额定电流有2.5A、5A、10A、15A、20A和25A等规格。额定电流越大，可以通过的电流越大，但是不是额定电流越大越好。

选用要根据负载来确定，也就是说所选电能表的额定电流或容量是根据电路中负载的大小来确定的，额定电流或容量选择大了，电能表不能正常转动，会因本身存在的误差影响计算结果的准确性；额定电流或容量选择小了，会有烧毁电能表的可能，会使电能表过载，严重时有可能烧毁电能表。由于新型电能表又都有4倍左右的过载能力，额定电流乘以220V即是其额定功率。例如5A（20A）的电能表，可带标定负载功率为220×5W=1100W=1.1kW，其额定最大负载功率为220×20W=4400W=4.4kW。

同理如果知道用户负载的总容量，也可以选择电能表。选择电能表的一般原则为，应使所选用的电能表负载总功率为用户实际用电总功率的1.25～4倍。例如：家庭使用照明灯6盏，约为160W；使用电视机、电冰箱等电器，约为840W；由此得：（160+840）×1.25W=1250W，（160+840）×4W=4000W，因此选用电能表的负载功率为1250～4000W。查表2-3可知，应选用5A(20A）的电能表。又如，某家庭的总用电量为5kW，查表2-3可知，应选用10A(40A）的电能表。常见的电能表所带的负载见表2-3。

表 2-3　单相电能表对应负载参数表

标定电流（额定最大电流）/A	2.5（10）	5（20）	10（40）	15（60）	20（80）	25（100）
额定功率（最大功率）/kW	0.55/2.2	11/4.4	2.2/8.8	3.3/13.2	4.4/17.6	5.5/22

（2）单相电能表的安装与接线

1）电能表安装地点应安装在干燥、稳固的地方，避免阳光直射，忌湿、热、霉、烟、尘、沙及腐蚀性气体。

安装地点应干燥、稳固、避免阳光直射、便于抄表，且无灰尘、热源、机械振动或磁场干扰（距离100A以上的导线不应小于40m），距离热力管道不小于0.5m。装于室外时，应采取防雨、避雷措施，避免因雷击而使电能表烧毁。

安装地点的环境温度应符合以下要求：对1.0级有功电能表，其正常工作的环境温度为0～40℃；2.0级有功电能表工作的环境温度为－10～50℃。

2）不同电价的用电线路应分别装表，同一电价的用电线路应合并装表。室内表箱门应设玻璃，公用场所表箱门应加锁。

3）安装前应注意铅封。新购买的电能表或检验合格的电能表都加有铅封，可以安装使用。如无铅封或存储期过长的电能表，应到计量部门校验正常后才能安装。

4）电能表应垂直安装，前后左右的倾斜度不大于2°，特别是机械式电能表，倾斜5°时，会引起10%的计量误差；电能表中心距离地面一般为1.5～1.8m，在成套开关柜内安装时，距地面不得低于0.7m，两表中心距离不应小于200mm。

5）进线接电源，出线接负载，且进线应敷设在电能表的左侧，出线应敷设在右侧；若用线管敷设，出线不可穿入电能表进线的管子内，应另设出线管，以免混淆不清或发生短路，影响电能表的正常计量。

6）使用铝线时应注意，由于铜铝线接触易氧化，所以接入端钮盒的引入线最好用铜线，以防因接触不良而影响计量和供电，电流线圈应串联在相线上，电压线圈应并联在电路中。

7）在电压220V、电流10A以下的单相交流电路中，电能表可以直接接在交流电路上，如图2-47所示。电能表必须按接线图接线（在电能表接线盒盖的背面有接线图）。常用单相电能表的接线盒内有四个接线端，自左向右按1、2、3、4编号。

单相电能表（电能表）的接线方式，主要有直接接入式（直入式）和经电流互感器接入（带电流互感器）两种。直入式按照表内接线方式不同，又可分跳入式和顺入式两种。

国产单相电能表绝大多数是跳入式，在电压220V、电流10A以下的单相交流电路中，电能表可以直接接在交流电路上，电能表必须按接线图接线（在电能表接线盒盖的背面有接线图）。如图2-47a所示，其端子1、2为电流线圈，串联在相线中；端子3、4在表内短接后与电压线圈尾端相连，表外则与零线相接，端子1、4或1、3为电压线圈与线路并联。

8）如果负载电流超过电能表电流线圈的额定值，则应通过电流互感器接入电能表，如图2-48所示。

5. 三相有功电能表

三相有功电能表分三相四线制有功电能表、三相三线制有功电能表及无功能电能表，三相四线制有功电能表的常见外形如图2-49所示。

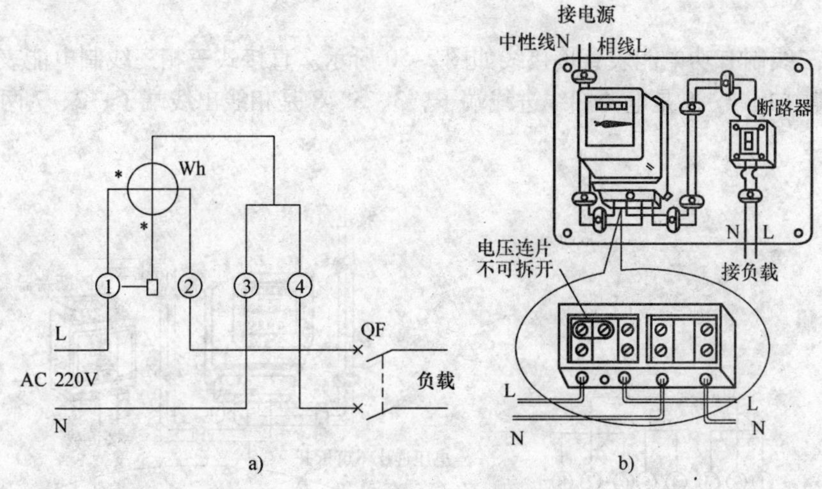

图 2-47　单相电能表接线

a）接线原理图　b）实际接线图

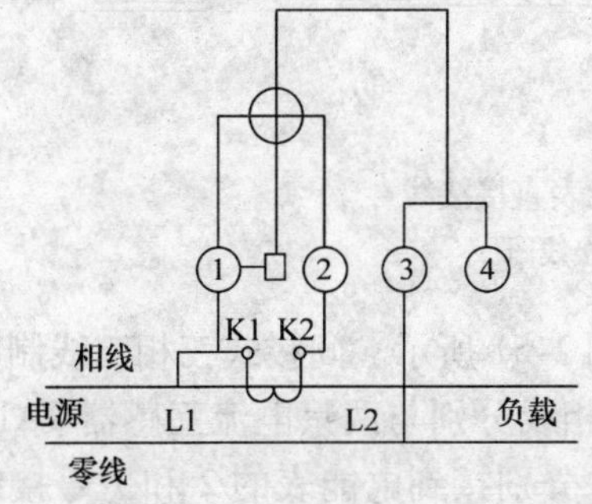

图 2-48　使用电流互感器的单相电能表接线

图 2-49　三相四线制有功电能表的外形

（1）三相电能表的选用

三相电能表按接线方式分为三相三线制电能表和三相四线制电能表，分别与三相三线制电路和三相四线制电路相接。三相三线制有功电能表的额定电压一般为 380V，额定电流有 5A、10A、15A、20A、25A、50A 和 75A 等多种。三相四线制有功电能表用于动力和照明混合供电的三相四线制线路中，它的额定电压一般为 220V，额定电流有 5A、10A、15A、20A、25A、50A 和 75A 等多种。

三相电能表的负载应在额定负载的 10% ~400% 内，例如 20A 的电能表应在负载电流为 2 ~80A 内使用。最好使所选电能表的标定电流等于或接近于用户的最大负载电流，以满足用户将来增容的需要。所以当负载平衡时，可计算出单相负载功率，然后按单相电能表的选择方法来选配电能表。

（2）三相电能表的安装与接线

三相电能表的安装要求与单相电能表的安装要求相同。

有功电能表接线的关键是电压线圈应并联在线路上，而电流线圈则应串联在线路上。具体接线时，应以电能表的接线图为依据。各种电能表的接线端子，均为从左到右的顺序编号。

1）三相三线制有功电能表直接接线如图2-50所示。直接式三相三线制电能表共有八个接线端子，其中1、4、6是电源相线进线端子，3、5、8是相线出线端子；2、7两个端子可空着。

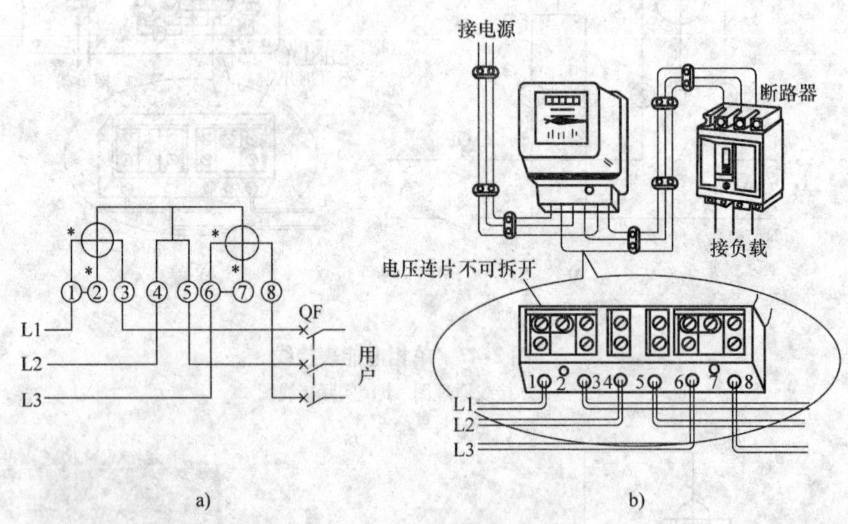

图2-50 三相三线制有功电能表直接接线
a）接线原理图 b）实际接线图

2）三相三线制有功电能表经电流互感器接线如图2-51所示。间接式三相三线制电能表需配两只相同规格的电流互感器。电源进线中的两根相线分别与两只电流互感器TA1、TA2的一次侧标有“L1”或“+”的接线端子相连接，并分别接到电能表的2和7号接线端子（2和7号接线端子上的电压连接小铜片需拆除）；电流互感器二次侧标有“K1”或“+”的接线端子分别与电能表的1和6号端子相连；标有“K2”或“-”的两个接线端子相连后接到电能表的3和8号端子并同时接地。电源进线中的最后一根相线与电能表的4号端子相连接并作为这根相线的出线。互感器一次侧标有“L2”或“-”的两个接线端子作为另两相的出线。即标有“L1”的接线端子应接主回路的电源进线，标有“L2”的接线端子应接主回路电源出线。

3）三相四线制有功电能表直接接线如图2-52所示。直接式三相四线制电能表共有11个接线端子，从左至右按1、2、3、4、5、6、7、8、9、10、11编号，其中1、4、7号是电源相线的进线端子，3、6、9号是相线的出线端子；10、11号是电源中性线的进线和出线端子；2、5、8号三个接线端子可不接（2、5、8端子上的电压连接小铜片不可拆除）。

4）三相四线制有功电能表经电流互感器接线如图2-53所示。间接式三相四线制电能表需三只相同规格的电流互感器。三相电源进线分别与电流互感器TA1、TA2和TA3的一次侧标有“L1”或“+”的接线端子及电能表的2、5、8号接线端子相连（2、5、8号接线端子上连接的小铜片需拆除）；三只电流互感器二次侧标有“K1”或“+”的接线端子分别与电能表的1、4、7号接线端子相连，标有“K2”或“-”的三个接线端子并联再与电能

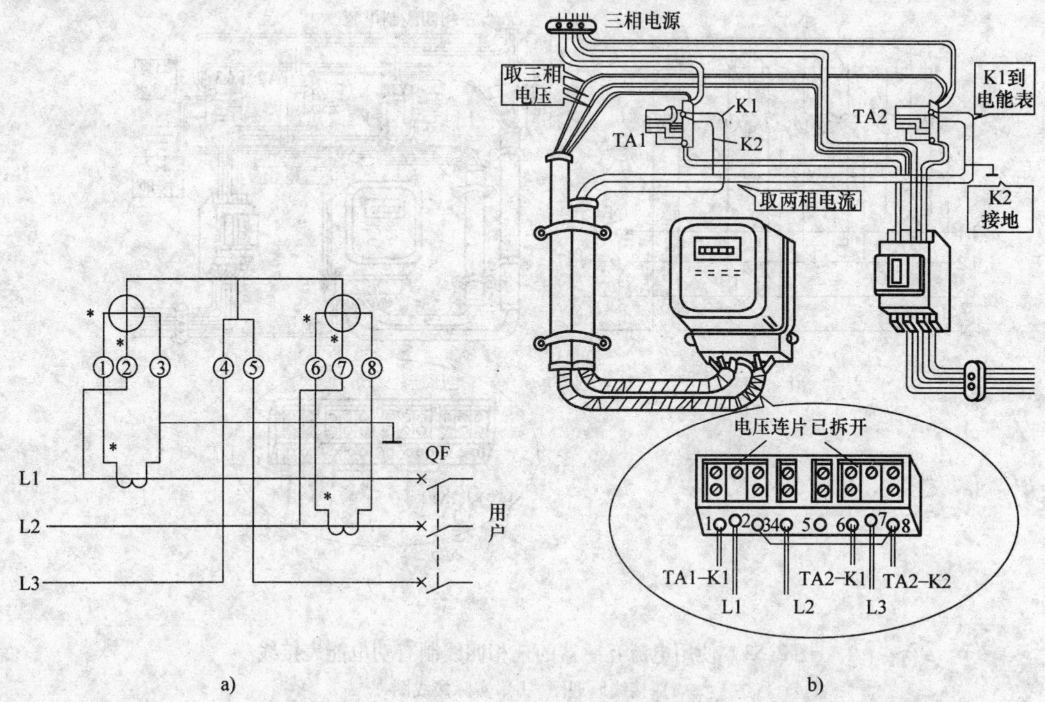

图 2-51　使用电流互感的三相三线制有功电能表接线

a）接线原理图　b）实际接线图

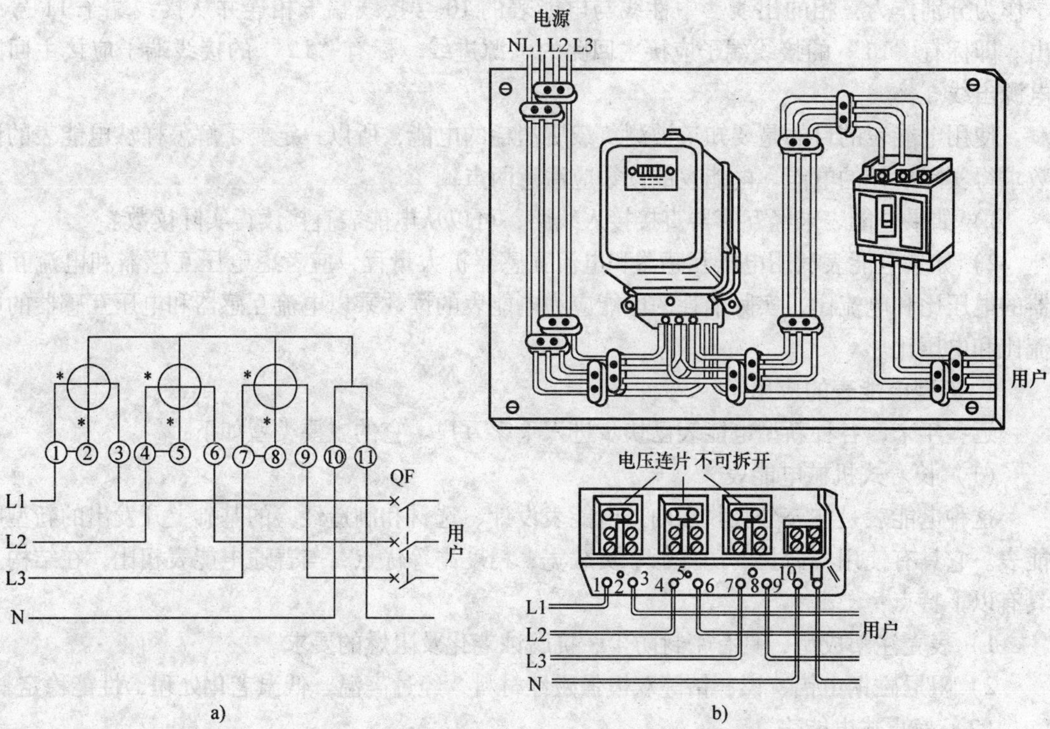

图 2-52　三相四线制有功电能表直接接线

a）接线原理图　b）实际接线图

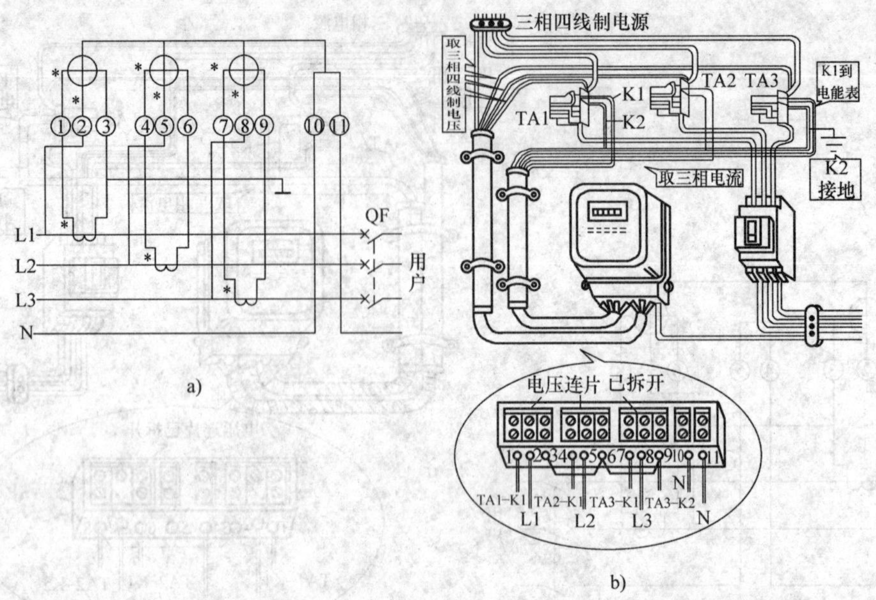

图 2-53 使用电流互感器的三相四线制有功电能表接线

a）接线原理图 b）实际接线图

表的 3、6、9 号接线端子相连后接地。三只电流互感器标有“L2”或“-”的三个接线端子作为分别作为三相的出线。中性线与电能表的 10 号接线端子相连并从接线端子 11 号引出。即标有“L1”的接线端子应接主回路的电源进线，标有“L2”的接线端子应接主回路电源出线。

使用电能表的目的是要知道被测负载所消耗的电能，所以一定要了解怎样从电能表的读数求得实际消耗的电能。电能表的读数应注意两点：

1）如果电能表未经互感器直接接入线路；可以从电能表直接读得实际读数。

2）如果电能表利用电压互感器和电流互感器扩大量程，应考虑电压互感器和电流互感器的电压比和电流比，实际消耗的电能应为电能表的读数乘以电流互感器和电压互感器的电流比和电压比。

6. 新型电能表的应用

近些年来，各种新型电能表已快步进入千家万户。它的主要类型如下：

（1）长寿式机械电能表

这种电能表是在充分吸收国内外电能表设计、选材和制造经验的基础上开发出的新型电能表。它具有使用寿命长、功耗低、负载宽、精度高等优点，与普通电能表相比，在结构上具有以下特点：

1）表壳注塑成型，具有密封防尘、抗腐蚀老化及阻燃的要求。

2）阻尼磁钢由铝、镍、钴等双极强磁性材料，经过高温、低温老化处理，性能稳定。

（2）静止式电能表

这种电能表继承传统感应式电能表的优点，借助于先进的电子电能计量机理，采用全密封、全屏蔽的结构形式。它具有良好的抗电磁干扰性能，是一种集节电、可靠、轻巧、高精度、高过载、防窃电等功能为一体的新型电能表。

静止式电能表的安装与使用，与一般机械式电能表大致相同，但其接线宜粗，避免因接触不良而发热烧毁。静止式电能表的安装接线如图 2-54 所示。

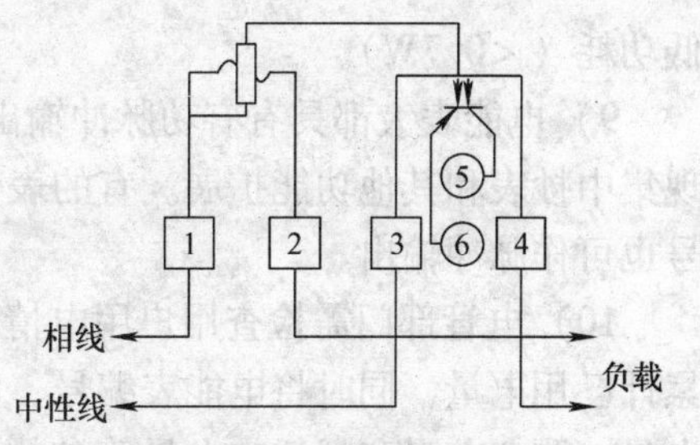

图 2-54　静止式电能表

静止式电能表按电压等级分为单相电子式（见图 2-55a）、三相电子式和三相四线制电子式等；按用途可分为单一式和多功能式（有功型、无功型和复合型）等。

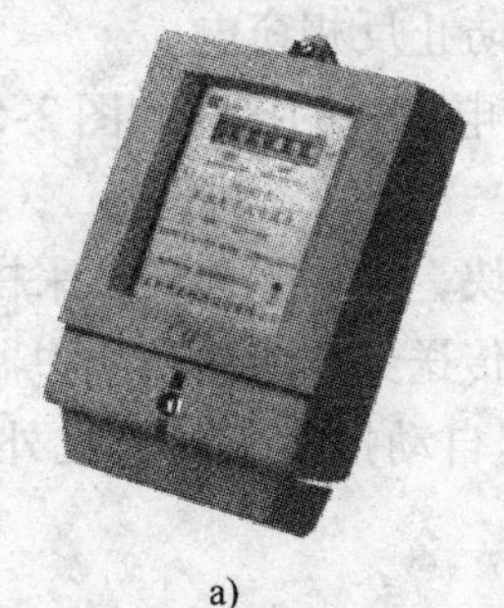

a)

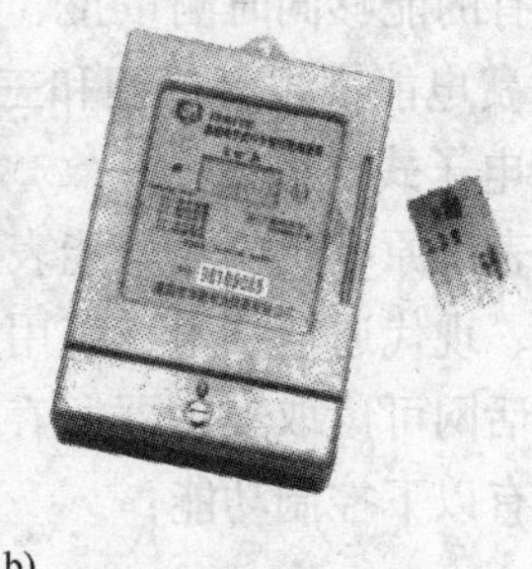

b)

图 2-55　新型单相电子式电能表

（3）电子式预付费电能表：

这种电能表又称为 IC 卡表或磁卡表，以 IC 卡作为用户卡，实现了“先收费、后供电”模式，采用单片微机技术和液晶显示等技术，以用户卡上的数据为依据控制供电线路通断。电管部门能够分权限、按层次操作，统一完成售卡、换卡、报表结算、操作员管理、电价变更、用户信息管理与查询等功能。其外形结构如图 2-55b 所示，其主要功能和特点如下：

1）能跟踪提示，保密性好，一卡一表、互不通用、安全可靠。

2）具备负荷设置功能，可控制用电负荷。具有电量计量、电费递减、数码显示、正常换卡不断电和停电保护等功能。

3）IC 插座自动保护功能：当金属片等异物插入 IC 插座内读卡部分自动保护，但不影响正常计量和其他功能，确保电能表不损坏。

4）可显示本次读卡购电量、剩余电量、负荷设定值、报警电量及当前负荷。可用汇总卡抄回用户业务号和累积用电量等相关信息。

5）时钟准确度日误差≤0.5s（23℃），电池容量≥100mA·h，停电后数据保存时间≥10年。

6）正常工作温度：－20～55℃；相对湿度：25%～95%。

7）电源电压在额定值的 80%～115% 范围内波动时，电能表计量精度不受影响。有很强的防掉电及电磁场抗干扰功能；在任何时候电源掉电时，所有运行数据都会被存储到机内 EEPROM 中，保存时间达 10 年以上。

8）显示电量范围为 0～9999kW·h，电量不足时能提前报警，当电能表剩余电量小于设定的报警值时，LED 数码显示器显示剩余电量以示报警，通知用户尽早购电；当电能表剩余电量小于设定断电报警值时，电能表会自动切断电源实现欠费自动断电，购电后插卡自动恢复供电。其任意位置安装误差不受影响。长寿命、误差长期稳定、高过载（>4 倍）、低功耗（<0.7W）。

9）电能表大都具有有功脉冲输出端口，便于监控，脉冲宽度为80(1±20%)ms，可实现集中抄表和其他功能扩展。有的表带有光耦隔离的有功无源脉冲输出接口，既可作检测信号也可作脉冲输出。

10）电管部门需检查用户用电情况时，可将检查卡插入控制器，检查用户剩余电量和累计已用电量，同时将电能表编号、电能表常数、总购电量、购电次数、上次购电量、总用电量、剩余电量和超透支电量等参数返写于检查卡，以便管理部门监测用户用电情况。

电子式电能表总体上具有精度高、灵敏度高、负荷宽、功耗低、过载能力强、误差曲线平直等特点，有的能够同时测量正、负方向的有功功率，防止反相窃电。

IC卡预付费电能表也有单相和三相之分。单相预付费电能表的接线如图2-56所示。

（4）三相电子式电能表

这种电能表以原有感应式电能表为基础，配以采集模块，采用光电转换采样，应用模糊调制扩频技术、现代通信技术，将用户用电信息通过低压传送到智能抄表集中器存储电，管理部门通过电话网可读取集中器所存储的信息，实现远程自动抄表。其常见外形如图2-57所示。它们具有以下控制功能：

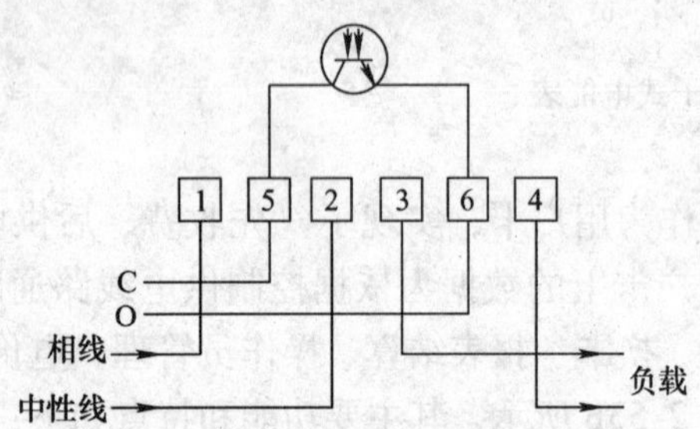

图2-56 单相预付费电能表接线

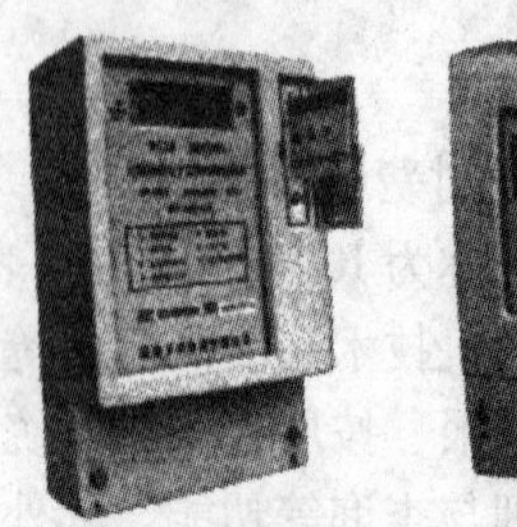

图2-57 三相电子式电能表

1）可靠性高、负荷宽、功耗低、体积小、重量轻、便于安装和管理。

2）精度不受频率、温度、电压、谐波的影响，启动电流小、无潜动，寿命长达20年以上。其中三相载波电能表采用无线抄表方式，可实现无线抄表及功能设置，使抄表人员足不入户就可抄读到电能表内的数据，大大方便了供电部门对用户电力的抄收管理工作；特别适用于电能表应安装原因而不易人工抄读的场合，并可方便地组成无线自动抄表系统。

第3章　常用电工材料及其应用

常用的电工材料按其特点和作用可分为导电材料、绝缘材料和磁性材料等。

3.1　常用导电材料

导电材料是指能输送和传导电流的材料，导电材料根据其性能的不同，大体可分为电线材料（又称良导体材料）和特殊导电材料制成的几类电气器材。

常用的良导体材料有铜、铝、钢、钨、锡等。其中以铜、铝、钢为主，主要用于制作导线和母线，三者中又以铜的应用最为广泛。钨的熔点较高，主要用于制作电光源的灯丝。锡的熔点低，常用作导线的接头焊料。另外还有一些稀有金属，如银、镍、锌、镁、锰等也是良导体材料，但价格较高。良导体材料还包括一些合金材料，这些合金材料除有导电性能又各具独特性能。如架空线需具有较高的机械强度，常选用铝镁硅合金；熔丝需具有易熔的特点，选用铅锡合金；电光源的灯丝要求熔点高，选用钨丝作为导电材料等。电阻器和热工仪表的电阻元件是高电阻材料，选用康铜、锰铜、镍铬和铁铬铝；电热材料需具有较大的电阻率，常选用镍铬合金或铁铬铝合金等。

3.1.1　常用电线材料

一般电线材料是指专门用于传导电流的金属材料。要求其电阻率小、导热性优、线胀系数小、抗拉强度适中、耐氧化、耐腐蚀、易加工、可焊接、资源丰富、价格较低。铜和铝是优良的导电材料。主要用于制造电线电缆和导电结构件。

电线材料制成的各种电线电缆品种很多，按照性能、结构、制造工艺及使用特点，分为以下五类：裸导线和裸导体制品；电磁线；电气装备用电线电缆（又称绝缘导线）；电力电缆；通信电缆。

电工常用的电线材料是：绝缘导线、裸导线、电力电缆、电磁线，其导电材料大部分是铜和铝。

电线的型号用汉语拼音字母来表示，其型号含义如下：

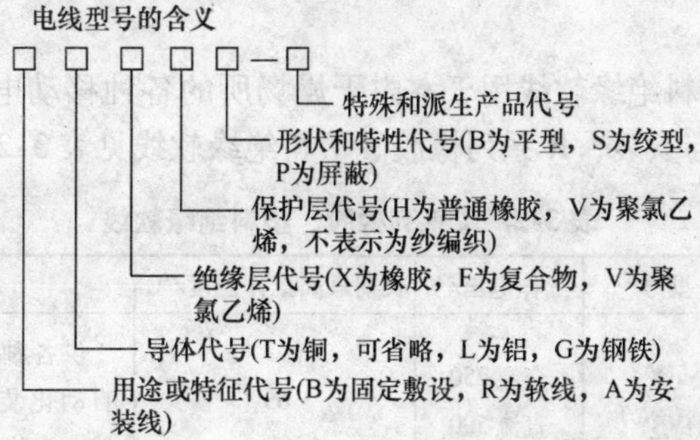

1. 绝缘导线

（1）绝缘导线型号的选择

电气装备使用的绝缘导线，应用范围最广、品种最多，用于各种电气装备的内部连接线、电气装备与电源间的连接线和各种电气装备的控制、信号及仪表的连接线。其基本性能要求是：电气性能优良、稳定；有足够的机械强度和柔软性；能承受长期的工作电压和运行中的过电压，运行安全可靠。绝缘导线可根据不同用途、工作电压来选择型号。

电气装备用绝缘导线主要分为：

1）B 系列橡胶、塑料绝缘电线用于低压电气设备、仪器仪表及动力线路的安装线。B 系列橡胶、塑料绝缘电线常用品种见表 3-1。

表 3-1 B 系列橡胶、塑料绝缘电线常用品种

产品名称	型号		长期最高工作温度/℃	用途
	铜芯	铝芯		
橡胶绝缘电线	BX①	BLX	65	用于交流 500V、直流 1000V 及以下的线路，固定敷设于室内（明敷、暗敷或穿管），可用于室外，也可作设备内部安装用线
氯丁橡胶绝缘电线	BXF②	BLXF	65	同 BX 型。耐气候性好，适用于室外
橡胶绝缘软电线	BXR		65	同 BX 型。仅用于安装时要求柔软的场合
橡胶绝缘和护套电线	BXHF③	BLXHF	65	同 BX 型。适用于较潮湿的场合和作室外进户线，可代替老产品铅包电线
聚氯乙烯绝缘电线	BV④	BLV	65	同 BX 型。且耐湿性和耐气候性好
聚氯乙烯绝缘软电线	BVR		65	同 BX 型。仅用于安装时要求柔软的场合
聚氯乙烯绝缘和护套电线	BVV⑤	BLVV	65	同 BX 型。用于潮湿的机械防护要求较高的场合，可直接埋于土壤中
耐热聚氯乙烯绝缘电线	BV－105⑥	BLV－105	105	同 BX 型。用于 45℃及其以上高温环境中
耐热聚氯乙烯绝缘软电线	BVR－105		105	同 BX 型。用于 45℃及其以上高温环境中

①“X”表示橡胶绝缘。
②“XF”表示氯丁橡胶绝缘。
③“HF”表示非燃性橡胶套。
④“V”表示聚氯乙烯绝缘。
⑤“VV”表示聚氯乙烯绝缘和护套。
⑥“105”表示耐温 105℃。

2）R 系列橡胶、塑料绝缘软线用于室内干燥场所的各种移动电器、仪器仪表、自动化装置及照明灯座的连接与安装，R 系列橡胶、塑料绝缘软线见表 3-2。

表 3-2 R 系列橡胶、塑料绝缘软线

产品名称	型号	工作电压/V	长期最高工作温度/℃	用途及使用条件
聚氯乙烯绝缘软线	RV RVB①	交流 250 直流 500	65	供各种移动电器、仪表、电信设备、自动化装置接线用，也可作内部安装线。安装时环境温度不低于－15℃

（续）

产品名称	型号	工作电压/V	长期最高工作温度/℃	用途及使用条件
耐热聚氯乙烯绝缘软线	RV－105	交流 250 直流 500	105	同 BX 型。用于 45℃及其以上高温环境中
聚氯乙烯绝缘和护套软线	RVV	交流 250 直流 500	65	同 BX 型。用于潮湿的机械防护要求较高以及经常移动、弯曲的场合
丁腈聚氯乙烯复合物绝缘软线	RF②B RFS③	交流 250 直流 500	70	同 RVB、RVX 型。且低温柔软性较好
棉纱编织橡皮绝缘双绞软线、棉纱纺织橡皮绝缘软线	RXS RX	交流 250 直流 500	65	室内日用电器、照明用电源线
棉纱纺织橡胶绝缘平型软线	RXB	交流 250 直流 500	65	室内日用电器、照明用电源线

①“B”表示两芯平型。
②“F”表示两芯绞型。
③“S”表示复合物绝缘。

3）Y 系列通用橡胶套电缆用于各种电气设备、电动工具、仪器仪表和日用电器的移动式电源线。Y 系列通用橡胶套电缆品种见表 3-3。

表 3-3　Y 系列通用橡胶套电缆品种①

产品名称	型号	交流工作电压/V	特点和用途
轻型橡套电缆	YQ②	250	轻型移动电气设备和日用电器电源线
	YQW③		轻型移动电气设备和日用电器电源线，且具有耐气候和一定的耐油性能
中型橡套电缆	YZ④	500	各种移动电气设备和农用机械电源线
	YZW		各种移动电气设备和农用机械电源线，且具有耐气候和一定的耐油性能
重型橡套电缆	YC⑤	500	同 YZ 型。能承受一定的机械外力作用
	YCW		同 YZ 型。能承受一定的机械外力作用，且具有耐气候和一定的耐油性能

① 产品均为铜导电线芯。
②“Q”表示轻型。
③“W”表示室外型。
④“Z”表示中型。
⑤“C”表示重型。

（2）绝缘导线截面积的选择

在选择导线的截面积时，主要是根据导线的安全载流量来选择。对于家庭电路的导线截面积选择，通常可按铜芯绝缘导线为 3～4A/mm^2、铝芯绝缘导线为 2～3A/mm^2 来选择。一般来说，照明线路所连接的电线截面积为1.5mm^2的铜芯线即可，而插座线路的电线截面积以2.5mm^2的铜芯线为宜。空调线路，则应接4mm^2的铜芯线。在选择导线时，还要考虑导线的机械强度。有些小负荷的设备，虽然选择很小的截面积就能满足允许电流的要求，但还必须查看其是否满足导线机械强度所允许的最小截面积，如果这项要求不能满足，就要按导线机械强度所允许的最小截面积重新选择。

各机械强度允许的导线最小截面积见表3-4。

表3-4 机械强度允许的导线最小截面积

用途及敷设方式	线芯最小截面积/mm^2		
	铜芯软线	铜线	铝线
照明用灯头线：（1）室内	0.4	1.0	2.5
（2）室外	1.0	1.0	2.5
移动式用电设备：（1）生活用	0.75		
（2）生产用	1.0		
架设在绝缘支持件上绝缘导线上的支持点之间的间距			
（1）2m及以下，室内	—	1.0	2.5
（2）2m及以下，室外		1.5	2.5
（3）6m及以下		2.5	4.0
（4）15m及以下		4.0	6.0
（5）25m及以下		6.0	10
穿管敷设的绝缘导线	1.0	1.0	2.5
塑料护套线沿墙明敷设	—	1.0	2.5
预制板板孔穿线敷设的导线	—	1.5	2.5

常用绝缘材料导线的规格和安全载流量见表3-5和表3-6。

表3-5 塑料绝缘线的安全载流量 （单位：A）

导线截面积/mm^2	固定敷设用的线芯		明线安装		穿钢管安装						穿硬塑料管安装					
	芯线股数/单股直径/mm	近似英规			一管两根线		一管三根线		一管四根线		一管两根线		一管三根线		一管四根线	
			铜	铝	铜	铝	铜	铝	铜	铝	铜	铝	铜	铝	铜	铝
1.0	1/1.13	1/18#	17		12		11		10		10		10		9	
1.5	1/1.37	1/17#	21	16	17	13	15	11	14	10	14	11	13	10	11	9
2.5	1/1.76	1/15#	28	22	23	17	21	16	19	13	21	16	18	14	17	12
4	1/2.24	1/13#	35	28	30	23	27	21	24	19	27	21	24	19	22	17
6	1/2.73	1/11#	48	37	41	30	36	28	32	24	36	27	31	23	28	22
10	7/1.33	7/17#	65	51	56	42	49	38	43	33	49	36	42	33	38	29
16	7/1.70	7/16#	91	69	71	55	64	49	56	43	62	48	56	42	49	38
25	7/2.12	7/14#	120	91	93	70	82	61	74	57	82	63	74	56	65	50
35	7/2.50	7/12#	147	113	115	87	100	78	91	70	104	78	91	69	81	61
50	19/1.83	19/15#	187	143	143	108	127	96	113	87	130	99	114	88	102	78
70	19/2.14	19/14#	230	178	177	135	159	124	143	110	160	126	145	113	128	100
95	19/2.50	19/12#	282	216	216	165	195	148	173	132	199	151	178	137	160	121

表3-6　护套线和软导线的安全载流量　（单位：A）

导线截面积/mm^2	护套线								软导线		
	双根芯线				三根或四根芯线				单根芯线	双根芯线	
	塑料绝缘		橡胶绝缘		塑料绝缘		橡胶绝缘		塑料绝缘	塑料绝缘	橡胶绝缘
	铜	铝	铜	铝	铜	铝	铜	铝	铜	铜	铜
0.5	7		7		4		4		8	7	7
0.75									13	10.5	9.5
0.8	11		10		9		9		14	11	10
1.0	13		11		9.6		10		17	13	11
1.5	17	13	14	12	10	8	10	8	21	17	14
2.0	19		17		13		12	12	25	18	17
2.5	23	17	18	14	17	14	16	16	29	21	18
4.0	30	23	28	21.8	23	19	21				
6.0	37	29			28	22					

（3）绝缘导线颜色的选择

为方便接线和检修，敷设导线时，应根据有关规定，相线、中性线和保护线应采用不同颜色的导线。如一般用途导线，相线L1、L2、L3分别采用黄、绿、红三色，中性线（过去也叫零线）宜采用浅蓝色，保护线应使用绿/黄双色导线。有时，不能按规定要求选配导线时，可作适当调整，如相线可采用黄、绿、红三色中的一种，保护中性线无绿/黄双色导线，也可用黑色的导线，但这时中性线应使用浅蓝色或白色的导线。

（4）家庭住宅电源线的选择

家庭住宅电源线主要根据家庭用电器的功率来定，选择时既要考虑住宅内负载的需要，又要考虑节约成本，不造成浪费。

一室一厅住宅总线可选用4mm^2 铜导线或铜护套线作电源线，照明支路可选用15mm^2 单芯铜线，其他支线可选用2.5mm^2 单芯铜线。

二室一厅住宅总线一般可选用4mm^2 或6mm^2 单芯或多股铜线，照明支路可选用15mm^2 单芯铜线，其他支线可选用2.5mm^2 单芯铜线。

三室一厅住宅总线一般可选用6mm^2 或10mm^2 单芯或多股铜绝缘导线，支线可选用2.5mm^2 单芯铜线。

三室两厅住宅总线一般可选用10mm^2 或16mm^2 单芯或多股铜绝缘导线，支线可选用2.5mm^2 单芯铜线。照明电路中，只要用钳形表测得某相电流值，然后乘200，就是该相线所载负载容量（W）。这可通过下面的口诀来记忆：已知照明负荷流，功率马上就可求。一安约合二百瓦，一个千瓦五安流。

2. 裸导线

裸导线由于其只有导体部分，没有绝缘和护层结构，因此称为裸电线和裸导体制品。它按产品的形状和结构分为圆单线、软接线、裸绞线、型线四种，主要用于电力、交通、通信工程与电机、变压器和电器的制造。

裸导线也称为架空导线，作输配电或通信线路中架空敷设用，其主要性能要求是：导线的电阻率小，有足够的机械强度和具有一定的耐腐蚀性能。

铜、铝排用在高、低压配电室和配电柜中，作硬裸线使用。它除了应具有裸导线所要求的性能外，还应平直光滑。

裸导线的材料、形状和尺寸常用符号表示。铜用字母 T 表示，铝用字母 L 表示，钢用字母 G 表示；硬型材料用字母 Y 表示，软型材料用字母 R 表示；横截面积用数字表示，单线线径用 ϕ 表示。例如：LJ－35 表示截面积为 35mm^2 的铝绞线，LGJ－50/8 表示截面积为 50mm^2 的钢芯铝绞线（50 指铝芯截面，8 指钢芯截面），Tϕ4 表示直径为 4mm 的单股铜导线。

常用裸导线的型号、特性和用途见表 3-7。

表 3-7 常用裸导线的型号、特性和用途

类别	名称	型号	特性	用途
圆线	硬圆铜线	TY	硬线的抗拉强度大，软线的延伸率高，半硬线介于两者之间	硬线主要用作架空导线；半硬线、软线主要用作电线、电缆及电磁线的线芯，也用于其他电器制品
	软圆铜线	TR		
	硬圆铝线	LY		
	半硬圆铝线	LYB		
	软圆铝线	LR		
绞线	铝绞线	LJ①	导电性能、机械性能良好、钢芯铝绞线比铝绞线拉断力大 1 倍左右	用于高、低压架空电力线路
	钢芯铝绞线	LGJ		
型线	硬扁铜线	TB②Y	铜、铝扁线和母线的机械特性和圆线相同。扁线、母线的结构形状均为矩形	铜、铝扁线主要用于制造电机、电器的绕组。铝母线主要作汇流排用
	软扁铜线	TBR		
	硬扁铝线	LBY		
	半硬扁铝线	LBBY		
	软扁铝线	LBR		
	硬铝母线	LM③Y		
	软铝母线	LMR		
软接线	铜电刷线	TS④ TSX TSR TSXR	柔软，耐振动，耐弯曲	用作电刷连接线
	铜软绞线	TJR	柔软	用作引出线、接地线、整流器和晶闸管的引出线等
	软铜编织线	QC⑤	柔软	用作汽车、拖拉机蓄电池连接线

①“J”表示绞线。
②“B”表示扁型。
③“M”表示母线。
④“S”表示电刷线。
⑤“QC”表示汽车、拖机蓄电池线。

3. 电力电缆

电力电缆常用于城市的地下电网、发电、配电站的动力引入或引出线路、工矿企业内部的供电和水下输电线。对电力电缆的技术要求是：应具有优良的电气绝缘性能；具有较高的热稳定性；能可靠地传送需要传输的功率；具有较好的机械强度、弯曲性能和防腐蚀性能。

对电力电缆除进行外观检查外还应按规程规定的项目和标准进行试验。外观检查为：检查外护层是否完好；截开电缆观察断面可检查线芯的对称性和绝缘及护套内有无气孔、沙眼等；拔出线芯，检查导体表面是否光滑，有无毛刺、裂开、擦伤等毛病。导体表面不应有严重的氧化现象。导线的缝隙中不应有污垢存在。所应进行的试验项目为：测量绝缘电阻，直流耐压试验并测量泄漏电流。

4. 电磁线

电磁线用于绕制电工产品的线圈或绕组。常用的电磁线有漆包线和丝包线。要求电磁线能承受较大的电流，有较好的机械性能（如拉伸性、柔软性等）；绝缘层应在一定电压和温度下保持绝缘性能良好。漆包线的漆膜应均匀并附着力强和有较好的热性能。丝包线，如玻璃丝包线应具有耐机械磨损的能力和经受弯曲、扭绞后绝缘层不破损的能力。

上述的导电材料类制品在生产过程中和出厂之前，都按国家制定的项目和标准进行严格地检验。在使用前应检查有无合格证，并进行外观检查来鉴定其质量。

3.1.2　特殊导电材料

常见的特殊导电材料有电热材料及元件、电阻材料、电碳材料、熔体材料和热双金属片材料等。

1. 电热材料

电热材料用来制造各种电热设备中的发热元件，把电能转变为热能，使加热设备的温度升高。对电热材料的基本要求如下：较高的电阻率，稳定而较小的电阻温度系数；较强的抗氧化和耐腐蚀性；足够的高温机械强度；较好的加工性能。

电热材料根据使用条件不同，可分为纯金属（如铂、铝、钽、钨）、合金（如铁铬铝合金、镍铬合金）、非金属陶瓷（如二硅化钼、碳化硅）以及管状电加热元件等。用合金类电热材料做加热元件时，设备投资小、使用简便且局限性小，所以应用最广。常用的电热材料是镍铬合金和铁铬铝合金，其品种、工作温度、特点和用途见表3-8。

表3-8　常用电热材料品种、工作温度、特点和用途

品种		工作温度/℃		用途和特点
		常用	最高	
镍铬合金	$Cr_{20}Ni_{80}$	1000～1050	1150	电阻率高，加工性能好，高温时机械强度较好，用后不变脆，适用于移动设备上
	$Cr_{20}Ni_{50}$	900～950	1050	
铁铬铝合金	$Cr_{13}Al_4$	900～950	1100	抗干扰性能比镍铬合金好，电阻率比镍铬合金高，价格较便宜，但高温时机械程度较差，用后会变脆，适用于固定设备上
	$Cr_{13}Al_6Mo_2$	1050～1200	1300	
	$Cr_{25}Al_5$	1050～1200	1300	
	$Cr_{27}Al_7Mo_2$	1200～1300	1400	

2. 电阻材料

电阻合金的基本特性是具有高的电阻率和很低的电阻温度系数，稳定性好。用于制造各种电阻元件的合金材料，广泛用在电机、电器、仪表及电子等工业。其形状有线、片、带、棒、管及粉末等。

常用电阻合金有康铜丝、新康铜丝、锰铜丝和镍铬丝。康铜丝以铜镍为主要成分，具有较高的电阻率和较低的电阻温度系数，一般用于制作启动、分流、限流、调整等电阻和变阻器。新康铜丝以铜、锰、铝、铁为主要成分，它不含镍，是一种新电阻材料，性能与康铜丝相似。锰铜丝是以锰、铜为主要成分的，具有电阻率高、电阻温度系数低，与铜配对时热电动势小，以及电阻性能稳定等优点，一般用于制作精密仪器仪表的标准电阻分流器及附加电阻等。镍铬丝以镍铬为主要成分，电阻率较高，除可用作电阻材料外还是目前的主要电热材料，一般用于电阻式加热仪器及电炉。

电阻合金按其主要用途可分为调节元件用、电位器用、精密元件用及传感器用电阻合金四种，这里仅介绍前两种。

（1）调节元件用电阻合金

调节元件用电阻合金主要用于制造调节电流（电压）的电阻器与控制元件的绕组，常用的有康铜、新康铜、镍铬铝等。它们都具有机械强度高、抗氧化性能好及工作温度高等特点。

（2）电位器用电阻合金

电位器用电阻合金主要用于各种电位器及滑线电阻，一般采用康铜、镍铬合金和滑线锰铜。滑线锰铜具有抗氧化、焊接性能好、电阻温度系数低等特点。

对于精度要求不高的电阻，也可以用铸铁的电阻元件，它的优点是价格便宜、加工方便，缺点是性脆易断、电阻率较低、电阻温度系数高，因此体积和质量较大。

3. 电碳材料

常见的电碳制品有用于电机的电刷；用于电力机车、门式起重机等馈电用的碳滑块；用于碳弧气刨、电弧炉等的碳石墨触头；电信设备所用的碳素零件，如碳值电阻、电位器及各种碳和石墨电热元件等。而在一般工厂中常用的是电刷。电刷按材料分为三类：

（1）石墨电刷

它是在天然石墨中渗入煤焦油、沥青等黏合剂压制而成，质地较软。其型号以字母S表示，如S3、S4、S5、S6B、S6M、S7、S201等。

（2）电化石墨电刷

它由石墨、焦炭、焦黑等原料高温焙烧而成，有良好的耐磨性。其型号以字母D表示，如D104、D172、D202、D213、D214、D215、D374、D374B、D374D、D374N、D374F等。

（3）金属石墨电刷

它由铜及少量的锡、铅等金属粉末渗入石墨混合制成，具有良好的导电性。其型号以字母J表示，如J101、J102、J103、J105、J113、J151、J164、J203、J204、J205、J206、J213、J220等。

对电刷的要求是：在换向器或集电环表面能形成适宜的表面薄膜；对换向器和集电环的磨损小，电刷本身的电损耗和机械损耗小；不出现对电机有害的火花、噪声小。电刷在出厂时都应满足有关的技术要求，在使用时应检查电刷的牌号、规格，外表应无破损，引出线与电刷要连接牢固，接触良好。

4. 熔体材料

熔丝（熔体）是熔断器最主要的零件。将熔丝串联在电路中，当正常电流通过熔丝时，它只起导电作用。但当电流超过允许值时（即通过熔断器中熔丝的电流超过熔断值）乃至短路电流时，经一定时间将会自动熔断（超过电流值越大，熔断时间越短），使电路断开，从而起到保护作用。因此熔丝有短路、过载保护功能。

（1）常用熔体材料的品种、特性、用途

1）纯金属熔体材料如下：

银：具有高导电、高导热、耐蚀、延展性好的特点，可以加工成各种尺寸精确和外形复杂的熔体。银用作高质量要求的电力及通信设备的熔断器的熔体。

铜：熔断时间短，金属蒸气少，有利于灭弧但熔断特性不稳定，只作要求较低的熔体。

锡和铅：熔断时间长，宜作小型电动机保护用的慢速熔体。

钨：可作自复式熔断器的熔体。故障出现时切断电路起保护作用，故障消除后自动恢复，并可多次（5 次以上）使用。

2）合金熔体材料如下：

铅（Pb）合金熔体：是最常见的熔体材料。如铅锑熔丝，含铅 >98%，锑（0.3% ~ 1.3%）；铅锡熔丝含铅 95%、锡 5% 或铅 75%、锡 25%。在照明及其他一般场合使用。

低熔点合金熔体材料：由铋（Bi）、铅（Pb）、锡（Sn）、镉（Cd）、汞（Hg）按不同比例组合，可得到熔点为 20 ~ 200℃ 的各种熔体。对温度反映特别敏感，可用于保护电热设备。

（2）熔体材料的选用

熔体材料的选用要根据电器特点（如电压的高低、感性负载还是阻性负载等）、负载电流大小、熔断器类型等多因素共同确定。熔体的熔断电流与材料的材质、截面积和长度及周围环境（振动，端头是否封闭等）因素有关。

正确、合理地选择熔丝，对保证线路和电气设备的安全运行关系很大。选择的原则如下：首先，当电流超过设备正常值一定时间后，熔丝应熔断；其次在电气设备正常短时过电流时（如电动机起动等）熔丝不应熔断。选择的方法因线路不同而有所差异。

1）照明及电热设备线路（阻性负载）作短路与过载保护：

① 在线路上总熔丝的额定电流等于电能表额定电流的 0.9 ~ 1 倍。

② 在支路上熔丝的额定电流等于支路上所有负载额定电流之和的 1 ~ 1.1 倍。

2）交流电动机线路（感性负载）：

① 单台交流电动机线路上，熔丝的额定电流等于该电动机额定电流的 1.5 ~ 2.5 倍。

② 多台电动机线路上熔丝的额定电流等于线路上功率最大的一台电动机额定电流的 1.5 ~ 2.5 倍再加上其他电动机额定电流的总和。

系数控制的原则：若电动机是空载或轻载起动的，则系数取小一些；反之则取大一些。在个别情况下，系数取 2.5 倍后不能满足电动机起动要求时，还可以适当放大，但不能超过 3 倍。对于用补偿器起动的交流电动机系数取 1.5 ~ 2 倍。

3）交流电焊机线路。单台交流电焊机线路上的熔丝可用下列简便方法估算：

① 电源电压是 220V 时，熔丝的额定电流等于电焊机功率数值的 6 倍。

② 电源电压超过 380V 时熔丝的额定电流等于电焊机功率数值的 4 倍。

5. 热双金属片材料

热双金属片材料（热敏双金属片），由两层线胀系数差异较大的金属（或合金）牢固结合而成。其中线胀系数大的一层材料称为主动层，线胀系数小的一层称被动层。有些特殊要求的双金属片可制成三层（电阻系列）、四层（某些耐腐蚀系列），但仍统称为热双金属片。常见的主动层材料有锰镍铜铁合金、铁镍铬合金、镍锰铁合金等。被动层材料有铁镍合金等。外形有单支点直条形、双折形、直螺旋形与螺旋形、蝶形（电冰箱的热保护器）。

热双金属片材料主要用于具有温度控制、电流限制、温度指示、温度补偿等电器及测量仪器中。如热继电器、膜盒仪表、恒湿器、温度继电器、辉光启动器、火警自动报警器等。

（1）热双金属片按使用特点分类

1）普通型：中等使用温度，有较高的灵敏度和强度。

2）低温型：用于0℃及以下的场合。

3）高温型：用于300℃及以上的场合，有较高的强度、良好的抗氧化性。

4）高灵敏型：高灵敏、高电阻。

5）电阻型：有高、低不同的电阻率可供选用，作小型化、标准化电器的保护。

6）耐腐蚀型：可在腐蚀介质中使用。

（2）热双金属片材料的选用

热双金属片元件工作范围应在其线性范围之内。对双金属片元件，采用直接加热方式时，应注重材料的电阻率及电阻温度系数。辐射加热方式，应选用导热性好、表面是暗黑色或深色的。若制成快速或跳跃式动作的蝶形元件，应选弹性好的材料。受大弯曲应力、承受重负荷的双金属片元件应选用高强度材料，对弯曲形成的材料就不能太硬。

使用双金属片材料应注意的事项如下：

1）产品双金属片元件被动层上打有印记，以便识别。自己制作零件时也应加标记。

2）应沿材料轧制方向落料。

3）双金属片应去边沿毛刺，否则会降低热敏性能。

4）避免过小弯折，若所制双金属片元件形状必须有小的折弯，就应该选用较软的材料。绕制螺旋形双金属片元件，应考虑材料的反弹力。

3.2 常用绝缘材料

绝缘材料是指电导率极低的材料，其主要作用是隔离带电的或具有不同电位的导体，用来限制电流使它按一定途径流动，如隔离变压器绕组与铁心，隔离高、低压绕组，隔离导体以保证人身安全（如导线的外塑套）。另外还有利用其“介电”特性建立电场，以贮存电能（如在电容中）。根据需要，绝缘材料往往还起着灭弧、散热、冷却、防潮、防雾、防腐蚀，以及机械支撑、固定导体、保护导体等作用，故绝缘材料是电气设备中必不可少的部分。绝缘材料在长期使用过程中，会发生化学和物理变化使其电气性能及机械性能下降，这种变化叫老化。影响绝缘材料老化的因素有很多，但主要是热因素，使用时温度过高会加速绝缘材料的老化。因此对各种绝缘材料都要规定它们在使用过程中的极限温度，以延缓材料老化过程，保证电气产品的使用寿命。绝缘材料的耐热等级和极限温度见表3-9。

表3-9 绝缘材料的耐热等级和极限温度

等级代号	耐热等级	绝缘材料类别	极限温度/℃
0	Y	木材、棉花、纸、纤维等天然纺织品，以醋酸纤维和聚酰胺为基础的纺织品，易于热分解和熔点较低的塑料（脲醛树脂）	90
1	A	工作于矿物油中的Y级材料用油或油树脂复合胶浸过的Y级材料，漆包线、漆布、漆丝的绝缘及油性漆、沥青漆等	105

（续）

等级代号	耐热等级	绝缘材料类别	极限温度/℃
2	E	聚酯薄膜和 A 级材料复合、玻璃布、油性树脂漆。聚乙烯醇缩醛高强度漆包线、乙酸乙烯耐热漆包线	120
3	B	聚酯薄膜、经合适树脂黏合或浸渍涂覆的云母、玻璃纤维、石棉等制品，聚酯漆、聚酯漆包线	130
4	F	以有机纤维材料补强和石棉带补强的云母片制品，玻璃丝和石棉，玻璃漆布，以玻璃丝布和石棉纤维为基础的层压制品，以无机材料作补强和石棉带补强的云母粉制品，化学热稳定性较好的聚酯和醇酸类材料、复合硅有机聚酯漆	155
5	H	无补强或以无机材料为补强的云母制品、加厚的 F 级材料、复合云母、有机硅云母制品、硅有机漆、硅有机橡胶聚酰亚胺复合玻璃布、复合薄膜、聚酰亚胺漆等	180
6	C	不采用任何有机黏合剂及浸渍剂的无机物，如石英、石棉、云母、玻璃和电瓷材料等	180 以上

绝缘材料产品按 JB 2197—1996 规定的统一命名原则进行分类和型号编制。其具体方法是：先按绝缘材料的应用或工艺特征分大类，见表 3-10，大类中再按使用范围及形态分小类，在小类中又按其主要成分和基本工艺分品种，再在品种中划分规格。

表 3-10　绝缘材料的分类

分类代号	材 料 类 别	材 料 示 例
1	漆、树脂和胶类	如 1030 醇酸漆、1052 硅有机漆等
2	浸渍纤维制品类	如 2432 醇酸玻璃漆布等
3	层压制品类	如 3240 环氧酚醛层压玻璃布板、3640 环氧酚醛层压玻璃布管等
4	压塑料类	如 4013 酚醛木粉压塑料
5	云母制品类	如 5438－1 环氧玻璃粉云母带、5450 硅有机粉带
6	薄膜、黏带和复合制品类	如 6020 聚酯薄膜、聚酸亚胺等

3.2.1　绝缘漆、胶类

绝缘漆、胶都以高分子聚合物为基础，能在一定条件下固化成绝缘硬膜或绝缘整体。

1. 绝缘漆

绝缘漆主要以合成树脂或天然树脂为漆基（即成膜物质）与溶剂、稀释剂、填料等组成。漆基是常温下黏度很大的液体或固体。溶剂或稀释剂用来溶解漆基，在漆的成膜、固化过程中或者是逐渐挥发或者成为绝缘体的组成部分。绝缘漆按用途可分为浸渍漆、漆包线漆、覆盖漆、硅钢片漆和防电晕漆等数种。

（1）浸渍漆

浸渍漆分有溶剂漆和无溶剂漆两大类。主要用于浸渍电机、电器的绕组，以填充其间隙和微孔，且固化后能在被浸渍物的表面形成连续平整的漆膜，并使之黏结成一个坚硬的整体，提高它们的电气及机械性能。

1）有溶剂浸渍漆具有渗透性好、贮存期长、使用方便等特点，但需多次浸渍和逐步升温烘焙，工艺过程时间长，溶剂需挥发造成浪费和污染。常用的有1030醇酸浸渍漆和1032三聚氰胺醇酸浸渍漆，这两种都是烘干漆，都具有较好的耐油性及耐电弧性，漆膜平滑有光泽。

2）无溶剂浸渍漆由合成树脂、固化剂和稀释剂等组成。具有固化时间短、黏度随温度变化快、流动性和渗透性好、绝缘整体好、固化过程中挥发物少等特点，可提高绝缘结构的导热性和耐潮性，缩短生产周期，降低材料消耗和污染。

常用的无溶剂漆主要有环氧型、聚酯型和环氧聚酯型三类。环氧型与聚酯型相比，前者黏结力好，收缩率小，漆膜的电气、机械性能均较好，耐潮耐霉，但漆的贮存稳定性和漆膜韧性不及后者，环氧聚酯型漆性能介于两者之间。

（2）漆包线漆

漆包线漆主要用于漆包线芯的涂覆绝缘，由于导线在绕制线圈、嵌线等过程中，将经受热、化学和多种机械力的作用，因此要求漆包线漆具有良好的涂覆性（即能均匀涂覆），漆膜附着力强，表面光滑、柔软、有韧性，有一定的耐磨性和弹性，电气性能好，耐热，耐溶剂，对导体无腐蚀等特性。常用的漆包线漆主要有聚酯漆包线漆1730、1730-1和聚氨酯漆包线漆9170。

（3）覆盖漆

覆盖漆有清漆和磁漆两种，是用来涂覆经浸渍处理后的线圈和绝缘零部件，在其表面形成连续而均匀的绝缘漆膜，以防止机械损伤和受大气、润滑油和化学药品的侵蚀，提高表面绝缘强度。

常用的清漆是1231醇酸晾干漆。它干燥快、漆膜硬度高，并有弹性，电气性能较好。

常用的磁漆有1320和1321醇酸灰漆。1320是烘干漆，1321是晾干漆。它们的漆膜坚硬、光滑、强度高。

（4）硅钢片漆

硅钢片漆是用来涂覆硅钢片表面的，以降低铁心的涡流损耗，增强防锈及耐腐蚀能力。硅钢片漆涂覆后需经高温短时烘干。

常用的是1611油性硅钢片漆。它附着力强，漆膜薄、坚硬、光滑、厚度均匀，且耐油和防潮性好。

（5）防电晕漆

电晕放电是在极不均匀电场中，场强突强处（如电极尖锐处）局部空间空气电离而产生蓝色晕光的一种放电现象。

防电晕漆一般由绝缘清漆和非金属导体（炭黑、石墨等）粉末混合而成，主要用于高压绕组作防电晕漆，如用于大型高压电机中电压较高的绕组端部。工业上要求防电晕漆表面电阻率稳定、附着力强、耐磨性好、干燥速度快、耐贮存。防电晕漆可单独涂在绕组表面，也可涂在石棉带、玻璃带上，再包扎在绕组外层，或涂在玻璃布带上与主绝缘一次成型。

2. 绝缘胶

绝缘胶与无溶剂漆相似，但黏度较大，一般加有填料，广泛用于浇注电缆接头、套管、20kV及以下电流互感器、10kV及以下电压互感器等。浇注绝缘胶的特点是适形性好、整体性好，耐潮、导热、电气性能优异，浇注工艺简单，易实现自动化生产。浇注胶按用途可分为电器浇注胶和电缆浇注胶两类。

（1）电器浇注胶

电器浇注胶由浇注用树脂加固化剂和其他添加剂制成。要求浇注胶用树脂具有黏度小、流动性好，成形后收缩率小、挥发物少、固化快、低压成型好和具有良好的电气、机械性能及化学稳定性。环氧树脂除耐热性、韧性与黏度等性能稍差外，其他方面均能满足上述要求，其不足之处可通过技术措施加以改进。固化剂和固化条件对浇注胶性能有着重要影响，一般要求固化剂的固化温度低，固化物耐热、韧性好，电气、机械性能合格，毒性小，固化工艺简单。常用的固化剂有酸酐类和胺类。

酸酐类固化剂毒性小，固化时挥发物少，电气、机械、耐热等性能较好。固化时不易产生应力开裂，特别是液体酸酐使用方便，应用较广。胺类固化剂固化速度快、毒性大、胶的使用期短、固化物易产生应力开裂，实际应用时需加以技术处理。硼胺类络合物是广泛应用的一种固化剂，可延长胶的使用期。

常用添加剂有增塑剂和填充剂等。聚酯树脂是一种常用的增塑剂，一般用量为15%～20%，可降低固化物脆性、提高抗弯和抗冲击强度。石英粉是常用的填充剂，可减少固化物的收缩，提高其导热系数和形状的稳定性、耐温性、耐蚀性和机械强度，降低生产成本。

电器浇注胶的配方和固化工艺的选择应根据电器的结构、外形尺寸、技术条件、使用环境等确定。浇注一般户内或工作温度不高的电器，可用双酚A型环氧树脂或聚酯树脂。对于户外高温下工作的电器，可用脂环氧族环氧树脂或用几种环氧树脂混合配胶，并采用酸酐类或芳香族固化剂固化。

配制时应搅拌充分，以保证各种成分均匀混合，并注意尽量消除气泡。固化成型时，多采用分阶段升温工艺以保证均匀固化，避免应力开裂及减小胶的流失量。浇注前模具要预热，浇注后要注意排气并补满胶料。应根据浇注物大小和形状复杂程度规定固化和脱模时间，脱模后浇注物要保温，使之缓慢冷却。

（2）电缆浇注胶

常用的电缆浇注胶有松香酯型、沥青型和环氧树脂型三类。如黄电缆胶（1810）电气性能较好，抗冻裂性好，适宜浇注10kV以上电缆接线盒和终端盒。黑电缆胶（1811、1812）耐潮性好，适宜浇注10kV以下电缆接线盒和终端盒。环氧电缆胶密封性好，电气、机械性能高，适宜浇注户内10kV以下电缆终端盒，且盒结构简单、体积小。

3.2.2 浸漆纤维制品

浸漆纤维制品以绝缘纤维材料为底材，浸以绝缘漆制成。由于漆填充了绝缘材料的毛孔和空隙，在制品表面形成一层光滑的漆膜，因而使制品具有一定的机械强度、电气性能、耐潮性能，不同的耐热等级和较好的柔软性以及防霉、防电、防辐射等特殊性能。主要制品有漆布（如玻璃纤维布）、漆管、绑扎带三类。

1. 玻璃纤维布

玻璃纤维布主要用作电机电器的衬垫和绕组的绝缘。常用的是2432醇酸玻璃漆布。它的电气性能及耐油性、防潮性都较好，机械强度高，并具有一定的防振性能。可用于油浸变压器及热带型电工产品。

2. 漆管

漆管主要用作电机和电器的引出线和连接线的外包绝缘管。常用的是2730醇酸玻璃漆管。它具有良好的电气性能及机械性能，耐油、耐潮性较好，但弹性较差。可用于电机、电器和仪表等设备引出线和连接线的绝缘。

3. 绑扎带

绑扎带主要用来绑扎变压器铁心和代替合金钢丝绑扎电机转子绕组端部。常用的是B17玻璃纤维无纬带。由于合金钢丝价格高、比重大、绑扎工艺复杂，钢丝箍内感应电流会发热，钢丝及绕组之间还要绝缘，而无纬带则完全没有这样的缺点。因此，无纬带在电机工业中已得到广泛的应用。

3.2.3 薄膜、薄膜复合制品和黏带

1. 薄膜

薄膜由若干高分子聚合物而制成不同特性和用途的绝缘材料。电工用的薄膜厚度薄、柔软、耐潮，电气性能和机械性能好，化学稳定性高，主要用作电机、电器绕组和电线电缆包绝缘以及作电容介质。

（1）聚乙烯薄膜

聚乙烯是一种白色半透明固体，比重比水小，使用温度为80～100℃，有良好的摩擦性，化学稳定性高，60℃以下几乎不被任何有机溶剂浸蚀，除氧化性强的酸（如硝酸）外，能耐大多数酸、碱的浸蚀，吸湿性小，绝缘性能和耐辐射性尤为突出，但在油类，特别是高温矿物油作用下发生膨胀、变色甚至破裂。

用聚乙烯制成的薄膜，质地坚韧，－80℃时仍能保持其柔软性，但耐热性较差，长期工作温度不应超过70℃，机械强度也不高，不宜承受强负荷。广泛用于通信电缆、高频电缆和水底电缆等作导体绝缘层。

（2）聚四氟乙烯薄膜

聚四氟乙烯被称为“塑料王”，其膜薄且具有很高的耐热性和耐寒性，可在－250～250℃内工作，电气性能优良，介损小，且几乎不受温度和频率变化的影响，在电弧作用下不碳化，化学性质稳定，不溶解于任何有机溶剂，不燃烧，不吸湿，唯碱金属和氟元素在高温下对其有明显腐蚀作用，高温（若超过300℃）下抗胀强度下降较大，延伸率增加，低温时情况相反。聚四氟乙烯制造工艺复杂，价格昂贵，温度超过500℃时，会分解出有剧毒的、化学性能活泼的气态氟。

聚四氟乙烯薄膜常用于在高温或腐蚀性环境下工作的电机、电缆或其他设备的绕组绝缘和槽间绝缘，以及电容介质、仪表绝缘等。

（3）聚酯薄膜

聚酯薄膜是一种无色透明薄膜，具有很高的抗拉强度、电气绝缘强度、耐热性和耐湿性，对大多数化学药品和溶剂都很稳定，而且不会生霉，但抗电弧性和耐碱性差，工作温度为－60～120℃，适宜在低压电机中用作槽绝缘，相间绝缘和成型绕组包扎用绝缘带，常和青壳纸复合使用以避免机械损伤。

2. 薄膜的复合制品

薄膜的复合制品是在薄膜的一面或双面黏合纤维材料（如绝缘纸或漆布等）组成的一

种复合材料。纤维材料的主要作用是加强薄膜的机械性能，提高抗撕强度和表面挺度。薄膜复合制品主要用作中小型电机槽绝缘以及电机、电器绕组端都绝缘和相间绝缘。

薄膜的复合制品主要有聚酯薄膜绝缘纸复合箔、聚酯薄膜玻璃布复合箔、聚酯薄膜聚酯纤维纸复合箔、聚酯薄膜芳香族聚酰胺纤维复合箔以及聚酰亚胺薄膜芳香族聚酰胺纤维纸复合箔等。

绝缘薄膜复合制品中的聚酯薄膜绝缘纸复合箔厚度为 0.15 ~ 0.30mm，由一层聚酯薄膜、一层绝缘纸（青壳纸）组成，主要用于 E 级电机槽绝缘、端部层间绝缘。聚酯薄膜玻璃漆布复合箔厚度为 0.17 ~ 0.24mm，由一层聚酯薄膜和一层玻璃漆布组成，用于 B 级电机槽绝缘、端部层间绝缘，匝间绝缘和衬垫绝缘，可用于湿热带地区。

3. 黏带

黏带是指在常温或一定温度和压力下能自黏成型的带状材料。黏带的绝缘工艺性好，使用方便，主要用作电机、电器绕组绝缘、包扎固定和电线接头的包扎绝缘等。

3.2.4　其他绝缘材料

其他绝缘材料是指在电机及电器中作为结构、补强、衬垫、包扎及保护作用的辅助绝缘材料。这类绝缘材料品种多、规格杂，有的无统一的型号。这里将常用的一些品种作简单介绍。

1）电话纸主要用于电信电缆的绝缘，也可以在电机、电器中作辅助绝缘材料。

2）绝缘纸板可在变压器油中使用。薄型的、不掺棉纤维的绝缘纸板通常称为青壳纸，主要用做绝缘保护和补强材料。

3）涤纶玻璃丝绳简称涤纶绳。它强度高，耐热性好，主要用来代替垫片和蜡线绑扎电机定子绕组端部；使用涤纶绳绑扎并经浸漆、烘干处理后，使绕组端部形成整体，大大提高了电机运行的可靠性，同时也简化了电机制造工艺。

4）聚酰胺（尼龙）1010 是白色半透明体，在常温时具有较高的机械强度，耐油、耐磨，电气性能较好，吸水性小，尺寸稳定。适宜做绝缘套、插座、绕组骨架、接线板等绝缘零件，也可以制作齿轮等机械传动零件。

5）黑胶布带常用于低压电线电缆接头的绝缘包扎。

3.3　导线的连接及绝缘的恢复

电气设备安装或配线过程中，常常需要把一根导线和另一根导线连接或将导线与电气设备的端子连接。这些连接处不论是机械强度还是电气性能，均是电路的薄弱环节，安装的电路能否安全可靠地运行，很大程度上取决于导线接头的质量。因此，接头的制作是电气安装和布置中一道非常重要的工序，必须按标准和规程操作。

3.3.1　导线接头的基本要求

1. 机械强度高

接头的机械强度不应小于导线机械强度的 80%。

2. 接头电阻要小且稳定

接头的电阻值不应大于相同长度导线的电阻值。

3. 耐腐蚀

对于铝和铝连接，如采用熔焊法，主要防止残余熔剂或熔渣的化学腐蚀；对于铝与铜的连接，主要防止电化腐蚀，在连接前后，要采取措施，避免这类腐蚀的存在，否则在长期运行中，接头易发生故障。

4. 绝缘性能好

接头的绝缘强度应与导线的绝缘强度一样。

3.3.2 导线的连接方法

导线的连接一般分以下四个步骤：绝缘层的剥削、铜芯导线焊接、铜芯导线的绞接和缠绕连接、铝芯导线的连接。这里分别介绍各步骤的工艺要求和操作方法。

1. 绝缘层的剥削

在导线连接前，需把导线端部绝缘层剥去，剥削绝缘层的方法要正确，如果方法不当，容易损伤芯线，缠胶布时会产生空隙。根据绝缘层的厚度和层数的不同，剥切方法有单层剥法、分段剥法及斜剥法三种剥切方法。

（1）单层绝缘线

芯线截面积为4mm² 以下的单层塑料硬线或单层塑料软线一般用钢丝钳或剥线钳剥削。用钢丝钳或尖嘴钳剥削导线的方法是：用左手捏住导线，根据线头长短用钢丝钳口切入导线绝缘层，但不可切断线芯。然后用右手握住钢丝钳头部用力向外勒出塑料绝缘层，如图3-1所示。用剥线钳剥削导线的方法是：确定剥削绝缘层的长度，然后把导线放入相应的刃口中，用右手握紧钳柄，导线的绝缘层即可剥去并弹出。

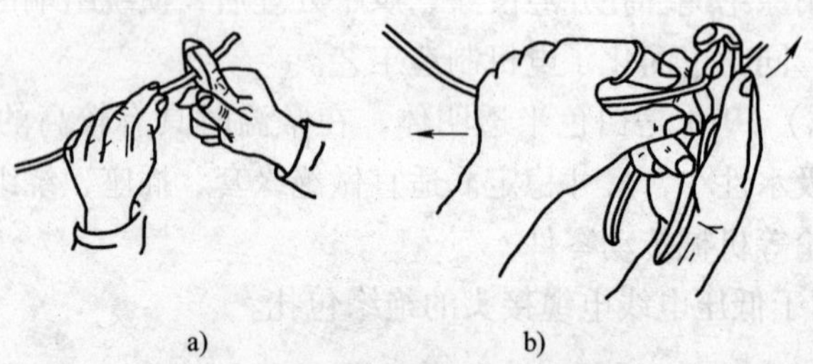

图3-1 用钢丝钳剥削导线绝缘层
a）用钳口剪压导线绝缘层 b）剥掉导线绝缘层

截面积在4mm² 以上的单层塑料硬线，可用电工刀剥削，方法是：根据所需的长度用电工刀以向内倾斜45°切入绝缘层，刀面与芯线保持25°左右，用力向线端推削，削去上面的绝缘层，但不可切入芯线，再将下面的塑料绝缘层向后扳起，用电工刀齐根切去，如图3-2所示。

（2）多层绝缘线

多层绝缘线分层剥削，每层的剥削方法与单层绝缘线相同。对橡胶线，首先根据所需长度，在橡胶绝缘线棉纱织物层上用电工刀划破一圈，然后削去一长条棉纱织物层，再把余下的棉纱织物层削去，在距离棉纱织物层约10～12mm处，用电工刀以45°角切入橡胶层，方法与单层绝缘线相同。对绝缘层比较厚的导线，采用斜剥法，即像削铅笔一样进行剥削。

不论哪一种方法，剥削时均不可割伤芯线，否则会降低导线机械强度且会因导线截面减小而增加导线电阻。绝缘层剥去的长度，依接头方法和导线截面不同而不同。

（3）塑料护套线绝缘层

塑料护套线的绝缘层必须用电工刀剥削，剥削方法是：按所需长度用刀尖对准芯线缝隙划开护套层，向后翻起护套层，用电工刀齐根切去，如图 3-3 所示，在距离护套层 5 ~ 10mm 处，用电工刀以倾斜 45°角切入绝缘层。其他剥削方法同单层绝缘硬线。

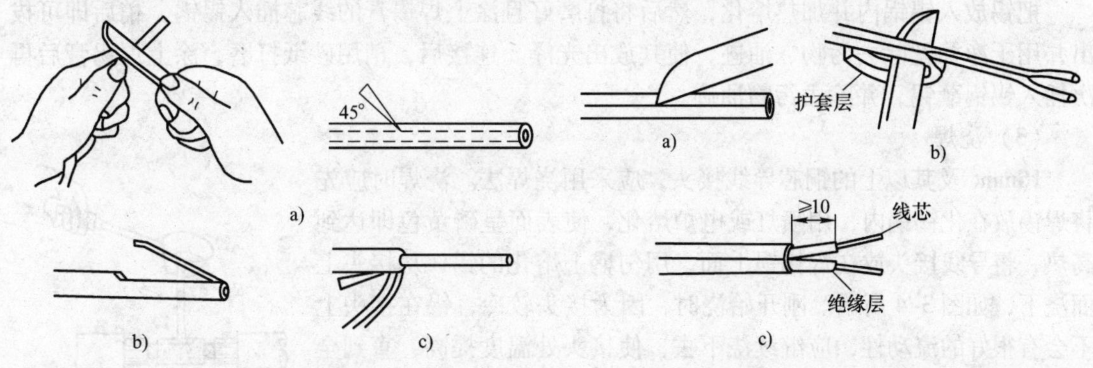

图 3-2　用电工刀剥削硬导线的方法　　图 3-3　用电工刀剥削塑料护套线绝缘层

（4）花线绝缘层

花线的结构比较复杂，多股铜质细芯线先由棉纱包扎层裹捆，接着是橡胶绝缘层，外面还套有棉织管（即保护层）。剖削时先用电工刀在线头所需长度处切割一圈拉去，然后在距离棉织管 10mm 左右处用钢丝钳按照剖削塑料软线的方法将内层的橡胶层勒去，将紧贴于线芯处棉纱层散开，用电工刀割去。

（5）橡套软电缆绝缘层

用电工刀从端头任意两芯线缝隙中割破部分护套层。然后把割破已分成两片的护套层连同芯线（分成两组）一起进行反向分拉来撕破护套层，直到所需长度。再将护套层向后扳翻，在根部分别切断。

橡套软电缆一般作为田间或工地施工现场临时电源馈线，使用机会较多，因而受外界拉力较大，所以护套层内除有芯线外，尚有 2 ~ 5 根加强麻线。这些麻线不应在护套层切口根部剪去，应扣结加固，余端也应固定在插头或电工具内的防拉板中。芯线绝缘层可按塑料绝缘软线的方法进行剖削。

（6）铅包线护套层和绝缘层

铅包线绝缘层分为外部铅包层和内部芯线绝缘层。剖削时先用电工刀在铅包层上切下一个刀痕，再用双手来回扳动切口处，将其折断，将铅包层拉出来。

（7）内部芯线的绝缘层

与塑料硬线绝缘层的剖削方法相同。

2. 铜芯导线的锡焊连接

（1）电烙铁锡焊

$10mm^2$ 及以下铜芯导线接头，可按下述步骤用 150W 电烙铁进行锡焊：

1）打磨氧化层。单股线可用砂纸去除氧化膜；多股线可先散开并用钳子夹住导线端头拉直后再用砂纸去除氧化膜；软导线可先将导线拧紧，拧紧时应带干净手套或用钳子，以免污染线芯，然后再用砂纸除去氧化膜，打磨的长度应比接头或终端的长度稍长一点。

2）打磨后应立即在接头上的打磨处涂上一层中性无酸焊锡膏。

3）用电烙铁吃上锡，在涂焊锡膏的导线端头处上下来回反复上锡，上锡后用干净的棉丝将污物、油迹擦掉。然后再用电烙铁吃少量的锡将搪锡后的线芯进行焊接。

（2）蘸锡焊接

把锡放入锡锅内并加热熔化，然后将打磨好且涂上焊锡膏的线芯插入锡锅，稍后即可拔出并用干净棉丝除去污物、油迹，使其放出光泽。连接后，稍用砂纸打磨，涂上焊锡膏后再次插入锡锅蘸锡，并除去污物油迹。

（3）浇焊

16mm^2 及其以上的铜芯导线接头，应采用浇焊法。浇焊时应先将焊锡放在化锡锅内，用喷灯或电炉熔化，使表面呈磷黄色即达到高热，将导线接头放在焊锡锅上面，用勺盛上熔化的锡，从接头上面浇下，如图 3-4 所示。刚开始浇时，因为接头较冷，锡在接头上不会有很好的流动性，应继续浇下去，使接头处温度提高，直到全部焊牢为止。最后用抹布轻轻擦去锡渣，使接头表面光滑。

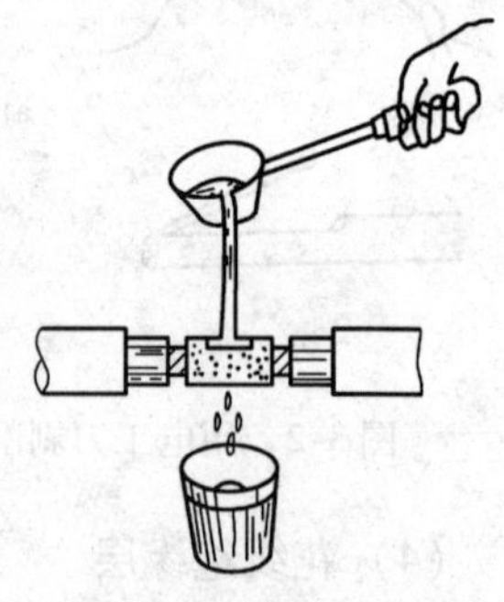

图 3-4 铜芯导线接头浇焊法

3. 铜芯导线的绞接和缠绕连接

当导线不够长或要分接支路时，就要将导线与导线连接。常用导线的线芯有单股、7 股和 19 股等多种，连接方法随芯线的股数不同而异。

（1）单股铜芯导线连接

单股铜导线的连接，有绞接法和缠绕法两种，截面较小的导线一般多用绞接法，截面较大的导线，因绞接困难，多用缠绕法。

1）绞接法。图 3-5 所示为直接连接。先将被连接的两导线的线端绝缘层剖削掉，一般为 100～150mm，较小截面的导线取 100mm，较大截面的导线取 150mm；把两导线端头芯线的 2/3 长度处呈 X 形相交，按顺时针方向互相绞绕 2～3 圈，并用钳子咬住，如图 3-5a 所示。再扳直两线头，然后用一只手握钳，用另一只手将每个线头在另一芯线上紧贴并绕 5 圈，截面较大的导线绕 10 圈，再用钢丝钳切去余下的芯线，并挤紧钳平芯线的末端，如图 3-5b 所示。

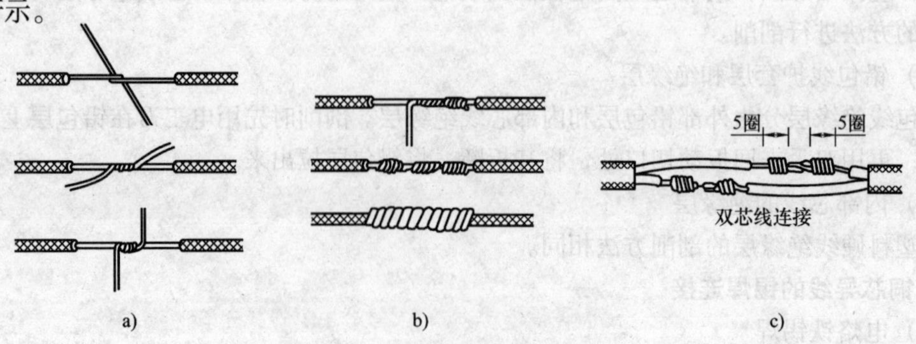

图 3-5 单股铜芯导线的直接连接

图 3-5c 所示为双芯线的导线直接连接。可用同样的方法把另一线芯缠绕，将接头修整平直。

图 3-6（单位为 mm）所示为分支连接。T 字分支连接方法是先将干线分支点导线的绝缘层剖削掉 50mm，再把分支导线端部的绝缘层剖削掉 100～150mm，长度选取同上，再把支路芯线的线头与干线芯线十字相交打一个结，并用钳口咬住，使支路芯线根部留出大约 3～5mm，然后按顺时针方向紧紧缠绕干线芯线，缠绕 5～10 圈后，用钢丝钳切去余下的芯线并掐紧芯线末端，钳平切口毛刺，如图 3-6a、b 所示。十字分支连接方法与 T 字分支连接方法相同，如图 3-6c、d 所示。

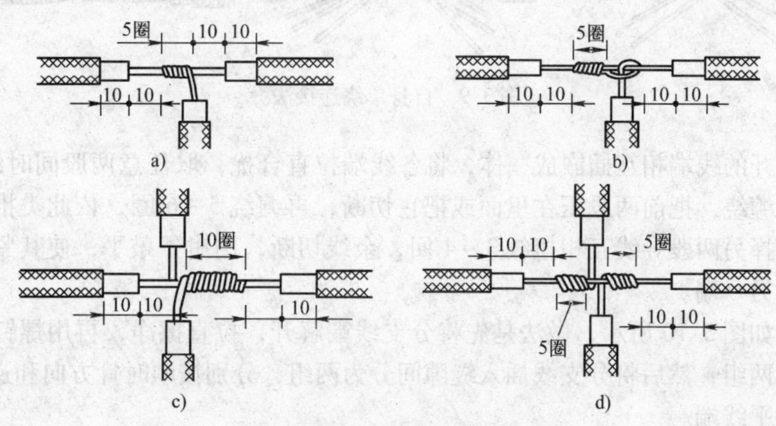

图 3-6　单股铜芯导线的分支连接

a）小截面分支连接　b）打结分支连接　c）十字分支连接方法一　d）十字分支连接方法二

2）缠绕法。图 3-7a 所示为缠绕连接，先将两线端用钳子稍作弯曲，相互并合，中间加一根相同截面的输助线，然后用直径约 1.5mm² 的裸铜线紧密地缠绕在导线并合部分。缠绕长度约为导线直径的 10 倍左右。图 3-7b 和 c 所示为分支连接，先将分支线作直角弯曲，并在其端部稍作弯曲，然后将两线并合，用裸导线紧密缠卷，缠绕长度同直线连接一样。

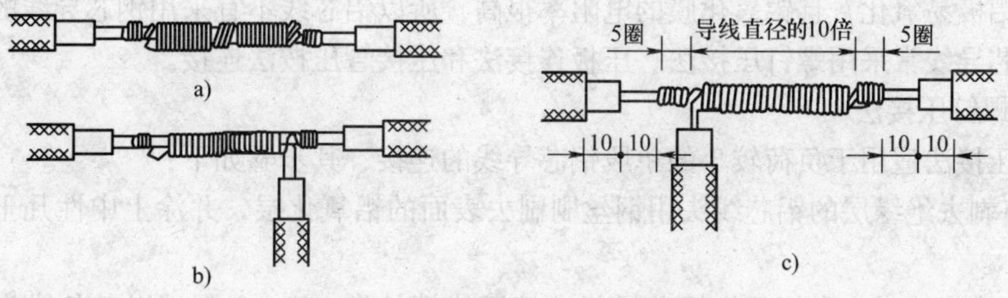

图 3-7　单股铜芯导线的缠绕连接

（2）多股铜芯导线连接

多股铜线有单绕、复绕和缠绕三种方法。直线连接有两种，一种是用连接绑线缠绕连接，如图 3-8 所示，先把导线端部绝缘层去掉，然后把多股导线顺次分开呈 30°伞状，逐根拉直，用砂布将导线表面擦净，把中心线切断，再把两头多芯线对好。插进去成为一体，用 1.5mm² 的铜线绑缠。接法与单芯直线缠绑相同。

另一种是自身单绕连接法，如图 3-9 所示，先把多股导线线芯顺次分开，并剪去中心一

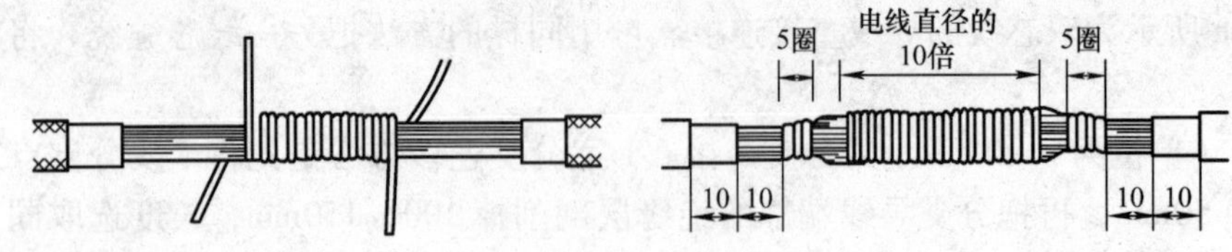

图 3-8 绑线缠绕连接法

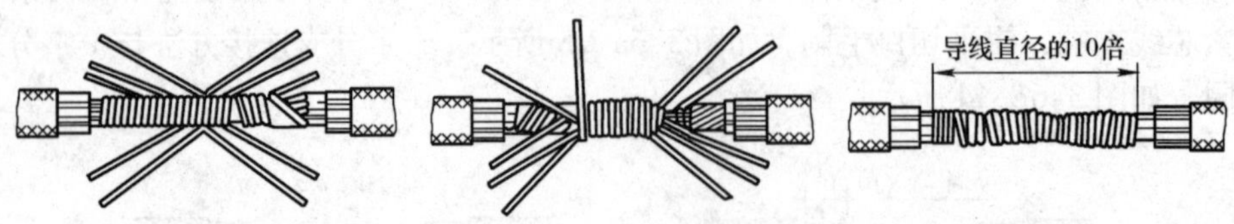

图 3-9 自身单绕连接法

股，再将各张开的线端相互插嵌成一体，将各线端拉直合拢，取任意两股同时缠绕 5 ~ 6 圈后，另换两股缠绕，把前两股压在里面或把它切断，再缠绕 5 ~ 6 圈，依此类推，缠绕到分开点为止。选择另两股导线互相扭绞 3 ~ 4 回，余线切断，用钳子敲平，使其紧贴导线。再用同样方法做另一端。

分支连接如图 3-10 所示，做法是先将分支线端解开，拉直擦净，再用螺钉旋具把干线撬开平均分成两组，然后将分支线插入缝隙间分为两组，分别按顺时针方向和逆时针方向缠绕 5 圈后，钳平线端。

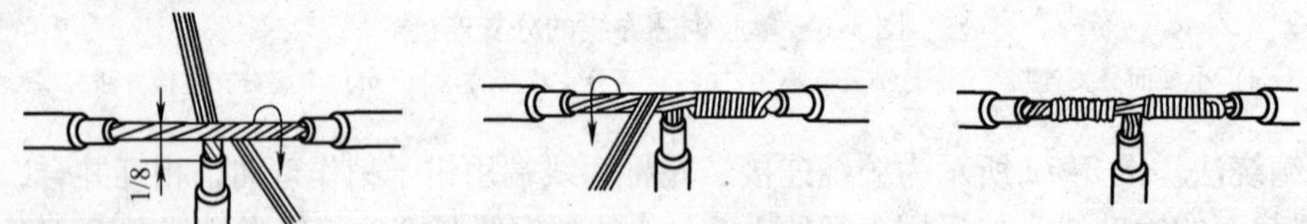

图 3-10 分支连接法

4. 铝芯导线的连接

由于铝极易氧化，且铝氧化膜的电阻率很高，所以铝芯线不宜采用钢芯导线的办法进行连接。铝芯导线常采用螺钉压接法、压板连接法和压接管压按法连接。

（1）螺钉压接法

螺钉压接法适用于负荷较小的单股铝芯导线的连接，其步骤如下：

1）将剥去绝缘层的铝芯线头用钢丝刷刷去表面的铝氧化层，并涂上中性凡士林，如图 3-11a 所示。

2）直线连接时，先把每根铝芯导线在接近线端处卷上 2 ~ 3 圈，以备各线头断裂后再次连接用，然后把四个线头两两相对地插入两只瓷接头（又称接线桥）的四个接线端子上，然后旋紧接线桩上的螺钉，如图 3-11b 所示。

3）若要做分路连接，则要把支路导线的两个芯线头分别插入两个瓷接头的接线端子上，然后旋紧螺钉，如图 3-11c 所示。

4）最后在瓷接头上加罩铁皮盒盖或木罩盒盖。

如果连接处在插座或熔断器附近，则不必用瓷接头，可用插座或熔断器上的接线桩进行过渡连接。

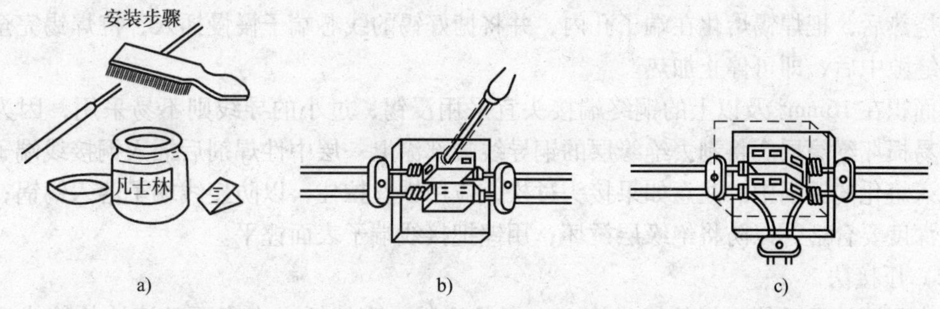

图 3-11　单股铝芯线的螺钉压接法连接

（2）压接管压按法连接

使用手动冷挤压接钳和压接管，其所用工具、材料、压接方法和步骤如图 3-12 所示。

1）按多股铝芯线规格选择合适的铝压接管。

2）用钢丝刷清除铝芯绒表面和压接管内壁的氧化层，涂上一层中性凡士林。

3）把两根铝芯导线的线端相对穿入压接管，并使线端穿出压接管 25 ~30mm。

4）进行压接时，第一道压接坑应用在铝芯线端的一侧，不可压反，压接坑的距离和数量应符合技术要求。

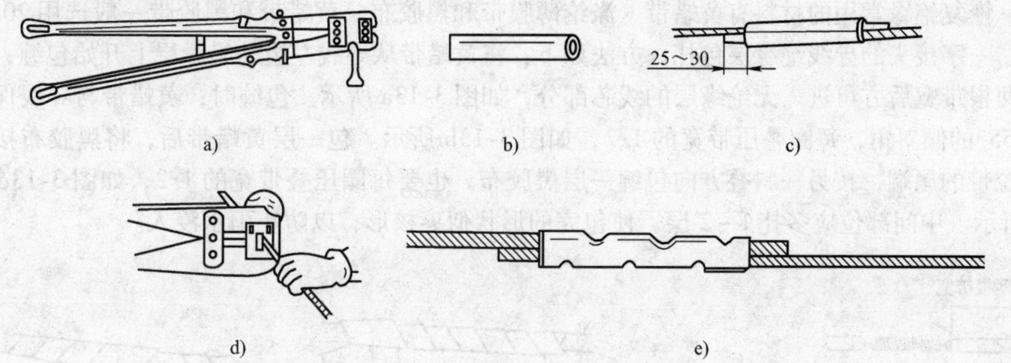

图 3-12　压接钳、压接管和压接方法

a）手动冷挤压接钳　b）压接管　c）穿进压接管　d）进行压接　e）压接后

3.3.3　导线的封端

安装好的配线最终要与电气设备相连，为了保证导线线头与电气设备接触良好并具有较强的机械性能，对于多股铝线和截面大于 2.5mm^2 的多股铜线，都必须在导线终端焊接或压接一个接线端子，再与设备相连。这种工艺过程称为导线的封端。

1. 铜导线的封端

（1）锡焊法

截面积在 10mm^2 及以下的铜导线，可用 100W 或 150W 电烙铁进行锡焊。焊接时导线端头宜与地面成 45°放置，以利于熔锡能够流满接头的任何部位。

截面积大于 10mm^2 及以上的铜导线，锡焊前先将导线表面和接线端子孔用砂布擦干净，涂上一层无酸焊锡膏，将线芯端子搪上一层锡。然后把接线端子放在喷灯火焰上加热，当接线端子烧热后，把焊锡熔化在端子孔内，并将搪好锡的线芯端子慢慢插入，待焊锡完全渗透到线芯缝隙中后，即可停止加热。

截面积在 16mm^2 及以上的铜终端接头宜采用浸锡，过小的导线则不易采用，因为导线过细容易损坏绝缘层。将剥去绝缘层的铜导线端部涂上一层中性焊剂后插入铜接线端子；将焊头放入熔化的锡锅中。注意如果接头过松，应用铁丝拉住，以防接线端子落入锡锅；焊头插入的深度要合适，以防将绝缘层烫坏；用锉把接线端子表面锉平。

（2）压接法

将表面清洁且已加工好的线头涂上一层凡士林，直接插入内表面已清洁的接线端子线孔，用压接钳压接两个孔。

2. 铝导线的封端

铝导线一般用压接法封端。压接前，剥掉导线端部的绝缘层，其长度为接线端子孔的深度加上 5mm，除掉导线表面和端子内壁的氧化膜，涂上中性凡士林，再将线芯插入接线端子内，用压接钳进行压接。当铝导线出线端与设备铜端子连接时，由于存在电化腐蚀问题，因此应采用预制好的铜铝过渡接线端子。

3. 导线绝缘层的恢复

导线连接后或导线绝缘层破损后必须恢复绝缘。恢复后的绝缘强度不应低于原来的绝缘层。恢复绝缘常用的材料有黄蜡带、涤纶薄膜带和黑胶布。黄蜡带和黑胶带一般选用 20mm 宽、一字接头的导线绝缘层包扎，方法如下：将黄蜡带从导线左边的绝缘层上开始包缠，包缠两根带宽后方可进入无绝缘层的线芯部分，如图 3-13a 所示。包缠时，黄蜡带与导线保持约 55°的倾斜角，每圈叠压带宽的 1/2，如图 3-13b 所示。包一层黄蜡带后，将黑胶布接在黄拉带的尾端，按另一斜叠方向包缠一层黑胶布，也要每圈压叠带宽的 1/2，如图 3-13c 和 d 所示。中间部位应多扎 1 ~2 层，使包完的形状似枣核形，以防止雨水浸入。

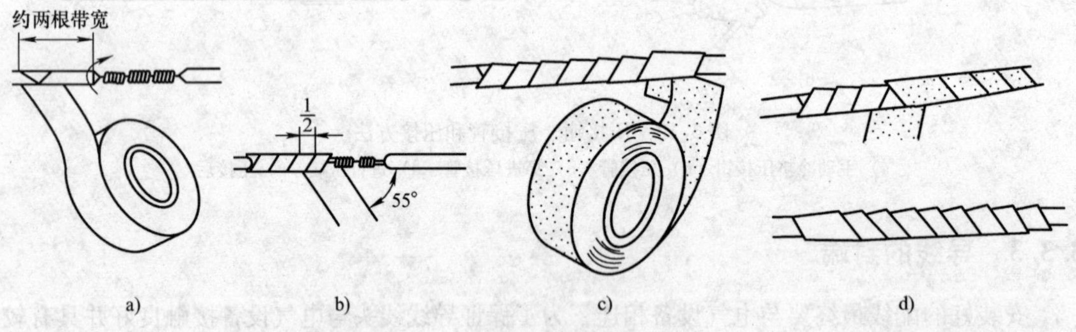

图 3-13　一字接头的导线绝缘层包扎方法

丁字接头的导线绝缘层包扎方法如图 3-14 所示。

用在 380V 线路上的导线恢复绝缘层时，需先包缠 1 ~2 层黄蜡带，然后再包缠一层黑胶带。

用在 220V 线路上的导线恢复绝缘时，先包一层黄蜡带，然后再包缠一层黑胶带，也可只包缠两层黑胶带。

双股线芯的导线连接时，用绝缘带将后圈压前圈 1/2 带宽正反各包缠一次，包缠后的首尾应压住原绝缘层一个绝缘带宽。

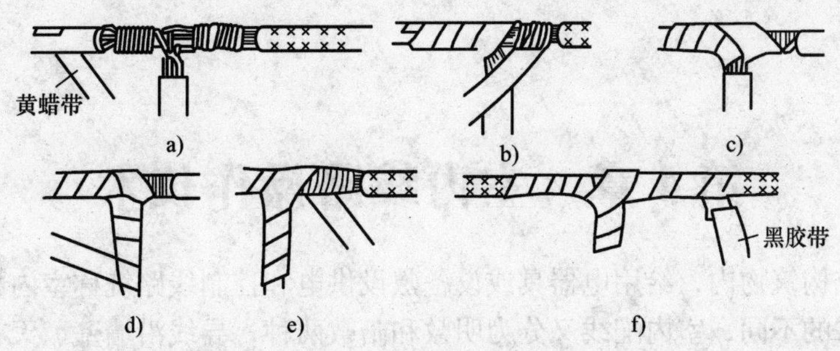

图 3-14　丁字接头的导线绝缘层包扎方法

第4章　室内线路操作技术

在建筑物或构筑物内，给用电器具或设备敷设供电和控制线路统称室内配线。根据房屋建筑结构及要求的不同，室内配线又分为明敷和暗敷两种，导线沿墙壁、天花板、横梁及柱子等表面敷设线路称为明敷；导线穿入塑料（PVC）管或钢管埋设在墙壁内、地坪内或装设在顶棚内敷设线路称为暗敷。配线方式通常有瓷（塑料）夹板配线、瓷瓶配线、槽板配线、钢（塑料）管配线以及塑料护套线配线等。目前在室内线路安装中，采用较多的是钢（塑料）管配线、槽板配线和塑料护套线配线。

4.1　室内配线的技术要求和配线工序

4.1.1　配线施工前的注意事项

1. 熟悉施工图样

1）明确设计图样的设计内容及设计意图，对图中选用的电气设备和主要材料等进行统计，以做好备料工作；对采用的代用设备和材料，要考虑供电安全和经济技术等指标。

2）掌握图样提出的施工要求。

3）注意与主体工程和其他工程的配合，确定合理的施工方案。为防止破坏建筑物的强度和损害建筑物的美观，应尽量配合土建做好预埋预留工作，同时还应根据规范要求尽量考虑好与其他管线工程的关系，避免施工时发生位置的冲突，从而造成返工。

在熟悉图样的同时，还必须熟悉有关电气安装工程的技术规范、工程质量检验标准等有关的技术资料。

2. 做好工具、材料的准备

应做好工具、材料的准备。

4.1.2　室内配线的技术要求

室内配线要使电能安全可靠的传送，其技术要求如下：

1）使用的导线其额定电压应大于线路的工作电压。导线的绝缘应符合线路的安装方式和敷设环境的要求。导线截面应能满足供电和机械强度的要求。导线不同敷设方式线芯允许的最小截面见表4-1。

2）导线敷设时，应尽量避免接头。因为常常由于导线接头质量不好而造成事故。若必须接头时，应采用压接或焊接。

3）导线在连接和分支处，不应受机械力的作用，导线与设备接线端子的连接要牢靠压实。

4）进户线穿墙时应安装过墙管保护，过墙管两端伸出墙面不小于10mm，但太长会影响美观，同时距地面不得小于2.5m，并应采取防雨措施，进户线的室外端应采用绝缘子固定。

表 4-1　线芯允许最小截面

敷设方式及用途		线芯最小截面积/mm^2		
		铜芯软线	铜线	铝线
敷设在室内绝缘支持件上的裸导线			2.5	4
敷设在绝缘支持件上的绝缘导线，其支持点间距如下：				
≤1m	室内		1.0	1.5
	室外		1.5	2.5
≤2m	室内		1.0	2.5
	室外		1.5	2.5
≤6m			2.5	4
≤12m			2.5	6
穿管敷设的绝缘导线		1.0	1.0	2.5
槽板内敷设的绝缘导线			1.0	1.5
塑料护套线配线			1.0	1.5

5）为确保用电安全，室内电气管线与其他管道间应保持一定距离，见表 4-2。若在施工中不能满足表中所列数值，则应采取如下措施：

① 电气管线与蒸气管之间不能保持表 4-2 中距离时，可在蒸气管外包以隔热层，这样平行净距可减到 200mm，交叉距离需考虑施工维修方便，但管线周围温度应经常在 35℃以下。

② 电气管线与采暖热水管不能保持表 4-2 中距离时，可在采暖热水管外包隔热层。

③ 裸导线应敷设在管道上面，当不能保持表 4-2 中距离时，可在裸导线外加装保护网或保护罩。

表 4-2　室内配线与管道间最小距离　（单位：mm）

管道种类 \ 配线方式		穿管配线	绝缘导线明配线	裸导线配线
蒸汽管	平行	1000/500	1000/500	1500
	交叉	300	300	1500
暖气、热水管	平行	300/200	300/200	1500
	交叉	100	100	1500
通风、上下水、压缩空气管	平行	100	200	1500
	交叉	50	100	1500

注：表中分子数字为电气管线敷设在管道上面的距离，分母数字为电气管线敷设在管道下面的距离。

6）线管配线时，钢管管口应加装护圈，硬塑料线管管口应无毛刺。暗敷塑料线管入盒，可不装锁紧螺母或管螺母，但需用水泥封牢。

7）内线管从地坪或墙壁下进入落地式柜、台、箱、盘内的线管管口，应高出柜、台、箱、盘的基础面 60mm 左右，以防积水进入管内。

8）不同回路、不同电压及交流与直流的导线，不应穿于同一根管内，但下列情况除外：

① 供电电压在 50V 及以下者；

② 同一设备的电力线路和无需防干扰要求的控制回路；

③ 照明花灯的所有回路，但管内导线总数不应多于 8 根。

9）当导线的负荷电流大于25A 时，为避免涡流效应，应将同一回路的三相导线穿于同一根金属管内。

10）穿在管内的导线或电缆，在任何情况下都不能有接头，必须有接头时，应把接头放在接线盒、灯头盒或开关盒内。绝缘破损过的导线即使绝缘修复后也不准穿管。

11）室内埋地金属管内的导线，宜用塑料护套塑料绝缘导线；金属穿线管必须作保护接零。

12）穿线管内导线的总截面积（包括外皮）不应超过管内径截面积的40%。

13）管的外径超过墙壁混凝土厚度的1/3，不准暗敷。

14）室内配线只有在干燥场所才能采用瓷（塑料）夹板或绝缘子明配线（现已很少应用），要求横平竖直，导线水平高度距地不应小于2.5m，垂直敷设不应低于1.8m，否则应用钢管或槽板加以保护，以防机械损伤。

15）当导线沿墙壁或天花板敷设时，导线与建筑物之间的最小距离为，瓷夹板配线不应小于5mm，瓷瓶配线不应小于10mm。在通过伸缩缝的地方，导线敷设应略有松弛。对于线管配线则应设补偿盒，以适应建筑物的伸缩。

16）当导线互相交叉且距离又较近时，为避免碰线，在每根导线上应套以塑料管，并将套管固定，以防短路。

4.1.3 配线的工序

室内配线主要包括以下7道工序：

1）根据施工图样，确定电器安装位置，导线敷设途径及导线穿过墙壁和楼板的位置。

2）若线管暗配线，埋设好支持构件，最好配合土建搞好预埋预留工作。若采用线管明配或其他配线方式，将配线所有的固定点打好孔洞。

3）装设绝缘支持物、线夹、支架或保护管。

4）敷设导线。

5）安装灯具及电器设备。

6）测试导线绝缘，连接导线、分支和封端，并将导线出线接头和设备连接。

7）校验、自检、试通电。

4.2 线管配线

把绝缘导线穿在管内敷设，称为线管配线。这种配线方式具有安全可靠、导线不易遭受腐蚀性气体的侵蚀和机械损伤等优点，但安装和维修不变且造价较高。它适用于室内外照明和动力线路的配线，因此民用（住宅、学校、商业及办公等）与工业中使用最为广泛。

线管有明配和暗配两种。明配是把线管敷设于墙壁表面、桁架等明露处，尽管要求横平竖直、整齐美观，且管路短、弯曲少；但也影响室内美观，一般多用于潮湿、多尘的车间。暗配是把线管敷设于墙壁、地坪或楼板内等处，不要求横平竖直，只要求管路短、弯曲少，以便于穿线。暗配不影响室内美观、防水防潮、导线不易受损伤，使用年限长，但预埋工作量大，需与土建施工密切配合，造价高、维修不便。

线管配线，首先应根据敷设环境来选择线管类型，然后再决定管子的规格。一般明配于潮湿场所和埋于地下的管子，均应使用厚壁钢管；明配或暗配于干燥场所的钢管，宜使用薄壁钢管。阻燃型 PVC 硬管适用于室内或有酸、碱等腐蚀介质的场所，但不得在高温、易燃易爆和易受机械损伤的场所敷设。PVC 可挠管或 PVC 波纹管适用于一般民用建筑的照明工程暗敷设，管壁厚度不应小于 1mm，但不得在高温场所内敷设。软金属管多用来作为钢管和设备的连接。

线管配线主要包括线管选择、线管加工、线管敷设和穿线等工序。

4.2.1　钢管配线

钢管配线适用于潮湿、易燃易爆、承受外力及埋于地下的场所，有明配和暗配两种。

管子规格的选择应根据管内所穿导线的根数和截面决定，一般规定管内导线的总截面积（包括外护层）不应超过管子内径截面积的 40%。所选用的线管不应有裂缝和塌陷，无堵塞，钢管内应无铁屑及毛刺，切断口应锉平，管口应刮光。为保证安全，钢管应可靠接地，与钢管配套的接线盒、开关盒、插座盒等应配铁盒。

1. 钢管暗敷

在工厂车间、各类办公场所，特别是现代城乡住宅，大量运用暗管在墙壁内、地坪内、天花板内敷线。各种灯具的灯头盒、线路接线盒、开关盒、电源插座盒等，都嵌入墙体或天花板内。这样可使整个房间显得清爽、整洁和美观。

（1）暗管敷设的一般顺序

1）按施工图确定接线盒、灯头盒、开关盒、插座盒等在墙体、楼板或天花板上的具体位置，测出线路和管道敷设长度，可尽量走捷径，尽量减少弯头。

2）选择管件、加工、连接，并在确定位置接好接线盒、灯头盒、开关盒、插座盒等，随后在管道中穿入引线铁丝。然后在管口堵上木塞，在上述盒体内填满废纸或木屑，以免水泥砂浆和其他杂物进入。

3）将管道和连接好的各种盒体固定在墙体、地坪、天花板内或现浇混凝土模板内。

4）对于金属管、盒、箱，应在管与管、管与盒、管与箱之间焊好接地线，使该管路系统的金属体连成一个可靠的接地整体。

（2）选择好钢管和各种预埋件

一般在潮湿、易腐蚀和直埋于地下的场所，应采用 3mm 的厚壁钢管；在干燥场所，可采用经过镀锌处理的管径 1.5mm 薄壁钢管（电线管）；直接浇注在混凝土中时，可采用管径略大于 1.5mm 薄壁钢管（电线管）；直埋于土层中的钢管管径不小于 20mm，管子不宜超过设备基础，在穿过建筑物基础时，必须另加保护管保护；穿过设备基础很大时，管径不小于 25mm。

（3）确定灯头盒、接线盒和钢管引下的位置，测量敷设电路的长度

（4）钢管加工

需要敷设的钢管，应在敷设前进行一系列的加工，如除锈、切割套丝和弯曲等。

1）除锈涂漆：敷设之前，将所选用钢管内外的灰渣、油污与锈斑等清除。为防止除锈后重新氧化，应迅速涂漆。钢管外壁刷漆要求与敷设方式有关：

① 埋入混凝土内的钢管不刷防腐漆；

② 埋入道渣垫层和土层内的钢管应刷两道沥青或使用镀锌钢管；

③ 埋入砖墙内的钢管应刷红丹漆等防腐漆；

④ 明敷钢管应刷一道防腐漆，一道面漆（若设计无规定颜色，一般用灰色漆）；

⑤ 埋入有腐蚀性土层中的钢管，应按设计规定进行防腐处理。

2）除锈方法：常用除锈方法有如下三种；

① 手工除锈。对于非镀锌钢管（俗称黑铁管），为防止生锈，在配管前应对管子进行除锈、刷防腐漆。管子内壁除锈，可用圆形钢丝刷，两头各绑一根铁丝，穿过管子，来回拉动钢丝刷，把管内铁锈清除干净。管子外壁除锈，可用钢丝刷打磨，也可用电动除锈机。除锈后，将管子的内外表面涂以防腐漆。但在混凝土中埋设的管子外壁不能涂漆，否则影响钢管与混凝土之间的结构强度。如果钢管内壁有油垢或其他脏污，也可在一根长度足够的铁丝中部扎上适量布条，在管中来回拉动即可擦掉，待管壁清洁后再涂防锈漆。在除锈过程中，如果发现管壁上有砂眼、裂缝和塌陷等情况，应把有缺陷的部位锯掉。

② 压缩空气吹除。在钢管的一端注入高压压缩空气，吹净管内脏污。

③ 高压水清洗。用高压水从管口一端灌入，利用高压水的冲击力洗净管内脏污，最后用人工方法驱除管内水汽，再涂防锈漆。

3）锯割套丝：在配管时，应根据实际需要长度对管子进行切割。管子的切割应使用钢锯、管子切割刀或电动切管机，严禁用气割。下锯时，锯架要扶正，向前推动时，适当加压力，但不得用力过猛，以防折断锯条。钢锯回拉时，应稍微抬起，减小锯条磨损。管子快锯断时要放慢速度，使断口平整。

管子和管子连接，管子和接线盒、配电箱的连接，都需要在管子端部进行套丝。焊接钢管套丝，可用绞管板牙或电动套丝机。电线管和硬塑料管套丝，可用圆丝板。套丝时，先将管子在管子压力上固定压紧，然后再套丝。如利用电动套丝机，可提高工效。套完丝后，应随即清扫管口，将管口端面和内壁的毛刺用锉刀锉光，使管口保持光滑，以免割破导线绝缘。

4）弯管：线路敷设中，由于走向的改变，管道必须随之弯曲。弯管的工具常用弯管器、木架弯管器、滑轮弯管器、电动或液压弯管机。

细钢管的弯曲一般要用弯管器操作，先将管子弯曲部位的前段放在弯管器内，用脚踩着钢管，手臂慢慢向下压，即可将管子弯曲，如图4-1a所示。操作过程中应注意控制管子的弯曲角度，使管子的弯曲处呈圆弧形。

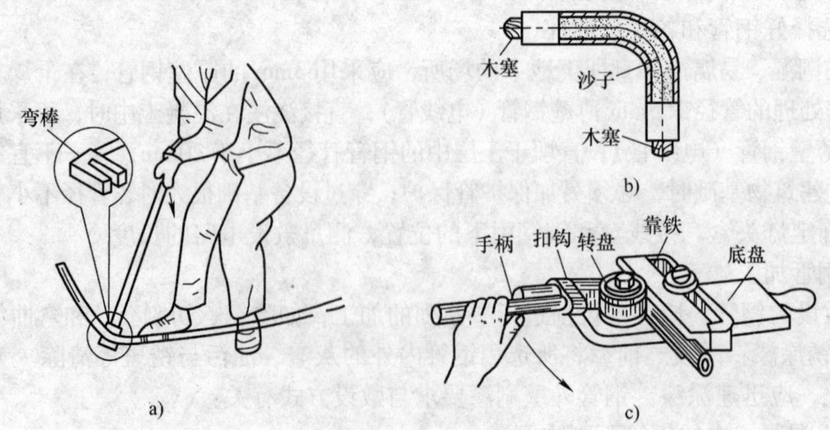

图4-1 钢管的弯制
a）细钢管用简易弯管器弯制 b）弯管前灌沙和封堵 c）厚钢管用弯管器弯制

对于管壁较厚或管径较大的钢管，可用气焊加热弯曲。在用氧炔焰加热时要注意火候，若火候不到，无法使其弯曲；加热过度，又容易弯瘪。最好在加热前，先用干燥砂粒灌入管内并捣实，管两端用木塞封堵，然后再加热弯曲，即可避免弯瘪现象发生，如图 4-1b、c 所示。对于薄壁大口径管道，灌砂弯管显得更为重要。

施工时要尽量减少弯头。为了便于穿线，管子的弯曲角度一般要在 90°以上。管子弯曲半径，明配管一般不小于管子外径的 6 倍，只有一个弯时，可不小于管外径的 4 倍，整排钢管在转弯处，宜弯成同心圆的弯儿；暗配时不应小于管外径的 6 倍，敷设于地下或混凝土楼板内时，不应小于管外径的 10 倍。

为保证线管的强度和施工方便，水平敷设的电线管路超过下列长度时，或弯曲过多时，中间应增设接线盒或拉线盒，否则应选择大一级的管径。

① 管子长度每超过 45m，无弯曲时；
② 管子长度每超过 30m，有 1 个弯时；
③ 管子长度每超过 15m，有 2 个弯时；
④ 管子长度每超过 12m，有 3 个弯时。

（5）钢管连接

钢管与钢管之间的连接，无论是明敷还是暗敷，一般都采用管箍连接，管箍两端要焊接用圆钢或扁钢制作的跨接线，如图 4-2a 所示，管端套丝长度不应小于管箍长度的 1/2。为了保证管接口的严密性，管子的丝扣部分应顺螺纹方向缠上麻丝或缠以聚四氟乙烯塑料防水带，再用管钳子拧紧，使两管口间吻合，不允许将管子对焊连接。此方法只适用于非镀锌钢管的连接。而镀锌钢管、可挠金属管，应采用地线夹连接法，地线夹是专门用于连接接地线的夹具，箍头采用冷轧钢带，上面带有螺钉，压接地线时将不小于 4mm 的裸铜线插入地线夹中，拧紧螺钉即可，所以用地线夹连接较焊接连接快捷方便，但成本较高。为了增加连接的可靠性，还可以双夹或多夹使用，如图 4-2b 所示。

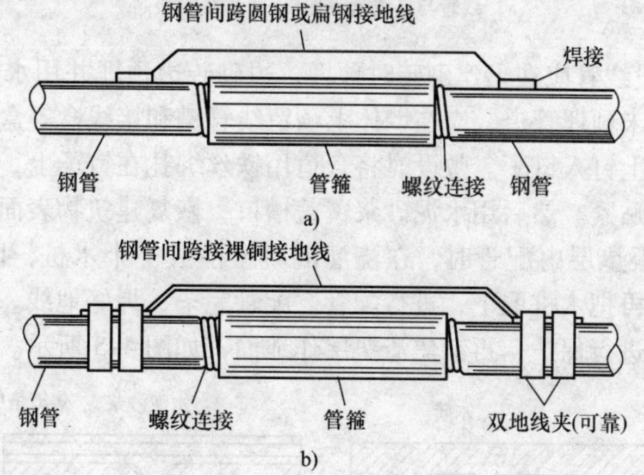

图 4-2　钢管连接处接地
a）焊钢或扁钢跨接地线　b）用地线夹卡接接地线

对于直径为 50mm 及以上的暗配管可采用套管焊接的方式，套管的长度为所连接管子外径的 1.5～3 倍。连接管的对口处应在套管的中心，焊口应焊接牢固、严密。

钢管进入灯头盒、开关盒、拉线盒及配电箱时，暗配管可用焊接固定，也可用锁紧螺母连接，管口露出盒（箱）应小于 5mm，如图 4-3 所示。明配管应用锁紧螺母或管帽固定，露出锁紧螺母的丝扣为2～4扣。

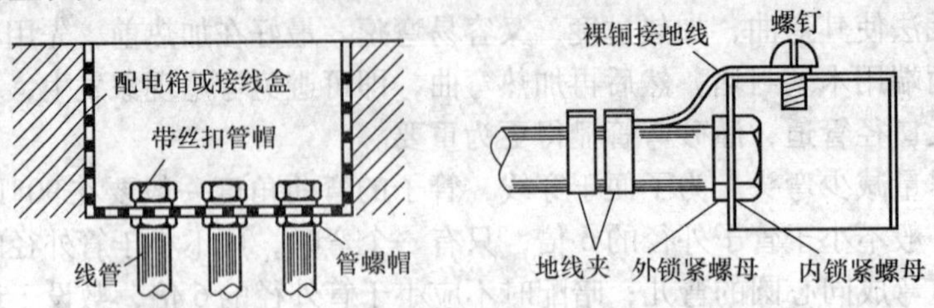

图4-3 钢管和接线盒（箱）连接

（6）暗线管道敷设工艺

1）在现浇梁柱或现浇混凝土楼板内敷设管道时，应在浇灌混凝土前，将钢管与接线盒按已确定的位置连接起来，固定于楼板模板上，先用石、砖等在模板上将管垫高15mm以上，使管子与模板保持一段距离，然后用铁丝将管子固定在钢筋上或用钉子将其固定在模板上，如图4-4所示。浇灌混凝土时，可将石、砖取出。

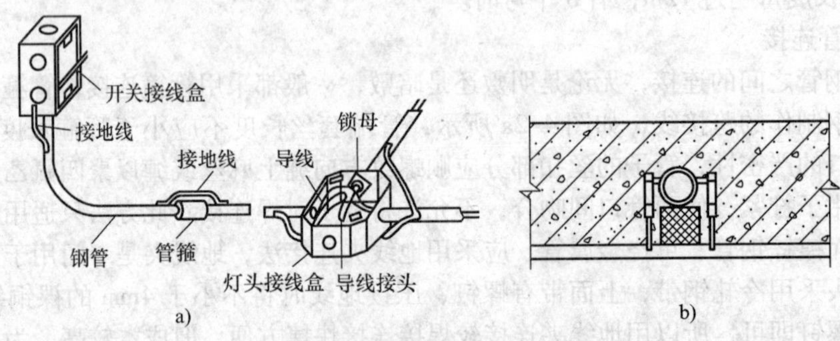

图4-4 在混凝土楼板内固定钢管
a）线管与接线盒等连接 b）线管垫高

2）在砖墙内敷设线管应在土建砌砖时预埋，边砌砖边预埋并用水泥砂浆、砖屑等将管子塞紧。若在砌砖时未预埋管道，应在墙体上预留线管槽和接线盒等盒体穴，并在相应固定点预埋木砖，在木砖上钉入钉子。敷设时将管道用铁丝绑扎在钉子上，再将钉子进一步钉入木砖，使管子与墙壁贴紧。然后用水泥砂浆覆盖槽口，恢复建筑物表面平整。

3）在混凝土楼板垫层内配管时，在浇灌混凝土前放一个木桩，以便留出接线盒的位置。当混凝土硬化后再把木桩取下，进行配管。配管完毕，焊好地线。如果垫层是焦渣，应先用水泥砂浆对配管进行保护，再铺焦渣垫层作地面，如图4-5所示。

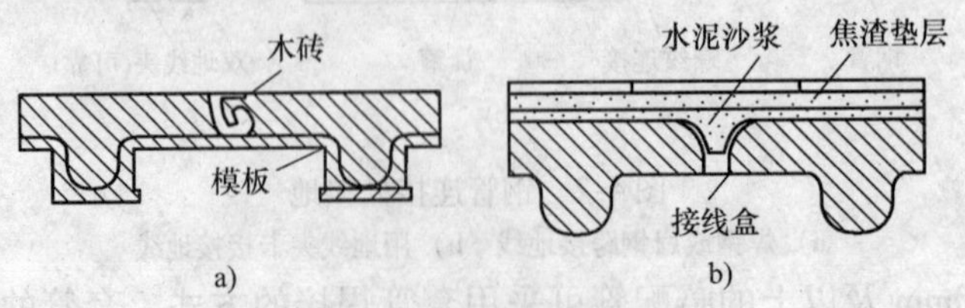

图4-5 在楼板内预埋木砖、盒体

2. 钢管明敷

明管配线要求整齐美观、安全可靠。一般管路应沿着建筑物水平或垂直敷设，其允许偏差在2m以内均为3mm，全长误差不应超过管子内径的1/2。

(1) 钢管明敷的一般顺序

1) 按施工图确定电气设备的安装位置，划出管道走向中心线及交叉位置，并埋设支撑钢管的紧固件。

2) 按线路敷设要求对钢管进行下料、清洁、弯曲、套丝等加工。

3) 在钢紧固件上固定并连接钢管。

4) 将钢管、接线盒、灯具或其他设备连成一个整体，并将管路系统妥善接地。

(2) 钢管明敷的工艺

钢管明敷的示意图，如图4-6所示。

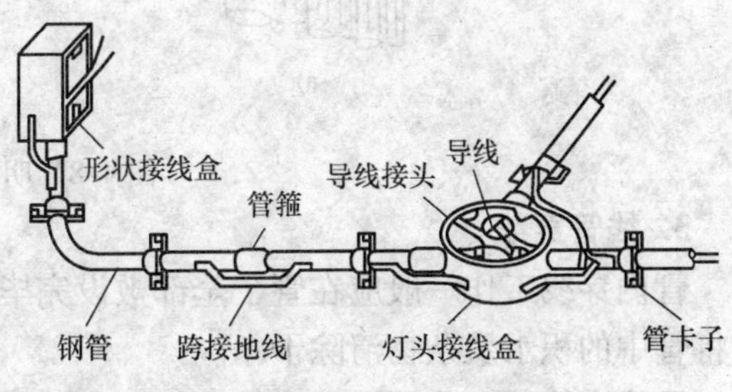

图4-6　钢管明敷的示意图

当管子沿墙、柱或屋架等处敷设时，可用管卡或管夹固定。固定点的直线距离应均匀，其固定点间的最大允许距离应符合表4-3中的规定。管卡可用膨胀螺栓或弹簧螺钉直接固定在墙上，也可以固定在支架上。支架形式可根据具体情况按照国家标准图集D463（二）选择，如图4-7所示。当管子沿建筑物的金属构件敷设时，若金属构件允许点焊，可把厚壁管用电焊直接点焊在钢构件上。

表4-3　钢管明敷时固定点间的最大允许距离

管卡间最大距离/m ╲ 钢管内径/mm ╲ 管壁厚度/mm	13~19	25~32	36~54	64~76
2.5以上	1.5	2.0	2.5	3.5
2.5以下	1.0	1.5	2.0	—

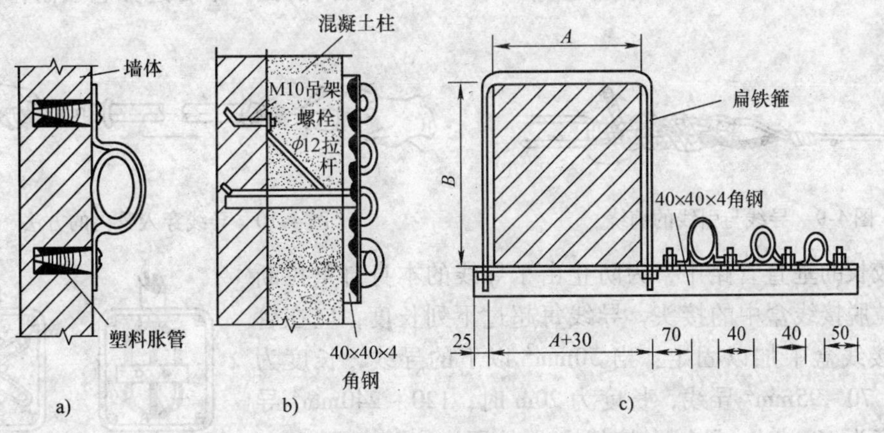

图4-7　明管支架安装

a) 钢管沿墙敷设　b) 钢管沿墙跨柱敷设　c) 钢管沿屋架下弦侧敷设

对于薄壁管（电线管）和塑料管只能应用支架和管卡固定，如图4-8a所示。管卡距始端、终端、转角中点、接线盒边缘的距离和跨越电气器具的距离为150~500mm。在有弯头的地方，弯头两边也应用管卡固定，如图4-8b所示。管子贴墙敷设进入开关、灯头、插座等接线盒内时，要适当将管子弯成双弯（鸭脖弯），如图4-8c所示，不能使管子斜插到接线盒内。同时要使管子平整地紧贴于建筑物表面，在距接线盒300mm处，用管卡将管子固定。

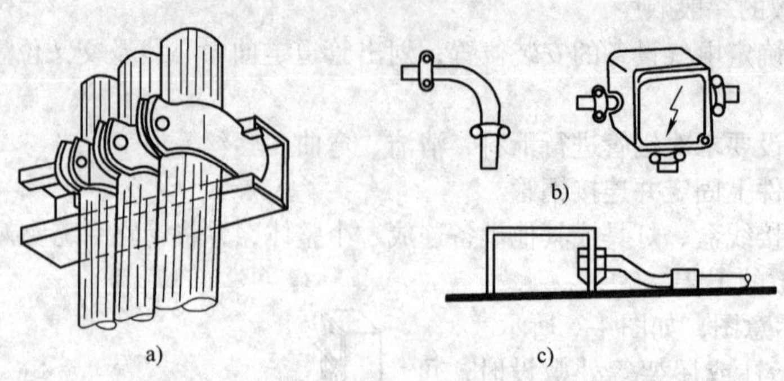

图 4-8　明管固定方法

3. 线管穿线

管内穿线工作一般应在管子全部敷设完毕及土建地坪和粉刷工程结束后进行。在穿线前应将管中的积水及杂物清除干净。

导线穿管时，选用 $\phi 1.2$mm 的钢丝作引线，当线管较短且弯头较少时，可把钢丝引线由管子一端送向另一端。如果线管较长或弯头较多，将钢丝引线从一端穿入管子的另一端有困难时，可从管的两端同时穿入钢丝引线，引线端弯成小钩。当钢丝引线在管中相遇时，用手转动引线使其钩在一起，然后把一根引线拉出，即可将导线牵引入管。

导线穿入线管前，线管口应先套上护圈，接着按线管长度，加上两端连接所需的长度余量截取导线，削去两端导线绝缘层，同时在两端头标出是同一根导线的记号，然后将所有导线按图 4-9 所示方法与钢丝引线缠绕，由一个人将导线理成平行束，往线管内送，另一个人在另一端慢慢抽拉钢丝引线，如图 4-10 所示。拉线时两人送拉动作要配合协调，不可硬送硬拉。当导线拉不动时，两人应反复来回拉 1～2 次再向前拉，不可过分勉强而将引线或导线拉断。

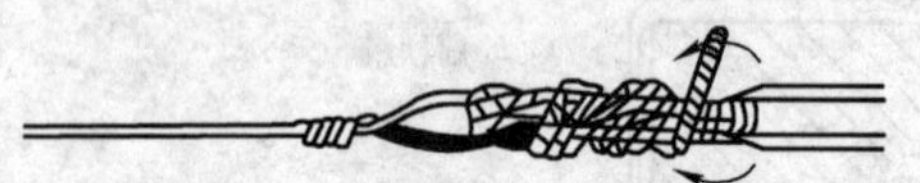

图 4-9　导线与引线的缠绕

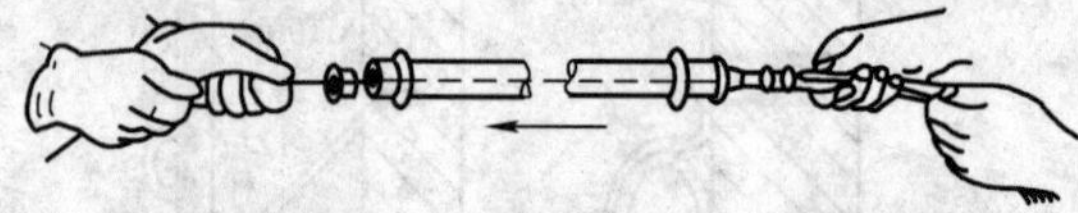

图 4-10　导线穿入管内的方法

在较长的垂直管路中，为防止由于导线的本身自重拉断导线或拉脱接线盒中的接头，导线每超过下列长度，应在管口处或接线盒中加以固定：当 50mm^2 以下的导线，长度为 30m 时；70～95mm^2 导线，长度为 20m 时；120～240mm^2 导线，长度为 18m 时。导线在接线盒内的固定方法如图 4-11 所示。

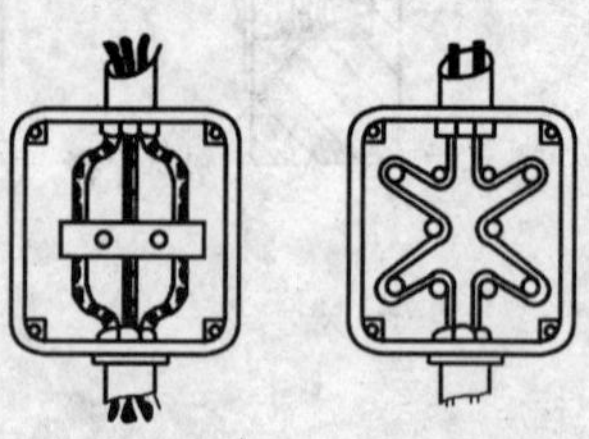

图 4-11　垂直线管的固定

穿线时应严格按照规范要求进行，不同回路、不同电压和交流与直流的导线，不得穿入同一根管子内，但下列回路可以除外：

1）电压为 50V 以下的回路；

2）同一台设备的电机回路和无抗干扰要求的控制回路；

3）照明花灯的所有回路；

4）同类照明的几个回路，但管内导线总数不应多于 8 根。

同一交流回路的导线必须穿于同一根钢管内。导线在管内不得有接头和扭结，其接头应放在接线盒内。

4.2.2　塑料管配线

硬塑料管配线具有施工方便、节约钢材、防腐、防潮和价格低等优点，应用非常普遍。其中 PVC 电线管因具有阻燃和冷弯特性，在民用和工业建筑物中的应用越来越广泛。它可以暗敷设，也可以明敷设。其敷设的一般顺序与钢管基本相同。明敷设时管壁厚度不小于 2mm，暗敷设时管壁厚度不小于 3mm。

1. 塑料管暗敷

（1）按施工图确定接线盒、灯头盒、开关盒、插座盒等在墙体、楼板或天花板上的具体位置

测出线路和管道敷设长度。可尽量走捷径，尽量减少弯头。

（2）根据被穿导线的线径、根数，按室内配线技术要求，选取电线管的标称直径和各种预埋件，妥善分类和保管

（3）确定灯头盒、接线盒和线管的位置

（4）切割、弯曲

1）切割：按所需线管长度使用手钢锯或专用剪管钳切割。

2）弯管：普通塑料管的弯曲通常用加热弯曲法。加热时要掌握好火候，既要使管子软化，又不得烤伤、烤变色或使管壁出现凸凹状。弯曲半径可作如下选择：明敷线管不能小于管径的 6 倍，暗敷线管不能小于管径的 10 倍。对塑料管的加热弯管有直接加热和灌入细砂加热两种方法。

① 直接加热弯曲法：直接加热弯曲法适用于管径在 20mm 及其以下的塑料管。将待弯曲部分在热源上匀速转动，使其受热均匀。待管子软化时，趁热在木模上弯曲。

② 灌入细砂加热弯曲法：灌入细砂加热弯曲法适用于管径在 25mm 及其以上的硬塑料管。对于这类内径较大的管子，如果直接加热弯曲，很容易使弯曲部分变瘪，为此应先在管内灌入干燥砂粒并捣紧，封住两端管口，再加热软化，在模具上弯曲成型。

③ PVC 电线管是冷弯型硬质塑料管，所谓冷弯是指不需加热便可弯曲。为了防止弯瘪，弯管时，对于不同内径的管子应在管内插入不同规格的弯管弹簧（在管中部弯曲，为拉动方便，应将弹簧两端拴上铁丝）；弯曲时，用膝盖顶住管子弯曲部位，用双手抓住管子两端，慢慢用力使管子弯曲，弯管后拉住铁丝绳子将弹簧拉出。

（5）管子连接

如果线管长度不够或需要转弯，应通过管接头连接。套管接头有直接头、90°弯头、45°弯头、异径接头和三通接头等。连接时，将管口接合表面涂上专用接口胶后，插入套管。如果套管稍大可在管头上缠塑料胶布并涂胶插入。若没有管接头，可采用如下方法连接：

1）直接插入法：适用于直径为 50mm 及以下的硬聚氯乙烯管。连接前，先在 A 管端部的内圆倒角，在 B 管端部的外圆倒角。除净插接段的杂物、油污，然后将 A 管插接段（长度为管子直径的 1.2～1.5 倍）放在电炉上加热至 145℃左右，呈柔软状态后，即插入涂有胶合剂的 B 管，待中心线一致时，立即用湿布冷却，如图 4-12a 所示。

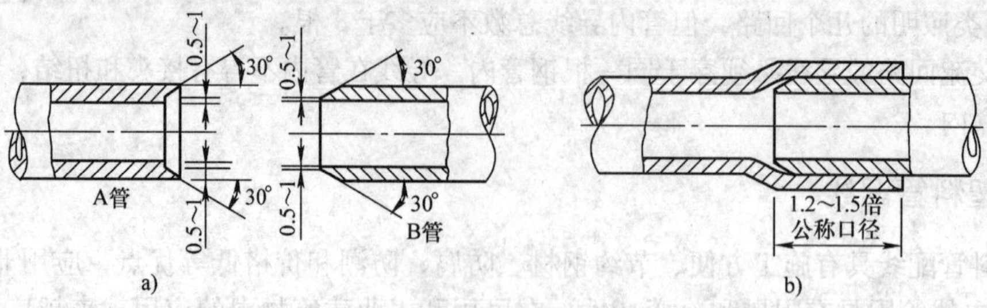

图4-12 插入法

a）管口倒角 b）插接长度

2）胀管插入法：适用于直径为65mm及以上的硬聚氯乙烯管。连接前，先在A管端部的内圆倒角，在B管端部的外圆倒角。除净插接段的杂物、油污，然后将A管插接段（长度为管子直径的1.2~1.5倍）放在电炉上加热至145℃左右，呈柔软状态后，即插入已涂甘油加热的金属模具进行扩口，如图4-12b所示。然后用水冷却至50℃左右，取下模具，再用水继续冷却，使管子恢复原来的硬度。要求成型模的外径比硬管内径大2.5%左右。再用汽油或酒精等溶剂把管子插接处的油污杂物擦干净，在A管和B管两端涂以黏合剂，把B管插入A管内，同时加热A管，然后用水急速冷却，使其扩口部分收缩。这道工序也可改用焊接，即用硬聚氯乙烯焊条在连接处焊2~3圈，使其密封良好。

3）套管连接法：先取一段与接管同直径的硬塑料管，将其加热扩大成套筒，然后把需要接合的管子端头用汽油或酒精擦干净，涂上黏合剂，迅速插入套筒中，用湿布冷却。也可用上述焊接方法加以密封，如图4-13所示。

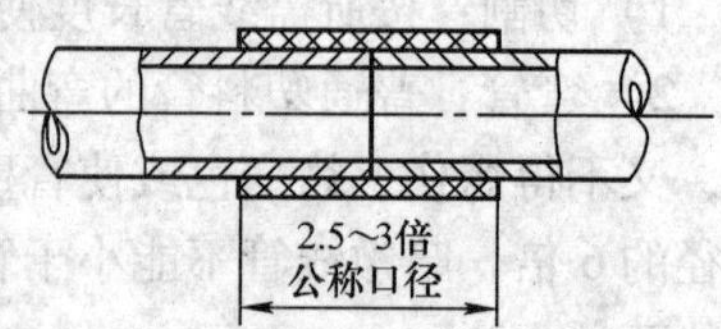

图4-13 套管连接

（6）线管敷设

在土建砌墙前，将所用线管、接线盒、插座盒、开关盒、灯座盒及木砖等材料摆好，砌墙过程中，用水泥砂浆、小砖块等把这些预埋件埋在规定位置，确保线管与各预埋盒按确定的位置连接正确，如图4-14所示。负责配线的电工要与土建施工密切配合，防止漏埋或误埋。预埋时一定要把好质量关，注意各预埋盒要做到稳固

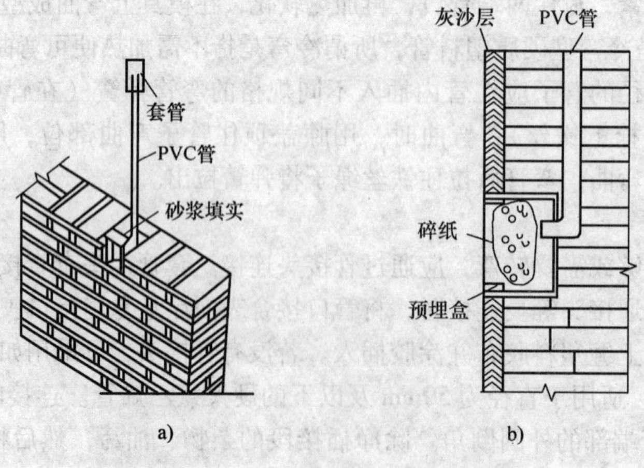

图4-14 线管、接线盒等的预埋方法

a）线管的预埋方法 b）接线盒、插座盒等的预埋方法

不松动、高度一致，各预埋盒的盒口平面与墙面平行，不准有歪斜情况。注意，为防止水泥或杂物进入管内和接线盒内，应在管口盖上专用塑料套管，预埋盒内填满废纸。

（7）硬塑料管的暗敷设应注意的问题

1）硬塑料管热胀系数比钢管大5~7倍，敷设时应考虑加装热胀冷缩的补偿装置，尤其是线管经过建筑物伸缩缝时，应在伸缩缝的两旁装设补偿盒（接线盒）。即在两只补偿盒的侧面按管子的外径各开一个圆孔，将管子两端分别插入两侧补偿盒的孔中，管子的一端用螺母紧固在补偿盒上，另一端不要固定，以便其伸缩。在施工中，每敷设30m，应加装一只塑料补偿盒。将两塑料管的端头伸入补偿盒内，由补偿盒提供热胀冷缩余地，塑料补偿盒如图4-15所示。

2）与塑料管配套的接线盒、灯头盒不能用金属制品，只能用塑料制品。而且塑料管与接线盒、灯头盒之间一般不固定；或线管的一端用螺母紧固在接线盒上，另一端不要固定，以便其伸缩；或采用胀扎管头绑扎，如图4-16所示。

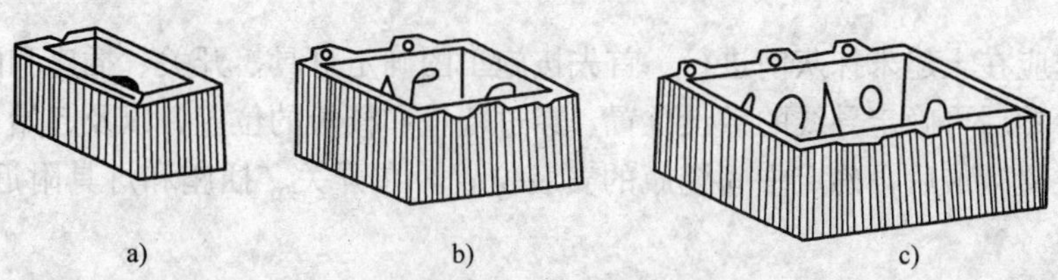

图4-15　补偿盒

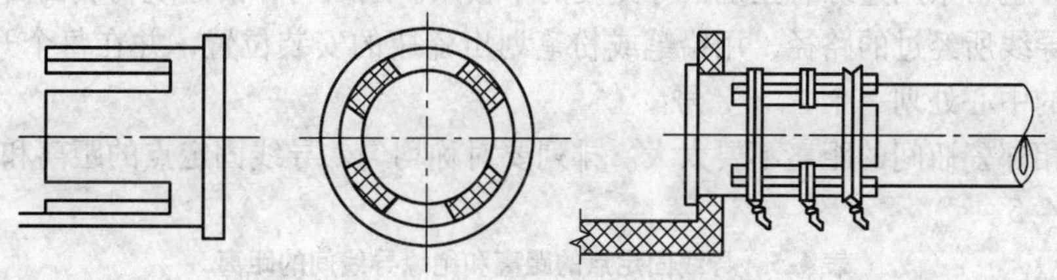

图4-16　塑料管与接线盒的固定

2. 塑料管明敷

硬塑料管的明敷与钢管在建筑物上的明敷基本相同，但要注意以下两个问题：

1）硬塑料管明敷时，固定管子的管卡距始端、终端、转角中点、接线盒或电气设备边缘的距离为150~500mm，中间直线部分间距均匀。其最大允许间距见表4-4。

2）明敷的硬塑料管在易受机械损伤的部分应加钢管保护。如埋地敷设引向设备时，对伸出地面200mm处、伸入地下50mm处，应用同一钢管保护。

表4-4　硬塑料管明敷时管卡间最大允许间距

管卡间最大距离/m　管内径/mm　敷设方向	≤20	25~40	>50
垂直	1.0	1.5	2.0
水平	0.8	1.2	1.5

4.3 瓷瓶配线

在室内布线中，如果线路载流量大，对于机械强度要求较高、环境又比较潮湿，可采用瓷瓶配线。这种配线方式适用于车间、作坊的室内外，环境不太清洁、无腐蚀性气体及易燃易爆物等单、三相负荷的场合。常用的瓷瓶（又称绝缘子）有鼓形、针形、蝶形等，如图4-17所示。

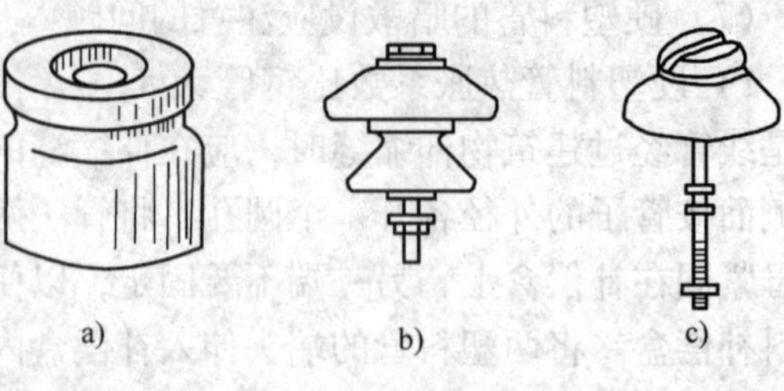

图4-17 常用瓷瓶
a）鼓形 b）蝶形 c）针形

4.3.1 瓷瓶配线在施工前应做的准备工作

1. 定位

定位工作应在土建未抹灰前进行。首先按施工图确定灯具、开关、插座和配电箱等设备的安装地点，然后再确定导线的敷设位置、穿过墙壁和楼板的位置，以及起始、转角、终端瓷瓶的固定位置，最后再确定中间瓷瓶的安装位置。在开关、插座和灯具附近约50mm处，都应安装瓷瓶。

2. 划线

划线工作应考虑与所配线路适用且整洁美观，尽可能沿房屋线脚、墙角等处敷设。划线可用粉袋线，也可采用边缘有正确尺寸刻度的木板条。划线时，沿建筑物表面由一端向另一端逐段划出导线所经过的路径，用铅笔或粉笔划出瓷瓶的安装位置，并在每个开关、灯具、插座固定点的中心处划一个“×”号。

划线时相邻瓷瓶间的距离不要太大。排列要对称均匀。导线固定点的距离和绝缘导线间的距离见表4-5。

表4-5 导线固定点的距离和绝缘导线间的距离

导线截面积/mm^2	固定点间的最大允许距离/mm	导线间的最小允许距离/mm
1~2.5	2000	70
4~10	2500	70
16~25	3000	100
35~70	6000	150
95~120	6000	150

3. 凿眼

按划线定位进行凿眼。在砖墙上凿眼，可采用钢凿或电钻。用电钻钻眼时，应采用合金钢钻头。用钢凿打孔，孔口要小，孔内要大，孔的深度按实际需要确定。若在墙上穿通孔，在快要打通时注意减小工具上的压力，以免将墙壁的另一面打掉大块的砖。在混凝土结构上凿眼，可采用钢钎或电锤。用钢钎头打孔，操作时钢钎要放直，用铁锤敲击，边敲边转动钢钎，切不可用力过猛，以防把钢钎头打断。

4. 埋设紧固件

孔眼凿好后，可埋设木楔、支架或缠有铁丝的木螺钉。埋设时首先在孔眼中洒水淋湿，然后用水泥灰浆填充。如图 4-18 所示是缠有铁丝的木螺钉。因为这种方法比较可靠，所以目前还普遍采用。埋设时将缠有铁丝的木螺钉用水泥灰浆嵌入打好的孔中，当灰浆干硬至相当硬度后，旋出木螺钉，装上瓷瓶。

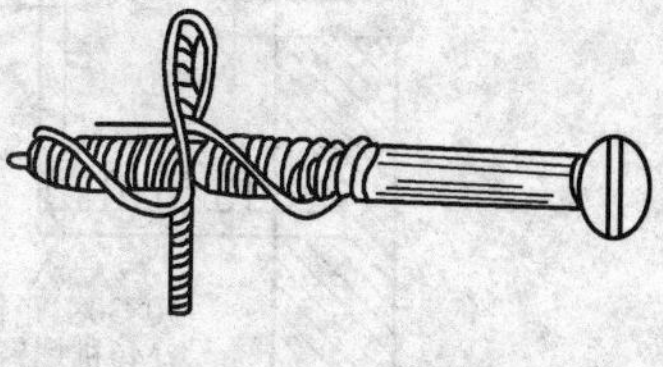

图 4-18　缠有铁丝的木螺钉

5. 埋设穿墙瓷管或过楼板钢管

最好在土建时预埋，这样可以减少凿孔的工作量。过梁或其他混凝土结构上预留瓷管孔，应当在土建铺模板时进行，按正确位置先放好适当大小的毛竹管或塑料管，待土建拆去模板刮糙后，将毛竹管去掉，换上瓷管。若采用塑料管，亦可不去掉，直接代替瓷管使用。穿墙的瓷管一般应用整根的，如果墙壁过厚，可用两根接起来，接缝处用黑胶布加以固定；接口应对正、紧密，以便于穿线。如果墙壁较薄，可按所需长度切断。

4.3.2　瓷瓶的固定

瓷瓶的固定方法，随支持面的形状而定。一般有以下 3 种：

1. 木螺钉固定

此种方法主要用于对瓷夹和鼓形瓷瓶的固定。在木结构上，可采用将木螺钉拧进木料固定。在砖石结构或混凝土结构上，除配合土建预埋木砖外，还可以用预埋缠有铁丝的木螺钉方法固定。木螺钉长度一般为瓷夹板高度的 2 倍。待水泥砂浆干固后，旋出木螺钉，即可安装瓷夹。此方法比较可靠，目前仍有采用。

2. 胀管法固定

此种方法多用于在砖墙或混凝土结构上，不需要用水泥砂浆预埋。常用的有塑料胀管，如图 4-19 所示。这类胀管是依靠木螺钉拧进，使胀管胀开，从而将瓷夹或鼓形瓷瓶紧固。钻孔工具多使用冲击电钻，孔的大小及深度需与胀管的规格相匹配。

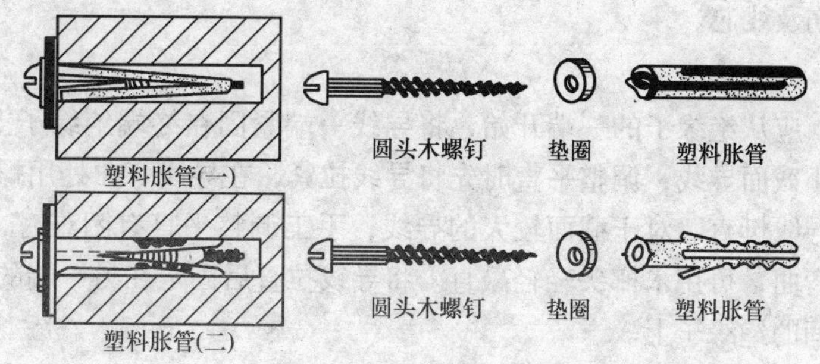

图 4-19　塑料胀管

3. 支架固定法

适用于在各种结构上的瓷瓶配线如图 4-20 所示。蝶式瓷瓶在支架上固定应采用穿钉。穿钉选用见表 4-6，瓷瓶在组装前应逐一检查，瓷质破损者严禁使用。为减少高空作业量，瓷瓶与支架可事先在地面上组装。加工支架所用角钢的规格应不小于 1mm × 25mm × 3mm。

支架制作应平整端正，焊接牢固，角钢要作防锈处理，符合规范要求，埋设应横平竖直。

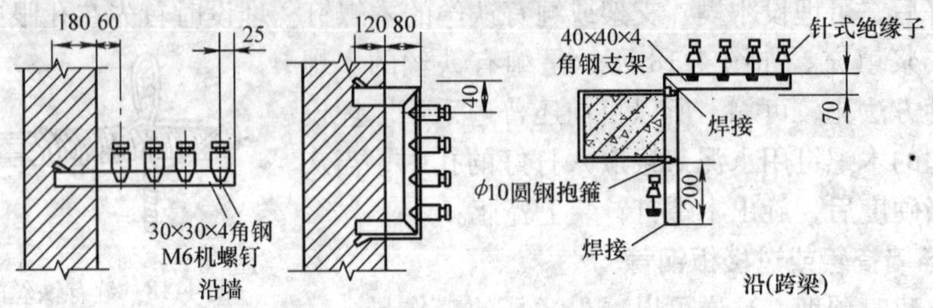

图 4-20 瓷瓶在支架上安装

表 4-6 蝶式瓷瓶与穿钉的配合

固定点间距/m	导线最小间距/mm	固定点间距/m	导线最小间距/mm
1.5 及以下	35	3 ~ 6	70
1.5 ~ 3	50	6 以上	100

4.3.3 导线的敷设

1. 放线

敷设导线前，首先是将成圈的导线沿敷设线路放出，若线径较大、线路较长，可用放线架放线，操作时将成圈导线套在放线架上，从内侧抽出线头；沿导线敷设路径放开，为线路敷设做好准备。如果线路较短，线径又不太粗，可用手工放线，放线时，顺着导线盘绕方向，一人转动线盘，一人牵着线头放线，如图 4-21 所示。放线时尽量避免产生急弯和打结，否则会伤及导线绝缘层，严重时会伤及线芯。

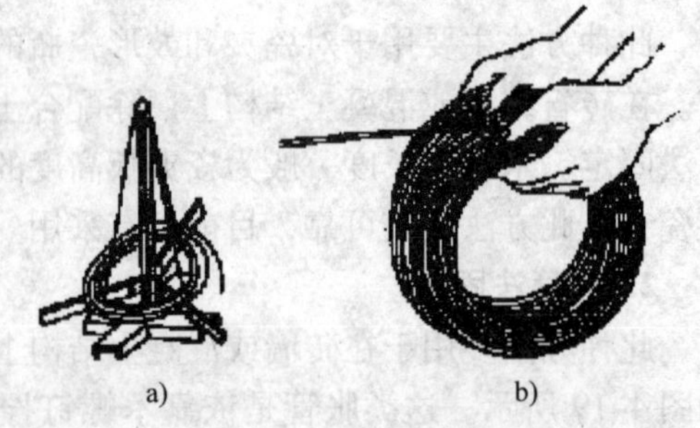

图 4-21 放线

a）放线架放线 b）手工放线

2. 导线敷设

敷设导线时，应从绝缘子的一端开始，将导线一端紧固在终端绝缘子上，将导线调直，再进行敷设。对小截面导线，调整平直时先将导线拉紧，在导线弯曲处用螺钉旋具柄来回滑动几次，即可使导线挺直。对于截面较大的导线，手工调整平直有困难时，可用滑轮调直。若还有个别地方弯曲，可用木榔头轻轻敲直。将导线拉直后固定在另一端的绝缘子上，最后把导线固定在中间的绝缘子上。

敷设导线应保持横平竖直。在转角处应成直角但不得转急弯，应有一个小段圆弧，以免折伤线芯。导线各自套上绝缘套管并将两端绑扎固定。导线与热力管交叉时，除导线要加绝缘外，导线距热力管保温层的距离要不小于 20mm。在横梁或立柱上敷设导线时，必须加绝缘子，以保证导线与建筑物之间的最小安全距离，见表 4-7。

当导线分支时，必须在分支点处设置瓷瓶支持导线，如图 4-22a 所示；当导线交叉时，如图 4-22b 所示；电线在同一平面内，如有弯曲，瓷瓶必须设在转角的内侧，如图 4-22c 所示。

表4-7 室内瓷瓶配线导线间最小距离

固定点间距/m	导线最小间距/mm	固定点间距/m	导线最小间距/mm
1.5及以下	35	3~6	70
1.5~3	50	6以上	100

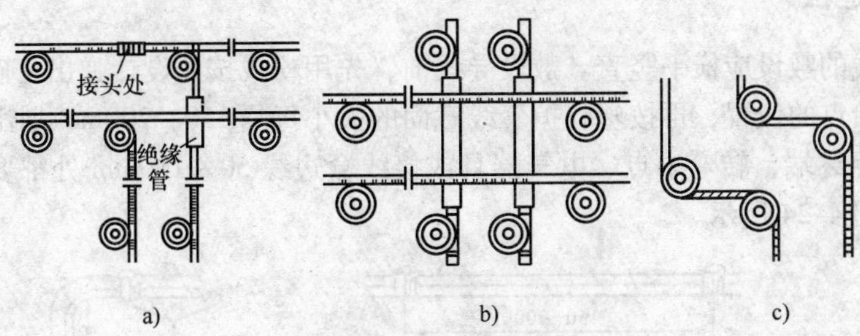

图4-22 瓷瓶的分支做法

a）分支 b）交叉 c）转弯

导线在瓷瓶上固定时，应用捆扎线绑扎。导线的截面越大，捆扎线的直径也越大，其捆扎线直径的选择见表4-8。导线在瓷瓶上的绑扎常用三种方法：导线截面在6mm² 以下或在中间瓷瓶上固定时，用单花绑扎法；导线截面在6mm² 以上或在受力瓷瓶上固定时，用双花绑扎法；终端瓷瓶用回头绑扎法，各种绑扎法如图4-23所示。

表4-8 绑线直径的选择

导线截面积/mm²	绑线直径/mm		
	铝绑线	铜绑线	纱包铁芯线
<10	2.0	1.0	0.8

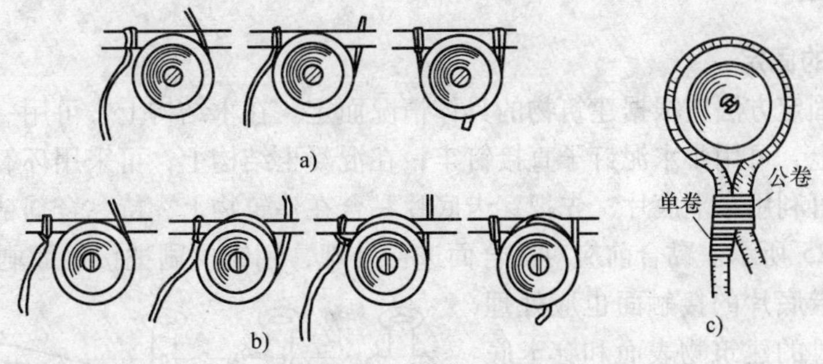

图4-23 瓷瓶绑扎法

a）单花绑扎法 b）双花绑扎法 c）回头绑扎法

3. 瓷瓶配线在施工中应注意的事项

1）平行的两条电线，应当在两个瓷瓶的同一方向或在两瓷瓶的外侧绑线。

2）瓷瓶配线除不得已外，必须将瓷瓶装在建筑物的下面或侧面。

4.4 塑料护套线配线

塑料护套线是在两根或多根塑料绝缘线外再加套一层公用塑料护套层的导线。它具有防潮、耐腐蚀、造价低、安装工艺简单等优点，可用于比较潮湿有腐蚀性的特殊场所。塑料护套线多用于照明线路，可以直接敷设在楼板、墙壁等建筑物表面，用铝片卡（钢精扎头）作为导线的支持物，但护套线不适合在墙体、楼板及抹灰层内暗敷设，不适合在漏天场所明敷，也不适用于大容量电路。塑料护套线配线施工程序及方法如下。

4.4.1 划线定位

塑料护套线的敷设应横平竖直。敷设导线前，先用粉线按照设计弹出正确的水平线和垂直线。确定起始点的位置，再按塑料护套线截面的大小每隔 150 ~ 200mm 划出铝片卡的固定位置。导线在距终端、转弯中点、电气器具或接线盒边缘 50 ~ 100mm 处都要设置铝片线卡进行固定，如图 4-24 所示。

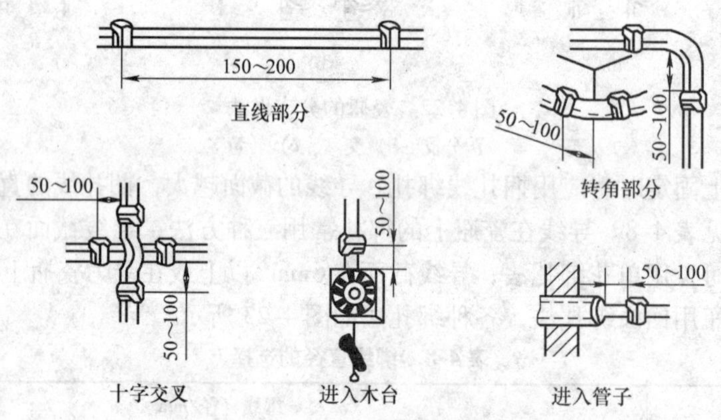

图 4-24　铝片线卡的安装

4.4.2 固定线卡

1. 铝片卡的固定

铝片卡的固定方法应根据建筑物的具体情况而定。在木结构上，可用一般钉子钉牢；在有抹灰层的墙上，可用小水泥钉子直接钉牢；在混凝土结构上，可采用环氧树脂黏合，为增加黏合面积，可利用穿卡底片，先把穿卡底片黏合在建筑物上，待黏合剂粘牢后，再穿上铝片卡，如图 4-25 所示。黏合前应对黏合面进行处理，用钢丝刷把接触面刷干净，再用湿布揩净待干。穿卡底片的接触面也应处理干净。将处理过的建筑物表面和穿卡底片的接触面拉毛，再均匀地涂上黏合剂，进行黏合。黏合时，用手稍加一定的压力，边压边转，使黏合面接触良好，养护 1 ~ 5 天，等黏合剂充分硬化后，方可敷设塑料护套线。夏天养护时间可略短一些。

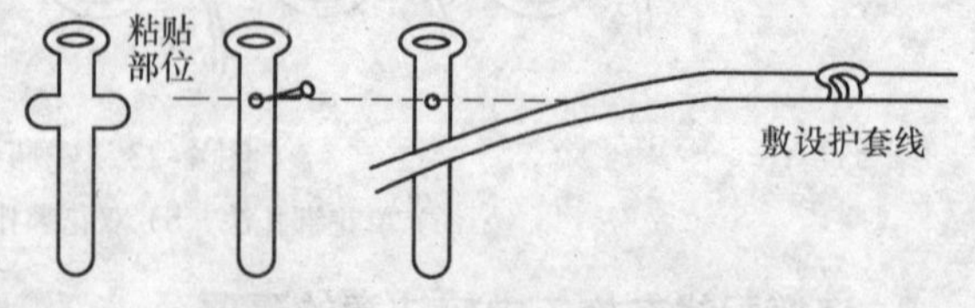

图 4-25　用小水泥钉固定铝片卡

在钉铝片卡时，一定要使钉帽与铝片卡一样平，以免划伤线皮。铝片卡的型号应根据导线规格及数量来选择。其规格有 0 ~ 4 号 5 种，号码越大，长度越长。

2. 塑料卡钉的固定

塑料钢钉电线卡由塑料卡和水泥钉组成，其外形有两种，如图 4-26 所示。配线时，根据所敷设的护套线的外形是圆形的还是扁形的，选用圆形卡槽或方形卡槽的卡钉。卡钉的规格有很多，可用于外径为 43 ~ 420mm 的护套线。常用的塑料卡钉的规格有 4、6、8、10、12 号等，号码的大小表示塑料卡钉卡口的宽度。10 号及以上为双钢钉塑料卡钉。配线时，用塑料卡钉卡住电线，用锤子将水泥钉直接钉在墙上。

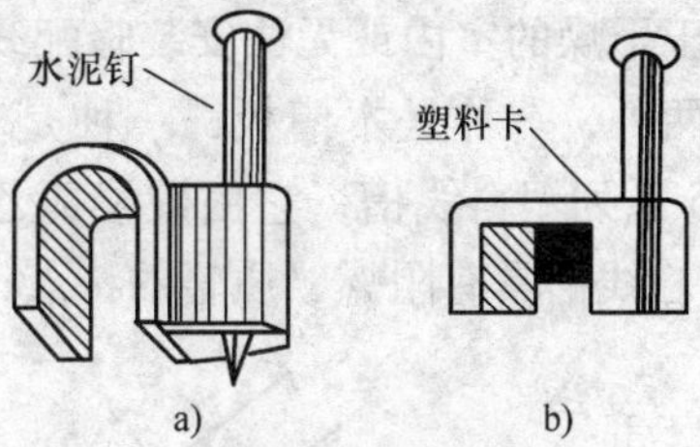

水泥钉
塑料卡
a)　b)

图 4-26　塑料卡钉

a）圆形卡槽卡钉　b）方形卡槽卡钉

4.4.3　塑料护套线配线

在水平方向敷设塑料护套线时，如果导线很短，为便于施工，可按实际需要长度先将导线剪断，把它盘起来，然后再一手持导线，一手将导线固定在铝片卡上。如果线路较长，且又有几根导线平行敷设，可用绳子先把导线吊挂起来，使导线重量不完全承受在铝片卡上，然后将护套线轻轻地整理平正后用铝片卡扎牢，并轻轻拍平，使其紧贴墙面。每只铝片卡所扎导线最多不要超过 3 根。垂直敷设时，应自上而下操作。

弯曲护套线时用力要均匀，不应损伤护套和芯线的绝缘层，其弯曲半径不应小于导线外径的 3 倍，弯曲角度不小于 90°。当导线通过墙壁和楼板时应加保护管，保护管可用钢管、瓷管或塑料管。当导线水平敷设距地面低于 2.5m 或垂直敷设距地面低于 1.8m 时应加管保护。

塑料护套线的接头最好放在开关、灯头或插座处，以求整齐美观。如果接头不能放在这些地方，在分支接头和中间接头处，应装置接线盒，接头应采用焊接或压接。当护套线与接地体、发热管道接近或交叉时，应加强绝缘保护。容易机械损伤的部位，应穿钢管保护。护套线在空心楼板内敷设，则不用其他保护措施，但楼板孔内不应有积水和损伤导线的杂物。

塑料护套线亦可穿管敷设，有关技术要求和线管配线相同。

4.4.4　塑料护套线配线的注意事项

1）室内使用塑料护套线配线时，其截面规定铜芯不小于 0.5mm²，铝芯不小于 1.5mm²，室外使用塑料护套线配线时，其截面规定，铜芯不小于 1.0mm²，铝芯不小于 2.5mm²。

2）护套线不可在线路上直接连接，可通过瓷接头，接线盒或借用其他电器的接线桩来连接线头。

3）护套线转弯时，转弯圆度要大，以免损伤导线，转弯前后应各用一个铝片线卡夹住。

4）护套线进入木台前应安装一个铝片线卡。

5）两根护套线相互交叉时，交叉处要用四个铝片线卡夹住，护套线应尽量避免交叉。

6）护套线路的离地最小距离不小于 0.5m，穿越楼板及离地低于 0.15m 的一般护套线，应加电线管保护。

4.5　槽板配线

槽板配线是把绝缘导线敷设在槽板的线槽内，上面用盖板把导线盖住。这种配线方式适用于干燥的室内或无法安装暗配线的工程，也适用于工程改造更换线路时采用。常用的槽板有两种，一种是木槽板；一种是塑料槽板。槽板有双线的，也有三线的。图4-27所示为806系列塑料线槽，它由硬聚氯乙烯工程塑料挤压成型，由槽底和槽盖组合而成，每根长2m。线槽具有阻燃、质轻的特点，安装维修方便。

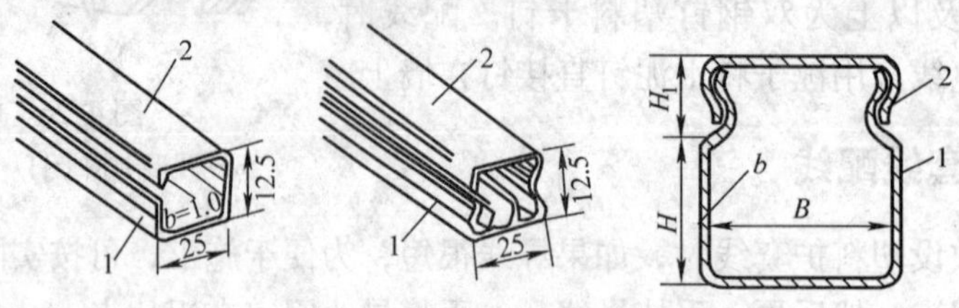

图4-27 806系列塑料线槽规格

1—槽底板 2—槽盖板

槽板配线的施工步骤如下：

1. 定位划线

根据施工电路图的要求，先在建筑物上确定并标出照明灯具、插座、控制电器、配电板等电气设备的位置，并按图样上电路的走向划出槽板敷设路线。按规定划出槽底的固定点位置，特别要注意标明导线穿墙、穿楼板、起点、转角、分支、终点等位置及槽底的固定点。槽底固定点间的直线距离不大于500mm，起始、终端、转角、分支等处固定点间的距离不大于50mm。

2. 槽板固定

可用钉子、木螺钉或膨胀螺栓等将槽板固定在预埋件上。钉子或木螺钉等的长度不应小于槽板厚度的一倍半。在混凝土建筑物上，预埋固定件有困难时，可采用黏接技术，将槽板底板黏接在混凝土建筑物上，黏接前对混凝土的黏接面必须洗净、晾干。

底板拼接时，线槽要对准，拼接应紧密。如遇分支T形拼接时，在拼接点上把底板的筋用锯子锯掉后铲平，使导线在线槽中能够顺畅地通过。如在凹凸不平的墙面上安装槽板，应把槽底锯成适合墙面凹凸的形状，使它紧贴墙面。

槽板在转角处连接时应把两根槽板端部各锯成45°斜角，并把转角处的线槽内侧削成弧形，以免碰伤导线绝缘。直线处两底槽连接时应各自锯成45°角相并接。线槽封端处，将槽底锯成斜角。

3. 敷设导线

槽板底板固定好后，即可沿线槽敷设导线。敷设导线时要注意，一条槽板内只能敷设同一回路的导线，槽板内的导线，不能受到挤压，不应有接头。如果必须有接头和分支，应在接头或分支处装设接线盒，接头放在接线盒中变于维修。导线伸出槽板与灯具、插座、开关等电器连接时，应留出100mm左右的裕量。

4. 固定盖板

在线路安装中，固定盖板和敷线应同时进行，边敷线边将盖板固定在底槽上。固定盖板可用钉子直接钉在底槽的中心线上。钉子要垂直钉入，否则会伤及导线。钉子与钉子之间的距离不应大于300mm。最末一个钉离槽板端都应不大于40mm。盖板的接口和底槽的接口应错开，其间距一般为槽板宽度。接口处锯成45°斜角，使衔接紧密、不留空隙。

第 5 章　常见低压配电技术

5.1　低压配电方式

目前，我国低压配电网仍采用的三相四线制及保护接地或接零方式，基本上是沿用前苏联低压配电网的制式（即配电制与保护方式）。国际电工委员会（IEC）第 64 技术委员会（建筑电气装置技委员）则将低压电网的配电制及保护方式分为 TN、TT、IT 三类系统。

5.1.1　IT 低压供电系统

IT 低压供电系统如图 5-1 所示。

IT 低压供电系统由供电设备、供电线路和用电设备等组成。

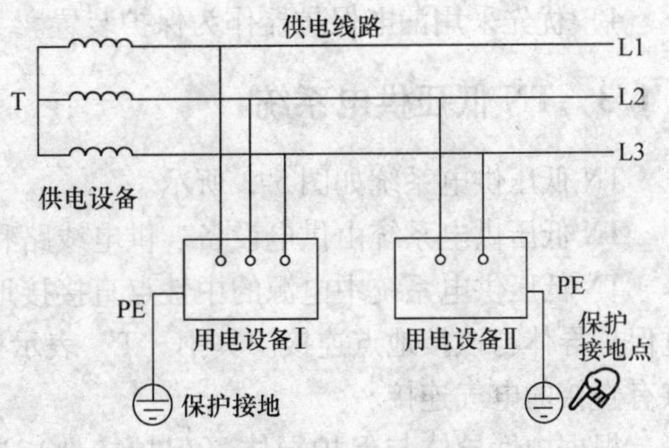

图 5-1　IT 低压供电系统

IT 低压供电系统是电源端没有接地、负载端电气设备金属外壳进行保护接地的一种供电方式。第一个字母“I”表示电源端的所有带电部分不接地或一点通过阻抗接地；第二个字母“T”表示设备外露导电部分的接地与电源系统的接地（无论是否接地）在电气上无关联。IT 低压供电系统在供电距离不太长时，供电可靠性高、安全性好，一般用于不允许停电或要求严格且连续供电的场所，如医院手术室、地下矿井等。这种供电方式不适宜在建筑工地上使用。

IT 低压供电系统的任何带电部分（包括中性点）严禁直接接地，电源系统对地应保持良好的绝缘。正常情况下，各相对地电流有效值不得超过 70mA。所有设备外露可导电部分均应通过保护接地线与接地线（或保护接地母线、总接线端子）连接。

IT 低压供电系统必须装设绝缘监视及接地故障报警或显示装置。在无特殊要求的情况下，IT 低压供电系统不宜引出中性线。

5.1.2　TT 低压供电系统

TT 低压供电系统如图 5-2 所示。

TT 低压供电系统由供电设备、供电线路和用电设备等组成。

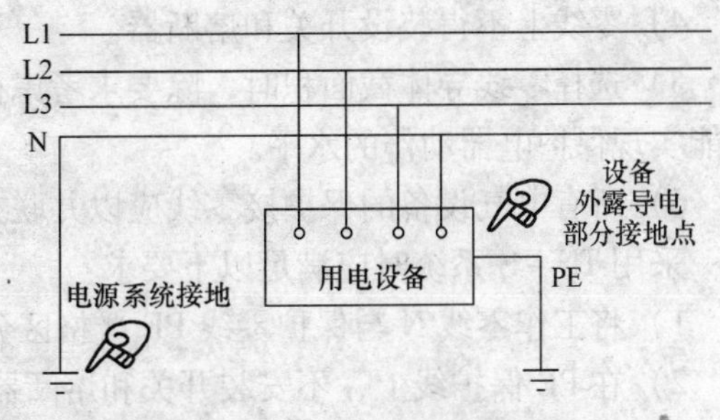

图 5-2　TT 低压供电系统

TT 低压供电系统有一点直接接地，设备外露导电部分的接地与电源系统接地在电气上无关联，也称为保护接地。第一个字母

“T”表示电源系统中的一点直接接地；第二个字母“T”表示设备的外露导电部分的接地与电源系统的接地在电气上无关联。

在TT低压供电系统中，一般将设备的金属外壳接地，与系统的中性点接地不相关联。当电气设备的绝缘损坏时，如果其外壳未接地，则外壳上就带有相电压，人体与之触碰就很危险。如果实行保护接地，就可以使绝大部分电流通过接地流散。因为人体电阻与接地电阻是并联的，而且人体电阻远大于接地电阻，所以通过人体的电流就很小。

采用TT低压供电系统时，应作以下考虑：

1）由同一保护装置（电器）来保护的各用电设备，其接地外壳应用保护地线连接在一起。

2）设备的极限接触电压应保证在50V以下，此时有极限接触电压≥保护装置的自动切断动作电流×[接地极电阻+保护地线（连接各用电设备的外壳）电阻]。

3）采用过电流保护装置时，如果使用反时限特性的电器，则应有保证在5s内动作的电流；而使用瞬时动作的电器时，则取最小瞬时动作电流。如果采用漏电保护动作，应取额定灵敏度的动作电流。

4）优先采用漏电保护器作为保护装置。

5.1.3 TN低压供电系统

TN低压供电系统如图5-3所示。

TN低压供电系统由供电设备、供电线路和用电设备等组成。

TN低压供电系统中电源的中性点直接接地，负载设备的外露导电部分（金属外壳）通过保护导体与该接地点连接。其中“T”表示一点直接接地，“N”表示与低压系统的接地点有直接的电气连接。

根据中性导体与保护导体（保护接地）连接方式的不同，TN系统又分为以下三种形式：TN－C系统、TN－S系统和TN－C－S系统。在TN－C系统中，中性导体和保护导体的功能合在一根导体上，如图5-3a所示；在TN－S系统中，中性导体和保护导体严格分开，如图5-3b所示；在TN－C－S系统中，一部分中性导体和保护导体的功能合在一起，另一部分中性导体和保护导体则分开，如图5-3c所示。

采用TN－C系统时应满足以下要求：

1）电源侧中性点必须直接、良好接地，工作接地电阻应符合规定要求。

2）按规定将零线重复接地。

3）不允许其中任一种设备再采用保护接地。

4）零线上不得装设开关和熔断器。

5）选择零线导体截面积时，除要求考虑机械强度外，还必须保证在电路发生短路故障时能实现保护电器动作的水平。

6）所有电气设备的保护接零线应以并联方式接到零干线上，不允许相互串联。

采用TN－S系统时应满足以下要求：

1）将工作零线N与保护零线PE严格区分开来。

2）在PE保护线上，不安装开关和熔断器。

3）使用漏电保护器时，PE线不经过漏电保护器。

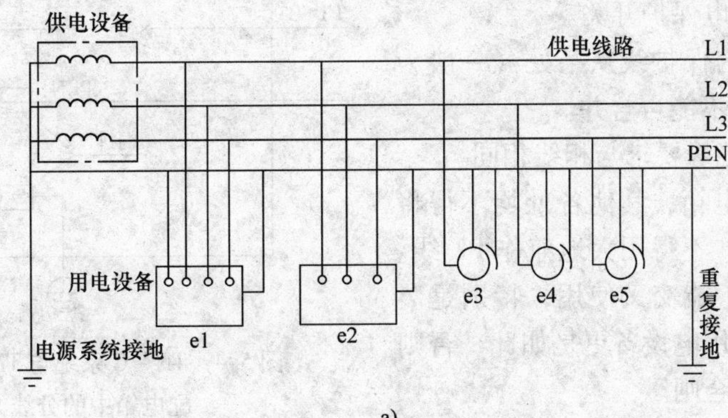

a)

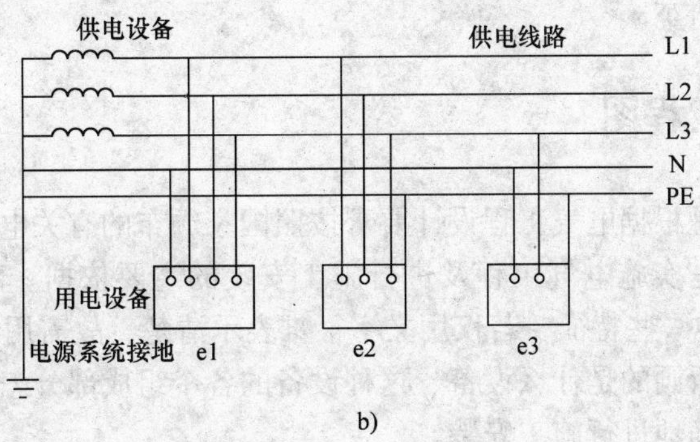

b)

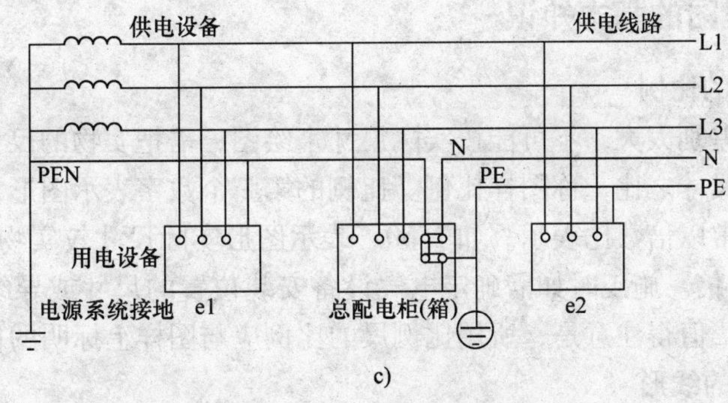

c)

图 5-3　TN 低压供电系统

a）TN－C 低压供电系统　b）TN－S 低压供电系统　c）TN－C－S 低压供电系统

4）系统正常运行时，PE 线中没有电流，专用保护线 PE 中途也不允许断线或装设开关。

5）居民小区供电容量大于 30A 时，一律采用 TN－S 三相五线制供电系统，并且要平衡分配各相负载。零线及保护零线的截面积不得小于相线截面积的 1/2。

采用 TN－C－S 系统时应满足以下要求：

1）TN－C 系统在前段，TN－S 系统在后段。

2）用于 PE 线、N 线的分线端子排要使用性能良好的金属铜导体。

3）PE 线必须重复接地，并且在任何情况下都不要进入漏电保护开关。

4）当中性线与保护线从某处（一般为进户处）分开后，不能再合并。

5）中性线的绝缘要求与相线相同。

6）除了总配电箱，其他各处均不得将 N 线和 PE 线相连，不得用大地兼作 PE 线。PE 线和工作零线不能交叉使用，特别是装有漏电保护开关的用电设备更是如此，否则漏电保护开关拒绝合闸。

TN－C 系统与 TN－S 系统在配电箱中的分线方法如图 5-4 所示。

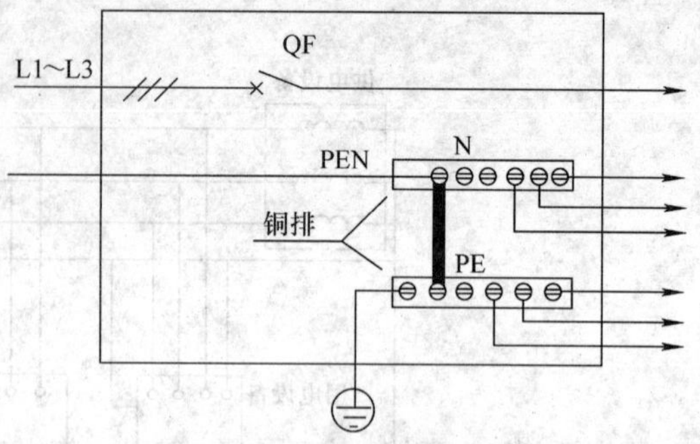

图 5-4 TN－C 系统与 TN－S 系统在配电箱中的分线方法

5.2 配电电气工程图

配电电气工程图是根据电气工程设计要求按照国家颁布的有关电气技术标准和通用图形符号绘制而成的，它是实施电气工程及进行施工安装的主要依据。由于电气设备的安装位置、配线方式以及其他一些特征，若仅用文字很难表示清楚，故需用绘图来表达。施工图要易于让人识别图样上所画的是什么设备、这种设备的各个组成部分怎样连接以及有哪些技术要求等，以便利于正确地进行施工安装。

5.2.1 电气工程图的基本知识

1. 电气工程图的比例

由于实物大小差别太大，不可能按实际尺寸来绘图，需把实物的尺寸缩小或放大。图上所画的尺寸与实物尺寸之比，称图样比例。比例的第 1 个数字表示图形尺寸，第 2 个数字表示实物尺寸，且通常以倍数比表示。如 1:50，表示图形实际尺寸较实物 1/50；10:1 则表示比实物尺寸放大 10 倍。施工时如需确定电气设备安装位置的尺寸或导线长度等，可直接用比例尺在图上量取，值得注意是，所用比例尺的比例应与图样上标明的比例相同。

2. 电气工程图的线形

电气图上所用的图线形式及用途见表 5-1，图线的宽度可从 0.25mm、0.35mm、0.5mm、0.7mm、1.0mm、1.4mm 等系列中选取。通常只选用两种宽度的图线，且粗线的宽度为细线的两倍。若需两种以上宽度的图线，线宽应以 2 的倍数依次递增。此外，指引线采用细实线，指向被注释处，在其末端分别加注实心箭头（指引线末端在轮廓线上时）、黑点（末端在设备或装置上时）、短斜线标记（末端在电路线上时）；信号线和连接线上的箭头则用开口的。

表 5-1 电气图图线形式及用途

图线形式	名 称	用 途
————————	基本线	基本线、简图主要内容用线、可见轮廓线、可见导线
— — — — — —	虚线	辅助线、屏蔽线、机械连接线，不可见轮廓线，不可见导线，计划扩展内容线。屏蔽可画成任何方便的形状

（续）

图线形式	名　称	用　途
——— - ———	点画线	分界线、结构图框线、功能图框线、分组图框线。点画线内的元件、装置等是实际地、机械地或功能地相互联系在一起的
——— - - ———	双点画线	辅助图框线

3. 电气工程图的标高

电气设备在安装或敷设线路时，需要先确定安装标高或敷设标高，以便在某一区域内达到安装标高的一致，满足实际使用需要。施工时，一般以土建的室内地坪线作为标高的零点。尺寸单位用 m 表示，如果高于零点标高，可在标高数字前写“+”号；若低于零点标高，则在其前面写“-”号。

4. 电气工程图的符号

在电气施工图中，由于元器件及设备很多，为便于识图，采用图形符号和文字符号来表示。每个符号都代表一定的含义，因此熟悉这些符号及它们之间的相互关系非常重要。常用图形符号可参照 GB/T 4728. 1 ~ 13—1996 ~ 2005《电气简图用图形符号》，它包括 13 个部分（可查阅相关手册）。常用文字符号可依据 GB/T 7159—1987《电气技术中的文字符号制定通则》。文字符号分基本文字符号（单字母或双字母）和辅助文字符号。

1）单字母符号是按拉丁字母将各种电气设备、装置和元器件划分为 23 大类，每一大类用一个专用单字母符号表示。如 C 表示电容类，R 表示电阻类等。应用时要优先采用单字母符号，只有在单字母符号不能满足要求时，才采用双字母符号，以便更具体地表述。

2）双字母符号由一个表示种类的单字母符号与另一个字母组成，且以单字母符号在前，另一字母在后的次序列出。如 G 为电源的单字母符号，GB 表示蓄电池，F 表示保护器件类，FU 表示熔断器，FR 表示具有延时动作的限流保护器件。

3）辅助文字符号是用以表示电气设备、装置和元器件以及线路的功能、状态和特征的。如 SYN 表示同步，L 表示限制，R 表示红色等。辅助文字符号也可放在表示种类的单字母符号后边组成双字母符号，如 YB 表示电磁制动器。为简化起见，若辅助文字符号由两个以上字母组成，允许只采用其第一个字母进行组合，如 MS 表示同步电动机。辅助文字符号还可以单独使用，如 ON 表示接通，M 表示中间线，PE 表示接地等。文字符号的字母采用拉丁字母大写正体字。由于拉丁字母 I 与 O 易同阿拉伯数字 1 和 0 混淆，故它们不允许单独作为文字符号使用。

5. 电气工程图的回路标号

由于二次设备及元器件的种类与数量繁多，相互间连接复杂。在二次接线图中对其回路进行标号时，一般有以下原则：

1）根据供给二次回路电源的不同类型划分为不同的独立部分，每一部分又分成若干行。行的排列顺序从上至下：交流电按第一相 L1（U）、第二相 L2（V）、第三相 L3（W），其他电路按电器的动作次序排列。电路右侧有简单文字说明各元器件的作用。

2）同一仪表的各种线圈，电器、继电器的线圈与触头，均分别画在不同电源的电路中；对同一元器件的线圈与触头，则标以同一符号。

3）展开图中各独立电路的电源，除了交流电路用电流互感器直接表示外，其他小母线供电的电源采用文字符号前冠以数字来区分，如1L＋、1L－、2N等。

4）展开图中每个单元和元器件都应标注项目代号（高层代号、位置代号、种类代号、端子代号），电路及其元器件间的连线一般都用数字组标注。

5.2.2　电气工程图分类及内容

电气工程图的应用非常广泛，用它来说明拟建电气工程的构成和功能，描述电气装置的工作原理，提供安装技术数据和使用维护依据。一项电气工程的规模有大有小，不同规模的电气工程，其图样的数量和种类是不同的，常用的电气工程图可分为以下7类：

1. 目录、说明、图例及设备材料明细表

图样目录内容有序号、图样名称、编号、张数等。

设计说明（施工说明）主要阐述电气工程设计的依据、业主的要求和施工原则、建筑特点、电气安装标准、安装方法、工程等级、工艺要求等及有关设计的补充说明。

图例即图形符号，一般只列出本套图样中涉及的一些图形符号。

设备材料明细表列出了该项电气工程所需要的设备和材料的名称、型号、规格和数量，供设计概算和施工预算时参考。

2. 电气系统图

电气系统图是表现电气工程的供电方式、电能输送、分配控制关系和设备运行情况的图样，从电气系统图可以看出工程的概况。电气系统图有变配电系统图（见图5-5）、动力系统图（见图5-6）、照明系统图（见图5-7）、弱电系统图等。电气系统图只表示电气回路中各元器件的连接关系，不表示元器件的具体情况、具体安装位置和具体接线方法。

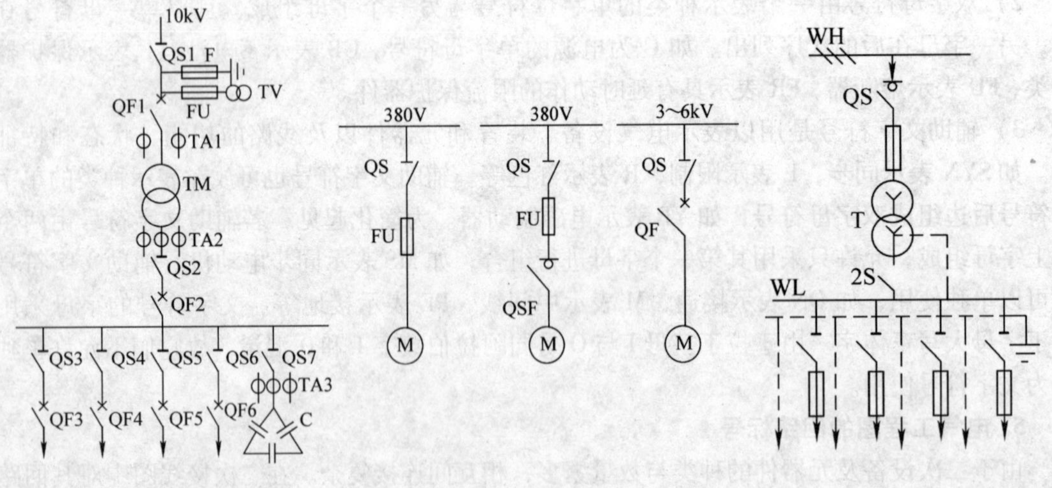

图5-5　变配电系统图　　图5-6　动力系统图　　图5-7　照明系统图

3. 电气平面图

电气平面图是表示电气设备、装置与线路平面布置的图样，是进行电气安装的主要依据（见图5-8）。电气平面图以建筑总平面图为依据，在图上绘出电气设备、装置及线路的安装位置、敷设方法等。电气平面图采用了较大的缩小比例，不能表现电气设备的具体形状，只能反映电气设备的安装位置、安装方式和导线的走向及敷设方法等。常用的电气平面图有变配电所平面图、动力平面图、照明平面图、防雷平面图、接地平面图、弱电平面图等。

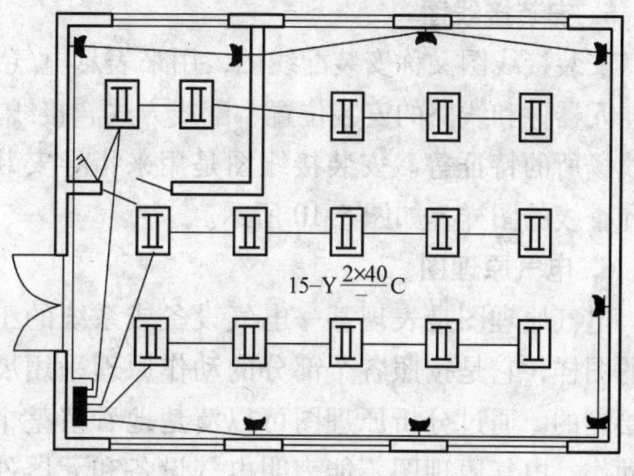

图 5-8　电气平面图

4. 设备布置图

设备布置图是表现各种电气设备和元器件的平面与空间的位置、安装方式及其相互关系的图样，通常由平面图、立面图、剖面图及各种构件详图等组成。设备布置图是按三视图原理绘制的，如图 5-9 所示。

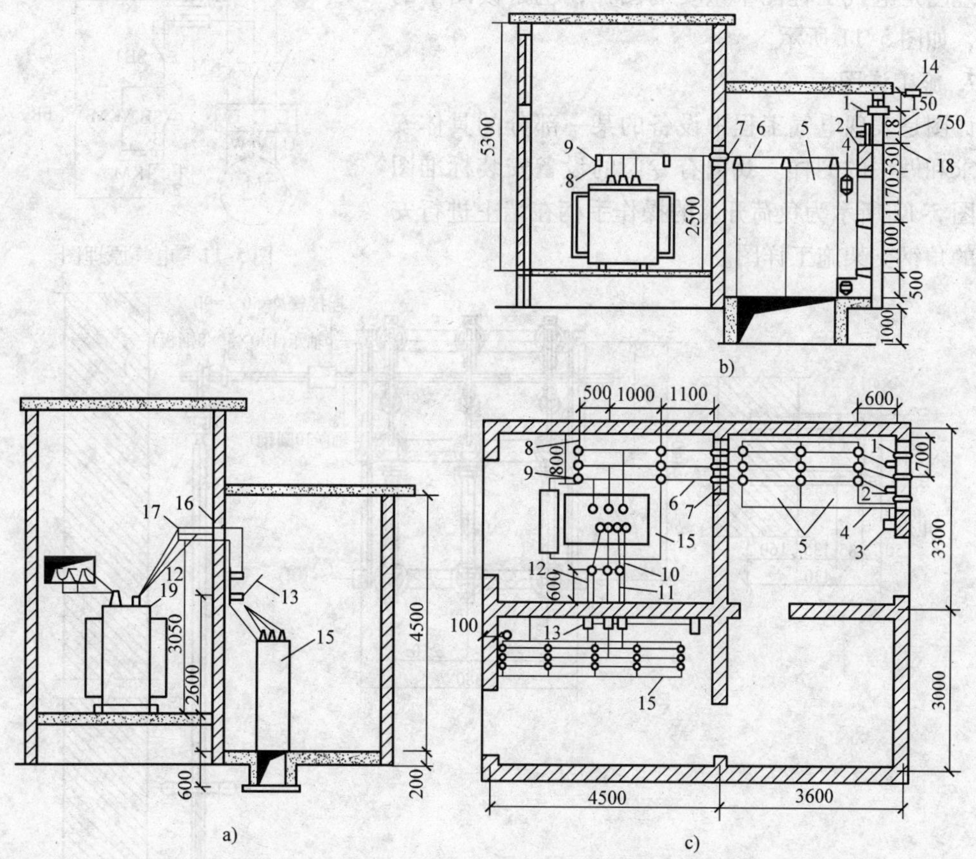

图 5-9　设备布置图

a）低压部分剖面图　b）高压部分剖面图　c）平面剖面图

1—穿墙套管　2—隔离开关　3—隔离开关操作机构　4—保护网　5—高压开关柜　6—高压母线　7—穿墙套管　8—高压母线支架　9—支持绝缘子　10—低压中性母线　11—低压母线　12—低压母线支架　13—断路器　14—架空引入线架及零件　15—低压配电屏　16—低压母线穿墙板　17—绝缘子　18—避雷器支架　19—电力变压器

5. 安装接线图

安装接线图又称安装配线图，用来表示电气设备、电器元器件和线路的安装位置、配线方式、接线方法、配线场所的特征等。安装接线图是用来指导安装、接线和查线的图样，如图 5-10 所示。

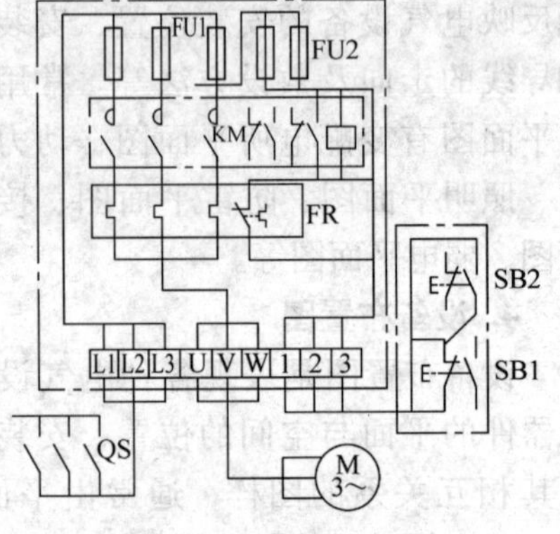

图 5-10 安装接线图

6. 电气原理图

电气原理图是表现某一电气设备或系统的工作原理的图样，它是按照各个部分的动作原理采用展开法来绘制的。通过分析原理图可以清楚地看清整个系统的动作。电气原理图不能表明电气设备和元器件的实际安装位置和具体的接线，但可以用来指导电气设备和元器件的安装、接线、调试、使用与维修。所以电气原理图是电气工程图中重要的图样，也是读图中的难点，如图 5-11 所示。

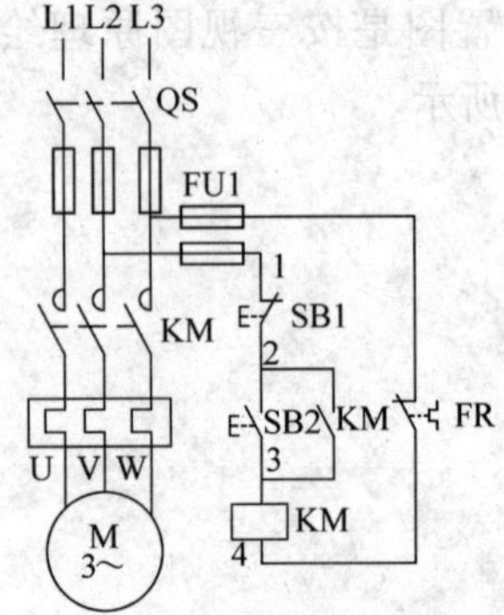

图 5-11 电气原理图

7. 施工详图

详图是表现电气工程中设备的某一部分的具体安装要求和做法的图样。我国有专门的设备安装标准图册。图 5-12 所示为负荷开关的操作手柄在墙上进行安装时的角钢支架施工详图。

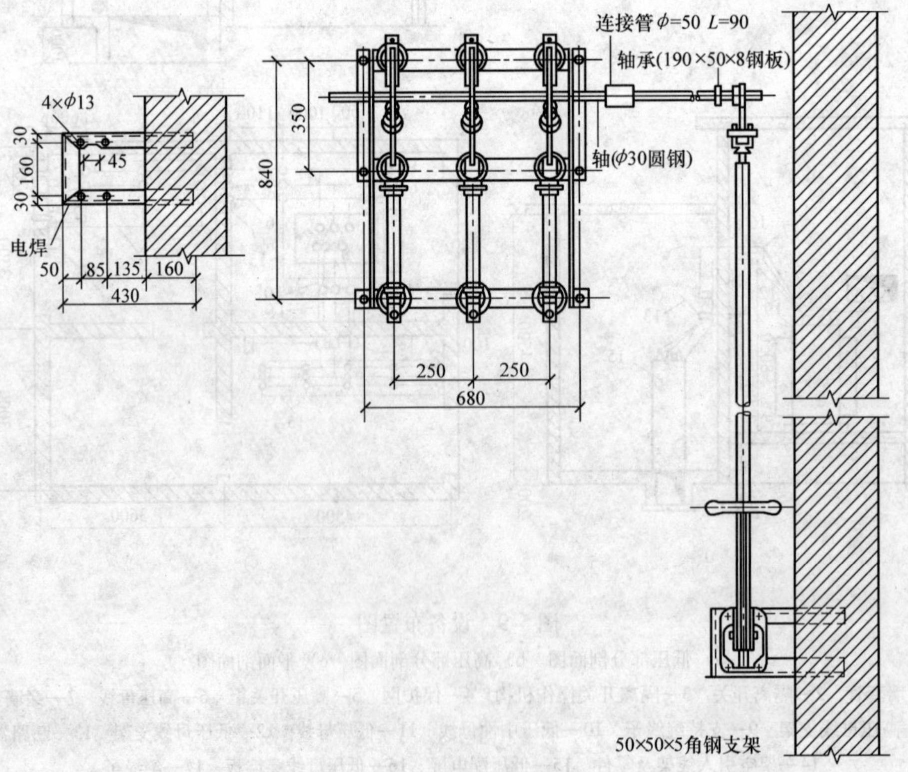

图 5-12 角钢支架施工详图

5.3　成套配电柜的安装

成套配电柜有高压和低压两种。高压配电柜俗称高压开关柜，有固定式和手车式之分。主要用于变配电站作为接收和分配电能用。低压配电柜习惯称低压配电屏，主要有固定式和抽屉式两大类。用于发电厂、变电站和企业、事业单位，频率50Hz、额定电压380V及以下低压配电系统，作为动力、照明配电用。

5.3.1　成套配电柜的安装工艺

1. 成套配电柜的安装

成套配电柜的安装程序可参照图5-13执行。

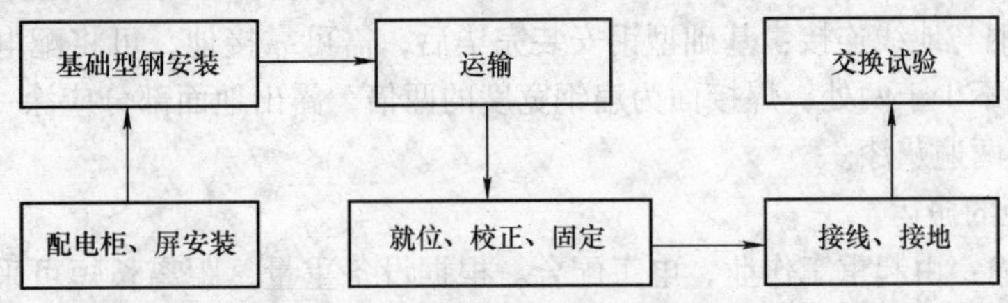

图5-13　配电柜（屏）安装程序图

（1）基础型钢的加工和埋设

1）基础型钢制作：将型钢矫直矫平，然后按图样要求预制加工基础型钢架，并刷好防锈漆。配电柜通常安装在槽钢或角钢制成的基础上，并在土建施工时埋设好。其放置方式如图5-14所示。配电柜基础型钢的埋设方法一般有下列两种：

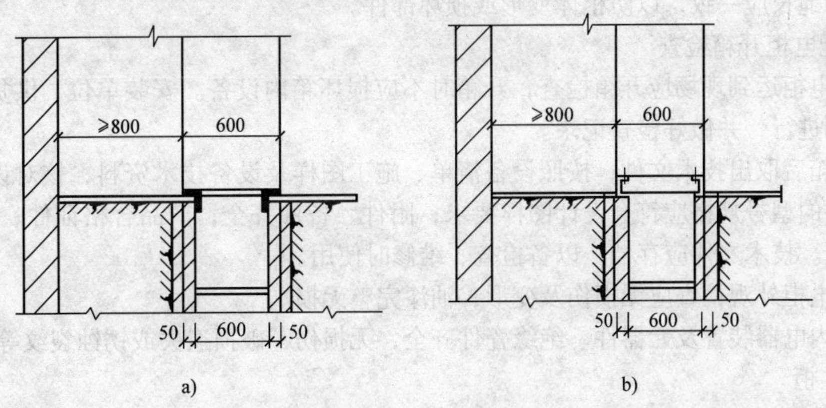

图5-14　配电柜（屏）基础型钢放置方式

a）型式一　b）型式二

① 直接埋设法：此法是在土建打混凝土时，直接将基础型钢埋设好。埋设前先按图样尺寸下好料并钻好孔。再按图样的标高尺寸测量其位置，做好记号，以免造成过大误差。安装时的水平误差不超过1mm/m，全长不超过5mm。配电柜的基础型钢一般为两根，埋设时应使其平行，并处于同一水平。埋设的型钢可高出地表面5～10mm（或根据设计规定）。水平调好后，可将型钢固定。型钢埋设偏差不应大于表5-2中的规定。

表 5-2 配电柜（屏）基础型钢埋设允许偏差

项 目	允 许 偏 差	
	mm/m	mm/全长
不直度	<1	<5
水平度	<1	<5
平面度平行度	—	<5

注：环形布置按设计要求。

② 预留槽埋设法：此法是在土建打混凝土时埋设型钢，根据图样要求的位置预埋好钢筋钩（焊在型钢上，使型钢基础牢固地打在混凝土内），并预留出型钢的空位，用在地面上埋入比型钢略大的木盒（一般大 30mm 左右）。待混凝土凝固后，将埋入的木盒取出，再埋设基础型钢。并按上述方法和要求调好水平，再把预埋的钢筋钩焊在型钢上，使其固定。

2）基础型钢与地线连接：基础型钢安装完毕后，需可靠接地，可将配电室内接地线与基础型钢焊接，不少于两处，焊接面为扁钢宽度的两倍，露出地面部分应涂一层防锈漆，然后将基础型钢刷两遍灰漆。

（2）配电柜的搬运

1）设备运输：由起重工作业，电工配合。根据设备重量、距离长短可采用汽车、汽车吊配合运输、人力推车运输或卷扬机运送。汽车运输时，必须用麻绳将设备与车身固定牢，开车要平稳。

2）设备运输、吊装时的注意事项：搬运配电柜应在较好的天气进行，以免受潮。在搬运过程中，要防止翻倒、冲击和振动。道路要事先清理，保证平整畅通。柜顶部有吊环者，吊索应穿在吊环内，无吊环者吊索应挂在四角主要承力结构处，不得将吊索吊在设备部件上。吊索的绳长应一致，以防柜体变形或损坏部件。

（3）配电柜开箱检查

1）配电柜运到现场应开箱检查，开箱时不应损坏箱内设备。安装单位、供货单位或建设单位共同进行，并做好检查记录。

2）开箱后取出技术文件，按照设备清单、施工图样及设备技术资料，核对设备本体及附件、备件的型号规格应符合设计图样要求；附件、备件齐全；产品合格证件、技术资料、说明书齐全。技术文件应存档，以备检查、维修时使用。

3）配电柜外观检查应无损伤及变形，油漆完整无损。

4）柜内电器装置及元器件、绝缘瓷件齐全，无损伤、破损遗失或锈蚀裂纹等缺陷。

（4）立柜

配电柜的固定叫立柜。立柜应在浇注基础型钢的混凝土凝固后进行。按施工图样规定的顺序将配电柜放在基础型钢上，并作好标记。立柜时，可先把每个柜调整到大致的水平位置，然后再精确地调整第一个柜，再以第一个柜为标准将其他柜逐柜调整。调整顺序可以从左到右，或从右到左，也可以先调中间一个柜，然后左右分开调整。配电柜的水平调整，用水准仪或水平尺找正、找平。找平过程中，需用垫片的地方最多不能超过三片。垂直情况调整，可在柜顶沿柜面悬挂一线垂，测量柜面上下端与吊线的距离，直到调整达到要求为止。配电柜的水平误差不应大于 1/1000，垂直误差不应大于其高度的 1.5/1000。调整完毕后再全部检查一遍是否符合质量要求，然后用电焊（或连接镀锌螺栓）将配电柜底座固定在基础型钢上。如用电焊，每个柜的焊缝不应少于四处，每处焊缝长约100mm左右。焊缝应在柜体的内侧。

配电柜接地：每台柜的接地端子用两根6mm^{2}铜线与基础型钢连接。

(5) 配电柜二次小线连接

按原理图逐台检查柜上的全部电器元器件是否相符，其额定电压和控制、操作电源电压必须一致。按接线图敷设柜与柜之间的控制电缆连接线。控制线校对后，将每根芯线弯成圆圈，用镀锌螺栓、垫片、弹簧垫连接在每个端子板上。端子板每侧一般一个端子压一根线，最多不能超过两根，并且两根间加垫片，多股线应烫锡，不准有断股。

2. 配电柜试验调整

1) 高压试验应由当地供电部门许可的试验单位进行。试验标准符合国家规范、当地供电部门的规定及产品技术要求。

2) 试验内容：高压柜框架、母线、避雷针、高压瓷瓶、电压互感器、电流互感器、高压开关等。

3) 调整内容：过电流继电器调整，时间继电器、信号继电器调整以及机械联锁调整。

4) 二次控制小线调整及模拟试验。

5) 将所有接线端子螺栓再紧一次。

6) 绝缘摇测：用500V绝缘电阻表在端子板处测试每条回路的电阻，电阻必须大于0.5MΩ。

7) 二次小线回路如有晶体管、集成电路、电子元器件时，该部位的检查不准使用绝缘电阻表测试，应使用万用表测试回路是否接通，具体操作如下：

① 接通临时的控制电源和操作电源：将柜内的控制、操作电源回路熔断器上端相线拆掉，接上临时电源。

② 模拟试验：按图样要求，分别模拟试验控制、联锁、操作、信号和继电保护动作，应正确无误，灵敏可靠。

③ 拆除临时电源，将原电源线复位。

3. 配电柜送电运行验收

(1) 送电前应作好以下准备工作

1) 一般应由建设单位备齐试验合格的验电器、绝缘靴、绝缘手套、临时接地编织铜线、绝缘胶垫、粉沫灭火器等。

2) 彻底清扫全部设备及变配电室、控制室的灰尘。用吸尘器清扫电器、仪表元器件。另外，室内除送电需用的设备用具外，其他物品不得堆放。

3) 检查母线上、设备上有无遗留下的工具、金属材料及其他物件。

4) 试运行的组织工作，明确试运行指挥者、操作者和监护人。

5) 安装作业全部完毕，质量检查部门检查全部合格。

6) 试验项目全部合格，并有试验报告单。

7) 继电保护动作灵敏可靠，控制、联锁、信号等动作准确无误。

(2) 送电时的要求

1) 由供电部门检查合格后，将电源送进室内，经过验电、校相无误。

2) 由安装单位合进线柜开关，检查PT柜上电压表电压是否正常。

3）合变压器柜开关，检查变压器是否有电。

4）合低压柜进线开关，查看电压表电压是否正常。

5）按上述2）~4）项，送其他柜的电。

6）在低压联络柜内，在开关的上下侧（开关未合状态）进行相位校核。用电压表或万用表电压检查无读数，表示两路电为同一相。用同样方法，检查其他两相。

7）验收。送电空载运行24h，无异常现象，办理验收手续，交建设单位使用。同时提交变更洽商记录、产品合格证、说明书、试验报告单等技术资料。

5.3.2 高压配电柜的安装及调试

高压配电柜是发电厂、变电所和工矿企业变配电站等场所常用的主要设备。目前国内生产的高压配电柜有固定式、手车式及活动式三种。手车式高压配电柜的断路器等主要电器设备可拉出柜外检修。推入备用手车后可继续供电，具有安全、方便、停电时间短的优点，活动式是前两种的过渡形式。各种类型的高压配电柜均可采用少油、真空和 SF_6 断路器。

限于篇幅，下面仅介绍户内金属铠装移开式高压配电柜的安装与调试。

1. 户内金属铠装移开式（手车式）高压配电柜的型号

户内交流金属铠装移开式高压配电柜是三相交流50Hz，额定电压3kV、6kV、10kV，中性点不接地的单母线及单母线分段系统的户内成套配电装置，接收和分配网络电能，对电路实行监视、测量、保护与控制，并具有防止误操作断路器、防止带负荷推拉手车、防止带电合接地开关、防止接地开关在接地位置送电和防止误入带电间隔（简称五防）的功能。适用于各类型的变电站、变电所等。

金属铠装移开式高压配电柜常用的有GFC、JYN、KYN、BA等系列产品。

其型号含义如下：

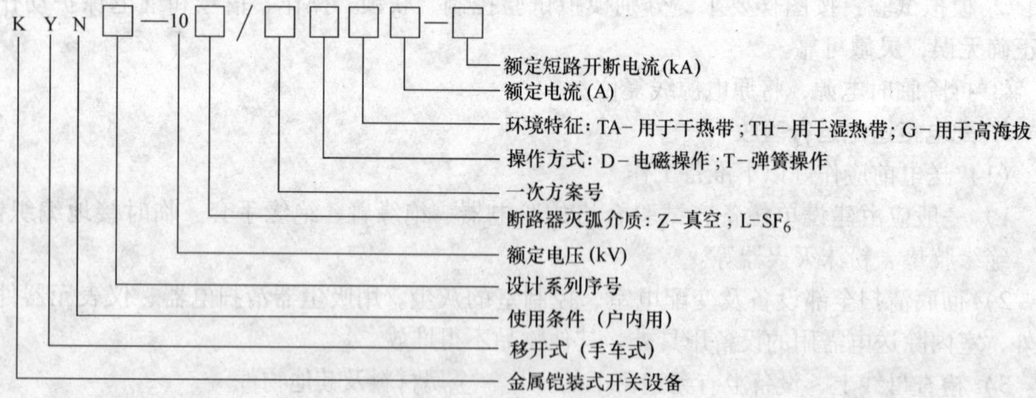

2. KYN1－10型高压配电柜的结构

KYN1－10型交流金属铠装移开式配电柜用作接收和分配电能的户内成套配电设备，它具有对电路进行控制、保护和监测等功能，并具有五防功能。此产品技术性能符合IEC298和GB 3906—2006的规定。该配电柜是用钢板弯制焊接而成全封闭结构，外壳防护等级符合IP2X，外形尺寸840mm×1650mm×2200mm（宽×深×高）。由继电仪表室、手车室、母线室和电缆室四个部分组成，各室之间用接地的金属隔板隔开，螺栓连接，具有架空进出线、电缆进出线及左右联络的功能。

正常使用环境条件：环境温度 -5 ~40℃；海拔不超过 1000m；相对湿度不大于 90%；地震烈度不超过 8 级；没有火灾、爆炸危险、严重污染、化学腐蚀及剧烈振动的场所。其外形及内部结构如图 5-15 所示。

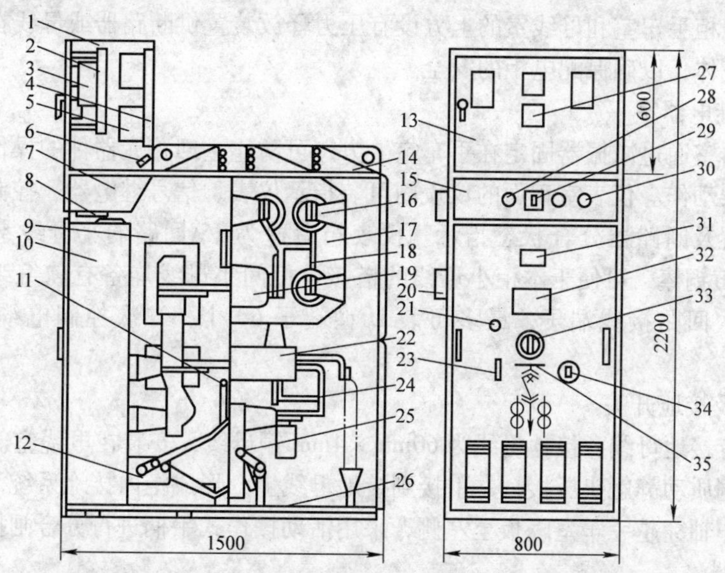

图 5-15　KYN1 -10 型高压配电柜结构示意图

1—仪表继电器室　2—内门　3—电能表　4—继电器安装板　5—继电器　6—端子排　7—控制小母线室　8—二次触头及防护机构　9—手车室　10—断路器手车　11—金属活门　12—提门机构　13—仪表门　14—泄压装置　15—操作板　16—主母线室　17—主母线　18—支母线　19—主母线套管　20—触头盒　21—推进机构摇把孔　22—分合闸指示　23—电流互感器　24—互感器电缆室　25—接地开关　26—接地开关的联锁操作轴　27—带电显示装置　28—信号灯　29—控制开关　30—手车照明灯开关　31—铭牌　32—观察窗　33—手车位置指示旋钮　34—紧急分闸手把　35—模拟母线

（1）手车

手车内架由角钢和钢板弯制焊接而成。根据用途分为断路器手车、电压互感器避雷手车、电容避雷器手车，所用变压器手车（手车有识别装置）不能互换。手车的柜内有三个位置，依次为隔离位置、试验位置、工作位置。每一位置均设有定位装置，以保证手车处于某一位置时不得移动。推拉手车时必须操动联锁旋钮，使断路器在手车移动前先行分闸。

手车上的面板就是柜门，装有铭牌、观察窗等。开启手车内的照明灯即可清楚地观察断路器的油位指示。柜门正中装有手车定位旋钮及位置指示标牌。当转动锁定旋钮时，手车式两侧的定位板及手车机械联锁定位杆的伸缩动作将手车锁定在工作位置、试验位置及断开位置，并同时在面板上显示出位置状况。两旁有紧急分闸装置及合闸位置指示，能清楚反映断路器的工作状态。手车底部装有接地触头及 4 个滚轮，使手车能沿柜内的导轨移动。在手车正面装 1 只万向滚轮，它使车底 2 只前轮搁空，2 只后轮配合可使手车在柜外灵活移动。

（2）柜体

柜体由手车室、主母线室、电流互感器（电缆）室等功能单元组成，各单元由钢板弯制焊接而成，各个单元之间用金属板分隔。手车室后壁有 3 ~ 6 只带隔离静触头的触头盒或带触头盒的电流互感器。手车室左侧为辅助回路电缆小室，从底部直通仪表室。右侧装有接地开关及后门联锁操作轴，两边还装有手车定位板及手车推进轨迹板。底部装有手车识别装置、接地母线及手车导轨，母线室设在柜体后上方。在柜内的金属隔板上配置有环氧浇注的套管绝缘子，以限制本柜事故蔓延到邻柜，电流互感器（电缆）室在柜后部，装有电流互感器、接地开关、电缆缆盒固定架等，通过结构变化可实现左右联络、母联，并可装设电压互感器，在配电柜手车室和母线室的上方设有压力释放装置供断路器或母线在发生故障时释放压力的排泄气体，以确保配电柜的安全。

（3）仪表继电器室

仪表继电器室通过减振器固定在手车室上方，可防止主回路元器件的操作振动引起二次回路元器件的误动作。仪表室正面的仪表门可装指示仪表、信号继电器、控制按钮、控制开关带电显示装置及断路器分合状态指示。仪表箱后壁为15回路的小母线室，小母线室为ϕ4mm×13mm黄铜棒，可便于本柜小母线的搭接，柜间小母线均备有软编织连接线。仪表室底部装有二次回路接线端子，最多可装D型端子60个，二次控制电缆由手车室左侧引入。

（4）接地及接地开关

配电柜设有接地母线，接地母线为60mm×4mm铜母线，安装在电缆室。手车与柜体的电气连接通过铜质动静触头压接，并引接到接地母线上，形成柜内接地系统。接地开关安装在电缆室，操作轴穿越手车室隔板至左侧，采用活动操作式手柄进行分合闸操作。

（5）加热器

在高湿地区或温度有较大变化的场合，配电柜内设备退出运行时，有产生凝露的可能。因而在配电柜内装设加热器，用提高温度的方法在空气中的绝对温度不变的情况下，降低相对湿度，使空气中的水蒸气不能凝露。

3. 联锁

配电柜具有可靠的防止误操作联锁装置，并达到“五防”要求：①防止误操作断路器；②防止带负荷推拉手车；③防止带电合接地开关；④防止接地开关在接地位置送电；⑤防止误入带电间隔。在“五防”中②、③、④项系采用机械结构组成，①、⑤项系采用机械程序锁加以实现。

1）配电柜上的二次接线与手车上的二次接线是通过自动导向的二次插动来实现的，二次插动触片在手车上，静触片装在柜体上。静触片有两组，一组在试验位置，另一组在工作位置。手车处在上述两个位置时，断路器才能作合闸操作，其他位置二次回路处于未接通状态，故不能对断路器进行合、分操作。另外可加装带程序的控制开关，以防止误分、合断路器。

2）手车装有机械闭锁装置，只有当断路器处于断开位置时，手车才可推拉，以防带负荷推拉手车。

3）手车在操作位置时，面板挡住接地开关操作孔，接地开关不能合闸，只有断路器分闸、手车抽出后接地开关才能合闸（带电显示装置起提示性作用）。接地开关接地后由于联锁作用，用手车只能推到试验位置，故能防止有电合接地开关和带电挂接地线。

4）柜后上、下门和接地开关之间带有联锁，只有手车推出，接地开关合闸后，才能打开后下门再打开后上门，通电前只有先关上后上门再关上后下门，接地开关才能分闸，手车才能推入工作位置，以防止误入带电间隔。

5）各柜间联锁按一次方案要求，由辅助开关电气联锁或程序解决。

4. 进出线方案

配电柜不但适用于电缆进出线，而且适用于馈线侧架空进出线及母线侧架空进出线及联络。

5. 氧化锌压敏电阻（氧化锌避雷器）

无间隙氧化锌压敏电阻适用于保护系统电压3～10kV交流电器设备，免受过电压的损坏，也适用于并联补偿装置的过电压保护。它的特性为，在正常工作电压下，压敏电阻具有极高的电阻，在过电压作用下，压敏电阻呈低电阻，即使数千安电流流过，其端部电压仍被限制在允许范围内，从而有效地保护了断路开关控制负载设备免受过电压损坏。

6. 配电柜安装

1）配电柜的安装尺寸如图5-16所示。

2）配电柜不靠墙安装，平面布置为单列布置和双列布置两种，并设有进出联络母线桥。配电柜在变电所内安装位置要求如图5-17～图5-21所示。拼柜用紧固件已附在柜内有关孔上，拼柜排列完毕后应将其紧固。

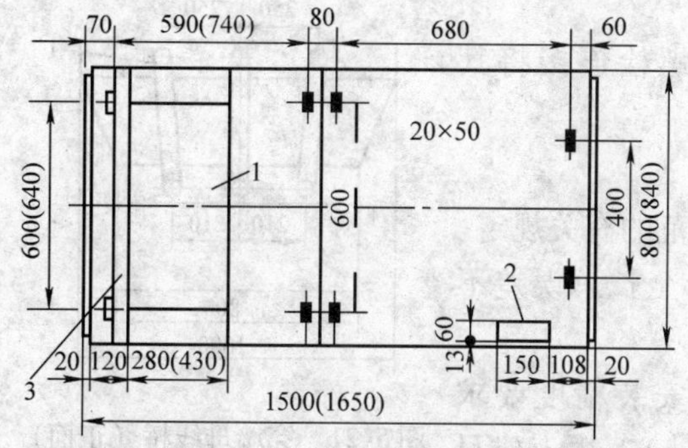

图5-16　配电柜安装尺寸

1—一次电缆孔　2—二次电缆孔　3—电缆角钢

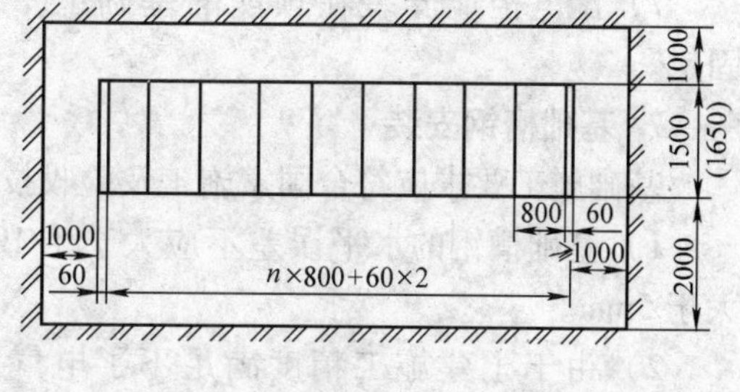

图5-17　单列布置参考图

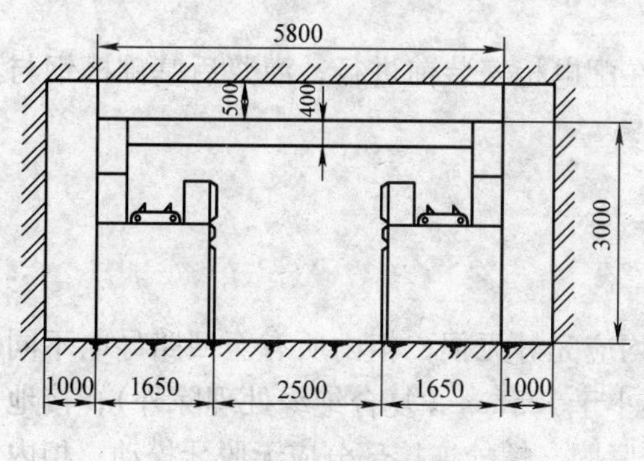

图5-18　母线桥

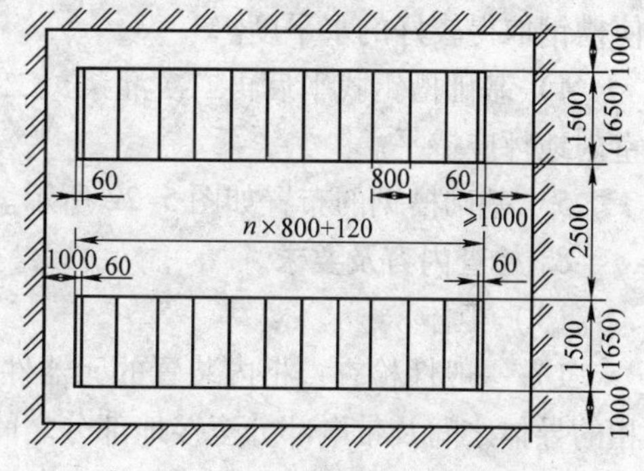

图5-19　双列布置参考图

3）安装配电柜时，手车室底板不可悬空（有开孔要求除外），应靠实在基础地墙上，以承受车体的动静负荷。

4）配电柜安装后，其前、后、左、右垂直度偏差不得超过规范规定。

5）控制电缆可以由配电柜两侧封板引入，也可以由配电柜左面由下往上引入仪表箱。

6）柜前走廊铺4mm厚橡皮垫，使柜内外处于同一地平面上，柜内应保持清洁无积尘、

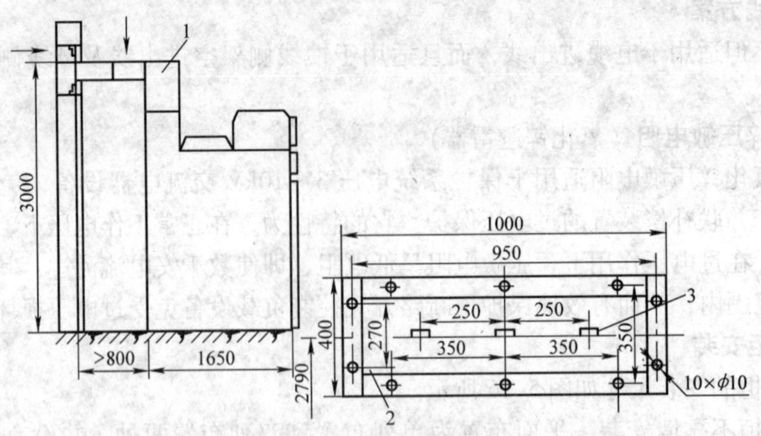

图 5-20 穿墙母线桥（侧面）

1—穿墙母线桥 2—穿墙基础 3—母线

杂物。

7）配电柜应安装在预埋的基础上，采用螺栓连接将其固定。

7. 基础槽钢安装

基础施工要求应符合国家施工及验收技术规范的有关规定。

1）基础槽钢的水平误差不应大于1/1000，全长总误差不大于5mm。

2）由于土建施工精度满足不了电气设备安装精度要求（土建误差以cm计，电气设备安装误差以mm计），故土建只预埋铁件，预埋铁件每隔3m左右埋设一块。

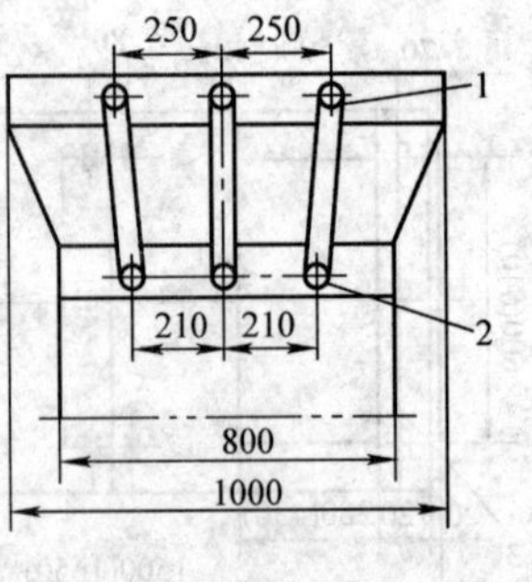

图 5-21 穿墙母线桥（正面）

1—穿墙套管 2—绝缘子

3）基础槽钢避免由小段拼成，槽钢焊接在预埋铁件上，焊接时通过垫铁厚薄的调整，使槽钢取得较好的水平度。

4）基础槽钢找平后再二次灌浆，二次灌浆应在配电柜安装前进行，灌浆后基础槽钢与室内地坪应持平。

5）基础槽钢的布置如图5-22所示。

8. 检查内容及要求

（1）柜体

1）一般性检查：柜内装置的元器件、零部件均应完好无损；柜内所有至回路导电不同相的导体之间及带电部分至接地部分之间的距离不小于125mm（复合绝缘处理除外）；接地开关操作灵活，合分位置正确无误；各连接部分已紧固，螺栓连接部分应无脱牙松动；柜内元器件及绝缘件无受潮、锈蚀现象；柜体应可靠接地，门的开启和关闭应灵活；手车轨道应紧贴地面，不得悬空；顶盖上的压力释放窗盖无损坏变形，开、闭应灵活；柜内外操作尘、污物应清除干净。

2）手车室：轨道畅通，导向定位无变形；定位板、定位件无损坏变形，紧固螺栓无脱落；识别挡板无损坏变形，紧固件无脱落；活门开闭灵活可靠，提升机构无损坏变形，铜套滚板及挡卡无脱落；二次触头完好无损，防护装置移动灵活；一次静触头无歪斜松动现象，下触头至中心地距离应满足686mm±1mm，上下触头至中心距应为36.4mm±0.7mm；一次静触头接触部分应涂有电力复合脂。

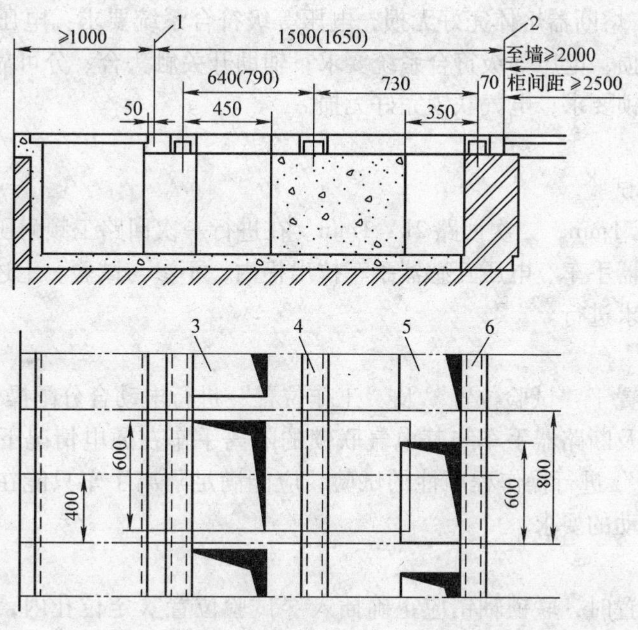

图5-22 KYN1-10型高压柜安装基础典型示例

1—柜后 2—柜前 3—一次电缆孔 4—柜间界线 5—二次电缆孔 6—10#槽钢3根

3）主母线室：主母线已装配完成，支母线已接上，母线之间的连接紧密可靠；接触良好；支柱绝缘子已紧固；套管已紧固；母线室盖板已装好并紧固。

4）电缆室：电流互感器二次引出线连接牢固、接触良好，线端标志及接线正确无误；电缆头、联络母线、套管安装牢固，相序符合要求；接地开关安装牢固，接地线已连接；一次电缆孔已封堵。

5）仪表继电器室：仪表、继电器、控制开关按钮、指示器等其型号规格与有关图样相符，接线无松动脱落现象；继电器应按系统的要求整定完毕，整定值符合有关要求；合闸小母线已接上，其他小母线也按需要安装好；二次接线端子组接线螺钉应紧固且接触良好，引入及引出的连接线正确无误，并有标号；螺栓无黄锈，接地线接触良好。

（2）手车

1）一般性检查：手车在柜外推动应灵活，无卡住现象；手车在工作位置时，一次触头及二次触头可靠接触；手车处于试验位置时，一次动触头跟静触头之间的距离不小于90mm，二次触头应可靠接触；一次动触头完好无损，无歪斜现象，下触头至中心地距离应满足682mm±1mm，上下触头至中心距应为36.4±0.7mm；主回路导电部分不同相的导体之间及带电部分至接电部分距离不小于125mm；手车联锁定位应操作灵活可靠；手车摇进机构应操作灵活可靠；各类手车在柜内轻便地推入及抽出，能可靠地定于“工作位置”和“试验位置”。

2）断路器手车：真空断路器所配装的氧化锌压敏电阻保护，其型号、技术参数是否与被保护负载系统的对象电压等级相符；用手力对断路器操动机构进行合、分操作，无卡滞现象，辅助开关触头合、分可靠，接触良好；机械联锁装置可靠灵活，扳动时无卡滞现象；各紧固件应牢固可靠，各个弹簧应完好无损；将断路器手车置于“试验位置”，测试断路器的行程、触头行程、分闸速度等机械特性应符合验收规范要求。

3）其他手车：熔断器熔体完好无损，电压等级符合系统要求：电压互感器、避雷器所用变压器等完好无损，电压等级符合系统要求；辅助开关触头合、分可靠，接触良好，行程开关关、合符合联锁要求，电气联锁完好无损。

9. 调整和试验

（1）工频耐压试验

一次回路42kV 1min，二次回路2kV 1min。在进行一次回路工频耐压试验时，应将避雷器手车、所用变压器手车、电压互感器手车拉出柜内，不参与试验。上述手车的试验按其元器件本身的技术要求进行。

（2）动作试验

将断路器手车置于“试验位置”及“工作位置”进行电动合分闸操作，应能顺利分合。断路器手车本身以及断路器手车与其电气联锁的隔离手车在通电情况下，分别在“试验位置”和“工作位置”进行操作程序性的试验，应能满足隔离手车只能在其联锁的断路器手车分闸后才可被拉动的要求。

（3）联锁试验

手车在试验位置时，联锁轴销应正确插入“试验位置”定位孔内，二次触头应正确啮合，断路器能合、分闸。

手车在试验位置和工作位置之间移动时，由于联锁的作用保证断路器处于分闸状态。

联锁轴销应插入“工作位置”定位孔内，二次触头正确接合，断路器能进行合分闸；当断路器合闸后，联锁机构应被锁住，手车不能推拉，而紧急分闸装置能进行分闸；仅当手车在柜时，接地开关才能操作。仅当接地开关分闸后，手车才能推入工作位置，仅当接地开关闭合后，柜后封板才能拆卸。

（4）其他试验

其他试验是指装于柜内的电器元器件以及辅助回路、母线、接地和继电保护等，其试验项目及要求可按电气装置的交接试验有关规定进行。

10. 手车操作

（1）手车活动轮

配电柜内配各类手车的前、后轮均为固点式，当手车推入柜内之前及拉到柜外需要转向时，在手车操作面下部装上随产品附给的活动轮，使两个前轮离地，手车可就地作360°转动，以便将手车推向所需要到地方。当手车从柜外推往柜内，进入“试验位置”之前，应将活动轮取下。

（2）手车推入柜内“工作位置”的操作步骤

手车推入柜内前，应将定位锁定旋钮转到断开位置，使手车定位销缩至手车内。

将手车推入柜内，使蜗轮蜗杆推进机的推进拐臂靠牢在柜体两侧板上的推进轨迹板上（定位板）。

摇动蜗轮蜗杆推进机构，传动手两侧的推进拐臂与柜体两侧板上的推进轨迹板啮合，使手车在柜内移动以进入工作位置。

当手车到过工作位置时，转动定位锁定旋钮至工作位置，以锁定手车。二次动触头随手车的进入而自动跟柜内的二次静触头接触，使二次回路投入工作。

(3) 手车推入柜内“试验位置”的操作步骤

同 (2)，只是手车进入柜内的深度比工作位置短。

(4) 手车从“工作位置”拉出的操作步骤

首先使断路器掉闸，然后转动定位锁定旋钮至断开位置，摇动蜗轮蜗杆推进机到不动为止，然后拉手车至柜外。

11. 安全及其他注意事项

(1) 操作手车之前

应戴好橡胶手套，穿上橡胶胶鞋。

(2) 各类手车推入柜内的程序

隔离手车最先，其次是电压互感器手车、避雷器电容手车、仪用变压器手车，最后推入断路器手车。

5.3.3　低压配电柜的安装与调试

低压配电柜是成套配电柜中的一种，适用于 660V 及以下、50Hz 交流三相五线制系统，作为变电所、工矿企业和民用建筑中的动力及照明配电用，是具有对供电线路及电力用户进行量电、控制保护、测量和监视等功能的一种配电装置。它大多数采用户内式，而户内式配电装置多采用成套配电柜组合而成。

常用的低压配电柜有固定式 GGD、GLK、GLL 等系列；抽屉式 GCK、GCL、BFC 等系列；组合式 MGD、DOMINO、HONOR 等系列。

限于篇幅，下面仅介绍固定式 GGD 型低压配电柜的安装与调试。

1. GGD 型低压配电柜的型号

GGD 型交流低压配电柜适用于强电厂、变电站、厂矿企业等电力用户的交流 50Hz、额定工作电压 380V、额定工作电流至 3150A 的配电系统，作为动力、照明及配电设备的电能转换、分配与控制用。GGD 型交流低压配电柜，具有分断能力高，动热稳定性好，电气方案灵活，组合方便，系列性、实用性强，结构新颖，防护等级高等特点。GGD 型交流低压配电柜符合 IEC439《低压成套开关设备和控制设备》、GB7251《低压成套开关设备和控制设备》等标准。

GGD 型交流低压配电柜的型号意义如下：

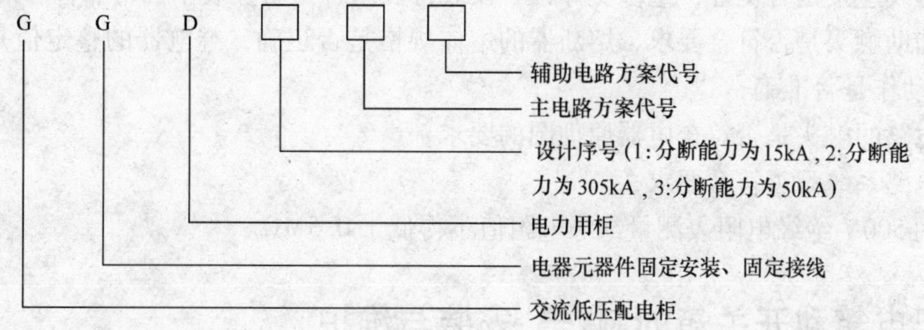

2. GGD 型低压配电柜的结构特点

GGD 型交流低压配电柜的结构如图 5-23 所示。其柜体采用通用柜的形式，柜体上下两端均有不同数量的散热槽孔，当柜内电器元器件发热后，热量上升，通过上端槽孔排出，而冷风不断地由下端槽孔补充进柜，使密封的柜体自下而上形成一个自然通风道，达到散热的目的。柜体的防护等级为IP30，也可根据用户的要求在IP20 ~ IP40之间选择。

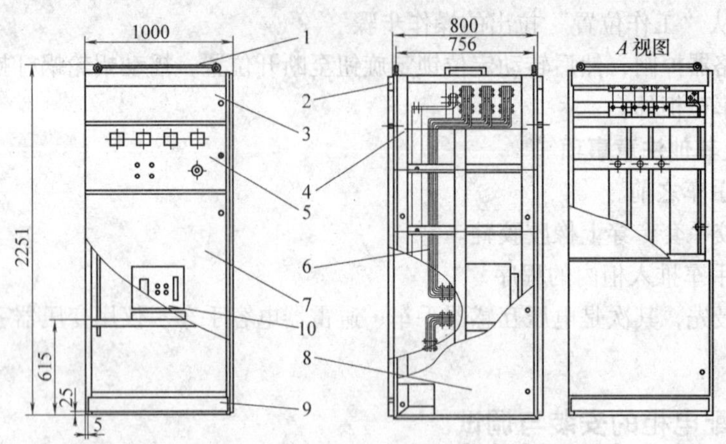

图5-23　GGD型交流低压配电柜的结构

1—顶盖　2—前后眉头　3—前后上门　4—框架　5—仪表门　6—铜排　7—下门　8—左侧板　9—前后下眉头　10—断路器

3. GGD型低压配电柜的安装

1）GGD型低压配电柜为双开门低压配电柜，不靠墙安装，单面（正面）操作，双面维修；

2）配电柜按设计图顺序用螺栓固定在基础槽钢上，横平竖直，允许偏差应符合国家规范；

3）主母线安装应将搭接面清理平整干净，并涂以电力复合脂，用螺栓连接时，应用力矩型扳手紧固。

4. GGD型低压配电柜运行前的检查与试验

1）检查柜体面漆有无脱落，柜内是否干燥、清洁；

2）检查电器元器件的操作机械是否灵活，不应有卡滞或操作力过大现象；

3）主要电器的通断是否可靠准确，辅助触头的通断是否可靠准确；

4）仪表指示与互感器的变比及极性是否正确；

5）母线连接是否良好，绝缘支撑件、安装件及附件是否安装牢固可靠；

6）辅助触头是否符合要求，熔断器的熔体规格是否正确，继电器的整定值是否符合设计要求，动作是否准确；

7）电路的触头是否符合电器原理图的要求；

8）电路系统是否符合要求；

9）用500V绝缘电阻表测量绝缘电阻值不得低于0.5MΩ。

5.4　配电箱和开关箱的制作、安装与维护

配电箱是接收外来电源并向各用电设备分配电力的装置，配电箱按其在用电电气系统中

所处的位置不同而分为总配电箱和分配电箱。开关箱处在用电电气系统中电源与用电设备之间的最后一环，是向用电设备输送电力和提供电气保护的装置。

配电箱和开关箱统称为电箱，它们是施工现场临时用电电气系统中的重要环节，相比较于配电室、架空线路或电缆线路，电箱更易于被现场各类人员（不管是电气专业人员还是非电气专业人员）接触到，而电箱中各种元器件的设置正确与否、电箱使用与维护的得当与否，直接关系到电气系统中上至配电电线电缆，下至用电设备各个部分的电气安全，关系到现场人员的人身安全。因此，电箱的设置与维护，对于施工现场的安全生产具有极其重要的意义。

5.4.1　配电箱和开关箱的设置原则

配电箱和开关箱的设置原则就是“三级配电，二级保护”和“一机一箱一闸一漏”。现场临时用电系统分总配电箱、分配电箱和开关箱三个层次向用电设备输送电力，而每一台用电设备都应有专用的开关箱，箱内应设有隔离开关和漏电保护器，而总配电箱内还应设有总漏电保护器，形成每台用电设备至少有两道漏电保护装置。

实际使用中，可根据实际情况，增加分配电箱的级数以及在分配电箱中增设漏电保护器，形成三级以上配电和二级以上保护。

出于安全照明的考虑，用户的照明配电应与动力配电分离而自成独立的配电系统，这样就不会因动力配电的故障而影响到现场照明。

实际使用中，可根据实际情况，将分配电箱和开关箱合二为一。

5.4.2　配电箱和开关箱的位置选择

1）总配电箱应设在靠近电源处，分配电箱应设在用电负荷或设备相对集中地区，分配电箱与各用电设备的开关箱之间的距离不得超过 30m，开关箱应设在所控制的用电设备周围便于操作的地方。与其控制的固定式用电设备水平距离不宜过近，防止用电设备的振动给开关箱造成不良影响，也不宜过远，便于发生故障时能及时处理，一般控制在不超过 3m 为宜。

2）配电箱、开关箱应装设在干燥、通风及常温的场所，避开对电箱有损伤作用的瓦斯、蒸汽、烟气、液体、热源及其他有害物质的恶劣环境。

3）电箱应避免外力撞击、坠落物及强烈振动，并尽量做到防雨、防尘，可在其上方搭设简易防护棚。

5.4.3　配电箱和开关箱的装设规程

1. 配电箱、开关箱的材质要求

1）配电箱、开关箱应采用铁板或优质绝缘材料制作，铁板的厚度应大于 1.5mm，当箱体宽度超过 500mm 时应做双开门。

2）配电箱、开关箱的金属外壳构件应经过防腐、防锈处理，同时应经得起在正常使用条件下可能遇到潮湿的影响。

3）电箱内的电气安装板应采用金属的或非木质的绝缘材料。

4）不宜采用木质材料制作配电箱、开关箱，因为木质电箱易腐蚀、受潮而导致绝缘性能下降，而且机械强度差，不耐冲击，使用寿命短，另外铁质电箱便于整体保护接零。

2. 配电箱、开关箱的安装高度和空间要求

1）固定式配电箱、开关箱的下底与地面的垂直距离应大于1.3m，小于1.5m；移动式分配电箱、开关箱的下底与地面的垂直距离宜大于0.6m，小于1.5m，并且移动式电箱应安装在固定的金属支架上，如图5-24所示。

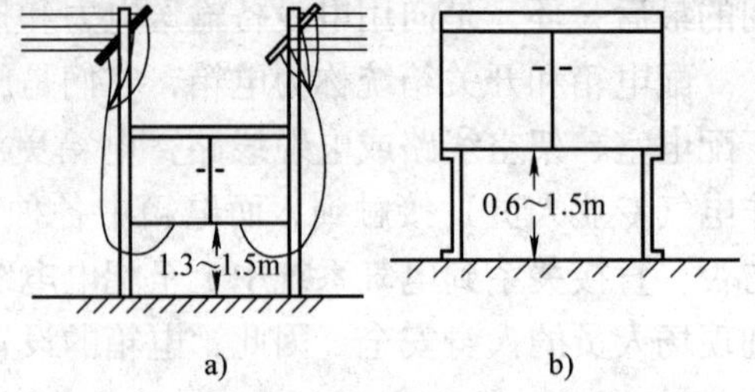

图5-24 电箱安装示意图
a）固定式电箱 b）移动式电箱

2）配电箱、开关箱周围应有足够两人同时工作的空间和通道，箱前不得堆物，不得有灌木或杂草妨碍工作。

3. 电箱内电器元器件的安装要求

1）电箱内所有的电器元器件必须是合格品，不得使用不合格的、损坏的、功能不齐全的或假冒伪劣的产品。

2）电箱内所有电器元器件必须先安装在电器安装板上，再整体固定在电箱内，电器元器件应安装牢固、端正，不得有任何松动、歪斜。

3）电器元器件排列间距应符合表5-3的规定。

4）电箱内不同极性的裸露带电导体之间以及它们与外壳之间的距离不应小于表5-4的规定。

表5-3 电器元器件排列间距

	最小间距/mm		
仪表侧面之间或侧面与盘边	60以上		
仪表顶面或出线孔与盘边	50以上		
闸具侧面之间或侧面与盘边	30以上		
插入式熔断器顶面或底面与出线孔	插入式熔断器规格/A	10～15	20以上
		20～30	30以上
		60	50以上
仪表、胶盖闸顶面或底面与出线孔	导线截面积/mm²	10及以下	80
		16～25	100

表5-4 电气间隙和爬电距离

额定绝缘电压	电气间隙/mm		爬电距离/mm	
	≤63A	>63A	≤63A	>63A
$U_i \leqslant 60$	3	5	3	5
$60 < U_i \leqslant 300$	5	6	6	8
$300 < U_i \leqslant 600$	8	10	10	12

5）电箱内的电器元器件安装常规是左大右小，大容量的开关电器、熔断器布置在左边，小容量的开关电器、熔断器布置在右边。

6）电箱内的金属安装板、所有电器元器件在正常情况下不带电的金属底座或外壳、插座的接地端子，均应与电箱箱体一起做可靠的保护接零，保护零线必须采用黄绿双色线，并通过专用接线端子连接，与工作零线相区别。

4. 配电箱、开关箱导线进出口处的要求

1）配电箱、开关箱的电源进出规则是下进下出，不能设在顶面、后面或侧面，更不能从箱门缝隙中引进或引出导线。

2）在导线的进、出口处应加强绝缘，并将导线卡固。

3）进、出线应加护套，分路成束并做防水弯，导线不得与箱体进、出口直接接触，进出导线不得承受超过导线自重的拉力，以防接头拉开。

5. 配电箱、开关箱内连接导线的要求

1）电箱内的连接导线应采用绝缘导线，性能应良好，接头不得松动，不得有外露导电部分。

2）电箱内的导线布置要横平竖直，排列整齐，进线要标明相别，出线需做好分路去向标志，两个元器件之间的连接导线不应有中间接头或焊接点，应尽可能在固定的端子上进行接线。

3）电箱内必须分别设置独立的工作零线和保护零线接线端子板，工作零线和保护零线通过端子板与插座连接，端子板上一只螺钉只允许接一根导线。

4）金属外壳的电箱应设置专用的保护接地螺钉，螺钉应采用不小于 M8 镀锌或铜质螺钉，并与电箱的金属外壳、电箱内的金属安装板、电箱内的保护中性线可靠连接，保护接地螺钉不得兼作它用，不得在螺钉或保护中性线的接线端子上喷涂绝缘油漆。

5）电箱内的连接导线应尽量采用铜线，铝线接头万一松动，可能导致电火花和高温，使接头绝缘烧毁，引起对地短路故障。

6）电箱内母线和导线的排列（从装置的正面观察）应符合表 5-5 的规定。

表 5-5　电箱内母线和导线的排列

相别	颜色	垂直排列	水平排列	引下排列
A	黄	上	后	左
B	绿	中	中	中
C	红	下	前	右
N	蓝	较下	较前	较右
PE	黄绿相间	最下	最前	最右

6. 配电箱、开关箱的制作要求

1）配电箱、开关箱箱体应严密、端正，防雨、防尘，箱门开、关松紧适当，便于开关。

2）所有配电箱和开关箱必须配备门、锁，在醒目位置标注名称、编号及每个用电回路的标志。

3）端子板一般放在箱内电器安装板的下部或箱内的下侧边，并作好接线标注，工作零线、保护零线端子板应分别标注 N、PE，接线端子与电箱底边的距离不小于 0.2m。

7. 配电箱、开关箱的箱体安装

电箱分为明装箱和暗装箱两种。明装电箱是一个封闭的箱体，箱上、箱下留有接线管用的孔。暗装箱分为箱体和前面板，在施工时先装箱体，安装好箱内设备再装前面板。电箱需按图样要求预先定制，安装时对号入座。在施工预埋阶段，先在电箱位置预留出孔洞并预埋好线管，在内墙抹灰前要完成电箱箱体安装工作。安装电箱时，先按图样上的安装高度截断预留孔洞中下部的线管，铁管要留出插入箱内部分的长度，PVC 管则要短些；要考虑到加装进箱接头的长度。上下贯通的管子下部截断后，再按箱体尺寸，向上截去洞中部分管子，但应注意预留长度。暗装电箱上一般没有孔。管子截断后，把箱体放入预留洞中摆正，测量其高度是否正确，箱口平面要凸出墙面 10 mm，对好后在箱上、箱下分别画出开孔位置，用于电钻或液压开孔器开孔。

把开好孔后的配电箱装入墙上预留的洞中，预埋线管为 PVC 管，用进线盒接头与电箱连接，线管为钢管的用焊接方法与电箱焊接好，并焊好跨接地线。用水泥砂浆把电箱凝固好。箱体一定要放正，侧边线要垂直，箱口平面要与墙面平行，并凸出砖墙 10mm。

5.4.4　配电箱和开关箱的电器选择原则

配电箱、开关箱内开关电器的选择应能保证在正常和故障情况下可靠分断电源，在漏电的情况下能迅速使漏电设备脱离电源，在检修时有明显的电源断开开关，所以配电箱、开关箱的电器选择应注意以下 8 点：

1）电箱内所有的电器元器件必须是合格品。

2）电箱内必须设置在任何情况下能够分断、隔离电源的开关电器。

3）总配电箱中，必须设置总隔离开关和分路隔离开关，分配电箱中必须设置总隔离开关，开关箱中必须设置单机隔离开关，隔离开关一般用作空载情况下通、断电路。

4）总配电箱和分配电箱中必须分别设置总断路器和分路断路器，断路器一般用于在正常负载和故障情况下通、断电路。

5）总配电箱和开关箱中必须设置漏电保护器，漏电保护器用于在漏电情况下分断电路。

6）配电箱内的开关电器和配电线路需一一对应配合，作分路设置，总开关电器与分路开关电器的额定值、动作整定值应相适应，确保在故障情况下能分级动作。

7）开关箱与用电设备之间实行一机一闸制，防止一机多闸带来误动作出事故，开关箱内开关电器的额定值应与用电设备相适应。

8）手动开关电器只能用于 5.5kW 以下小容量的用电设备和照明线路，手动开关通、断电速度慢，容易产生强电弧灼伤人或电器，故对于大容量的动力电路，必须采用断路器或接触器等进行控制。

5.4.5　配电箱和开关箱的电器设置

1）在总配电箱内，应装总隔离开关和分路隔离开关、总断路器和分路断路器（或总熔断器和分路熔断器）、漏电保护器、电压表、总电流表、总电能表及其他仪表。总开关电器的额定值、动作整定值应与分路开关电器的额定值、动作整定值相适应。若漏电保护器具备断路器的功能则可不设断路器和熔断器。

2）在分配电箱内，应装总隔离开关、分路隔离开关、总断路器和分路断路器（或总熔断器和分路熔断器），总开关电器的额定值、动作整定值应与分路开关电器的额定值、动作整定值相适应。必要的话，分配电箱内也可装设漏电保护器。

3）开关箱内应装设隔离开关、熔断器和漏电保护器，漏电保护器的额定动作电流不应大于30mA，额定动作时间应小于0.1s（36V及以下的用电设备如工作环境干燥可免装漏电保护器）。若漏电保护器具备断路器的功能则可不设熔断器。每台用电设备应有各自的专用开关箱，实行“一机一闸”制，严禁用同一个开关直接控制两台及两台以上用电设备（含插座）。

4）住宅配电箱的配制。在室内电气线路中，通常将照明灯具、电热器、电冰箱、空调器等电器分成几个支路，电源、相线接入低压断路器的进线端，断路器的出线端接电器，零线直线接入电器，每个支路单独使用一只断路器，如图5-25a所示。这样，当某条支路发生故障时，只有该条支路的断路器跳闸，而不影响其他支路的用电。必要时也可单独切断某一支路。安装好后的配电箱外壳需要接地。安装好的配电箱如图5-25b所示。

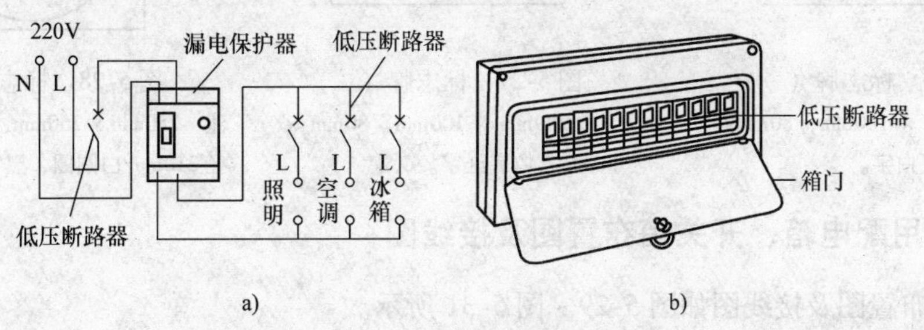

图5-25　住宅配电箱的配制

a）配电箱接线　b）配电箱形状

5.4.6　配电箱和开关箱的使用规程

1. 各配电箱、开关箱必须作好标志

为加强对配电箱、开关箱的管理，保障正确的停、送电操作，防止误操作，所有配电箱、开关箱均应在箱门上清晰地标注其编号、名称、用途，并作分路标志。

所有配电箱、开关箱必须专箱专用，不得随意另行挂接其他临时用电设备。

2. 配电箱、开关箱必须按序停、送电

为防止停、送电时电源手动隔离开关带负荷操作，以及便于对用电设备在停、送电时进行监护，配电箱和开关箱之间应遵循一个合理的操作顺序，停电操作顺序应当是从末级到一次侧，即用电设备→开关箱→分配电箱→总配电箱（配电室内的配电屏）；送电操作顺序应当是从一次侧到末级，即总配电箱（配电室内的配电屏）→分配电箱→开关箱→用电设备。若不遵循上述顺序，就有可能发生意外操作事故。送电时，若先合上开关箱内的开关，后合上配电箱内的开关，就有可能使配电箱内的隔离开关带负荷操作，产生电弧，对操作者和开关本身都会造成损伤。

3. 配电箱、开关箱必须配门锁

5.4.7　配电箱和开关箱的维护规程

1）配电箱、开关箱必须每月进行一次检查和维护，定期巡检，检修由专业电工进行，检修时应穿戴好绝缘用品。

2）检修配电箱和开关箱时，必须将前一级配电箱相应的电源开关打开断电，并在线路

断路器（开关）和隔离开关（刀开关）把手上悬挂停电检修标志牌，如图5-26所示。检修用电设备时，必须将该设备开关箱的电源开关打开断电，并在断路器（开关）和隔离开关（刀开关）把手上悬挂停电检修标志牌，如图5-27所示，不得带电作业。在检修地点还应悬挂工作指示牌，如图5-28所示。

3）配电箱、开关箱应保持整洁，箱内不得放置任何杂物。

4）箱内电器元器件的更换必须坚持同型号、同规格、同材料更换。

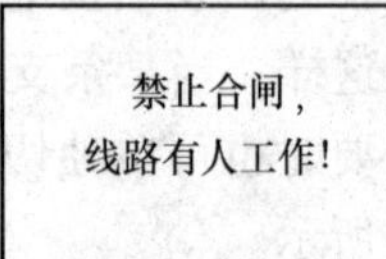

图5-26　标志牌（一）

注：200mm × 100mm，80mm × 50mm，红底白字。

禁止合闸，
有人工作！

图5-27　标志牌（二）

注：200mm × 100mm，80mm × 50mm，白底红字。

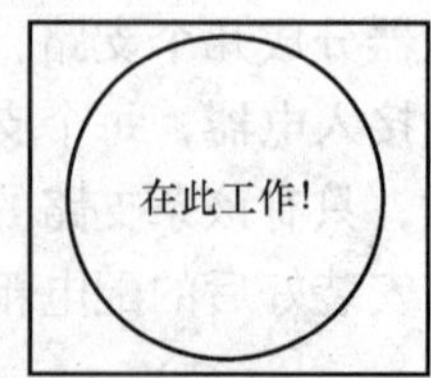

图5-28　标志牌（三）

注：250mm × 250mm，绿底，中有直径210mm白圆圈，黑字写于白圆圈。

5.4.8　常用配电箱、开关箱布置图及接线图

电箱的布置图及接线图如图5-29～图5-31所示。

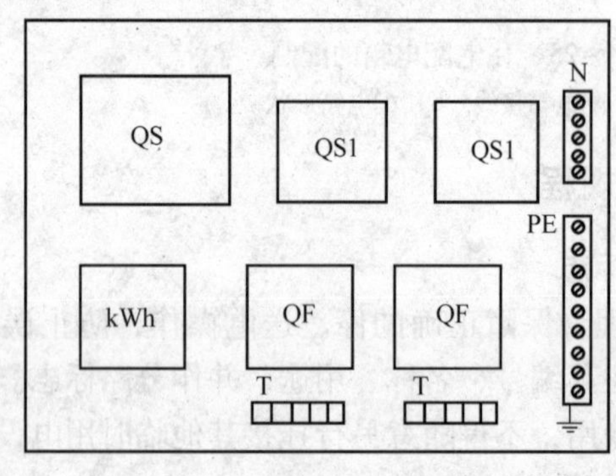

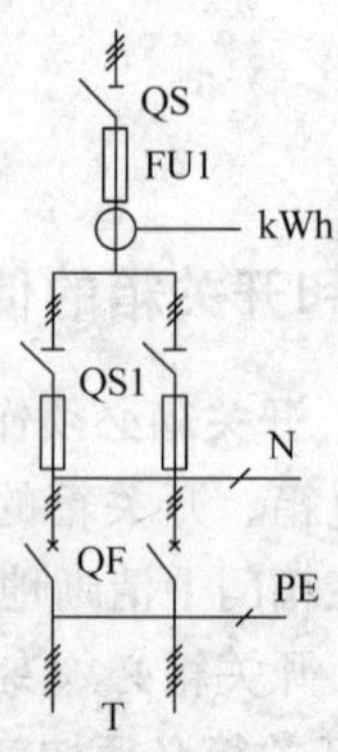

图5-29　总配电箱

QS—HR5-400/3隔离开关　kWh—DT862-2电能表　QS1—HR5-200/3隔离开关

QF—DZ10L-250/4漏电断路器　N—工作零线端子排　PE—保护零线端子排　T—三相五线制接线端子

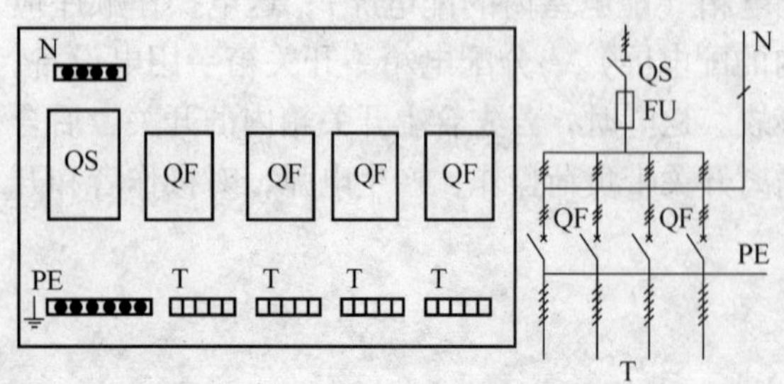

图5-30　分配电箱

QS—HR5-100/3隔离开关

QF—DZ10L-40/4漏电断路器　N—工作零线端子排

PE—保护零线端子排　T—三相五线制接线端子

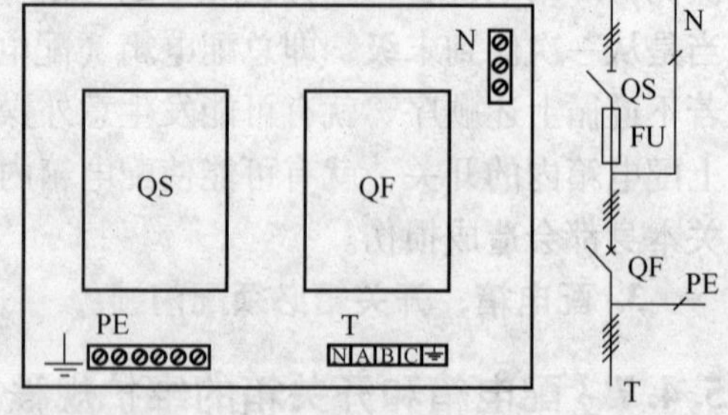

图5-31　单机开关箱

QS—HR5-200/3隔离开关　QF—DZ10L-250/4漏电断路器　N—工作零线端子排　PE—保护零线端子排　T—三相五线制接线端子

5.5　配电板制作及其安装

5.5.1　配电板制作和安装

1）根据设计要求，合理选择电气元器件并确定配电盘面板的大小，将全部电器置于板上，进行实物排列。一般应将仪表放在上面，各回路的开关及熔断器要相互对应，放置的位置要便于操作和维护，并力求美观、整齐，如图 5-32 所示。

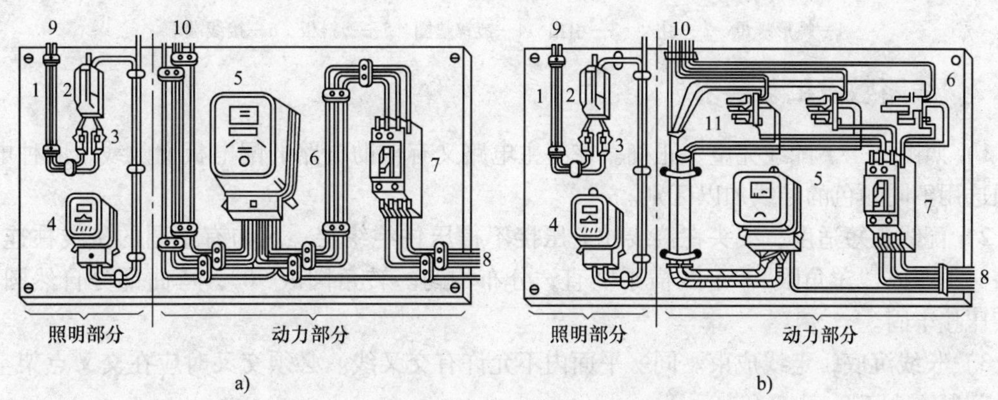

图 5-32　配电板的排列安装示意图

1—照明部分　2—总开关　3—用户熔断器　4—单相电能表　5—三相电能表　6—动力部分　7—动力总开关　8—接分路开关　9—接用户　10—接总熔丝盒　11—电流互感器

2）确定实物排列后，按照排列的实际位置，根据电器排列的最小间距规定，标出每一个电器的安装孔和出线孔的位置及配电箱安装孔的位置，然后进行配电板面的钻孔和刷漆。漆干后，将全部电器摆正定位后，用螺钉或螺母将电器固定牢靠。

3）根据设计要求，选取导线截面和长度，导线的排列要整齐，绑扎要成束，用卡钉固定在盘面背面，不能使导线摆动，如图 5-33 所示。盘后引入和引出的导线应留出适当的余量，以方便检修。

4）各电器之间应按照设计要求进行正确的连接。垂直装设的开关或熔断器等设备的上端接电源，下端接负载；横装的设备左侧接电源，右侧接负载。接零系统的零母线，一般应由零线端子板分路引至各支路或设备，如图 5-34 所示。零线端子上分支路的排列位置，应与分支路的熔断器位置相对应。接地保护电路先通过地线段，再用端子板分路。

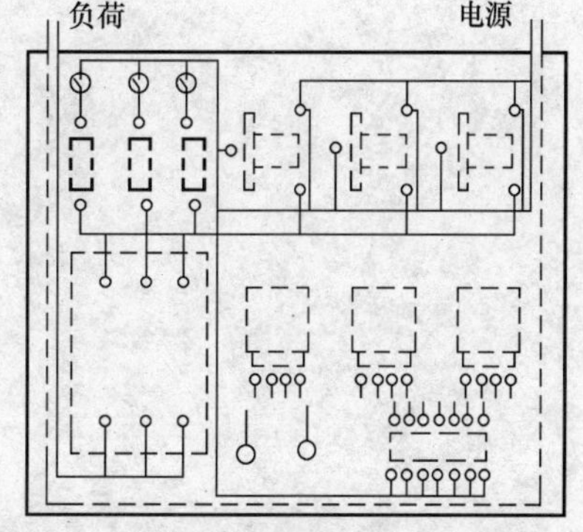

图 5-33　盘面板背面配线示意图

5）所有电器连接好后，在配电板面上所有电器的下方标明回路的名称。

6）为确保接线无误，安装完毕后，应按照系统接线图全面检查所连接线路。

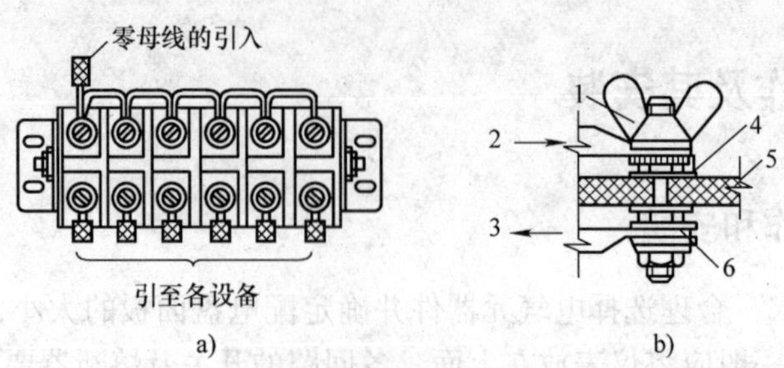

图 5-34 零线接线板

a) JX_2-26 零线接线板 b) 地线接线柱

1—蝶形螺母 2—引入 3—引出 4—镀锌垫圈 5—塑料板 6—接线端子

5.5.2 线路敷设工艺要求

1) 照图施工、配线完整、正确。在有主电路又有辅助电路的配电板上敷线，两种电路必须选用不同颜色的导线加以区别。

2) 配线长短适度，线头在接线柱上压接不得压住绝缘层。凡与有垫圈的接线柱连接，线头必须弯成“羊角眼”。走线横平竖直，分布均匀。转角圆成 90°，弯曲部分自然圆滑。线头压接牢固。

3) 长线沉底，走线成束。同一平面内不允许有交叉线。必须交叉时应在交叉点架空跨越，间距不小于 2mm。

4) 对螺旋式熔断器接线时，中心接片接电源，螺口接片接负载。

5) 配电板应安装在墙上或不易受振动的建筑物上，板的下边缘距离地面 1.5 ~ 1.7m。安装时除注意预埋紧固件外，还应使电能表与地面垂直，否则将影响电能表计数的准确性。

第 6 章　常见低压配电线路应用实例

6.1　低压进户线的装置及其安装

6.1.1　进户线的装置及其一般要求

1. 低压直埋电缆敷设进户线的装置

低压直埋电缆敷设的进户线装置很简单，进户电缆可直接与配电盘相连接，进户套管要有防水弯头，且不能损伤电缆绝缘。若低压直埋电缆从墙体外一定高度进户，应加装电缆保护套管，且套管两端要装有弯头，防止损伤电缆绝缘。

2. 低压架空进户线的装置

进户装置是户内、外线路的衔接装置，是低压用户建筑物内部线路的电源引入点。进户线装置是由进户杆（或角钢支架上装的瓷绝缘子）、进户线（从用户户外第一支持点至户内第一支持点之间的连接绝缘导线）和进户管等部分组成。

3. 进户线装置的一般要求

1）凡进户点低于 2.7m 或接户线因安全需要而架高，都需安装进户杆，支持接户线和进户线。进户杆通常采用混凝土电杆，如图 6-1 所示。使用时应注意检查保证混凝土电杆应无弯曲、裂缝和松酥等现象。进户线应采用绝缘良好的钢芯或铝芯绝缘导线，其截面要求铜线不得小于 $2.5mm^2$，铝线不小于 $10mm^2$，进户线中间不准有接头。

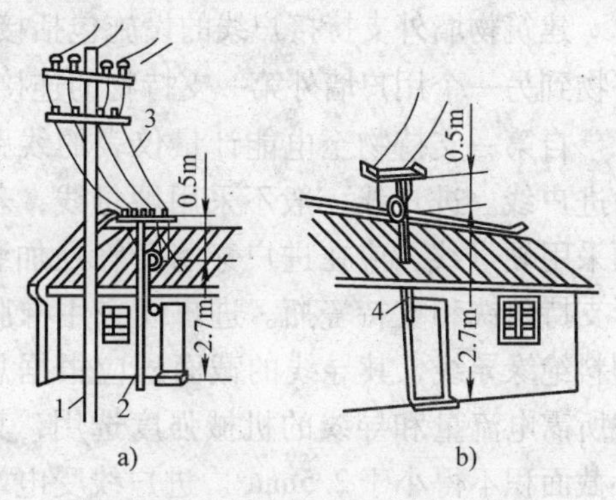

图 6-1　进户杆装置

a）长进户杆　b）短进户杆

1—接户杆　2—进户杆　3—接户线　4—进户线

2）进户杆顶应加装横担，横担常用镀锌的角钢制作，其规格见表 6-1。在横担上安装绝缘子时应保证横担上绝缘子之间的距离不小于 150mm。

表 6-1　横担规格　（单位：mm）

导线根数	2 根	3 根	4 根	5 根	6 根
横担支架长度	600	800	1100	1400	1700
绝缘子固定间距	400	300	300	300	300
角钢规格	50×50×5			63×63×3	

3）进户线穿墙时，应加装保护进户线的进户套管。进户套管有瓷管、钢管和硬塑料管等多种。为避免瓷管破碎、损坏导线绝缘；规定一根导线穿一根瓷管。使用钢管或硬塑料管时，应把所有进户线穿入同一根管内。进户套管的壁厚要求钢不小于 2.5mm，硬塑料不小于 2mm。进户套管的有效截面积应大于管内所有绝缘导线总面积的 60%。

4）进户套管内应光滑无堵，管子伸出墙外的部分应做防水弯头。

6.1.2　低压进户线的安装

1. 单相低压进户线的安装

（1）单相低压进户线路

单相低压进户线路是广大电力用户必须安装的线路之一。单相低压进户线路如图 6-2 所示。低压供电进户线路主要由接户线、进户线、电能计量仪表 PJ 以及漏电保护开关等构成。

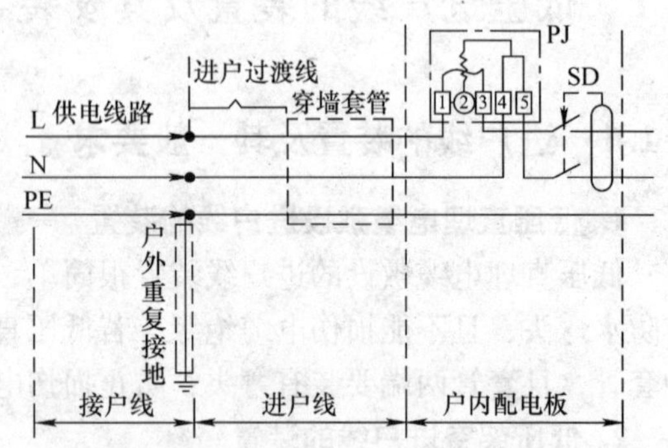

图 6-2　单相低压供电进户线路

（2）单相低压进户线的安装方法

从低压配电线路引至建筑物墙外第一支持物的这段线路称为接户线。接户线的距离不应大于 25m，若超过 25m，应设低压线杆，如图 6-1 所示。

建筑物墙外支持接户线的设施包括接户杆，称为第一支持物。由一个用户的墙外第一支持物到另一个用户墙外第一支持物的连接线包括接户线在内的总长度不得超过 60m。

自第一支持物至电能计量仪表的线路称为进户线。进户线一般不采用硬母线，若必须采用硬母线，应在进户穿墙套管处加装 U 形支持角铁和支持瓷瓶。进户线采用橡胶或塑料绝缘导线，其导线的截面积应根据总负载所需电流量和导线的机械强度选用，其最小截面积不得小于 2.5mm²。进户线受电端与地面之间的距离不应小于 2.6m，如图 6-3 所示。

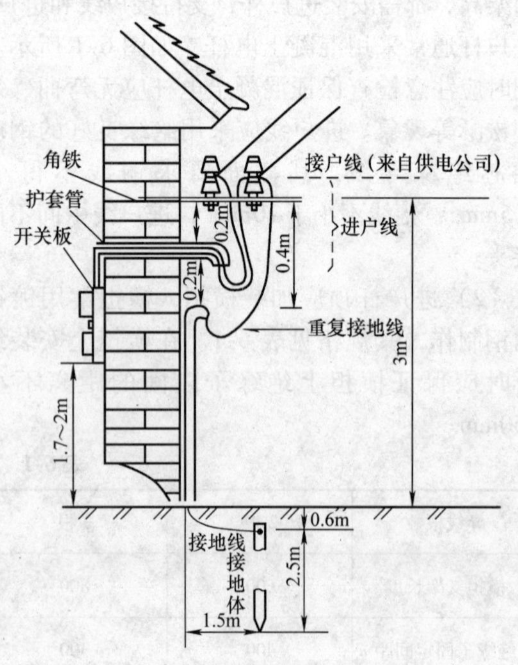

图 6-3　家用进户线的安装方法

选择进户点时应综合考虑下列因素：

1）建筑物应牢固不漏水。

2）确保施工安全及便于检修。

3）尽可能靠近供电设备。

4）与邻近房屋进户点尽可能取得一致。

5）进户点应位于接户线支持物下方 0.2m 处，进户线在穿墙套管前应留有适当弛度。接户线的支持点与进户线最低点的垂直距离在 0.4m 以内。

6）本线路适合装表容量额定电流 40A 以下的用户。

2. 三相低压进户线的安装

由进户角钢支架加装绝缘子来支持接户线和进户线引入时，如图 6-4 所示。其安装方法与单相低压进户线的安装基本相同。

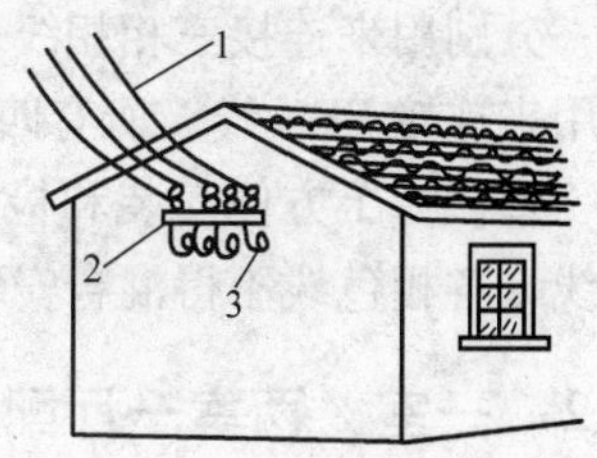

图 6-4　角钢支架加装绝缘子装置

1—接户线　2—角钢支架　3—进户线

6.2　户用配电线路

6.2.1　户用插座接线线路

1. 单相三线制插座接线线路

单相三线制插座线路适合于 TN－S 系统，其接线方法如图 6-5 所示。单相三线制插座线路由电源开关 S、熔断器 FU、导线及三芯插座 XS1～XS*N* 等构成。

图 6-5 中 L 为相线，可以是三相相线中的任意一相，N 为工作零线，PE 为保护零线。统一规定：面对墙上的插座时，左孔为零线，右孔为相线，上孔为保护零线。简化助记语为：左零右相上保。相线用红色绝缘导线，零线用黑色绝缘导线，保护零线用黄/绿花色绝缘导线，并且要求插头与负载的接线方法也对应一致。

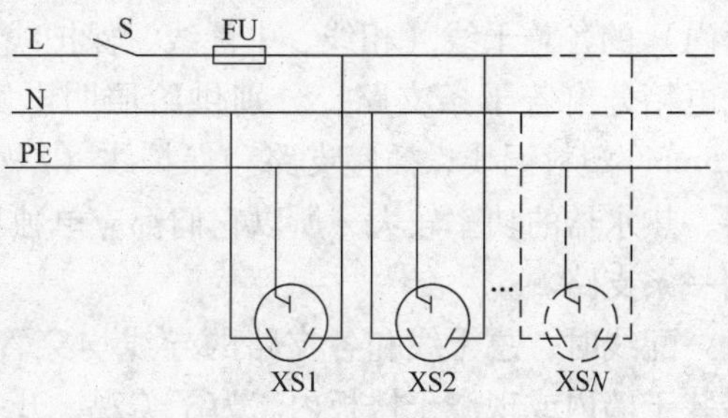

图 6-5　单相三线制插座接线线路

安装或修理插座时，不得在插座内将 N 线与 PE 线直接接通。插座的三个接线柱之间不得有余线、毛刺或其他影响接插、可能导致线路短路的不良因素存在。所有插座连接的负载容量不得大于线路的额定容量。熔断器的额定容量可按线路导线额定容量的 0.8 倍确定。开关 S 也可选用带漏电保护的断路器，简称漏电断路器或漏电开关。

2. 四孔三相制插座接线线路

四孔三相制插座线路是工厂、商店、学校、建筑工地等场所使用得非常普遍的线路，其接线方式如图 6-6 所示。四孔三相制插座线路由电源开关、连接导线和四芯插座等组成。

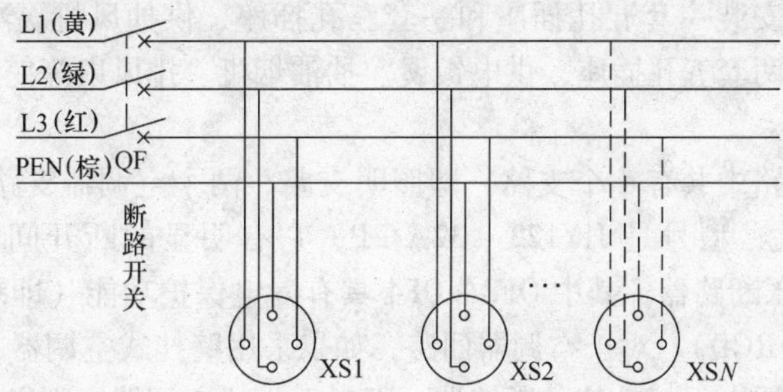

图 6-6　四孔三相制插座接线线路

图中 L1、L2、L3 分别为 1 相、2 相和 3 相相线，QF 为三相插座的电源控制开关，PEN 为中性线，XS1～XS*N* 为四孔三相制插座。四孔三相制插座下方的三个插孔之间的距离相对近些，分别用来连接三相相线，面对插座从左到右按 L1、L2、L3 接线；上方单独有一个插孔，用来连接 PEN 线。所有四孔三相制插座都按统一约定接线，并且插头与负载的接线也对应一致。为了方便安装和检修，统一按黄（L1）、绿（L2）、红（L3）、棕（PEN）的顺序配线，各相色线不得混合安装，以防相位出错。

6.2.2 一室/两室一厅配电线路

1. 一室一厅配电线路

配电线路反映着装饰住宅的配电回路数以及每路的用途、容量等问题。随着城乡居民生活水平的提高、每户住宅面积的不断扩大，特别是大量家电的涌入，配电电路的分支也越来越多，负荷也越来越大。安装住房配电电路的原则是：照明、插座回路分开；对于空调器、热水器等大功率电器，最好一个设备用一个供电线路；插座、柜式空调器即使装有漏电保护器也必须采取接地保护。

住宅小区常采用单相三线制，电能表集中装于楼道内，电能表至用户配电箱（装于客厅内）的各总干线（相线、中性线、保护线）一般均采用 $4mm^2$（或 $>4mm^2$）的塑料铜线。配电箱分出若干条支路，分别供给照明电路和各插座支路。照明电路负载较小，可采用 $1.5mm^2$ 塑料铜线，插座支路和保护线（绿/黄双色）都采用 $2.5mm^2$ 塑料铜线。由于空调器、热水器的功率较大，所以它们都应单独从配电箱上引出，其他小功率用电器的插座可共用一条支路。

配线时，总干线和各支路的导线均穿管敷设，管子采用直径为 15mm 的 PVC 塑料管，暗装于墙内或现浇于楼板内。为了美观，开关、插座的安装高度可在一定范围内变动，但同一居室高度应一致。照明开关应安在相线上，开关和插座均不应低于 1.3m，各种灯离地面的距离不应低于 2m。

客厅内应考虑安装一台吊灯，吊灯开关安装在门口墙上，若干套（空调器一般应采用 16A 三孔墙壁插座，靠近窗户安装：其他采用墙壁五孔插座，即一只单相二极插座和一只单相三极插座）插座都暗装于墙壁内，分别供空调器、冰箱、电视机及音响设备等使用。

每个卧室应考虑安装壁灯、荧光灯（或花灯）、若干套插座（同客厅）。荧光灯的开关应安装在卧室的门边墙上；壁灯开关应安装在床头旁边；卧室空调可单独用一条支路。

厨房和卫生间应采用防水灯（吸顶灯）和防水插座。灯开关应分别装在各自门口的外墙上。卫生间至少应安装一套五孔插座和一套三孔插座，供抽风机、洗衣机及热水器等使用。厨房至少应安装两套五孔插座，供电饭煲、抽油烟机、排风扇等使用。一室一厅配电线路如图 6-7 所示。

一室一厅配电线路中共有 4 个支路，即照明支路、两个空调器支路、插座支路。QS 为模数化双极隔离开关，型号是 HY122－32A/2P，它有明显的断开间隙，以便维修安全。QF1～QF4 为双极低压断路器，其中 QF2～QF4 具有漏电保护功能（即剩余电流保护器，俗称漏电断路器，又叫 RCD）。对于空调器回路，如果采用壁挂式空调器，因为人不易接触空调器，可以不采用带漏电保护功能的断路器，但对于柜式空调器，则必须采用带漏电保护功能的断路器。

QF1～QF4 都具备过载脱扣功能。为了防止其他家用电器用电时影响电脑的正常工作，可以把图 6-7a 中的插座回路再分成家电供电插座和电脑供电插座两个插座回路，如图 6-7b

所示。两路共同受 QF4 控制，只要有一个插座漏电，QF4 就会立即跳闸断电。PE 为保护接地线。

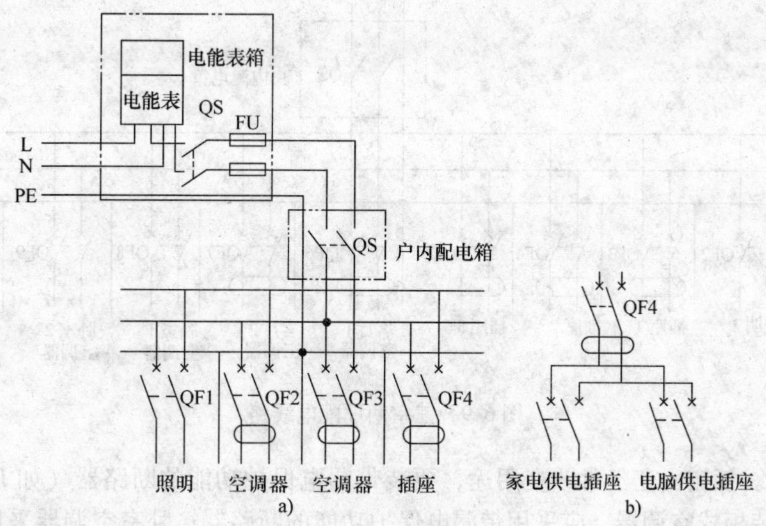

图 6-7　一室一厅配电线路

2. 两室一厅配电线路

两室一厅配电线路如图 6-8 所示。两室一厅配电线路共有 6 个支路。两室一厅一般具有厨房、卫生间。卧室、客厅要求（或预留）安装空调器。通常，卧室安装壁挂式空调器，客厅安装柜式空调器（俗称柜机），柜机回路应具有漏电保护功能。插座要分厨房及卫生间（洗衣机用）一路，电脑与电视一路。照明可以设计两个回路，虽说增加了一次性投资，但当一个照明回路出现故障时，不影响第二个照明回路的正常工作，不会使全家都无法照明，也便于电工检修。

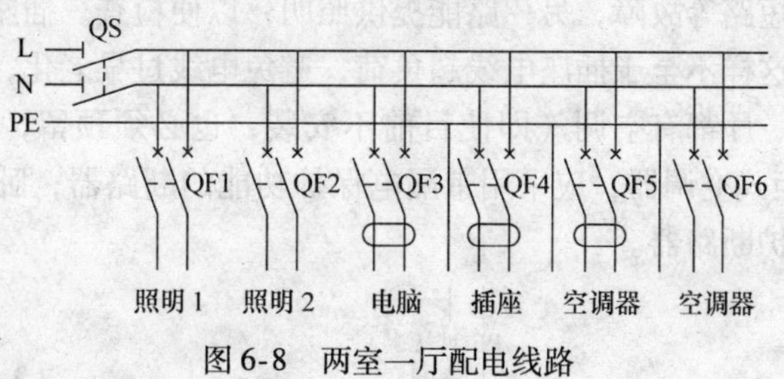

图 6-8　两室一厅配电线路

6.2.3　三室／四室两厅配电线路

1. 三室两厅配电线路

三室两厅配电线路如图 6-9 所示。三室两厅配电线路共有 10 个支路，总电源处不装漏电保护器。这样做主要是由于房间面积大、支路多，漏电电流不容易与总漏电保护器匹配，容易引起误动或拒动。另外，还可防止支路漏电引起总漏电保护器跳闸，从而使整个住房停电。而在支路上装设漏电保护器就可克服上述缺点。

各支路中都装有支路断路器，这样做有两方面的好处：一方面在支路发生短路时不会影响其他线路的正常供电，方便检修电路；另一方面使供电的可靠性也大大提高。照明线路分两路，一路日常工作，另一路备用。插座分三路，分别送至客厅、卧室、厨房和卫生间，以

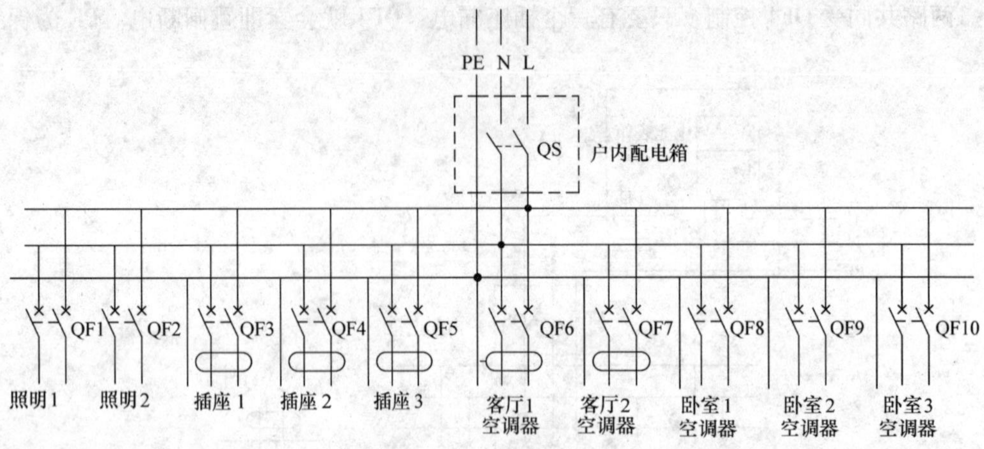

图6-9 三室两厅配电线路

防线路超负荷。插座由于经常改变用途，要装带漏电保护功能的断路器（如DZL30或DLK型）。客厅内装柜式空调器，应采用带漏电保护功能的断路器；卧室空调器采用挂壁式，可采用不带漏电保护功能的断路器。

总开关采用模数化双极63A隔离开关，如HYI22－63A/2P；照明支路上安装6A双极断路器，如DZ30－6A/2P；空调器支路根据容量不同可选用15A或20A双极断路器；插座支路可选用10A或15A的。线路进线采用16mm² 塑料铜线，其他支路都采用2.5mm² 塑料铜线。

2. 四室两厅配电线路

四室两厅配电线路如图6-10所示。四室两厅配电线路共有11个回路。其中两路用作照明，一旦有一路发生短路等故障，另一路能提供照明，以便检查。插座有三路，可分别送至客厅、卧室、厨房，这样不至于插座电线超负荷，避免电线过早老化，起到分容作用。七路作为空调回路，各室、厅都有空调（即使目前不安装，也必须预留，以免将来要安装时凿墙打孔），客厅内装柜式空调器，应采用带漏电保护功能的断路器；卧室空调全部采用壁挂式，所以不设漏电保护断路器。

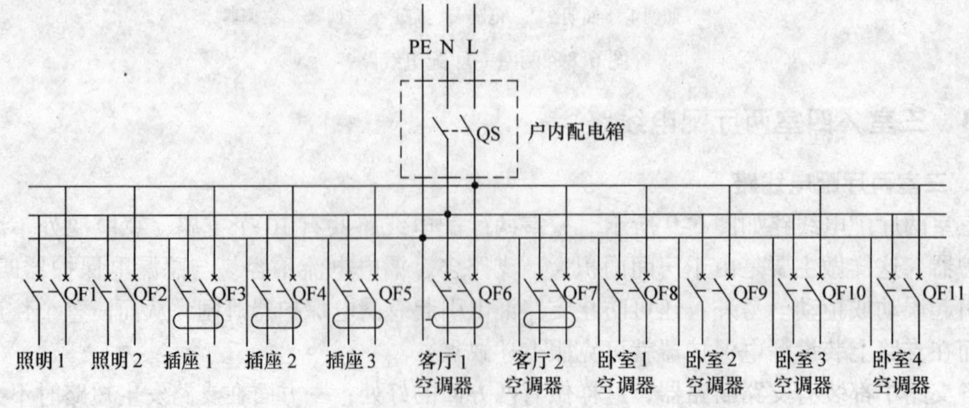

图6-10 四室两厅配电线路

总开关采用 HY122－63/2P 型隔离开关，断路器可采用 DZ30 型、C45N 型，漏电保护断路器可选用 DZL10 型、DLK 型等。

6.2.4　家庭用电防过电压、防雷击保护线路

家庭用电防过电压、防雷击保护线路如图6-11所示。

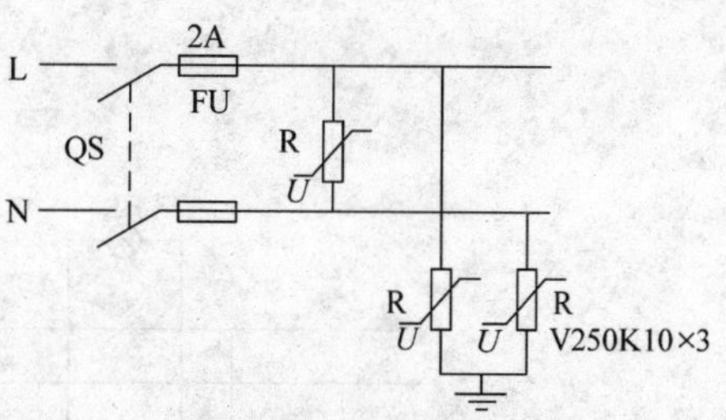

图 6-11　家庭用电防过电压、防雷击保护线路

在日常用电中，常见到某村庄或某居民楼的用电器同时被烧坏的现象，更严重的还会发生火灾和人身伤亡事故。该电路在进户线的熔断器后面接入三只（防过电压可只在相线与中性线间接一只）V250K10 型压敏电阻，地线可靠接地。当保护线路电压高于 250V 或发生雷击时，压敏电阻和熔断器同时烧坏，从而防止过电压和雷击的破坏。

6.2.5　家用单相三线制闭合型安装线路

家用单相三线制闭合型安装线路如图 6-12 所示。家用单相三线制闭合型安装线路主要由漏电保护开关 SD、分线盒 X1～X4 以及回形导线等组成。

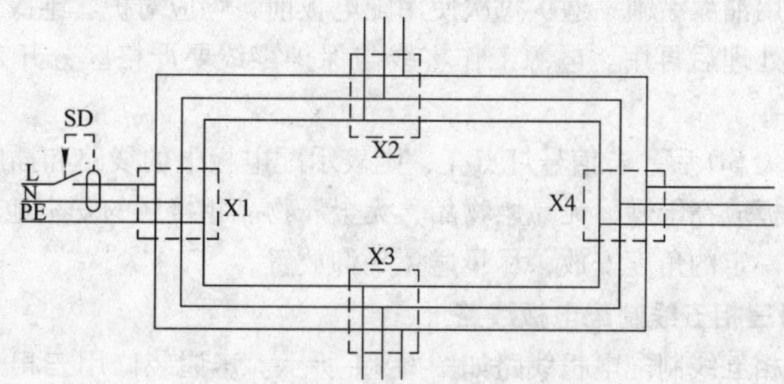

图 6-12　家用单相三线制闭合型安装线路

一户作为一个独立的供电单元，可采用安全可靠的三线闭合线路安装方式。不仅如此，该线路也可以用于一个独立的房间。如果用于一个独立的房间，则四个方向中的任意一处都可以作为电源的引入端，当然电源开关也应随之换位，其余分支可用来连接负载。

闭合型安装线路与普通线路比较，其可靠性无可非议。在电源正常的条件下，闭合型线路中的任意一点断路都不会影响其他负载的正常运行。在导线截面积相同的条件下，与单回路配线比较，其带负载能力提高 1 倍。闭合型线路灵活方便，可以在任一方位的接线盒内接入单相负载，不仅可以延长线路使用寿命，而且可以防止发生电气火灾。

安装线路时，除了分线盒内可以有断开触头外，其他地方不得有断开的触头。线或电缆的规格以及控制开关的容量也应不同，具体配置由用户根据实际需要确定。

6.2.6　房屋装修用配电板线路

1. 房屋装修用单相三线制配电板线路

房屋装修用单相三线制配电板线路如图 6-13 所示。房屋装修用单相三线制配电板线路

由带漏电保护功能的电源开关 SD、电源指示灯 HL、三芯电源插座 XS1 ~ XS6 以及绝缘导线等组成。

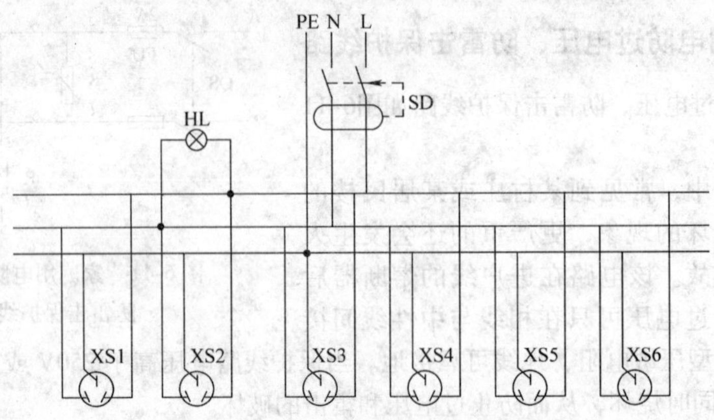

图 6-13　房屋装修用单相三线制配电板线路

由于装修用单相三线制配电板使用得非常频繁，故引入配电板的电源线要用优质的护套橡胶三芯多股软铜线。配电板的所有配线均安装在配电板的反面，然后用三合板或其他合适的木板封装，并且用油漆涂刷一遍。每次使用配电板前，均应对护套绝缘电源线进行安全检查，如有破损，应处理后再用。电源工作零线与保护零线要严格区分开来，不能相互交叉接线。

当合上电源开关 SD 后，若信号灯点亮，则表示配电板上的线路和插座均已带电。装修作业时，应将配电板放在干燥、无易燃物品、无金属物品相接触的安全地段。配电板通常垂直安放，也可倾斜一定的角度安放，尽量避免平仰放置。

2. 房屋装修用三相五线制配电板线路

房屋装修用三相五线制配电板线路如图 6-14 所示。房屋装修用三相五线制配电板线路由一只漏电开关 SD、一只四芯插座、六只三芯插座以及若干绝缘导线等组成。

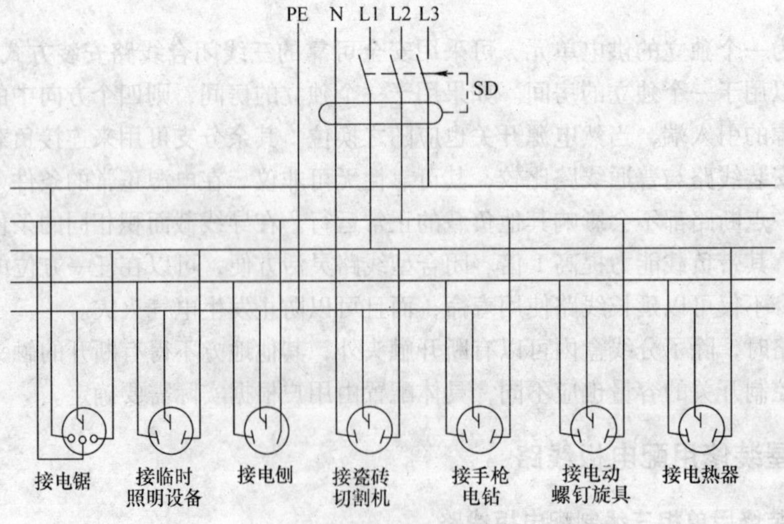

图 6-14　房屋装修用三相五线制配电板线路

由于装修用三相五线制配电板使用频繁，故引入配电板的电源线要用优质的护套橡胶五芯多股软铜线。配电板的所有配线均安装在配电板的反面，然后用三合板或其他合适的木板封装，并且用油漆涂刷一遍。每次使用配电板前，均应对护套绝缘电源线进行安全检查，如有破损，应处理后再用。电源工作零线与保护零线要严格区分开来，不能相互交叉接线。

使用中，配电板要远离可燃气体，也不要与水接触，以防线路短路，影响安全。如果作业现场人手较杂，应设法将配电板安置在安全的地方，例如固定在墙上或牢固的支架上，不得随意丢放。如果通过人行道，在必要时还应加穿管防护。

6.2.7　微机房供电线路

微机房供电线路如图 6-15 所示。微机房供电线路主要由总电源开关 QF、分组电源漏电保护开关 SD1 ~ SD3 以及分机电源插座 1X1 ~ 1X*N*、2X1 ~ 2X*N*、3X1 ~ 3X*N* 等组成。

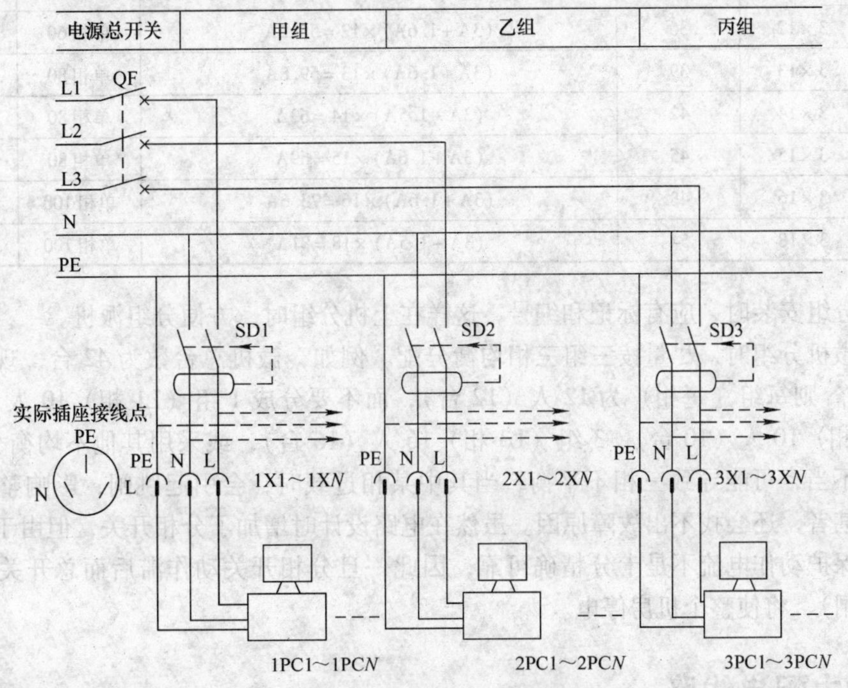

图 6-15　微机房供电线路

微机房的主要用电设备是微机，电源配线可采用三相交流电源，按 TN - S 系统工作方式安装。新型微机单台消耗功率为 300 ~ 800W，电源总功率等于各台微机消耗功率之和。

微机房电源总开关的额定电流 I_N 为

$$I_N = 1.5(N \times I_C)$$

各分组开关的额定电流为

$$I_X = 1.2(N/3 \times I_C)$$

式中　N——微机总台数；

I_C——单台微机的额定电流。

电源总开关选用三极断路器，分组开关选用带漏电保护的开关。每台微机插座盒的相线上都装有熔断器，可以对单机进行短路保护。由于微机房内的微机较多，因此必须分组管理和分组使用。这样做一方面有利于维护电源，当某台或几台微机出故障时，可对它们停用或检修而不影响其他微机的使用；另一方面有利于对上机学员的管理，分组操作井然有序。

在设计和安装时，微机总台数应取3的倍数，这是根据三相电源平衡分配负荷的基本要求确定的。微机房中微机台数的多少，根据微机房规模酌情确定。总台数与电功率的关系见表6-2（典型示例）。

表6-2 微机总台数与电功率的关系

序号	分组数/(组×台)	总台数/台	(主机电流+显示电流)×单相负载数	分开关容量/A	总开关容量/A
1	3×6	18	(3A+1.6A)×6=27.6A	单相30	三相40
2	3×8	24	(3A+1.5A)×6=27A	单相30	三相40
3	3×10	30	(3A+1.5A)×10=45A	单相60	三相80
4	3×12	36	(3A+1.6A)×12=55.2A	单相60	三相80
5	3×13	39	(3A+1.6A)×13=59.8A	单相80	三相100
6	3×14	42	(3A+1.5A)×14=63A	单相80	三相100
7	3×15	45	(3A+1.6A)×15=69A	单相80	三相100
8	3×16	48	(3A+1.6A)×16=73.6A	单相100	三相120
9	3×18	54	(3A+1.5A)×18=81A	单相100	三相120

分相分组安装时，应有标记和编号，这样在上机分组时，方便分组派机。

进行微机分组时，尽量按三组三相均衡分配。例如，微机总台数为42台，现有36人，需用36台，则每组（每相）为12人（12台），而不要分成1组（L1相）10人（10台）、2组（L2相）10人（10台）、3组（L3相）16人（16台），或采用其他不均衡分配方式。如果派机不当，可能导致三相不平衡，当其中某相过载时，会引起跳闸，影响整个系统运行。更有甚者，还会找不出故障原因。虽然在电路设计时增加了分相开关，但由于小容量开关的配电保护动作电流不是十分精确可靠，因此一旦分相开关动作滞后而总开关跳闸（俗称越级跳闸），将使整个机房停电。

6.3 动力配电线路

6.3.1 动力配电箱线路

动力配电箱线路如图6-16所示。动力配电箱线路由三部分组成：主线路、控制线路和信号指示线路。主线路包括电源开关QF、交流接触器主触头以及连接导线等。控制线路包括控制按钮SB1、SB2以及中间继电器KA、交流接触器线圈KM等。信号指示线路包括电阻器R以及信号指示灯HL1～HL3等。

使用时，合上QF，按下控制按钮SB2，中间继电器KA得电动作并自锁，同时接通交流接触器KM线圈工作回路，KM得电动作，主触头闭合，负载得电工作。

如果L3相断路，则KA线圈失电；如果L2相断路，则KM线圈失电；如果L1相断路，则KA、KM两只线圈都失电。所以，L1、L2、L3中无论哪一相断路，都会跳闸，从而实施对负载线路缺相的保护。

为了防止控制回路中控制触头出现故障，这个电路还增设了各相信号指示灯。如果控制线路在负载回路出现缺相时不能准确动作，检修人员还可通过观察信号指示灯判断负载端是否缺相：HL1 熄灭，L3 缺相；HL2 熄灭，L2 缺相；HL3 熄灭，L1 缺相。

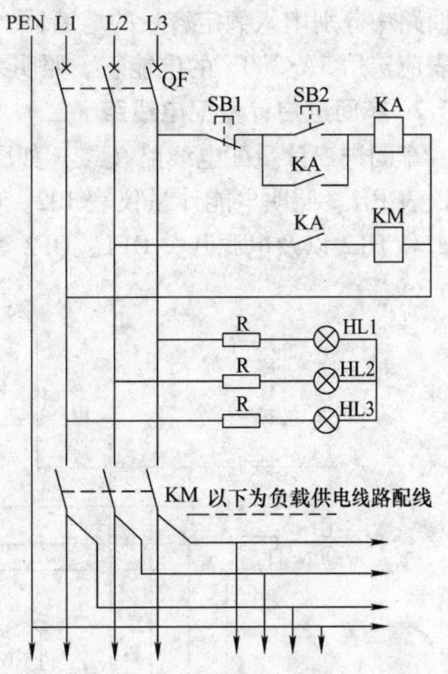

图 6-16　动力配电箱线路

6.3.2　车间进户计量配电线路

1. 车间进户计量配电线路（一）

没有独立的供电变压器且要单独进行经济核算的车间（小厂），其用电线路必须按规定将动力线路和照明线路分开计量。当照明线路单相装表容量在 40A 以内时，可采用图 6-17 所示的车间进户计量配电线路。

该车间进户计量配电线路由动力耗能计量仪表 PJ1、电流互感器 TA1 ~ TA3、电源控制开关 QF、照明耗能计量仪表 PJ2、漏电保护开关 SD、电压测量仪表 V、电流测量仪表 A 以及它们的附件等组成。

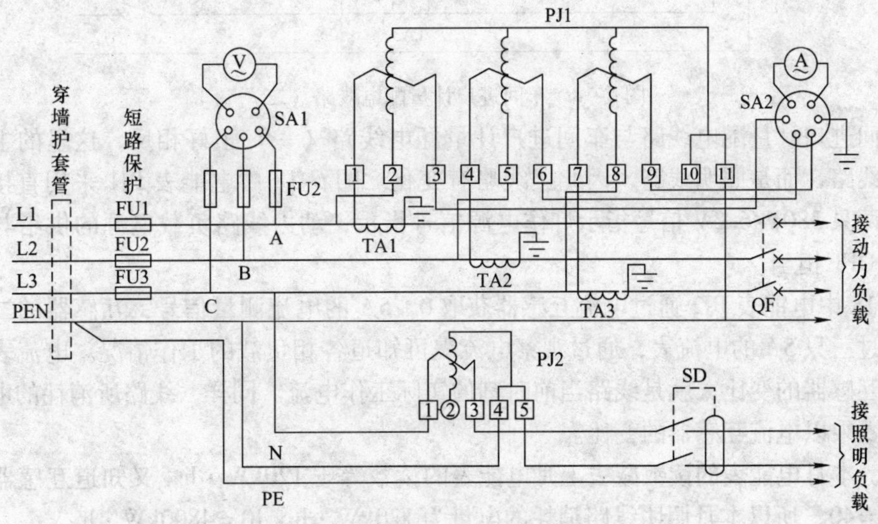

图 6-17　车间进户计量配电线路（一）

进户线的载流量为动力线路电流（含启动电流）和照明线路电流之和。动力计量电能表用电流互感器的变比，由用户根据用电量确定，如 80/5、100/5、150/5、200/5 等。三只电流互感器的规格应相同，它们的 K2 端子都与电流换相开关 SA2 的相应端子直接相连并可靠接地。电能表的电流接线端子与电压接线端子之间的挂钩必须拆除，即电流接线端子不要与电压接线端子相连。

图 6-17 中电压换相开关 SA1 的 A、B、C 三个接线端子分别接电源线 L1、L2、L3，并

在回路中分别串入额定容量的熔断器。因为电流互感器的二次输出为5A，所以三相有功电能表应选用5A/380V的电能表。照明线路用电能表根据电路总功率配置。

2. 车间进户计量配电线路（二）

车间进户计量配电线路（二）如图6-18所示。该车间进户计量配电线路由动力电能计量仪表PJ1、照明电能计量仪表PJ2、电流互感器TA1～TA3、交流电流表A、信号指示灯HL1和HL2以及电源开关QF1、QF2等组成。

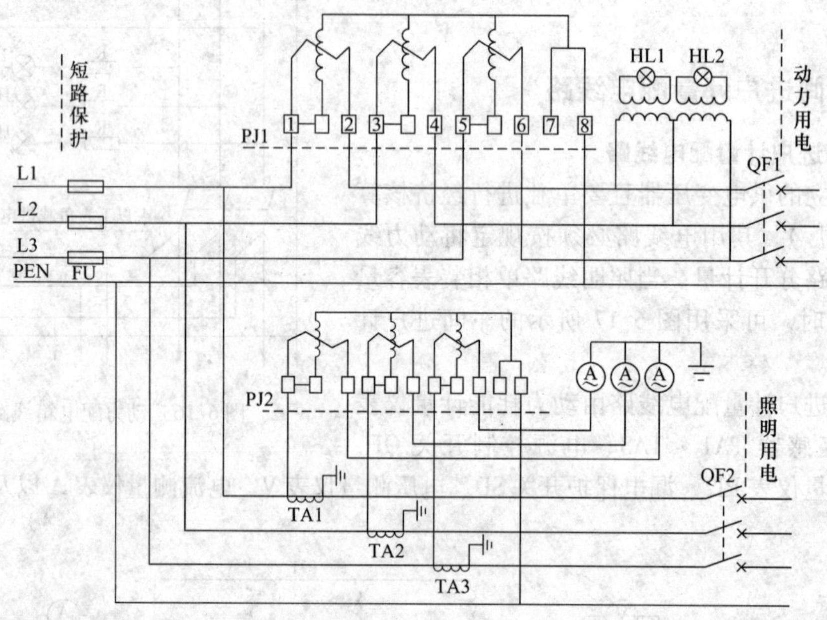

图6-18 车间进户计量配电线路（二）

该车间进户计量配电线路与车间进户计量配电线路（一）正好相反，这里的主要负载不是动力线路，而是照明线路，因此接线略有变化。图6-18中电能表PJ1采用直接接线方法；使用两只380V/6.3V信号指示灯作电源信号指示；动力线路负载电源的供给与取消由电源开关QF1担当。

图6-18中电能表PJ2通过电流互感器获取0～5A的电流测量信号，互感器的二次电流同时还通过三只5A的电流表，通过观察电流表可知道各相负载的工作情况。电流表的读数乘以电流互感器的变比，就是线路当前时刻的实际工作电流。同样，线路所消耗的电量是电能表的读数乘以电流互感器的变比。

例如，本月电能表的读数减去上月电能表的读数等于120kW·h，又知道互感器的变比$K=200/5=40$，所以本月照明线路消耗的电量为120kW·h×40=4800kW·h。

6.3.3 工地临时用电计量配电板线路

工地临时用电计量配电板线路如图6-19所示。工地临时用电计量配电板线路由电源隔离开关QS，三相交流电能表PJ，电流互感器TA1、TA2，带漏电保护功能的断路器QF以及信号指示灯HL1、HL2等组成。

图中QS为隔离开关（三极刀开关），HL1、HL2是规格、型号相同的380V/6.3V信号指示灯。送电时，应在断路器QF断开的前提下合上QS，然后再合上QF；停电时，应先操作 QF 切断负载电源，然后再断开隔离开关 QS。如果负载电路需要检修，在施工作业不间断的情况下，可以不拉下隔离开关 QS，但要拉下断路器 QF。如果施工作业间断时间超过 8h，为了安全，不仅要拉下断路器 QF，而且还要拉下隔离开关 QS。

停电、送电作业均应由电工操作，或指定掌握操作要领的专人负责，其他人员一律不得随意操作。

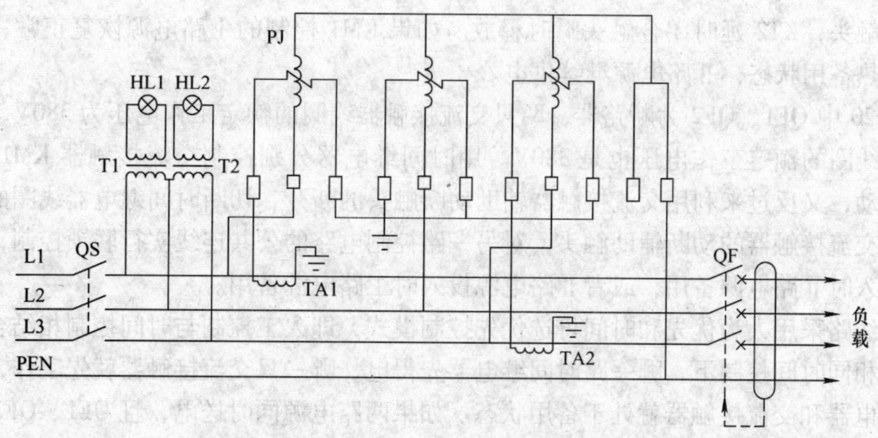

图 6-19 工地临时用电计量配电板线路

6.3.4 两路三相交流电源自动切换供电线路

两路三相交流电源自动切换供电线路如图 6-20 所示。

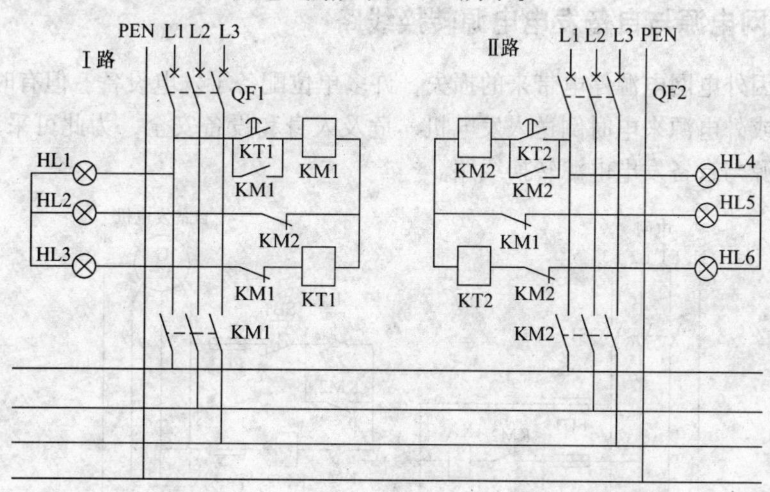

图 6-20 两路三相交流电源自动切换供电线路

两路三相交流电源自动切换供电线路主要由Ⅰ路电源控制线路和Ⅱ路电源控制线路所构成。其中，Ⅰ路电源控制线路包括电源开关 QF1、交流接触器 KM1、时间继电器 KT1 以及交流接触器 KM2 的动断（常闭）触头等；Ⅱ路电源控制电路包括电源开关 QF2、交流接触器 KM2、时间继电器 KT2 以及交流接触器 KM1 的动断触头等。

运行时，先合上开关 QF1，再合上 QF2，则交流接触器 KM1 的线圈首先得电，其主触头将电源接入负载工作线路。同时，KM1 的辅助动断触头断开，KM2 线圈处于热备用状态。如果Ⅰ路电源因故停电，则交流接触器 KM1 的线圈失电，在主触头释放的同时，与 KM2 线圈串联的辅助动断触头复位闭合，接通时间继电器 KT2 的线圈回路，KT2 线圈得电动作，与 KM2 线圈串联的延时闭合触头接通，KM2 线圈得电动作，其主触头闭合，为负载提供电源。同时，KM2 与 KM1 线圈串联的动断触头打开，不允许 KM1 动作，断开与 KT2 线圈串联的动断触头，KT2 延时闭合触头瞬时释放。如果 KM1 控制的Ⅰ路电源恢复正常，则Ⅰ路电源转为热备用状态，Ⅱ路电源继续供电。

图 6-20 中 QF1、QF2 为断路器，两只交流接触器线圈的额定工作电压为 380V，两只时间继电器线圈的额定工作电压也是 380V。用时间继电器分别控制交流接触器 KM1 和 KM2 的线圈启动，又反过来利用交流接触器辅助动断触头的断开，切断时间继电器线圈的工作电源。使用交流接触器的动断辅助触头，对另一路控制电路的公共连线实行联锁控制，保证Ⅰ路电源投入时Ⅱ路电源备用，或者Ⅱ路电源投入时工路电源备用。

这个线路采用人为优先和时间可选优先控制模式，即人工控制与时间控制相结合的控制方式，在相同时间控制下，哪一路时间继电器先得电，哪一只交流接触器就先工作，而另一路时间继电器和交流接触器就处于备用状态。如果两路电源同时送电，且 QF1、QF2 同时合上，则哪一路投入运行、哪一路作为备用取决于时间继电器的动作结果。一般要求这两只时间继电器的动作时间要错开，如 2s。实际操作时，要依次送电，通过人为分级控制就可以避免时间继电器竞争接通。如果只用一路电源供电，则只要合上断路器中的任意一只，让另一只电源开关处于冷备用状态即可。

6.3.5　外电网电源与自备发电电源转换线路

为了避免因外电网电源停电带来的损失，许多单位配备了发电设备。但有时误将自发电送向外电网，或外电源来电时倒送入发电机，危及人身和设备安全，为此可采用图 6-21 所示的外电网电源与自备发电电源转换线路。

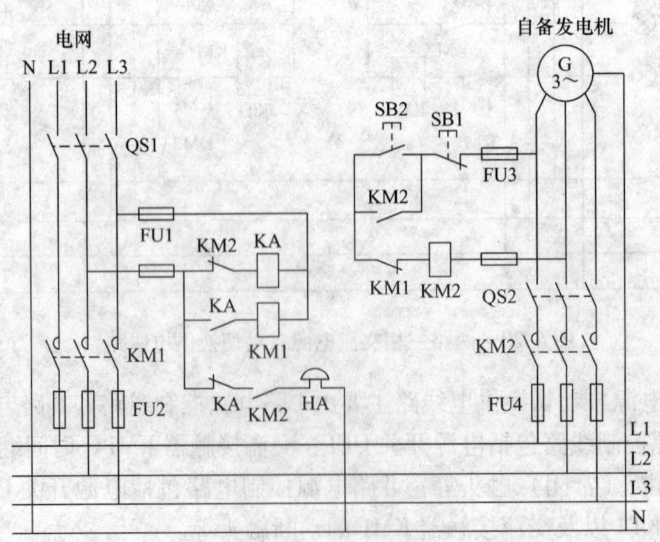

图 6-21　外电网电源与自备发电电源转换线路

合上刀开关 QS1，当外电源有电时，继电器 KA 得电动作，其动合触头闭合，使接触器 KM1 得电动作，KM1 主触头闭合，外电源即向配电柜送电，同时 KM2 线圈不会得电。当外电源断电时，KA、KM1 线圈失电，KM1 主触头复位，切断负载回路，KM1 辅助动断触头闭合，为 KM2 线圈得电做好准备。

起动自备发电机，合上刀开关 QS2，然后按下起动按钮 SB2，KM2 线圈得电并自锁，KM2 主触头闭合，自备发电机向配电柜送电，同时 KM2 辅助常闭触头断开，KA 线圈不会得电。

当外电源恢复供电时，电铃 HA 得电告警，这时 KM1 因 KA 未吸合不会得电，外电源此时不会向配电柜供电。在需外电源供电时，按下停止按钮 SB1，则 KM2 线圈失电，KM2 主触头复位，切断自备发电机供电回路。同时 KM2 辅助常闭触头复位，KA 得电动作，随之 KM1 得电动作，转为外电源供电。另外 KM2 辅助动合触头断开，电铃 HA 失电而告警结束。

6.3.6　宾馆客房供电线路

近年来，普遍流行在宾馆客房中设置多功能用电床头柜，大大方便了旅客的休闲需求。客房标准间供电线路如图 6-22a 所示。

宾馆客房供电线路主要由照明干线、空调器控制线路、换气扇控制线路以及电视和电冰箱控制线路等构成，其集中控制装置主要是多功能床头控制柜，如图 6-22b 所示。

走道灯、房间的一般照明、床头灯以及电视机等的电源，均可在多功能床头柜上进行控制。在客房门口及多功能床头柜上，设有“请勿打扰”及“访客门铃”等控制功能。为了节能，客房均设有节能钥匙，除电冰箱及走道灯外，都能自动切除电源。进门后将钥匙插入

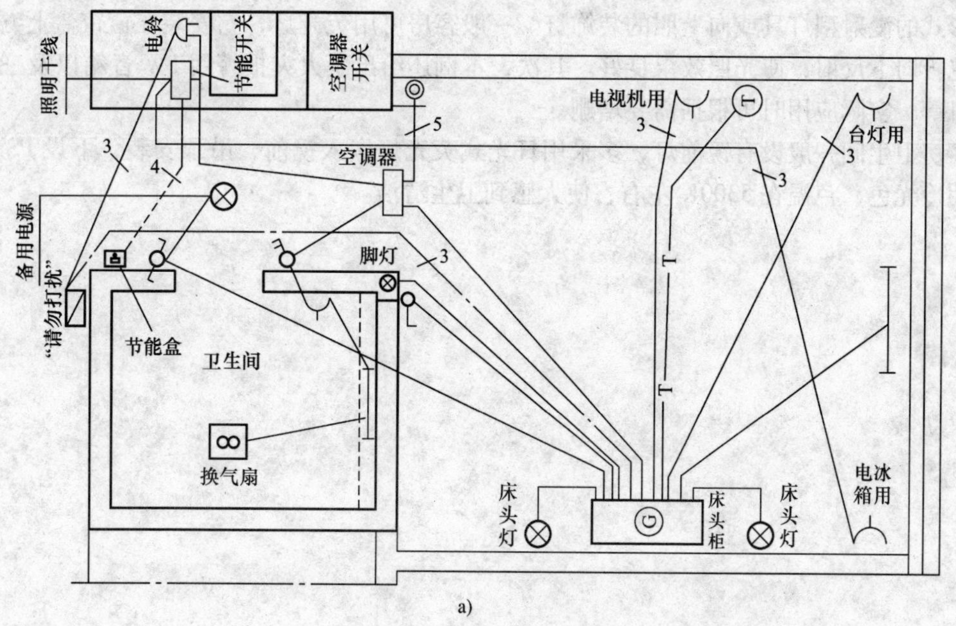

a)

图 6-22　宾馆客房供电线路

a）客房标准间供电线路

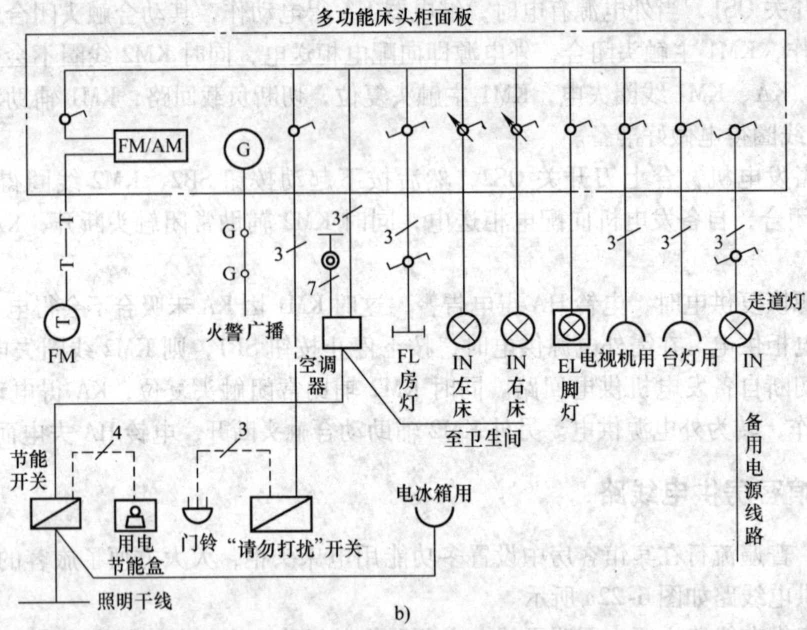

图 6-22　宾馆客房供电线路（续）

b）床头柜与电器间的布线

节能盒内，则可自由开启室内的一切用电设备。凡是四星级以上的客房，走道灯都应作为备用照明，床头灯应采用可调光产品。等级标准较高的客房可不设一般照明，如要设，可采用不同形式的漫射型灯具或向上照的装饰灯。一般客房可用荧光灯，它安装在窗帘盒上方，光由天花板向下反射，使光照效果良好。其次，本例还给出了火灾报警用 1W 音箱以及三波段收音机等，实际应用时可根据需要增删。

客房卫生间一般设有镜前灯，多采用日光式荧光灯嵌入镜前，吊顶安装，下设 PS 遮光板，用冷光色，色温在 5300K 左右，使人感到卫生清洁。

第 7 章　常用照明灯具的安装检修技术

7.1　电气照明的基本概念

建筑物的采光一般分为自然采光和电照采光，其中电照采光是通过一定的装置和设备将电能转换成光能的，也称电气照明。

7.1.1　电气照明的基本概念

1. 电气照明

（1）电气照明的光源

电气照明的光源（电光源）有白炽灯、荧光灯、高压汞灯、卤钨灯、高压钠灯及金属卤化物灯（如管形镝灯、铊铟灯）等灯具，这些电光源的发光效率、光色、寿命等性能指标大致为排列在后者的优于前者。其中白炽灯和荧光灯应用最广泛，其他几种灯的构造复杂、发光强、表面温度高，常用于室内外的大面积照明。

（2）电气照明的方式

按照明方式通常可以分为三类：

1）一般照明：一般照明就是普通照明。如供办公室或整个车间等场所的每一部分照明，其照度是基本均匀的。

2）局部照明：局部照明是供某一局部工作部位的专用照明，对于局部地点照度要求高，而且对光线有方向要求时，宜采用局部照明，如黑板照明、工作台照明。

3）混合照明：当局部照明和一般照明同时应用时，就是混合照明。对于在工作部位有较高的照度要求，而在其他部位又要求一般照明时，宜采用混合照明。

按照明的性质来分，照明还可分为正常照明、事故照明、值班照明、警卫照明和障碍照明等。由于照明的性质不同，对装置的要求也不同，如事故照明就要求单独敷线，有独立的电源（蓄电池等），在紧急情况下能提供照明，确保人员疏散及不能中断生产的工作地点的应急照明，如有爆炸危险的场所、重要工厂的控制室等。

（3）电气照明的组成

电气照明主要由照明装置（光源与照明器具）、电源及配电装置、保护测量装置和线路等组成。照明装置的作用是将电能转换成光能；电源的作用是供给电能；配电装置和线路是分配和输送；电能保护测量装置是保护设备和测量电能。

2. 光的物理概念

光是一种电磁辐射能，在空间以电磁波的形式传播。这种电磁波的频谱范围很宽，不同的波长具有截然不同的特征。

光的常用度量单位有光通量（光量）、发光强度（光强），光的照度（光照、照度）、光的亮度（光亮，亮度）等，它们是从不同角度来衡量光的。

(1) 光通量

光通量是指单位时间内光源辐射能量的大小，用符号 Φ 表示，单位为流明（lm）。

(2) 发光强度

光源在某一空间特定方向上的单位立体角（空间角度）内的光通量，称为光源在该方向的发光强度，用符号 I 表示，单位为坎德拉（cd），简称坎。

为了区别光源在各特定方向上不同的光强，常在 I 的右下角标注角度数字，以表示不同角度处的光强。如 I_0、I_{180} 分别表示光轴下方和与光轴成 180°处的光强。

(3) 光的照度

单位面积上接受的光通量称为光的照度（简称照度），用符号 E 表示，单位为勒克斯（lx）。

其数学表达式为

$$E = \Phi / A$$

式中 Φ——被照面 A 所接受的光通量（lm）；

A——被照面的面积（m^2）。

(4) 光的亮度

被视物体在视线方向单位投影面上的光强，称为该物体表面的亮度。亮度用符号 L 表示，单位为坎每平方米（cd/m^2）。

7.1.2 电气照明的基本线路

常用的电气照明基本线路有单处控制单灯线路、单处控制多灯线路两处控制单灯线路和三处控制单灯线路。

1. 单处控制单灯线路

这种线路由一个单极单控开关控制一盏灯。接线时应将相线接入开关，零线接入灯头，使开关切断后灯头不带电。这是电气照明中最基本也是使用最普遍的一种线路，如图 7-1 所示。

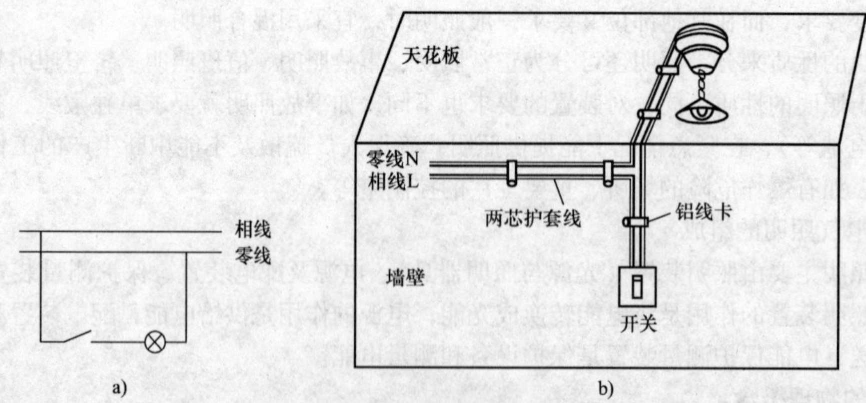

图 7-1 单处控制单灯线路

a) 原理图 b) 接线示意图

2. 单处控制多灯线路

这种线路由一个开关控制多盏灯电路，如图 7-2 所示。图 7-2 中的连接点在灯头或接线盒内的接线端子上，导线没有接头，所以比较安全，但用线较多。灯较多时，应注意灯的总容量，不能超过开关的额定电流。

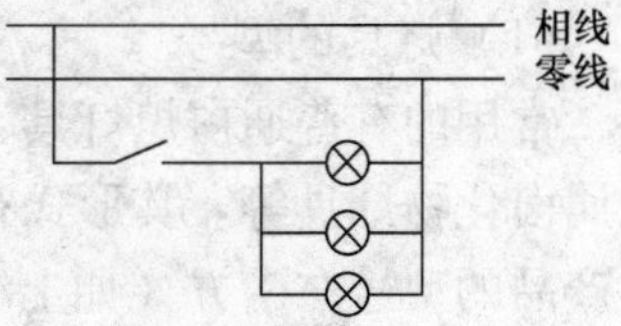

相线
零线

图 7-2　单处控制多灯线路

3. 两处控制单灯线路

这种线路由两个单极双控开关在两处同时控制一盏灯。常用于楼梯或走廊的照明，在楼上、楼下或走廊两端均可独立控制一盏灯，如图 7-3 所示。

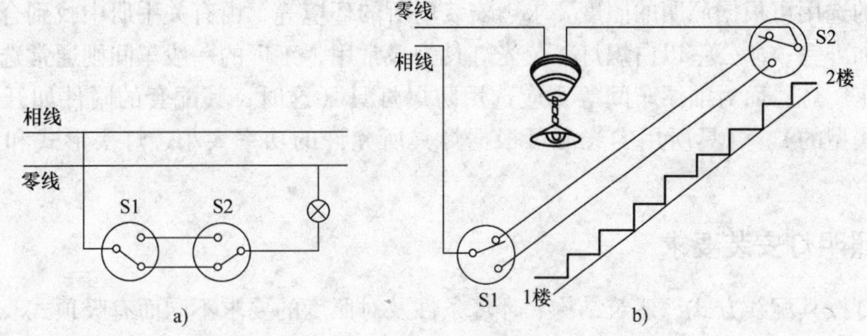

图 7-3　两处控制单灯线路
a）原理图　b）接线示意图

4. 三处控制单灯线路

这种线路由两只双连开关之间加装一只双刀双掷开关，即可在三个地方控制一盏灯，常用于三层楼梯和较长的走廊上，如图 7-4 所示。

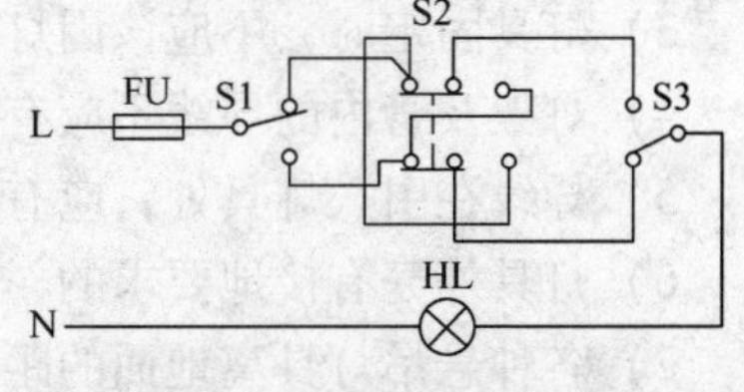

图 7-4　三处控制单灯线路

7.2　照明灯具与照明灯安装要求

电气照明是室内外供电的一个重要组成部分，良好的照明是保护人们在工作学习时视力健康和保证安全生产、提高劳动生产率的必要条件。

7.2.1　照明基本要求与灯具

1. 照明基本要求

1）电光源发光要使照度达到照明标准。

2）要考虑到使空间亮度得到合理的分布，以达到柔和的视觉环境。

3）要兼顾经济、安全、美观，便于施工及维修。

4）电光源要提高光效，延长寿命，改善光色，增加品种和减少配件。

5）灯具要配光合理，能满足不同环境和各种光源的配套需要，轻型化、系列化和标准化。

2. 照明灯具

灯具的作用是将光源加以固定、控制光线的方向，把光线分配到需要的方向。同时还可使光线集中以提高照度，并可防止光线眩目，以及保护光源不受潮湿及有害气体的侵蚀。

（1）灯具的型号。

常用的有普通白炽灯具、荧光灯具、工厂灯具、投光灯具、机床工作灯具及碘钨灯具、金属卤化物灯具等。其形式有开启式、防水式和防爆式等。由于制造厂所在地区的不同，同类产品的型号在南方（如上海、武汉地区）及北方（如北京地区）不尽相同。如广照型工厂灯，上海地区为GC3型，而在北京地区为GKB型。又如荧光灯具在上海地区为YG型，而北京地区则为GA型或Y型。

（2）灯具的选用

灯具的选用可根据照明的照度要求、安装场所的环境等，由有关手册中找到合适的灯具及光源。如卧室、办公室以白炽灯、荧光灯具为最常用，工厂的一般车间则通常选用配照型或广照型工厂灯，而对油漆车间等则应选用防爆灯具（这时，其配套的附件如开关等则也必须是防爆型的）。灯具所用的光源可根据灯具所允许的功率大小、灯头形式和尺寸等来选择。

7.2.2 照明灯安装要求

照明灯按其配线方式、建筑结构、环境条件及对照度的要求不同而有吸顶式、壁式和悬吊式等安装方式。不论选用何种安装方式，都必须遵守下列各项基本安装要求：

1）灯具安装应牢固，灯具重量超过3kg时，必须固定在预埋的吊钩或螺钉上。

2）灯具的悬吊管应由直径不小于10mm的电线管或水煤气管制成。

3）灯具固定时，不应该因灯具自重而使导线受力。

4）灯架及管内的导线不应有接头。

5）导线在引入灯具处，应有绝缘保护以免磨损导线的绝缘，也不应使其受力。

6）灯具外壳有接地要求的，必须和地线妥善连接。

7）各种悬吊灯具离地面的距离不应小于2.5m。低于2.5m的灯具宜用安全电压供电。

8）各种照明开关距离地面1.3m以上；开关扳手往上时，电路接通；扳手向下时，电路切断。

9）特殊灯具（如防爆灯具）的安装应符合有关规定。

10）相线和零线应严格区分，开关一律控制相线。安装螺口灯座时，相线一律按灯座中心接线，不允许接错。

11）接线时，先将导线拧紧，以免松散，再结成圆扣，圆扣的方向需与螺钉拧紧方向一致。

7.3 照明灯具、开关和插座的安装与维修

照明灯具、开关和插座的安装是室内线路安装中的一项重要工作，要根据原理图及施工图的要求，严格按电工操作规程进行安装，不可违章操作留下隐患。

7.3.1 照明灯具安装

1. 白炽灯照明的安装

白炽灯主要由封闭的球形玻璃壳（灯泡）和灯丝组成。其发光元件是灯泡内的钨丝，

当电流流过钨丝时，把钨丝加热到白炽程度而发光。白炽灯泡分为真空灯泡和充气灯泡两种。前者将灯泡抽成真空，功率多在 40W 以下，后者则将灯泡抽成真空后再充以氩气或氮气等惰性气体。其目的都是避免灯丝在高温下氧化，以延长使用寿命。充气白炽灯泡则因内部压力较高，钨丝的蒸发和氧化更为缓慢，因而能提高灯丝温度而加强发光效率。同时，因被蒸发的钨由于惰性气体对流上升后集在灯泡颈部，灯泡球部不易发黑，相应提高了亮度。白炽灯泡在额定电压下使用时，其寿命一般为 1000h。当电压升高 10% 时，其发光效率提高 17%，而寿命则缩短到原来的 28%（即 280h）。反之如果电压降低 20%，其发光效率降低 37%，但寿命却增加一倍。故灯泡的供电电压以接近额定值为宜。

真空式白炽灯泡的型号为 PZ；充气式白炽灯泡的型号为 PQ。

白炽灯的安装方式，一般为平座式、悬吊式、壁式和吸顶式。

(1) 平座式灯的安装

1）木（塑料）台的安装：在安装绝缘木台时，先用电钻在木台中间钻三个孔，孔的大小应根据导线的截面积确定。如果是护套线明配线，应在木台正对导线的底面用电工刀刻一个豁口（若线管暗敷不进行此项操作），将导线卡入圆木的豁口中，用木螺钉穿过圆木固定在事先做好的预埋木桩上，如图 7-5 所示。

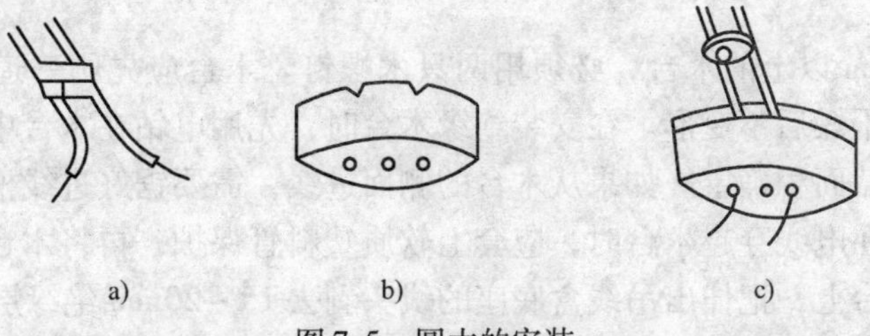

图 7-5　圆木的安装

2）接线：将两根电源线端头从两边小孔穿出，中间小孔用木螺钉将木台固定在木枕上。平座式灯座上有两个接线柱，一个与电源的中性线连接，另一个与来自开关的相线连接。卡口式平灯座上两个接线柱，可任意连接木台上的两个线头，而螺旋口式平灯座上两个接线柱必须将电源的中性线连接在连通螺纹圈的接线柱上，而将来自开关的相线连接在连通中心簧片的接线柱上，而且螺纹部分不得外露，以保证安全，如图 7-6 所示。

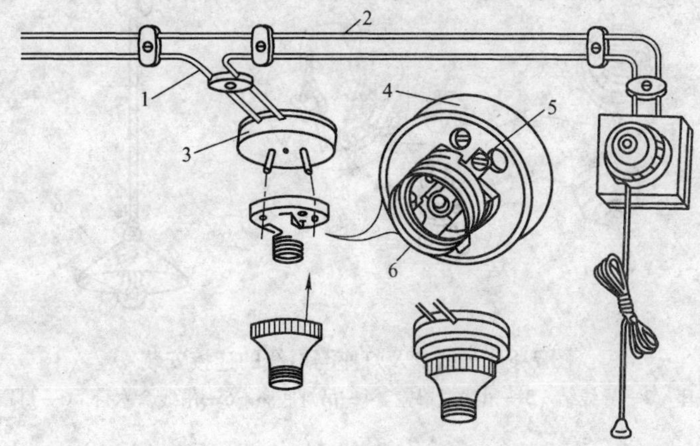

图 7-6　螺口平灯座的安装

1—中性线　2—相线　3—木台　4—螺口灯座　5—灯头与开关的接线螺钉　6—螺旋套

（2）悬吊灯的安装

悬吊灯又分为软线吊灯、链式吊灯和钢管吊灯。

1）软线吊灯：安装软线吊灯需使用木台（俗称圆木）和吊线盒（俗称先令）两种配件。木台有圆形和方形两种，其规格大小应按吊线盒或灯具的法兰选取。如果吊灯装在天花板上，则木台应固定在天花板上。如果天花板是混凝土结构，则应预埋木砖或打洞埋设支承件，然后用木螺钉将木台固定好。如果是预制件空心楼板，可用弓形板来固定木台。弓形板的制作与安装形式如图7-7所示。如果吊灯装在木梁上或木结构的天花板上，则可用木螺钉直接将其固定在木结构上。

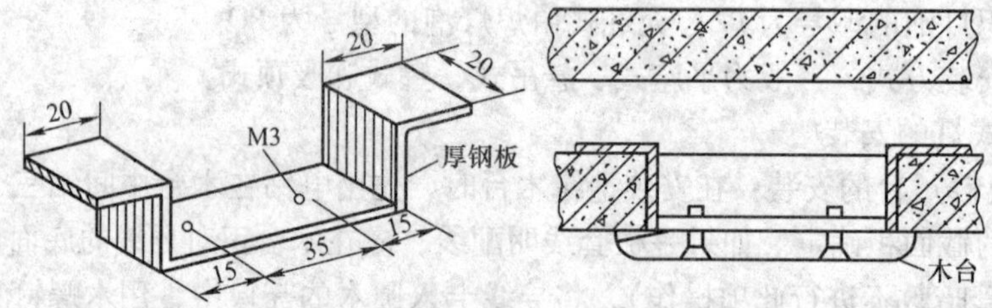

图7-7　弓形板及其安装

固定直径100mm以上的木台，必须用两只木螺钉。木台应先刷一道防水漆，再刷以白漆，以保持木台在干燥后不变形。在安装绝缘木台时，先用电钻在木台中间钻三个孔，孔的大小应根据导线的截面积确定。如果从木台的侧面进线，需要锯好进线槽，然后将电线从木台的出线孔穿出。在电线穿越木台时，应套上软质塑料管保护，再将木台安装固定好。最后将吊线盒固定在木台上，把伸出吊线盒底座的线头剥去15～20mm绝缘层，分别压接在吊线盒的两个接线桩上。再按灯具的安装高度要求取一段塑料花线作吊线盒与灯头之间的连接线，上端接吊线盒内的接线桩，下端接灯头接线桩。为了不使接线桩承受灯具重力，吊灯电源线在进入吊线盒盖后打一个结，这个结正好卡在吊线盒孔里，承受悬吊灯具的重量。在灯头座里的电线，基于同样的原因，也要打一个结扣，它们的装配接线情况如图7-8所示。

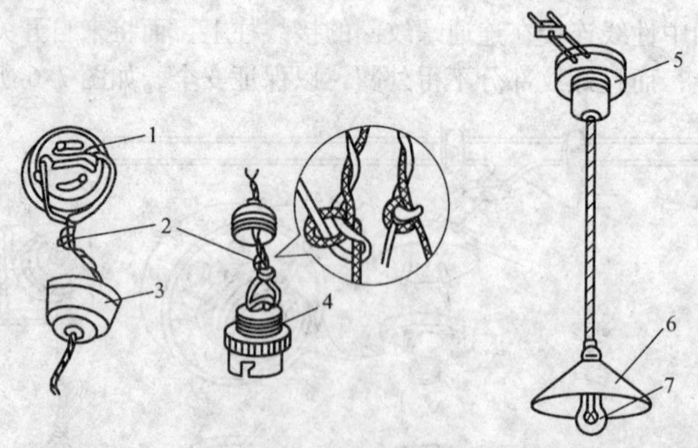

图7-8　吊线盒及灯座与电线的连接安装

1—吊线盒底座　2—导线结　3—吊线盒罩盖　4—吊灯底座　5—吊线盒木台　6—灯罩　7—灯泡

2）链式吊灯：如果灯具的重量超过1kg，就需要用吊链或钢管来悬挂灯具。安装时，应根据图样确定安装位置，并根据灯具的安装高度确定吊链和导线的长度。吊链的一端固定在灯罩上，另一端固定在天花板的挂钩上。木结构的天花板，挂钩带螺纹的，可直接将其拧进天花板内固定。混凝土结构的天花板，挂钩应埋设固定。挂钩可在浇灌混凝土时同时埋设好，而对已竣工的水泥楼板则在现场埋设。其方法大致为，用錾子或电钻将空心楼板钻通，再从上层往下将弯成直角有螺纹的挂钩穿过接板，用螺母在天花板下加以固定。如果螺栓是沿预制件的缝隙穿下，则将螺栓弯制成 T 形，由上而下穿过预制件的缝隙后，再用螺母加以固定。这样就可以在它上面连接各种紧固件把灯具加以固定了。

挂钩或螺栓埋设后，应能承受 10 倍灯具的重量。采用吊链悬挂灯具时，导线应顺吊链连接到灯头座。如用钢管悬吊灯具，则导线应穿入管内。进出管口时，导线均应套入软塑料管保护。

荧光灯很多都是吊链式安装。现在有很多新型的吊链式挂灯，它是在老式吊链式挂灯上外加新型外壳构成的，外壳直接固定在天花板上，起装饰作用。

3）钢管吊灯：当灯具自重较大时，可用钢管来悬吊灯具。吊管式灯具的安装方法与吊链式相同。钢管应固定在预埋的吊挂螺栓上，钢管一般选用薄壁的，其内径不应小于 10mm。即使小型吊灯也不能用塑料胀管固定，因为塑料胀管受重力作用后易脱出，使灯具跌落，不仅损坏灯具，还可能伤及下面的行人。

（3）嵌顶灯的安装

嵌顶灯按安装方式可分为吸顶式和嵌入式两种。

1）吸顶灯的安装：吸顶灯有圆形、扁形、长方形等形状，它的光源以白炽灯、节能灯为主，并在外部加装灯罩，灯泡的功率一般为 40W、60W 等。对装有白炽灯泡的吸顶灯具，灯泡不应紧贴灯罩，当灯泡与绝缘台间的距离小于 5mm 时，中间应采取隔热措施，以防绝缘台受热而起火。

吸顶灯的安装可以采用过渡板安装或直接用底盘安装两种。

① 过渡板安装：安装时，先用膨胀螺栓将灯具过渡板固定在天花板预定位置，将灯底盘元件安装好后，再将电源线由引线孔穿出，然后用手托着灯底盘向上，使过渡板上的安装螺栓穿过灯底盘的安装孔，上好固定螺母，如图 7-9 所示。

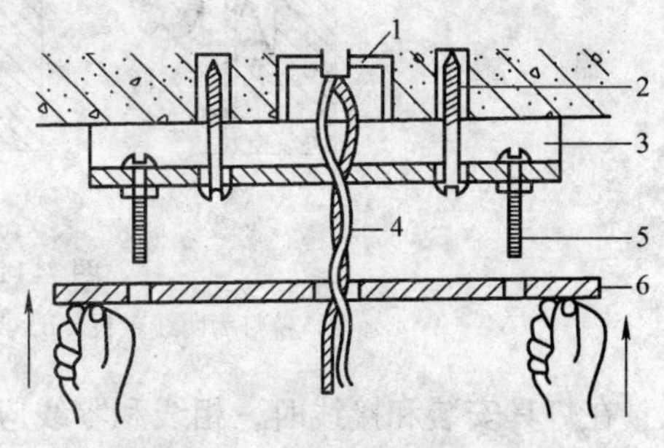

图 7-9　吸顶灯通过过渡板安装
1—接线盒　2—螺钉　3—过渡板
4—电线　5—安装螺栓　6—底盘

② 直接用底盘安装：用底盘安装时，用木螺钉直接将吸顶灯的底盘固定于预埋在天花板上的木砖上，再将电线由线管孔穿出，然后接线、装灯泡和灯罩，如图 7-10 所示。当灯座直径大于 100mm，需要用 2～3 只木螺钉固定灯座。

2）嵌顶灯的安装：灯具嵌装在吊顶的隐蔽或半隐蔽处，适用于净高较大有吊顶的建筑物，如商场、舞厅等。安装前，应根据灯具的嵌入位置及尺寸开孔、穿线；安装灯具时，将其嵌装在吊顶上，形成点状布置，整体效果好。

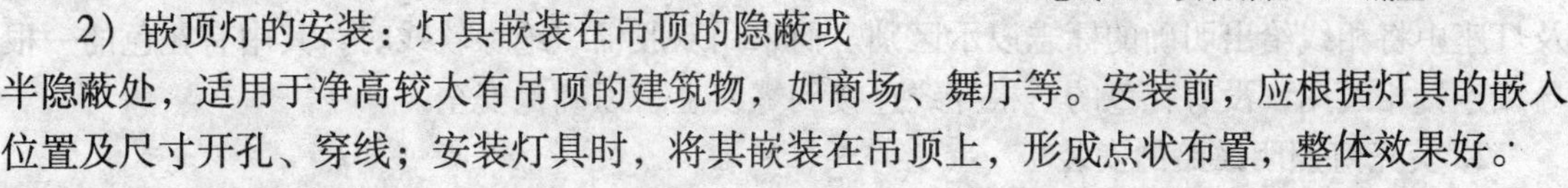

（4）壁灯的安装

壁灯的灯泡外有灯罩，灯罩有透明玻璃、压花玻璃等类型，壁灯一般配有金属支架，所以它是一种装饰性极强的灯具，多安装于走廊、门厅等的墙面或柱子上。壁灯下沿距地面高度一般为 1.8～2.0m，室内四面的壁灯安装高度可以不同，但同一墙面上的壁灯高度应

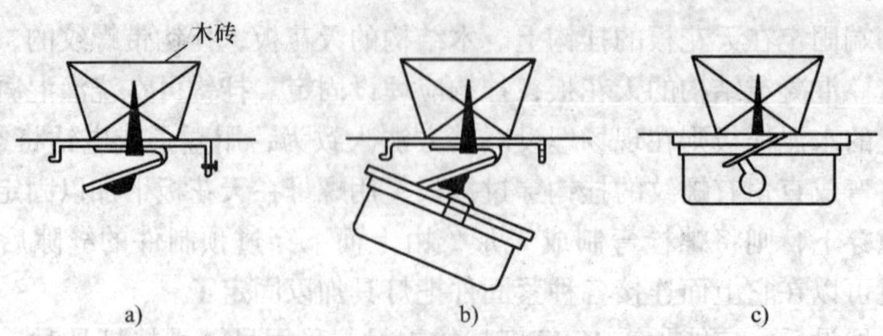

图 7-10 吸顶灯直接用底盘安装

a）预埋木砖、固定底座 b）安装灯泡和灯罩 c）安装完毕

一致。

壁灯安装在砖墙上时，一般在砌墙时应预埋木砖，禁止用木楔代替木砖。当然也可以在墙上预埋金属构件。壁灯为明线敷设时，可将塑料圆台或木台固定在木砖或金属构件上，然后再将灯具基座固定在木台上，如图 7-11a 所示。壁灯为暗线敷设时，可用膨胀螺栓直接将灯具基座固定在墙内的塑料胀管中，如图 7-11b 所示。壁灯装在柱子上时，可直接将灯具基座安装在柱子上预埋的金属构件上或用抱箍固定的金属构件上，如图 7-11c 所示。

注意，灯具的金属部分若按规定必须接地（零）的，则应妥善接好。这对使用及维修的安全是必不可少的。

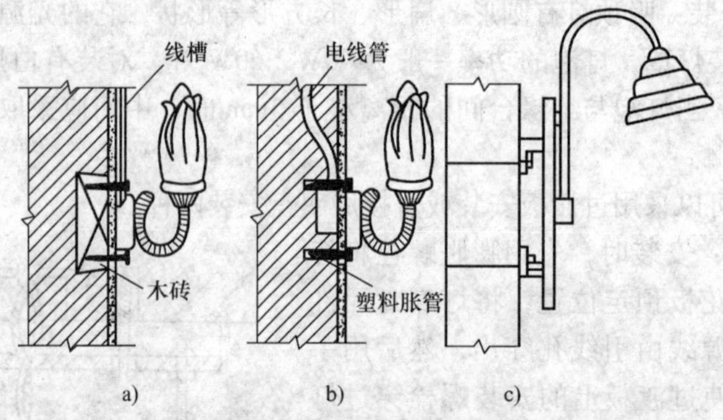

图 7-11 壁灯的安装方法

a）壁灯为明线敷设 b）壁灯为暗线敷设 c）壁灯在柱子上安装

在灯具安装和接线时，相线和零线应严格区分，将零线直接接到灯座上，相线经过开关（必要时还需接入熔断器）再接到灯座上。对螺口灯座，相线则必须接在螺口灯座中心的接线端上，而零线接在螺口的接线端上。千万不能接错，否则就要发生触电事故。因为灯座的螺口部分是无法保证不外露的，若不慎触及就要触电。所以在螺口灯座接线时，应在吊线盒及灯座中将相线给出明确的标志以示区别。而采用双股棉织绝缘软线时，其中有花色的一根导线连接相线用，没有花色的一根导线连接到零线上，以确保安全。

2. 荧光灯照明线路的安装

荧光灯的安装也有吸顶式、吊链式及钢管悬吊式等。如用普通木质灯具吸顶安装时，镇流器不宜放在灯具顶上，否则散热困难。在悬吊式安装时，镇流器可放在木制灯具上，但最好在镇流器下放置石棉板等耐热材料，金属灯具则可不必设置耐热材料垫衬，但在必要时灯具应可靠接地（零）。目前配套的灯座设有弹簧，灯管不易掉落。对老式灯座，则应采取防止灯管掉落的措施，如在灯管两端加设管卡或用绳线扎牢。

荧光灯照明线路安装前，应检查灯管、镇流器、辉光启动器有无损坏，镇流器和辉光启动器是否与灯管功率相匹配。荧光灯照明线路的安装步骤如下：

1）根据荧光灯管的长度制作或选择一个金属灯架。

2）将辉光启动器底座用螺丝固定在灯架一端，其两个接线柱分别与两端灯座的一个接线柱相连。

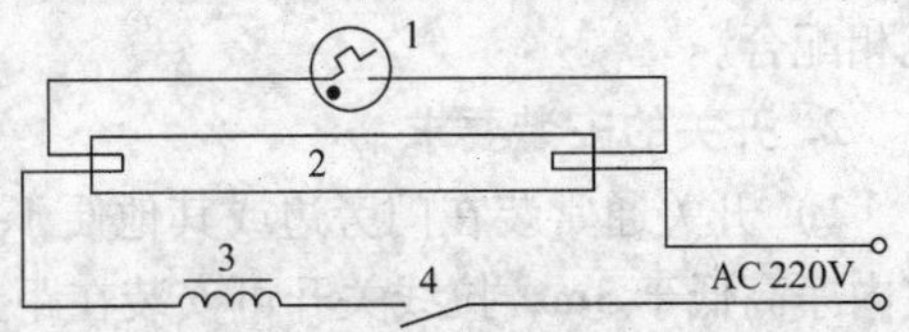

图 7-12　荧光灯接线方法（一）
1—辉光启动器　2—灯管　3—镇流器　4—开关

3）将镇流器用螺钉固定在灯架的中间位置，两个灯座分别固定在灯架的两端。两个灯座中间距离要按所用灯管长度量好，使灯管的灯脚刚好插进灯座的插孔中。一个灯座中余下的一个接线柱与电源的零线连接，另一个灯座中余下的一个接线柱与镇流器的一个线头连接，镇流器另一个线头与开关的一个线头连接，而开关的另一个接线柱与电源的相线连接，如图 7-12 所示。由于镇流器是一个电感元件，因此线路的功率因数较低。有时为了改善功率因数，在荧光灯的电源上并联一个电容。对常用的 40W 荧光灯其配用的电容为 4.75μF，如图 7-13a 所示。

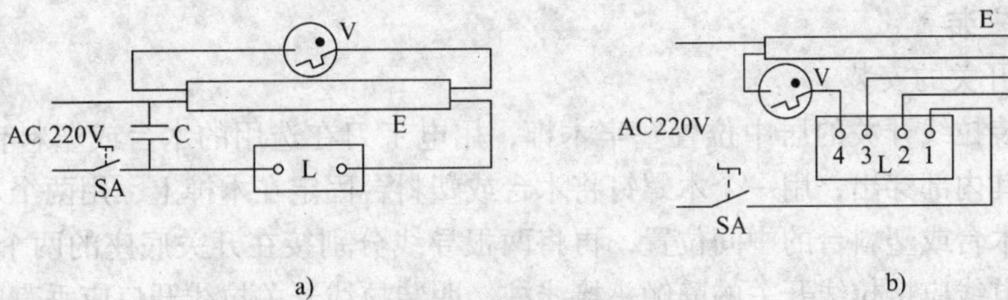

图 7-13　荧光灯接线方法（二）
a）典型接线　b）使用四引出线镇流器接线

为了提高起动性能，镇流器还有一种带二次绕组的产品，共有四个引线端。其工作原理相同，但起动性能较好，其接线如图 7-13b 所示。当选用附加绕组的镇流器时，接线应正确，不能搞错，以免损坏灯管。

3. 节能荧光灯的安装

节能荧光灯从结构上分为紧凑型自镇流式和紧凑型单端式，市场上用得较多的是紧凑型单端式灯管；从外形上分为单管型（D 型）、四管型（双 U 型）及环管等，如图 7-14 所示。

图 7-14　节能荧光灯的外形

节能荧光灯的寿命是普通灯的十倍，功效是普通灯的 5 ~ 8 倍，节能荧光灯比普通白炽灯节电 80%，但节能荧光灯的废弃物对水有较严重的污染。

节能荧光灯可以直接安装在台灯上使用，也可代替白炽灯作为吊灯使用。

7.3.2　照明开关的安装

1. 开关的选用

（1）开关额定电压和电流的选择

住宅供电电源电压均为220V，用于一般照明时，开关的额定电压应选择250V，开关的额定电流由负载（灯或其他家用电器）的额定电流决定。

（2）开关颜色的选择

无论明装还是暗装开关，开关的面板均有多种颜色，选择时应考虑与房间墙面装饰的颜色相配合。

2. 开关的安装要求

1）开关通常装在门旁边或其他便于操作的位置。拉线开关距地面高度应为2～3m，若室内净高低于3m，拉线关开可安装在距天花板0.2～0.3m处。扳把式开关或跷板式开关离地面高度低于1.3m。拉线开关、扳把式开关和跷板式开关与门框的距离以150～200mm为宜。室内安装的多个开关，高度应一致。

2）暗装开关或明装开关安装后，应端正、严密，且与墙面齐平。拉线开关应安装在厚度不小于15mm的塑料圆台、木台上。

3）厨房、浴室等多尘、潮湿的房间尽量不要安装开关，一定要安装时，应采用防潮、防水型开关或拉线开关。室外场所的开关，应用防水开关。

4）照明开关必须串联在相线上。开关的进线和出线颜色应一致。导线端头应紧压在接线端子内，外部应无裸露的导线。

3. 开关的安装

（1）拉线开关的安装

在墙上安装拉线开关的居中位置塞牢木榫，用电工刀在选用的木台或塑料台上钻两个孔，导线应从其内部穿出，用一个木螺钉将木台或塑料台固定在木榫上，用两个木螺钉将开关底座固定在木台或塑料台的中间位置，再将两根导线分别接在开关底座的两个接线柱上。注意，来电侧电线应接拉线开关的静触头接线柱。明装拉线开关拉线开口应垂直向下，以防接线与开关底座发生摩擦而磨断，如图7-15所示。

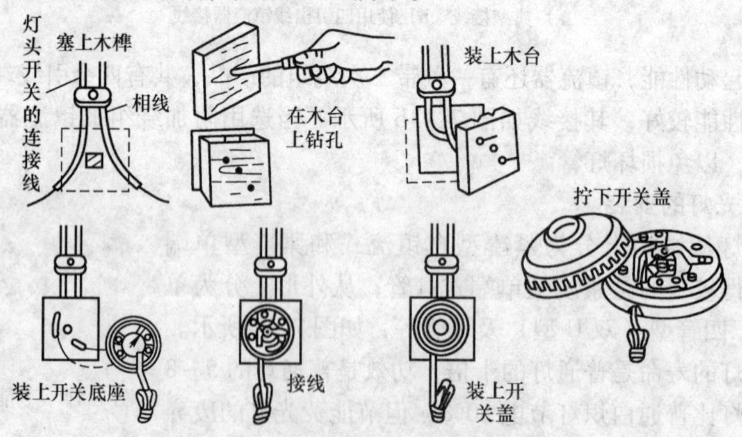

图7-15　拉线开关的安装方法

（2）暗扳把式开关的安装

暗扳把式开关必须安装在铁皮开关盒内，铁皮开关盒如图7-16a所示。开关接线时，开关的静触头接线柱与来自电源的一根相线相接，另一个动触头接线柱与去灯具的一根导线相接，且应接成扳把向上时开灯，向下时关灯，然后把开关芯连同支持架固定到预埋在墙内的铁皮盒上，如图 7-16b 所示。安装时，应注意将开关扳把上的白点朝下面安装，扳把必须放正，且不卡在盖板上。再盖好开关盖板，用螺栓将盖板固定牢固，盖板应紧贴建筑物表面。

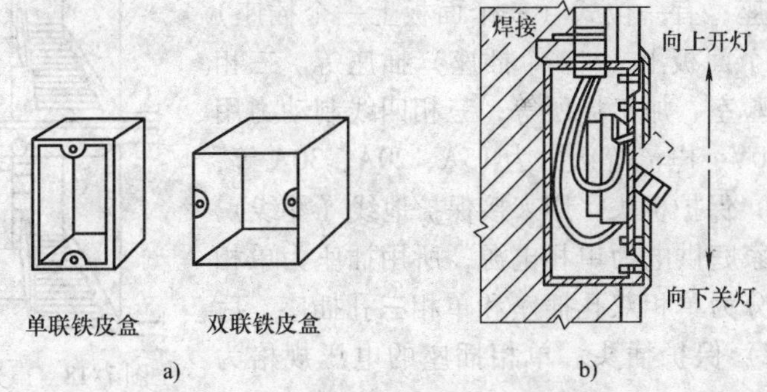

图 7-16　暗扳把式开关的安装方法

(3) 跷板式开关的安装

跷板式开关的安装常用的是跷板式塑料开关与配套的塑料开关盒一起安装。安装时应根据跷板式开关面板上的标志确定面板的装置方向，即装成按下跷板下部时，开关处在接通的位置，按下其上部时，开关处在断开的位置，开关接线时，应使开关切断相线，如图 7-17 所示。

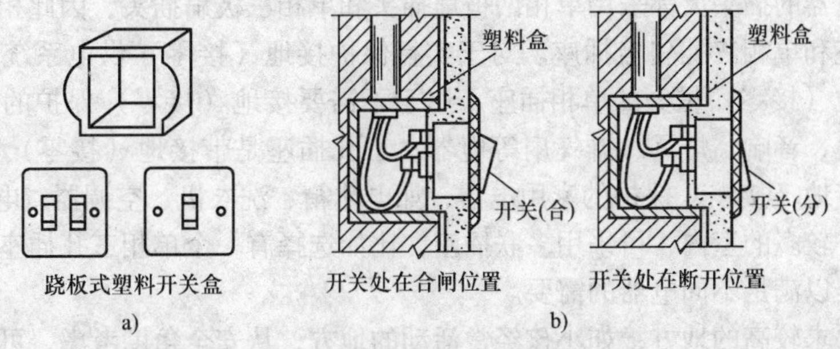

图 7-17　跷板式开关的安装方法

(4) 声光双控照明延时灯开关的安装

声光双控照明延时灯开关目前广泛用于楼梯、走廊照明，白天自动关闭，夜间有人走动时，其脚步声或谈话声可使电灯自动点亮，延时 30 余秒，电灯又会自行熄灭。该照明灯有两个显著特点：一是电灯点时为软启动，点亮后为半波交流电，可以大大延长灯泡的使用寿命；二是自身灯光照射在开关的光敏电阻上不会发生自动灯现象。一般的脚步声就能使电灯点亮发光，灯泡宜用 60W 以下的白炽灯泡。

声光双控照明楼梯延时灯开关一般安装在走廊的墙壁上或楼梯正面的墙壁上，要与所控制的电灯就近安装，如图 7-18 所示。安装时，将开关固定到预埋在墙内的接线盒内，开关盖板应端正且紧贴墙面。该开关对外只有两根引出线，与要控制的电灯串联后接入 220V 交流电即可。

7.3.3 插座的安装

1. 插座的选用

(1) 插座的类型

插座分类方法有多种，按安装方式分有明插座和暗插座两种；按用途分有单相双孔式插座、单相三孔式插座和三相四孔式插座；按防护形式分有普通型插座和防溅型插座；另外有扁孔插座、圆孔插座、扁孔和圆孔通用插座；有一位式（一个面板上一个插座）插座、多位式（一个面板上 2 ~ 4 个插座）插座等。三相四孔式插座用于实验室、加工场所等，三相四线制动力用电，电压规格为 380V，电流等级分为 15A、20A、30A 等，并设有接地（接零）保护桩头，用来接保护地线（零线），以确保用电安全。家庭供电为单相电源，所用插座为单相插座。单相插座又分为单相双孔插座和单相三孔插座，后者设有接地（接零）保护插头。单相插座的电压规格为 250V，电流等级分为 10A、16A 等。

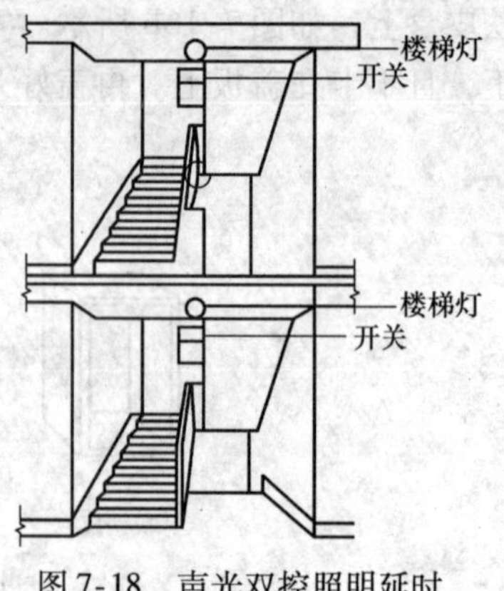

图 7-18 声光双控照明延时灯开关的安装方法

（2）插座质量的选择

插座应选择有质量安全保证品牌产品，插座的塑料零件表面应光泽良好，无裂纹、肿胀、明显的擦伤和毛刺等缺陷。

（3）插座类型的选择

目前家用电器的插头大都采用单相两极扁插头和单相三极扁插头，因此相应的插座有单相双孔扁极插座和单相三孔扁极插座。对于实行保护接地（接零）供电系统的楼房，双孔插座是不带接地（接零）桩头的单相插座，用于不需要接地（接零）保护的家用电器，如电视机、计算机、音响、灯具、排气扇等电器；三孔插座是带接地（接零）桩头的单相插座，用于需要接地（接零）保护的家用电器，如电冰箱、洗衣机、空调器、电风扇等电器。

在用电设备较多的室内，可采用多联插座，比如选择有一个单相三孔插座带一个或两个双孔通用插座，以满足不同电器的需要。

在安全性要求较高的地方，如小孩经常活动的地方，从安全角度考虑，可采用带有保护门的安全型插座。这种插座只有当插头两极同时插入或接地极插头先进入时才能打开保护门，即使小孩用铁丝等金属物件插入相线孔也不会触电。

若要在厨房、卫生间等较潮湿的场所安装插座，最好选用有罩盖的防溅型插座，可防止水滴进入插孔。

（4）插座额定电流的选择

插座的额定电流应根据负载（家用电器）电流来选择，一般应按两倍负载电流的大小来选择。如果按负载电流一样大来选择，则使用久后插座和插头容易过热损坏，甚至发生短路事故。插座的额定电流一般有双孔或三孔 10A、16A 和 25A 等，10A 插座的接线端子上应能可靠地连接两根 1 ~ 2.5mm^2 的导线，16A 插座的接线端子上应能可靠地连接两根 1.5 ~ 4mm^2 的导线，25A 插座的接线端子上应能可靠地连接两根 2.5 ~ 6mm^2 的导线。普通家电用插座的额定电流可选 10A；空调器、电炉、电热水器等大功率负载宜采用额定电流为 16A 的插座，甚至更大一些，如 25A。

2. 插座的安装

（1）插座的安装要求

1）普通插座应安装在干燥、无尘的场所。

2）插座应安装牢固。由于插座始终是带电的，明装插座的安装高度距地面不低于

1.3m，一般为1.5～1.8m；暗装插座允许低装，但距地面高度不低于0.3m。托儿所、幼儿园和小学等儿童集中的场所禁止低装。

3）同一场所的插座，安装高度应相同，高度差应不大于5mm，成排安装的插座不应大于2mm。

4）空调器、电热器等大功率家用电器用的插座电源线，应与电灯电源线分开敷设，其插座不宜与其他家用电器共用。电源线应直接由配电箱或总线上单独引出，所用导线一般采用截面积不小于2.5mm^2的铜芯线。空调器应采用截面积不小于4mm^2的铜芯线。

5）暗装的插座应有专用盒，盖板应端正且紧贴墙面。明装插座要安装在木台板上，且要用两只木螺钉固定。

6）插座应正确接线：

① 单相双孔插座在双孔水平排列时，插座右孔接相线，左孔接零线（左零右相）。双孔插座垂直排列时，上孔接相线，下孔接零线（下零上相）。单相三孔插座下方两个孔是接电源线的，右孔接相线，左孔接零线，上面一孔接保护接地线（或保护零线）。接线时，决不允许在插座内将保护接地孔与插座内引进电源的那根零线直接相连，因为一旦电源的零线断开，或者是电源的相线与零线接反，其外壳等金属部分也将带有与电源相同的电压，这是相当危险的。这种错误接法非但不能保证故障情况下起到保安作用，相反，在正常情况下却可能招致触电事故的发生。单相三孔插座的正确接法如图7-19所示。

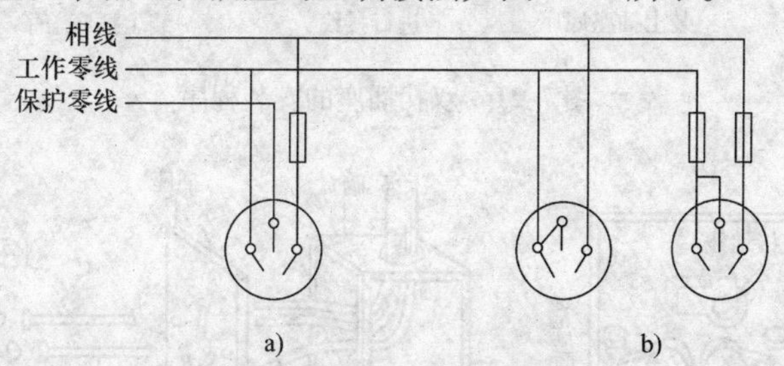

图7-19　单相三孔插座接线法

a）正确接法　b）错误接法

② 三相四孔插座接线时，上面一孔接保护接地线（或保护零线）。接地（或接零）的目的是为了避免电器设备绝缘损坏漏电而引起触电事故，如图7-20所示。

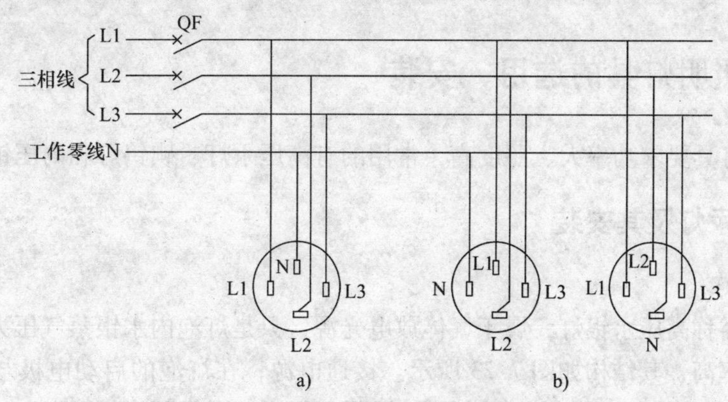

图7-20　三相四孔插座接线法

a）正确接法　b）错误接法

（2）插座的安装方法

1）双孔插座的明装：明装插座一般安装在明敷线路上，其安装方法与明装拉线开关基本相同，安装步骤如图 7-21 所示。

2）三孔插座的暗装：三孔插座的暗装步骤与跷板式开关的暗装步骤基本相同，不同的是经暗埋线管穿入暗盒的导线有三条，即相线、零线和地线，将导线剥去 15mm 左右绝缘层后，接入插座接线桩中，将插座用平头螺钉固定在开关暗盒上压入装饰钮，如图 7-22 所示。

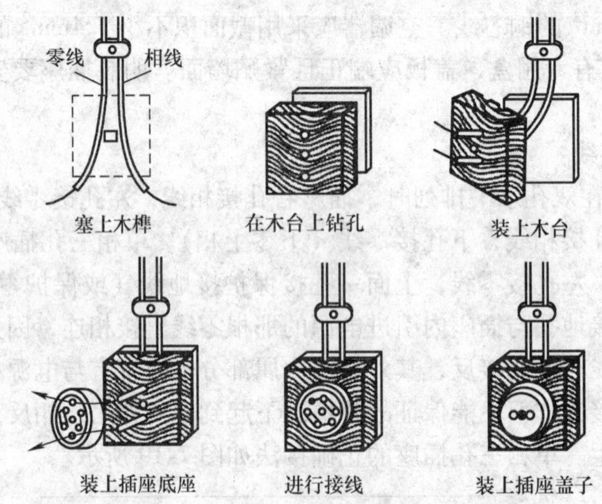

图 7-21　双孔插座的安装程序

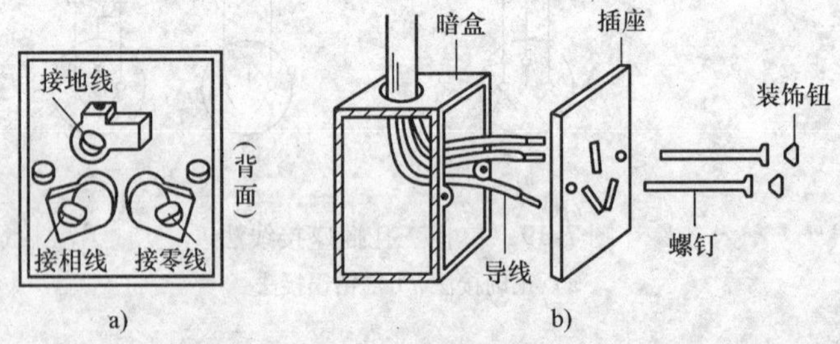

图 7-22　三孔插座的安装程序

7.4　工矿照明灯具的选用、安装

工矿照明灯具要求功率大、照度高，常用的有高压汞灯、碘钨灯和高压钠灯。

7.4.1　高压汞灯及其安装

1. 高压汞灯

高压汞灯俗称高压水银灯，属于气体放电光源，只是灯泡内水银蒸气压力更高，光通量更大，发光效率高，其结构如图 7-23 所示。接通电源，在灯泡的启动电极与相邻主电极之间加上 220V 的电源电压，由于这两个电极间距离很小，通常只有 2 ~ 3mm，电源电压在两电极之间形成强电场，并将其间气体击穿而产生辉光放电，使气体电离，从而导致石英管两主电极之间形成弧光放电。由于开始时是低气压的水银蒸气和氩气放电，这时放电管内电压不高，但电流很大。这种低压放电释放出较多的热量，使放电管内温度不断升高，液态汞不断气化，使汞蒸气压力和管内电压同时升高。液态汞全部蒸发后，在管内形成高压汞蒸气放电，发射出可见光和紫外线，紫外线激发玻璃泡内壁上的荧光粉，便发出较强的可见光。启动电极串联的电阻使两主极间发生弧光放电后，降低启动电极与主电极之间的电压，熄灭辉光放电。高压汞灯适用于车站、广场、工厂车间、礼堂及道路等大面积照明。高压汞灯按结构划分为外镇流式和自镇流式两种。高压汞灯的规格不同，发光强度也不一样。在安装时应根据照明场所的大小、高度和所需照度，选择高压汞灯的功率。

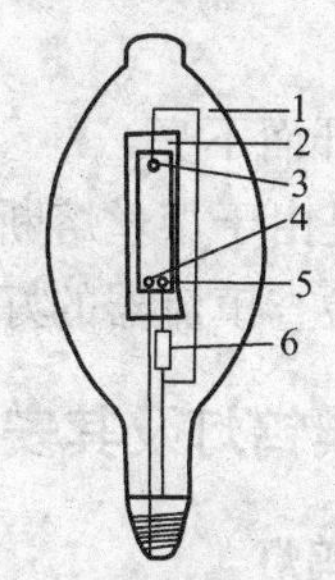

图7-23 外镇流器式高压汞灯
1—外泡内壁涂荧光粉 2—石英放电管
3、4—主极 5—启动电极 6—电阻

2. 高压汞灯的安装及注意事项

高压汞灯的安装接线如图7-24所示。安装前要检查高压汞灯与镇流器、灯座是否匹配，高压汞灯镇流器功率必须与灯泡功率配套，否则灯泡会立即烧坏或使起动困难及亮度降低。由于其工作温度高，不能使用普通胶木灯座，应配瓷质灯座。安装时镇流器应与灯具安装在一起，并应安装在人们不易接触的地方。因镇流器与高压汞灯较重，必须考虑预埋件的承重强度。接线桩上应覆盖保护物，安装在室外的应有防雨措施。

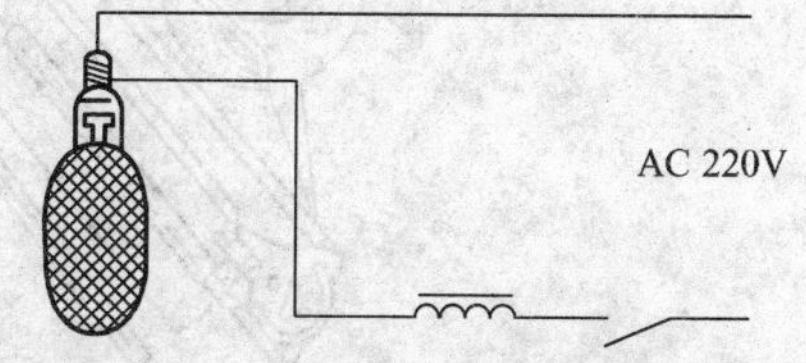

图7-24 高压汞灯的安装接线图

高压汞灯安装注意事项如下：

1）由于高压汞灯有两种，一种是带镇流器的，另一种是自镇流而没有镇流器的，所以安装接线时一定要分清楚。

2）高压汞灯要垂直安装。当水平安装时，其亮度（光通量输出）要减少5%且容易自灭。

3）由于高压汞灯的外玻璃壳温度很高，所以必须装置散热良好的灯具，否则会影响灯泡的性能与亮度。

4）高压汞灯的外玻璃壳破碎后虽仍能发光，但大量的紫外线对人体有害，所以灯泡应立即更换。

5）高压汞灯的电源电压应尽量保持稳定，当电压降低5%时，灯泡就容易自灭，而再行启动点燃的时间又较长。所以高压汞灯不宜接在电压波动较大的线路上。采用高压汞灯作为厂区路灯、高大厂房照明时，就应考虑采用调压或稳压措施。

3. 高压汞灯常见故障的维修

(1) 无法点亮

一般是由于电压过低、镇流器选配不合适、开关桩头接线松动或灯泡内构件损坏等原因造成。更换灯泡和镇流器，电压过低则可提高电压。

(2) 忽亮忽灭

一般是由于电源电压波动或灯座接线桩接触不良等原因造成。可提高电压，修理接线桩。

（3）开而不亮

一般是由于熔丝熔断、镇流器线圈短路、灯泡损坏等原因造成。可更换熔断器和灯泡，用万用表检查镇流器的好坏。

7.4.2 碘钨灯及其安装

1. 碘钨灯

碘钨灯具有结构简单、使用可靠、光谱特性好、发光效率高、体积小、维修方便等优点，但有使用寿命不长、要求水平安装等缺点。这种灯适用于照度要求较高、悬挂高度较高的室外照明。碘钨灯的灯管由灯丝、灯丝支架、灯脚和石英管组成，如图 7-25 所示。碘钨灯的接线如图 7-26 所示。

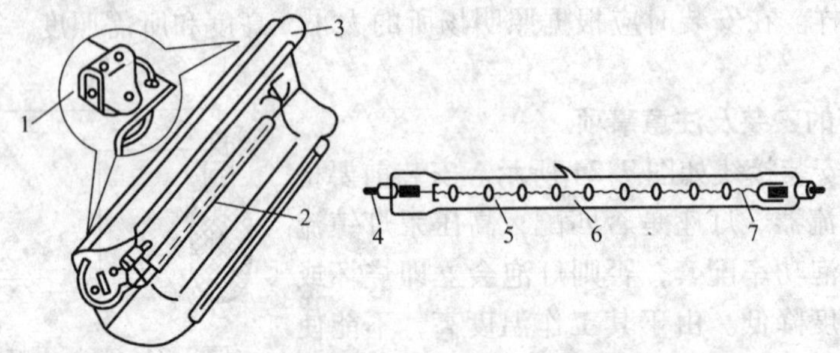

图 7-25 碘钨灯

1—接线柱 2—灯管 3—配套灯架 4—灯脚 5—灯丝支架 6—碘蒸气 7—灯丝

碘钨灯工作时，管壁温度可达数百摄氏度，因而灯管采用耐高温的石英玻璃制成。在灯管内充有适量的碘，在灯管点燃工作时，灯内的高温使钨丝蒸发而黏附在灯管壁上使灯管发黑。但这时灯管内的碘在高温下分解，成为原子状态在管壁附近扩散同管壁上的钨发生作用，产生挥发性碘化钨。当碘化钨移动到灯丝附近时，由于高温，使得碘化钨又分解为碘和钨。于是钨又沉积到灯丝上，而碘又重新向管壁扩散。由此可见，碘作为钨的载体，不断地将灯丝所蒸发出来的钨又重新回到灯丝上，这样既避免了灯管的发黑，又延长了灯丝的寿命。不过这种“还原”过程是有一定限度的，因为灯丝各部分钨的蒸发和钨在灯丝各部分的沉积不可能完全相等。但其使用寿命却因有钨的沉积作用而大于白炽灯，通常其寿命为 2000h 左右。

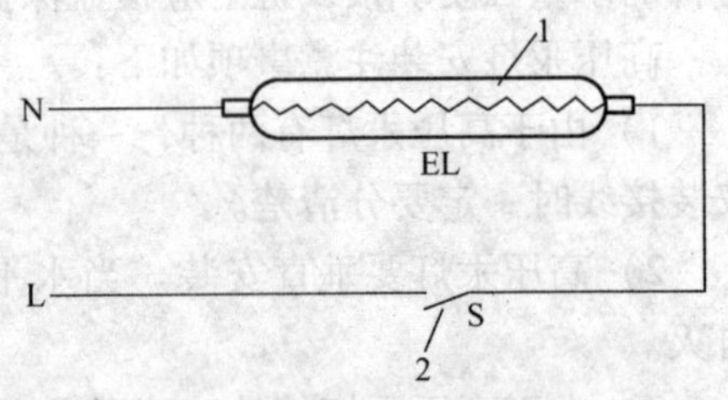

图 7-26 碘钨灯的接线

1—碘钨灯 2—开关

2. 碘钨灯的安装及注意事项

安装时要使灯管保持水平，否则会破坏碘钨循环，缩短灯管的使用寿命。由于灯管的温度可高达 500 ~ 700℃，故不能安装在木质灯架上，而要装在金属灯架上。另外灯管周围不能放置易燃物品，以防发生火灾。灯管的电极与灯座应接触良好，不能松动，而且不要剧烈撞击和振动灯丝，以免损坏。功率超过 1000W 的碘钨灯不可用一般的照明开关，应用开启式负荷开关。

碘钨灯安装注意事项如下：

1）电源电压的变化对灯管寿命影响很大，当电压超过额定值的 5% 时，寿命将缩短一半，故电源电压的波动一般不宜大于 ±2.5%。

2）对碘钨灯工作时需水平安装，倾角不得超过 ±4°，否则将严重影响灯管的寿命。

3）碘钨灯不允许采用任何人工冷却措施，以保证在高温下的碘钨循环。在正常工作时，灯管壁有近 600℃的高温，所以不能与易燃物接近，安装时一定要加灯罩。使用前要用酒精擦去灯管外壁的油污，避免在高温下形成污点而降低透明度。

4）碘钨灯的灯脚引入线应采用耐高温的导线，电源线与灯线的连接需用良好的瓷接头，灯座与灯脚之间需接触良好。

5）碘钨灯耐振性较差，不应使用在振动性强的场所，也不能作为移动光源使用。

3. 碘钨灯常见故障的维修

（1）灯丝寿命短

其主要原因是安装灯管时，没有保持在水平位置，故应重新安装灯架，保持水平。

（2）灯脚密封松动

其主要原因是在使用时灯管过热，反复热胀冷缩。重新拧紧，必要时更换灯管。

（3）熔丝熔断、供电线路短路、开关失灵或动静触头松脱等

应及时更换熔丝、开关，检修供电线路。

7.4.3　高压钠灯及其安装

1. 高压钠灯

高压钠灯是一种发光效率高、省电、透雾能力强的电光源，同样适用于工厂、车站、广场及道路等大面积照明场所。高压钠灯的结构如图 7-27 所示，主要由灯丝、双金属热继电器、放电管、玻璃外壳等组成。放电管与玻璃外壳之间抽成真空，以减少对环境气候的影响。灯丝由钨丝绕成螺旋形或编织成能储存一定数量的碱土金属氧化物的形状。当灯丝发热时，碱土金属氧化物就成为电子发射材料。放电管的管壳是用与钠不起作用的耐高温半透明氧化铝陶瓷或全透明刚玉制成。放电管内充有氙气、汞滴和钠。双金属片是用两种不同热膨胀系数的金属压接在一起制成的。当高压钠灯接入电源后，电流经过镇流器、热电阻、双金属片动断触头形成通路，此时放电管内无电流。由于热电阻的发热，使双金属片热继电器断开，在断开瞬间镇流器线圈产生很高的自感电动势。该电动势和电源电压叠加在一起加到放电管两端，使放电管内氙气电离放电，温度升高，继而使汞变为蒸气而放电，放电管内温度进一步升高，使钠也变为蒸气状态，开始放电而发射较强的可见光。

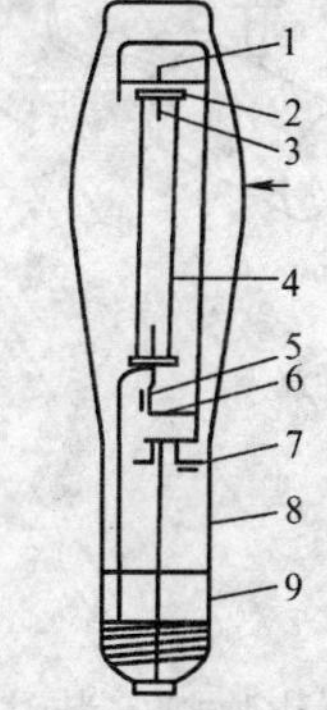

图 7-27　高压钠灯的结构

1—铌排气管　2—帽铌　3—钨丝电极　4—放电管　5—双金属片　6—电阻丝　7—钡钛吸气剂　8—玻璃外壳　9—灯帽

2. 高压钠灯的安装及注意事项

高压钠灯的安装接线如图 7-28 所示，与高压汞灯的安装接线相同。安装时应根据照明场所的大小、高度和所需照度，选择高压钠灯功率的大小。

高压钠灯安装注意事项如下：

1）高压钠灯必须配用镇流器，否则会使灯泡立即损坏。

2）灯泡熄灭后，需冷却一段时间，待管内汞气压降低后，方能再启动。

3）电源电压变化不宜大于±5%。高压钠灯的管压、功率及光通量随电源电压的变化所引起的变化比其他气体放电灯大。当电源电压上升时，容易引起灯的自熄；电源电压降低时，光通量将减少，光色变差。

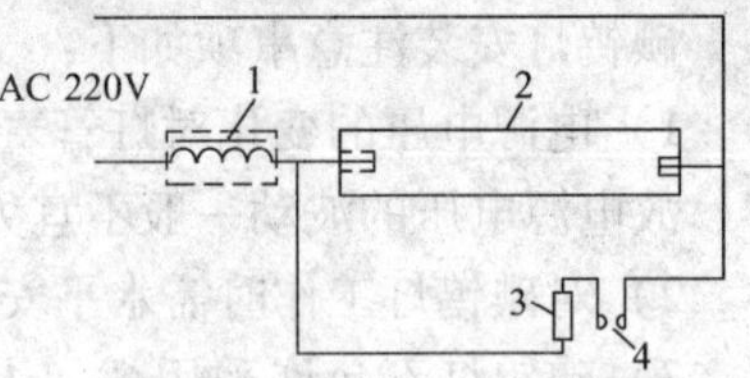

图7-28　高压钠灯的安装接线

1—镇流器　2—放电管

3—热电阻　4—双金属片

4）配套的灯具需具有良好的散热条件，且反射光不宜通过放电管。否则将影响寿命，容易自熄。

3. 高压钠灯的故障维修

高压钠灯的故障修理基本上与高压汞灯相同。

7.4.4　金属卤化物灯及其安装

常用的金属卤化物灯有钠铊铟灯及镝灯等。它们是在高压汞灯的基础上为改善光色而发展起来的一种新型电光源，它不仅光色好，而且发光效率高。如在高压汞灯内添加某些金属卤化物，靠金属卤化物的不断循环，在电弧放电时提供相应的金属蒸气，于是就发出表征该金属特征的光谱线，这就改善了光色。金属卤化物灯通常都需附加镇流器，接线和高压汞灯相似。但功率在1kW以上的钠铊铟灯需设专门的触发电路，而镝灯的额定电压常为380V，所以它们的接线要根据说明书的要求进行。图7-29所示是导轨金卤灯的安装示意图。

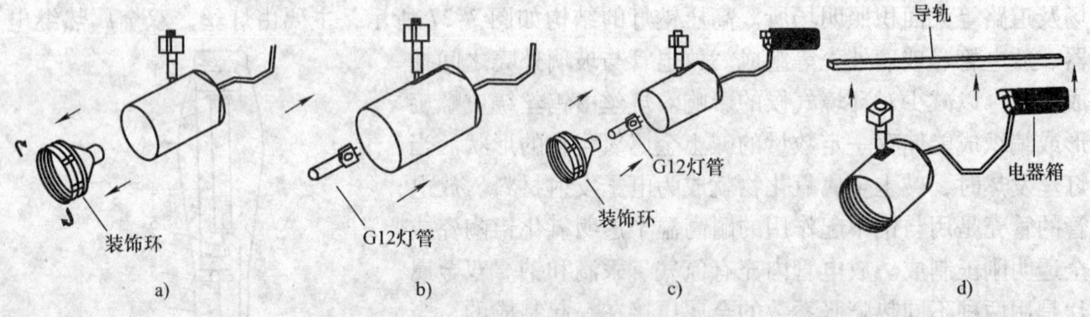

图7-29　导轨金卤灯的安装示意图

金属卤化物灯安装注意事项如下：

1）线路电压与额定值的偏差不宜大于±5%，因此在有冲击性负载的线路上不宜作为金属卤化物灯的电源。电压的降低不仅会影响光效，而且会造成光色的变化。当电源电压下降时，灯的熄灭现象也比高压汞灯严重。

2）无外玻璃壳的金属卤化物灯也和汞灯一样，很强的紫外线辐射将伤害人体，灯具应加玻璃罩。若无玻璃罩，悬挂高度不应低于14m。

3）管形镝灯根据使用时的安装要求而有三种结构，即水平点燃；垂直点燃，灯头在上；垂直点燃，灯头在下。安装时必须认清方向标记，正确使用。安装时还要求灯轴中心线的偏移不大于±15°。要求垂直点燃的灯，若水平安装，使用时灯管有爆裂的危险，而灯头方向调错，则光色将会偏绿。

4）灯的玻璃壳温度较高，配用灯具必须考虑到散热条件。同时，灯管与镇流器必须匹配，否则会影响灯管寿命或造成起动困难。

7.5 景观灯的安装

城市的标志性建筑物，街道两边的广告牌、建筑物上，有很多景观彩灯，它们形态各异，在夜空中闪闪发光，不但给我们的生活增添了色彩，而且有一定的照明作用。现代景观灯有很多，主要有霓虹灯、LED丽得管、护栏管等。

7.5.1 霓虹灯的安装

霓虹灯色彩鲜艳、发光效率高，是一种装饰用的艺术灯。在现代装饰装潢中，它能产生高贵、华丽、美观、悦目的广告效果。它适用于高大建筑物轮廓、汉字镶边、音乐厅及歌舞厅的装饰等，如图7-30所示。其造价适中，品种多，经久耐用，因而应用广泛。

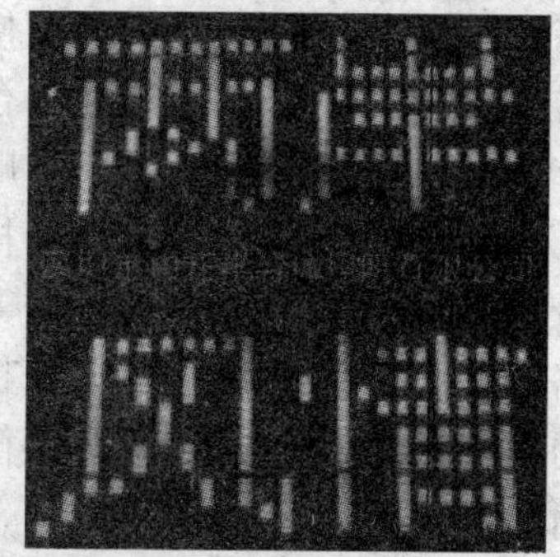

图7-30 霓虹灯艺术汉字

霓虹灯由霓虹灯管、高压变压器和电子灯光控制器三大部分组成。附件有电极、固定支架、高压绝缘线等。

1. 霓虹灯的工作原理

霓虹灯又称氖灯，氖灯管发光是因为管内充有氖气，在氖气两端加上高压的情况下，产生辉光放电所致。霓虹灯管有透明管、荧光管、着色管和着色荧光管4种。

霓虹灯管由电极、引入线、灯管组成，灯管的直径为6～20mm不等。发光效率与管径有关，因灯管越细，使管压增大，能供电的氖灯管便越短。

灯管抽成真空后再充入少量氩、氦、氙等惰性气体或少量汞。有时还在灯管内壁涂以各种颜色的荧光粉或各种透明颜色，使霓虹灯能发出各种鲜艳的色彩。霓虹灯的色彩与管内新充气体、玻璃管颜色及荧光粉颜色有关。

霓虹灯的特点是高电压、小电流。霓虹灯管所用高压电源由变压器提供，此种变压器是一种单相变压器，低压输出电压为220V交流电，高压输出电压为600～15000V，容量为450VA。霓虹灯在正常工作时，霓虹灯变压器限制灯管回路中通过最大电流。根据安全要求，一般霓虹灯变压器的二次侧空载电压不大于15000V，二次侧短路电流比正常运行电流高15%～25%。常用霓虹灯变压器的容量为节能变压器130VA、耐压600V、镇流器起动500V、为450VA，一次侧电压220V，电流2A；二次侧电压15000V，电流24mA，二次侧短路电流30mA。它能点亮管径中12mm，展开长度为12m的灯管。

霓虹灯高压变压器有电感变压器和电子变压器两种，其中电感变压器的规格有6kV、9kV、12kV等，其特点是可靠性强、寿命长，但较笨重，已逐步淘汰，现在常用的是电子高压变压器。电子变压器的优点是体积小、重量轻、防水防潮，常用规格有20W、60W、80W、120W等，一般变压器的功率越大，作用于灯管的长度越长，所以也有称2m机变压器、6m机变压器、8m机变压器、12m机变压器等。

霓虹灯变压器的许可长度应与霓虹灯管的长度相匹配，灯管的长度一般应为变压器许可长度的80%。比如，变压器可承载的长度为10m，实际使用以7~8m为宜。

霓虹灯在正常工作时，由霓虹灯变压器来限制灯管回路通过的最大电流。根据霓虹灯管所装的长度，对于供电容量不超过4kVA的霓虹灯广告牌，可采用单元相供电。对超过4kVA的大型广告牌，采用三相供电，将变压器均匀分配在各相上。

按变压器的工作原理，变压器内分霓虹灯高压转机和霓虹灯低压滚筒。将霓虹灯高压转机和霓虹灯低压滚筒配合使用，可使广告霓虹灯根据不同的需要，构成各种复杂的、引人注目的图案。

霓虹灯高压转机是由线圈、感应板、主轴及接触片、固定触头等组成。线圈通过电后产生磁感应，带动感应板，从而使主轴带动触片转动依次与每个固定触头接触，以接触相应的灯管回路，带动感应板，从而使各灯管顺次明暗变化。霓虹灯高压转机一般接在霓虹灯变压器的高压线路中，以控制由一台变压器供电的灯管之间的换接。

可编程序控制器：按一定顺序接通组成图文。

霓虹低压滚筒由交流电动机、圆筒、活动导电片、固定触头、支架等组成。交流电动机带动圆筒转动安装在圆筒上的导电片，依次与固定触头接触，以接通相应的霓虹变压器回路。设计不同式样的导电片来控制各变压器回路的接通顺序和接通时间，就可得到各种不同的明暗变化图案。霓虹低压滚筒一般在变压器的低回路中，以控制由多台变压器供电的大幅面图案的变换。

霓虹灯广告控制箱内一般都设有电源开关、定时开关和控制接触器。电源开关采用塑壳断路器，定时开关有电子式及钟表机构式两种。

自动定时，开关有两个时间固定插销，一个作接通用，另一个作断开用。在同步电动机接电后，以过减速机构使转盘随着时间而能动，当经过盘面微动开关时，碰触微动开关，使接触器接通或断开，控制霓虹灯广告牌时通时断，闪烁发光。

2. 霓虹灯的安装

（1）霓虹灯管的安装

霓虹灯管的安装就是将单根霓虹灯管组合在一起。一般应先根据设计要求确定灯管在托板上的位置，然后将灯管支架固定在托板上，再将灯管固定在支架上，最后用铜线或镀锡金属丝捆扎牢固。霓虹灯管和高压线路不能直接放在建筑物或构造上，与它们至少需保持50mm的距离，这可用专用的玻璃支持头支撑来获得。两根高压线之间间距也不宜小于50mm。需要注意的是，灯具管内充气有少量汞，破碎的灯管应妥善处理。

（2）变压器的安装

霓虹灯变压器应尽量靠近霓虹灯安装，一般装在角钢、槽钢等材料制成的金属支架（支架要坚固、美观、防锈）上，以减短高压接线，并用密封箱子作防水保护，变压器的中性点和外壳、金属箱、角钢支架必须可靠接地。在室外明装，其高度应在3m以上，距离建筑物窗口或阳台也应以人不易触及为准（离阳台的距离不应小于1m），如以上安全距离不足，应设置围栏并用金属网进行隔离，以免触电。

霓虹灯变压器电抗大，线路功率因数低，约为0.2~0.5左右。为改善功率因数，需配备相应的电容进行补偿。

（3）电子灯光控制器的安装

为防止雨水和尘埃的侵蚀，电子灯光控制器应安装在保护箱内。

控制箱一般装在与霓虹灯广告牌近邻的房间内，为了防止在检修霓虹灯时触及高压电，在霓虹灯广告牌现场应加装电源隔离散开关。在检修时，先断开控制箱的开关，然后再断开现场的隔离开关，这样便可以避免误合闸，而造成霓虹灯管带电的危险。

（4）接线

容量较小的霓虹灯，直接接于单相市电；容量较大的霓虹灯，为使三相负载平衡，霓虹灯变压器要均匀分配于三相市电。为了方便控制和安全需要，霓虹灯应装设控制箱，控制箱一般由电源开关、熔断器、接触器、保护元件组成，控制箱一般装设在临近霓虹灯的房间内，安装位置要便于操作。

霓虹灯变压器一次线是普通的绝缘线，而变压器二次线电压很高，二次高压线路的接线应符合要求，高压线路与地面、附着面应有一定距离，以防止人体触及。

（5）整机固定

霓虹灯大小不等，有的在街道两侧门面房前安装，有的在建筑物墙壁上安装，有的在高楼顶层上安装，所以应根据安装位置和安装高度确定安装方案。无论采用哪种安装，下面一定要有专人看管，不让行人经过，以免发生意外。

7.5.2　LED 丽得管的安装

LED 丽得管又称为彩虹管，分小型、普通、数码等，是一种新型的霓虹灯（LED 霓虹灯），有红、绿、蓝三种主色和许多过渡色，色彩新颖、灯光亮丽，在夜空中宛如一道道彩虹。它广泛用于广告牌背景，立交桥，河、湖护栏，建筑物等的轮廓，公园、广场、生活小区、购物中心等彩色动感光带，是现代城市灯光装饰的必备产品。

1. 柔性 LED 丽得管安装

（1）结构、特点及应用

柔性 LED 丽得管是将 LED 和限流电阻装入透明塑料软管制成的，是一种具有多种功能并且十分方便好用的产品，可根据需要裁剪成各种长度，弯曲成不同的形状，并且很方便地与不同的材料表面安装在一起。如木材塑胶、钢材或者墙壁等，也可以根据设计去组成不同图案，适合作轮廓线。其特点是寿命长、耗电省、耐冲击、防水。柔性 LED 丽得管有二线单色、扁三线多色、扁四线多色等规格。不仅如此，柔性 LED 丽得管还能很简便地进行电源连接而且工作良好。它的主要配件有电源线、尾塞、控制器等，如图 7-31 所示。其中，电源用来供电，电源分高压和低压两种，如图 7-32 所示。尾塞用来防止管上导线接触到不绝缘物体，控制器用于调节颜色，有带控制器的和不带控制器的，不带控制器的显示颜色不变化，带控制器的所显示的颜色可调节控制。柔性 LED 丽得管主要用在背泛光的槽型字里，或用在那些笔画细的槽型字里，作边缘标志、水下照明、建筑物装饰、商业标志等。

（2）安装方法

按设计造型，在安装的位置上画好轮廓中心线。

用螺钉将轨道夹（轨道夹可以是塑料或不锈钢的）固定在中心上，如要进行弯曲安装可采用小轨道夹。

将 LED 丽得管嵌入轨道夹内，用塑料线夹捆扎或用胶黏牢。根据图 7-33 所示将每部分连接起来。

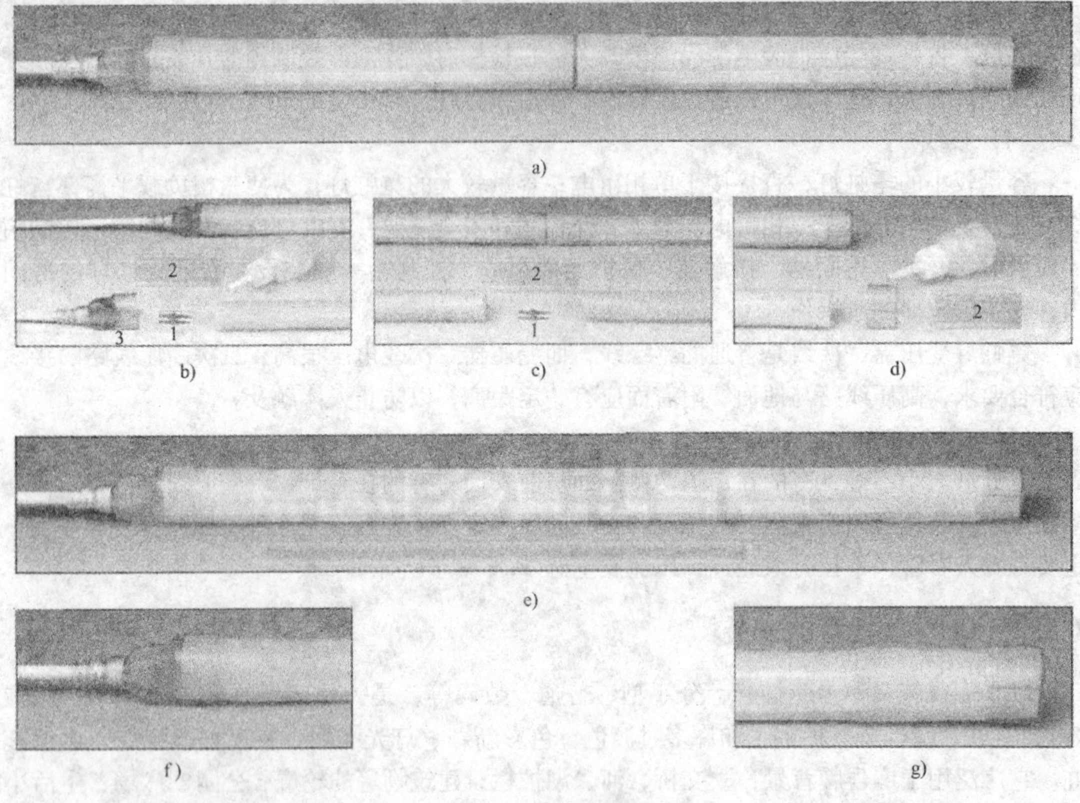

图7-31 柔性 LED 丽得管结构图

a）简易接头 b）前端接头 c）中间接头 d）尾塞 e）啤注式接头 f）前端接头 g）啤注式尾塞

1—公接头针 2—热收缩套管 3—母电源接头

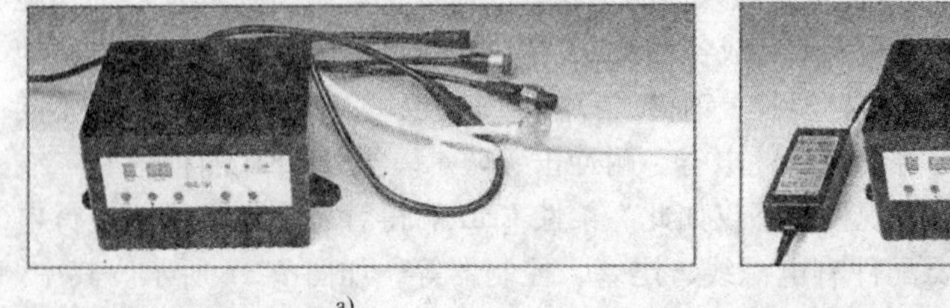

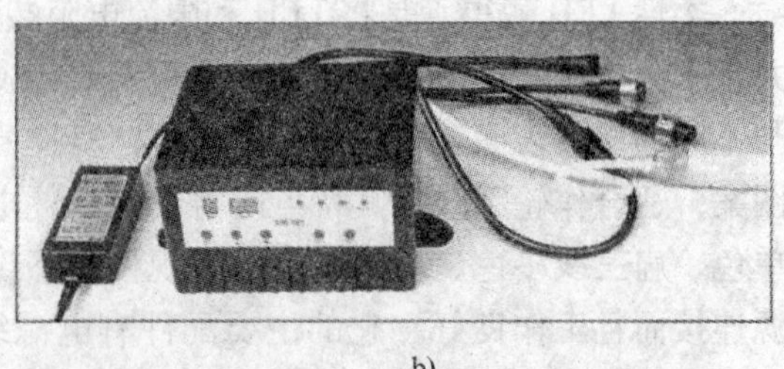

a) b)

图7-32 柔性 LED 丽得管的电源

a）高压电源 b）低压电源

2. LED 数码丽得管

（1）特点及应用

管型 LED 数码丽得管又称护栏管，其外形如图 7-34 所示。它采用高分子 PC 工程塑料作外壳，用超高亮 LED 作光源，一根灯管能够同时变化出七种不同颜色，并可产生渐变、闪变、扫描、追逐、流水等各种效果，多根灯管一起配合还可以展示图形和文字。变化时间、变化形式可以任意控制，灯管长度可任意选择（单位：m）。寿命长，节能环保，光色柔和，亮度高。抗紫外线照射，防水、防潮。特别适合应用于广告牌背景，立交桥、河、湖护栏、建筑物轮廓等大型动感光带中，可产生彩虹般绚丽的效果，是美化装饰城市环境的理想选择。

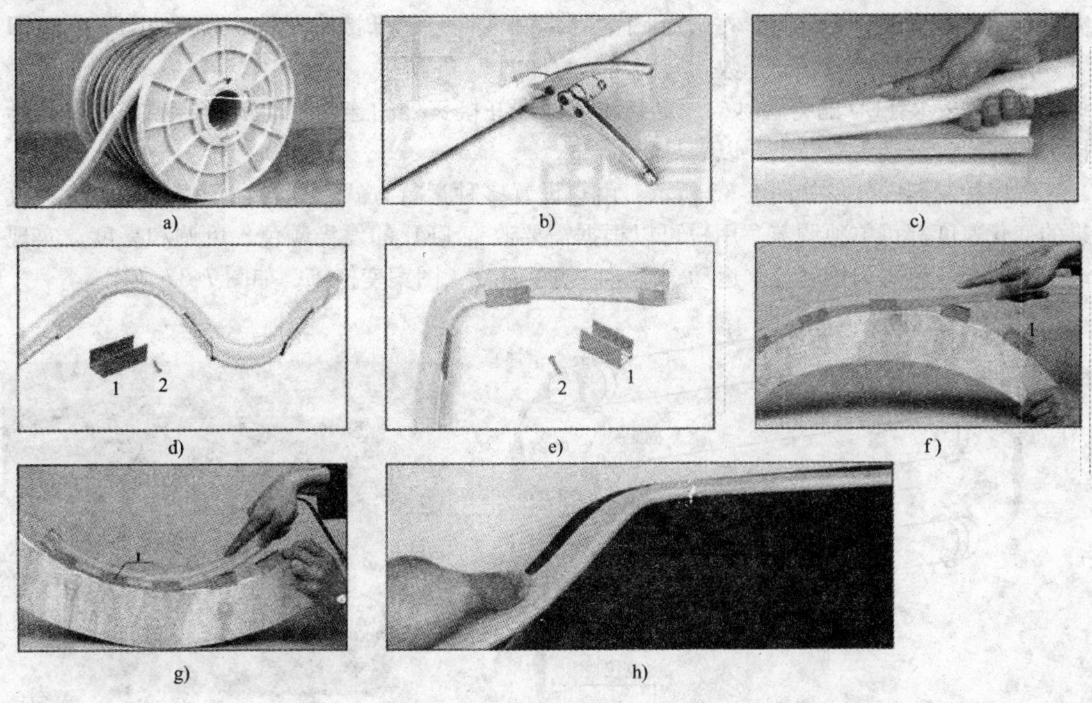

图 7-33　柔性 LED 丽得管安装图

a）丽得管包装　b）剪切标志　c）线性安装　d）弯形安装　e）90°安装　f）凸形安装　g）凹形安装　h）槽道安装

1—小轨道　2—螺钉

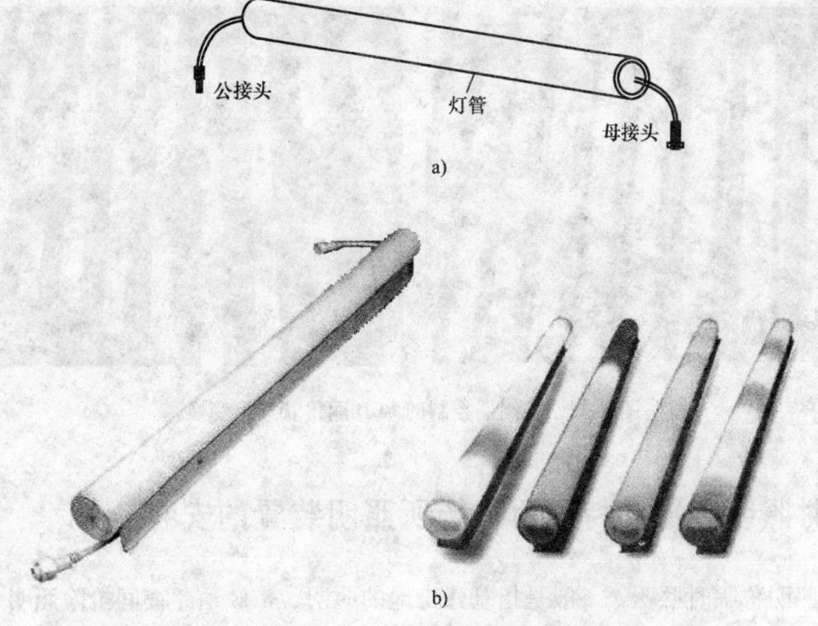

图 7-34　管型 LED 数码丽得管的外形

a）示意图　b）实物照片

（2）结构与安装

管型 LED 数码丽得管主要由电源线、中间接头（中间接头分公接头和母接头）、固定夹、控制器等构成。安装时，按设计图案固定好，将公、母接头对接，接上 220V 电源即可，并可根据需要增减管子个数，其安装示意如图 7-35 所示。

在户外安装 LED 丽得管时，一定要注意处理好接头处的连接，即接头连接完成后其母接头应在上，公接头应在下，以满足防水要求。

程序控制器的外形如图 7-36 所示，由它设置多种运行方式，并自动记忆保存，每种效果的变化速度都可单独调节，用户可以根据需要改变 LED 的发光颜色、色调和亮度，实现渐变、跳变、色彩闪烁、流水运动、变字、颜色跳变、图案变换等，如图 7-37 所示。

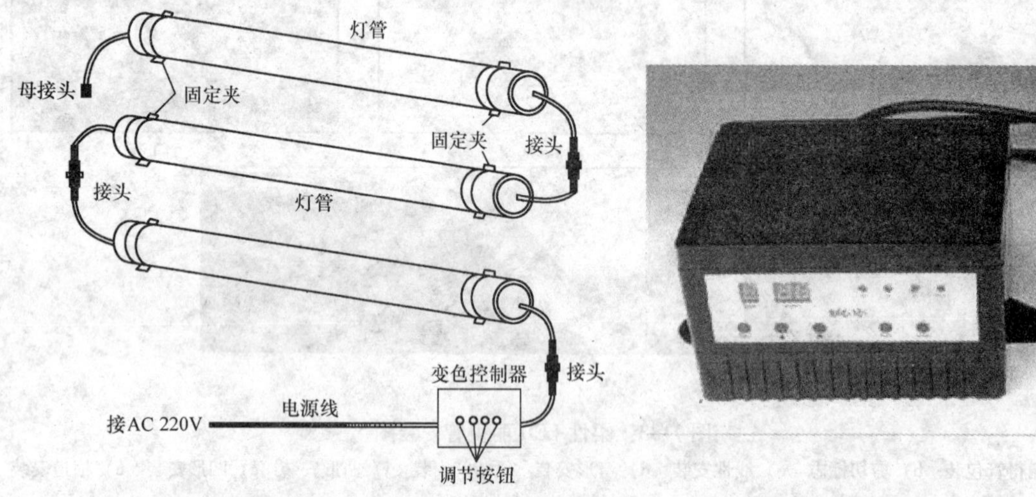

图 7-35　管型 LED 丽得管的安装示意图

图 7-36　程序控制器的外形

图 7-37　控制器控制的 LED 丽得管彩色变换

7.6　临时照明装置和特殊用电场所照明装置的安装

短期限照明称临时照明，一般是指基建工地的照明、市政道路夜间抢险照明、工厂里检修设备增加照明亮度所需的临时照明。临时照明的线路敷设要求简单、安全性高，使用的灯具应根据临时照明场所需要选择。

7.6.1 临时照明装置的安装

1）临时照明线路的安装如下：

① 对临时线路应有一套严格的管理制度，并有专人负责。应由使用单位填写“临时线路安装申请单”，经用电管理部门同意后方可架设。临时线路的使用期限一般不超过 3 个月，使用完毕应立即拆除。严禁在有易爆、易燃物的危险场所架设临时线路。

② 户内临时线路应采用橡皮电缆软线，线的长度一般不超过 10m，离地高度不应低于 2.5m。所用设备应有可靠的保护接零或保护接地措施。户外临时线路应采用绝缘良好的导线，其截面积应满足用电负荷和机械强度的需要。应用电杆或沿墙用绝缘子固定架设，导线距地高度不应低于 4.5m，与道路交叉跨越时不应低于 6m，严禁在树木或钢管上挂线。户外临时线路应有总开关控制，各路应有保护措施，开关、熔断器应有防雨措施，户外临时架空线长度不得超过 500m，与建筑物、树木的距离不得小于 2m。

2）临时线路导线的中间连接、终端与接线桩的连接，均需采取防拉断措施。直线部分的中间接头防拉断措施如图 7-38 所示。

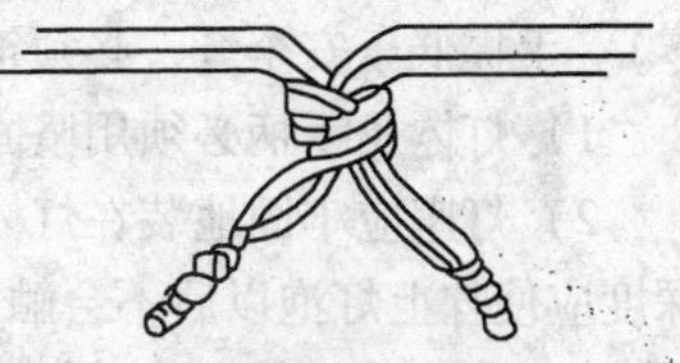

图 7-38　导线中间接头防拉断措施

3）工地照明可由附近低压配电干线供电，接地线应从干线的电杆上分出支路，先进入主配电箱，再分给照明线路。如果工地面积较大，照明灯具数量较多，应设分配电箱。

4）对配电箱内的低压控制电器和保护电器应配齐，并设有防雨防尘装置。工作场地采用分路控制，但应使用双极开关。

5）灯具离地高度不小于 2.5m。露天灯具采用防水灯头，灯头与干线连接的接点应错开位置 50mm 以上。聚光灯、碘钨灯等高热灯具与易燃物的净距离一般不小于 500mm，灯头与易燃物的净距离一般不小于 300mm。

临时照明灯具的安装方法与白炽灯的安装方法基本相同，但在安装时，一定要根据现场情况，按临时灯具安装要求进行施工。

7.6.2 特殊场所照明装置的安装

特殊场所是指潮湿、高温、可燃、易燃、易爆的场所，或有导电尘埃的空间和地面，以及具有化工腐蚀性气体的环境等。

1. 特别潮湿房屋内照明装置的安装

采用绝缘子敷设导线时，应使用橡皮绝缘导线，导线相互间距离应在 60mm 以上，导线与建筑物间距离应在 30mm 以上。采用钢管施工时，应使用厚钢管，管口及管子连接处应采取防潮措施。必须装在潮湿场所的开关、插座及熔断器等电器也应采取防潮措施。灯具应采用防水灯具。

2. 多尘房屋内照明装置的安装

采用绝缘子敷设导线时，应使用橡皮绝缘导线，导线相互间距离应在 60mm 以上，导线和建筑物距离应在 30mm 以上。敷设钢管时，应在管口缠上胶布。开关、熔断器等电气设备应采取防尘措施。灯具采用封闭式灯具，灯头采用不带开关的灯头。

3. 有爆炸性危险场所照明装置的安装

配线方式要采用钢管明敷或暗敷，应选用防爆灯具和防爆开关，接线盒应封闭。所有非导电的金属部分都要接地，以免静电产生火花发生爆炸。在该场所禁止使用电钻、电焊机及开启式开关和熔断器等易产生电火花的电器和设备。

7.6.3 低压安全灯的使用

在工作环境恶劣的特殊场所，局部照明应采用电压不高于24V的低压安全灯。对于各工种的手提照明灯也应采用24V以下的低压照明灯具。在工作地点狭窄、行动不便、能接触到大块金属面或金属容器内工作的场所，则手提照明灯的电压不应高于12V，通常采用6V的照明灯具。低压照明灯的电源必须由专用照明变压器供给。这种变压器必须是双绕组的，不能使用自耦变压器进行降压。安装时，变压器的高压侧必须装设熔断器，熔丝的额定电流必须符合变压器的规格和要求。低压侧也应设熔丝，低压侧的一端必定要接地（接零）。手提低压安全灯，必须符合下列要求：

1）灯体及手柄必须用坚固的耐热及耐湿绝缘材料制成。

2）灯座应牢固地装在灯体上，并且在拧装灯泡时，不应使灯座转动。灯座嵌入灯体的深度应使拧上灯泡以后不会触及灯泡的金属部分。

3）为防止机械损伤，灯泡应有可靠的机械保护。当采用保护网时，其上端应固定在灯具的绝缘部分上。

4）安装灯体引入线时，不应过于张紧，同时应避免导线在引入处被磨伤。

5）金属保护网、反光罩及悬吊用的挂钩应固定于灯具的绝缘部分上。保护网不应有小门或开口，保护网应只能用专用工具方可取下。

6）电源导线应采用软电缆，不要用带开关的灯头，应使用插销控制。

7.7 照明装置的故障检修技术

照明线路安装完毕后，不能立即通电使用，必须经过仔细地检查、故障处理、试送电、试运行等步骤，合格后才能正式通电使用。

7.7.1 照明线路的检查与调试

1. 照明线路的检查

按照照明工程电气施工图样，依次检查配电箱（板）总开关、分开关、灯具及其开关、插座等，必须符合以下要求：

（1）施工质量检查

按照明线路的安装接线要求，检查配电箱（板）的安装和回路编号是否符合安装规范和设计要求；检查照明灯具、开关、插座等安装是否符合质量要求，检查其接线是否正确、完整，检查有无绝缘层压入接线端子、导线是否松动。对于遗漏的部分应补装，对于安装不到位的灯座、开关等电器设备，应重新安装。大型灯具全数检查，其他灯具及吊扇的抽查数不少于1/10，如发现一处错误或松动应全面返工、检修。

（2）安全性检查

检查所用导线的截面和绝缘外层的颜色是否符合设计要求；断路器、刀开关、熔断器的容量是否符合要求；检查开关和插座的类型、电流等级等是否符合设计要求，有接地螺钉的灯具、配电箱（板）等的保护线是否规范，接地电阻是否符合要求（一般不大于4Ω），线路的绝缘电阻不应低于0.5MΩ。安装漏电保护器的回路，检查漏电保护器的型号、接线是否正确。如发现一处不符合安全性要求，应返工、检修。

（3）线路绝缘的测试方法

通常采用绝缘电阻表来测试。根据其内部发电机发出电压的大小，常用的绝缘电阻表可分为500V 和1000V 等，测量照明灯线路的绝缘电阻应选用500V 的。测试方法如下：

1）使用时，首先将绝缘电阻表放平，然后接上两根表笔的导线，并要把两根表笔相接触，接着将绝缘电阻表的手柄转动几转，这时表针应该指向“0”；然后分开两表笔，再转动几转，这时表针应指向“∞”（即无穷大）。检验绝缘电阻表完好后，即可进行测量。在测量线路绝缘电阻时，应使绝缘电阻表的手柄转速保持匀速，不可时快时慢。如转动过慢，测得绝缘电阻会比实际的高；转动过快，测得绝缘电阻比实际的低，正常的转速一般保持为120r/min。绝缘电阻表的操作手势如图 7-39 所示。

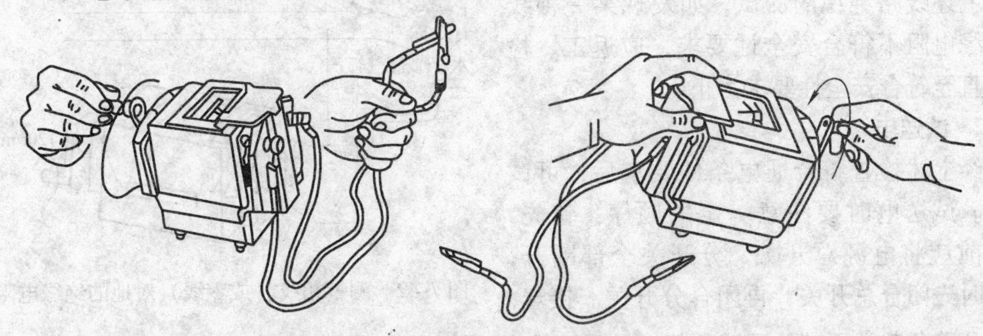

图 7-39　绝缘电阻表校验操作方法

2）然后，在待测照明灯线路中，切断电源总开关或拔下配电箱（板）上的熔断器，使待测电路与其他电路分开，并使该线路上的所有用电设备脱离线路，如卸下灯泡、拔掉插座上的用电器插头等，否则由于用电器（如灯泡）的电阻值很小，将影响测量结果。接着用500V 绝缘电阻表分别测试线路的各相线间、相线与零线、相线对地线、零线对地线、相线与零线对用电器外壳的绝缘，绝缘电阻不应低于0.5MΩ。

3）测量总开关 QF 后相线间、相线与零线的绝缘电阻。先用绝缘电阻表测量相线间的绝缘电阻，即两表笔分别接 L2 与 L3、L1 与 L3、L1 与 L2 两相线的绝缘电阻；再用绝缘电阻表测量相线与零线间的绝缘电阻，即将绝缘电阻表的两表笔分别接 L1 与 N、L2 与 N、L3 与 N 两线的绝缘电阻（注意，E 端与零线 N 相接），如图 7-40 所示。

4）测量分开关 QF1 后相线与零线、相线（或零线）对保护线 PE 的绝缘电阻。先用绝缘电阻表测量相线与零线间的绝缘电阻，即将绝缘电阻表的两表笔分别接 L 与 N 两线的绝缘电阻（注意，E 端与零线 N 相接）；再用绝缘电阻表测量相线对地线、零线对地线的绝缘电阻，即将绝缘电阻表的两表笔分别接 L 与 PE、N 与 PE 两线的绝缘电阻（注意，E 端与保护线 PE 相接）。由于漏电保护开关的安装位置一般都较高，测量不太方便，通常是将测量表笔分别接插座中的相线 L、零线 N 和保护线 PE。因为插座与线路是并联的，测量结果是一样的，如图 7-41 所示。

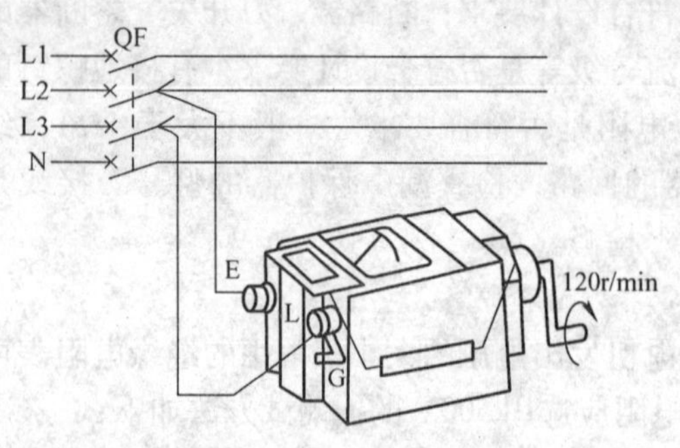

图 7-40 测量相线间、相线与零线的绝缘电阻

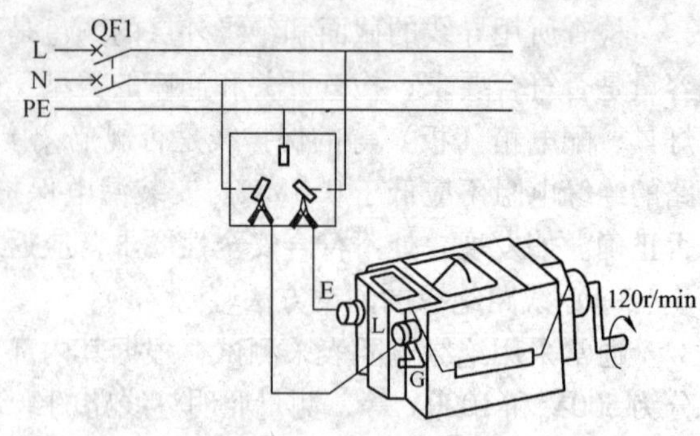

图 7-41 测量相线与零线、相线（或零线）对保护线 PE 的绝缘电阻

5）测量分开关 QF1 后相线（或零线）对地的绝缘电阻。用绝缘电阻表的 L 端分别接 L 与 N 两线，E 端接到接地体上，或者接到自来水管、暖气管等金属管路（对地电阻很小），如图 7-42 所示。

上述线路绝缘的测试，如发现某一种线路绝缘电阻不符合安全性要求，应返工、检修，直至符合安全性要求为止。

2. 试送电

经上述检查符合通电条件要求后，可试送电。试送电时要注意一定的顺序：首先，送电前应将电源总开关、分开关全部断开；送电时先闭合总开关，再闭合分开关。接着，先试分路负载，再试总回路负载。最后，检查保护装置（漏电保护器等）动作应安全可靠。

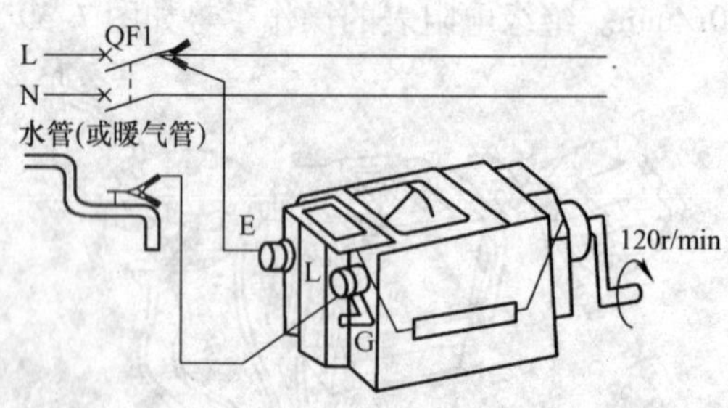

图 7-42 测量相线（或零线）对地的绝缘电阻

1）将电源总开关、所有一级支路开关断开，用万用表测量总开关 QF 进线端的电压，相电压为 AC220V、线电压为 AC380V。然后将总开关 QF 闭合，测量总开关 QF 出线端的电压是否符合要求，观察总电能表 WH 是否转动。正常时，总电能表不动或只有不超过一周的潜动。如转动，则复查支路开关是否都已断开，若都断开，可能是电能表接线有误或负载接地，若复查接线无误且负载不接地，电能表仍转动，则表明总电能表不合格。

2）电源总开关 QF 闭合，将一级支路的第一支路分开关 QF1 闭合，其他一级支路所有支路开关 QFn 断开，再断开第一路支路上所有二级支路开关，测量第一支路分开关 QF1 进出线端的电压应正常，否则检修直至符合正常电压要求。

3）观察第一支路的电能表 WH1 是否转动，正常时，电能表不动或只有不超过一周的潜动，否则应检修。闭合第一支路上的二级支路的第一只灯的开关 S1，灯应点亮，该支路的电能表 WH1 应微微正转，断开开关 S1，灯 EL1 应熄灭，电能表 WH1 停转。

4）按上述方法将第一路支上二级支路的开关 Sn 操作一遍，灯亮应正常。试灯过程中如果某支路断路器 QF1 跳闸，应及时在被试灯回路上查找故障并修理。

5）闭合第一支路上二级支路所有灯的开关 S1 ~ Sn，灯亮应正常，电能表 WH1 正转很快，若 QF1 跳闸，则说明断路器选择或调整不当。

6）检修灯的开关。检查灯开关是否按相线→开关→灯→零线的顺序接线。

① 检查灯开关接在相线回路中。接通灯的电源开关，灯亮，并用试电笔分别在开关两接线柱上进行测试，试电笔的氖泡均应亮，如图7-43a所示；当开关断开时，灯应不亮，这时再用试电笔分别测试开关两个接线柱，则测试与相线的接线柱A时氖泡亮，而B柱上的氖泡不亮，如图7-43b所示，说明相线先接开关，接线是正确的。

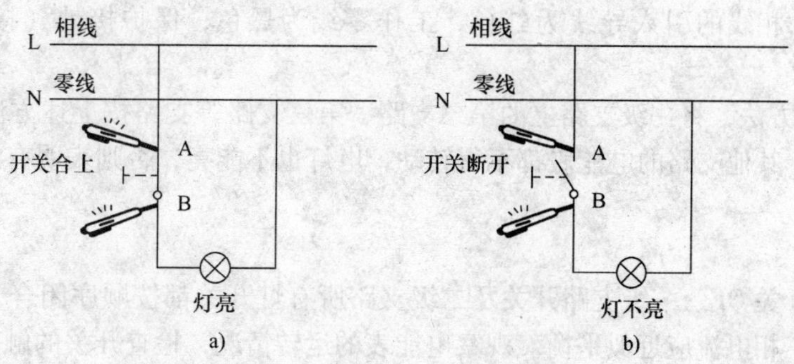

图7-43　灯开关接在相线回路中的检查方法

② 检查灯开关接在零线回路中。接通灯的电源开关，灯亮，这时用试电笔分别在开关两接线柱上进行测试，试电笔的氖泡均不亮，如图7-44a所示；而开关在断开位置时，灯不亮，测得接零线的A柱氖泡不亮，而接灯头的B柱氖泡亮，如图7-44b所示，这说明零线先接开关，应改接纠正。

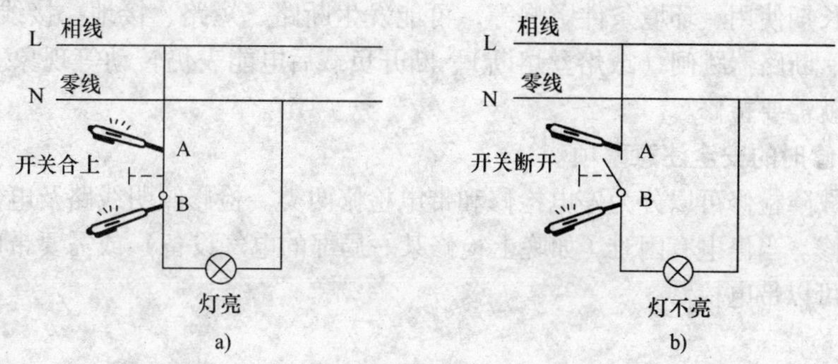

图7-44　灯开关接在零线回路中的检查方法

7）检修单相插座。用校验灯和万用表检查插座电压，电压正常时，用试电笔检查相线、零线及接地线是否正确，否则按检修单相插座的方法检修。

① 用校验灯和万用表检查插座电压。插座有单相两孔插座和单相三孔插座，用自制带两插头和三插头校验灯（或台灯），分别插入两孔插座中，电压正常时，校验灯应一直亮，若校验灯不亮，表示插座电路断路或接线头松脱；若校验灯闪烁，表示插座线接触不良。也可用万用表的交流电压挡测量两孔或插座的电压，万用表指示AC220V时表示插座电压正常。

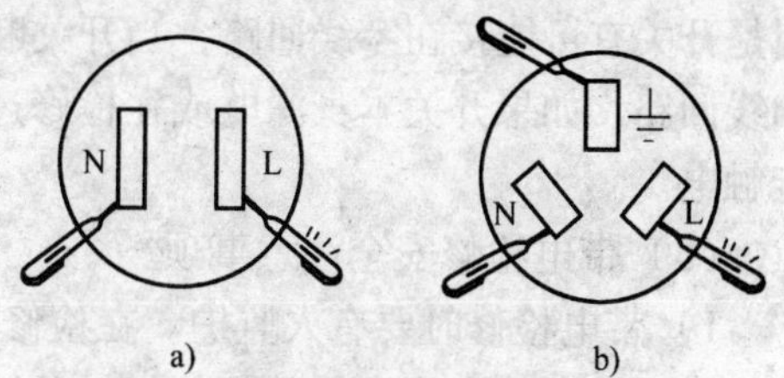

图7-45　插座的接线检查

a）单相两孔插座　b）单相三孔插座

② 用试电笔检查相线、零线及接地线。对于单相两孔插座，用试电笔分别测试右边接线孔，氖泡亮，测试左边接线孔，氖泡不亮，则说明接线正确，如图7-45a所示；如果测试结果相反，

则说明接线错误，应改接。对于单相三孔插座，用试电笔分别测试3个接线孔，当测试到右孔，试电笔的氖泡亮，则相线接线是正确的，如图7-45b所示；测到另外两个接线孔时，氖泡不亮，尚不能确定哪根是零线，哪根是保护接地（接零）线。若怀疑保护接地（接零）线是否接对，则可以打开插座盒，查看保护接地（接零）专用线上引入的导线颜色即可判断。一般规定，相线的引入导线为红色，工作零线为黑色，保护接地（接零）为黄绿双色线。

8）按上述方法，将一级支路上的第二支路、第三支路等支路按上述方法测试完毕。测试第一支路时，其他支路的电能表都不得转动，电灯也不能亮，否则表明有混线现象，应立即检修并纠正。

3. 试运行

将电源总开关QF、一级支路开关及二级支路所有灯开关都按顺序闭合，用钳形电流表测试总开关的三相电流应近似平衡。观察电能表的运转情况，检查开关的触头有无发热、跳闸现象，试运行6~10h。试运行时，应安排电工人员值班。然后把所有开关按合闸相反的顺序断开。

7.7.2 照明线路故障检修

照明线路安装接线完毕后，在送电过程中或日常使用过程中，由于材料的质量不好、安装接线错误、长期使用、环境条件影响等，可能发生断路、短路、接地、接线错误等故障，表现为灯不亮、断路器跳闸（或熔丝熔断）、断开负载后电能表仍转动等现象。当照明线路出现故障时，就需要检修。

1. 故障检修时的安全注意事项

照明线路故障检修可以分为停电检修和带电检修两类。检修照明线路及电气设备故障最好采用停电检修。当停电有困难（如晚上检修某一局部的电气设备）或需要带电才能查出故障所在处时，可以带电检修。

（1）停电检修

停电检修是把被检修的线路及灯具等，从电源开关连接处断开。例如：为使检修的开关、插座、灯座或线路不带电，将电源总开关断开或将熔断器插头拔下；为使检修的台灯或家用电器不带电，将其插头从插座上拔下。

（2）带电检修

带电检修是指电气设备被检修时，没有将其与电源断开。注意，灯开关与电源开关作用不同，因此检修灯具、灯座时，即使该灯的开关已处在断开位置，仍不能算作停电检修。原因是开关有可能接在零线回路，当开关断开后，灯具和灯座仍然与电接通。即使开关是接在相线回路，如果开关本身漏电或在检修过程中，开关又被他人无意地合上，检修人员就有可能触电。

（3）带电检修安全注意事项

1）带电检修时要有人监护。在检修中，监护人密切观察操作者的动作，发现操作者有可能触及带电体，或身体某部位将触及墙等时，可及时提醒，以防造成触电事故；万一发生意外事故，监护人应立即切断电源开关或拔下总熔断器插头。

2）检修前要选好工作位置。操作者站在干燥的木板、凳子、梯子等绝缘物上进行，站立的梯子、凳子等要安置稳固，下面要有人扶着，以防检修人员滑跌下来。

3）操作者应使用带绝缘手柄的工具，并戴上绝缘手套、穿上绝缘鞋。必须穿上长袖的衣服，以免身体的裸露部分触及带电体。严禁使用穿心螺钉旋具或铁柄螺钉旋具，严禁使用普通钢丝钳。

4）检修时，操作者的身体（尤其是头部）不可靠着墙、金属支架、天花板等导电物体，以免让电流通过这些物体构成回路，造成触电事故。

5）检修时要分清相线和零线。断开导线时，应先断开相线，后断开零线。搭接导线时次序相反，一般应先搭接零线，包缠好绝缘胶带后，再搭接相线，否则会发生火花。如果搭接相线与零线（或两根不同相的相线）距离很近的接线柱，如灯座、插座、电视机等电源开关，应极小心地进行（一般应停电检修），否则极易造成短路事故。

6）检修时，操作者不得同时接触到两根线头，养成单手操作的习惯。另一只手只能戴上手套，握住设备的绝缘部分辅助操作。

7）带电检修应在干燥的天气进行，避免阴雨天进行。雷雨天不能带电检修，以免雷电击中配电线路，在检修的线路上引入高电压而造成触电伤亡。

8）对于如下情况之一的，即有可能漏电的电气设备（如环境潮湿的厨房、浴室中的灯座、插座等）、有可能造成操作失误的场所（如光线昏暗、狭窄的地方）、有可能跌下来的高处（如阁楼等）以及在导电的环境中（如铁构件上、铁罐内），均不要采取带电检修，以免发生触电伤亡事故。

9）不管是停电检修还是带电检修，检修完毕都要认真检查被检修设备的接线是否正确；检修中暂时拆除的导线或端子等是否恢复；导线接头的绝缘胶带是否包缠好；设备内外是否恢复完好；设备上的污垢、杂物是否清除等。

10）停电检修完毕，并作上述检查后，确认没有问题，待人离开设备，方可送电。送电时要做好万一发生故障就立即停电的准备，即人站在电源开关或熔断器处，送电后观察设备有无异常现象（如冒烟、异常声响、焦味、火花、电弧等）。一旦有异常情况，立即拉断电源，找出原因再作检修。若无异常情况，还应用试电笔检查设备的金属外壳有无漏电（开关开与闭时均应测试）。

2. 断路故障的检修

断路俗称开路，是指线路断线、接线端头虚接、开关接触不良等，电流不能形成回路。故障特征：照明灯不亮、用电电器不工作。

（1）断路故障的原因分析

分析引起断路故障的原因，首先要弄清是新安装的照明电路还是使用多年的照明电路。

对于新安装的照明电路，断路的原因有线路断线，接线头虚接，开关接触不良，劣质开关、灯头、插座等已损坏电气装置等。

对于使用多年的照明电路，断路的原因有小截面的导线被老鼠咬断；导线因受外物撞击或拉勾等机械损伤而断裂；小截面导线因严重过载或短路而烧断；导线的线头与电气装置的接线柱松落；活动部分的连接线因机械疲劳而断裂，导线接头处接触电阻过大，使接头处长期过热，造成导线断头、接线柱氧化；开关、灯头、插座等电气装置已损坏。

（2）确定断路故障范围

根据断路故障特征，初步确定故障范围，再用检测工具分段验证故障范围。如采用万用表交流电压挡检查总电源开关和分电源开关的进出端电压来判断。

检查总开关 QF 的进线端，如电压不正常，则表明故障在进线开关之前；如果 QF 进线端电源正常，而 QF 的出线端电压不正常，说明总开关 QF 接触不良或熔断器（FU）的熔体熔断；如果上述测量都正常，可检查各分路开关（QF1 ~ QFn）的出线端是否正常。若各支路电压都不正常，则表明故障出在总开关至分路开关之间的一段电路；若某支路的灯具不正常，则说明故障在该支路开关之后。

（3）查找故障点

查找故障点一般先从外观查找，例如灯泡损坏；如果未发现问题，可用试电笔、试灯、万用表等来检查。能断电查找的，一定要用万用表电阻挡来检查，如查找到断路处困难，则可带电用校验灯试电笔、试灯、万用表来寻找断路处。

用试电笔依次检查照明电路断路非常方便，如图 7-46 所示。闭合电源开关 QF，用试电笔接触照明灯两接线端，正常情况下，接触相线一端亮，而接触中性线一端不亮；闭合灯开关 SA1，灯泡亮，且试电笔接触中性线一端亮。若测试开关两侧都不亮，则故障出在电源开关之前的一段线路。若测试灯开关 SA2 进线端时试电笔亮，闭合开关 SA2 灯泡不亮，测试其出线端时试电笔亮，测试灯泡进出线端时试电笔均不亮，则故障可能为开关 SA2 出线端至灯泡间或灯泡与零线间有断路。闭合开关 SA3 灯泡不亮，测试其进出线端时试电笔亮，测试灯泡所接的零线，试电笔亮，则表明此段零线与前段零线之间有断路。

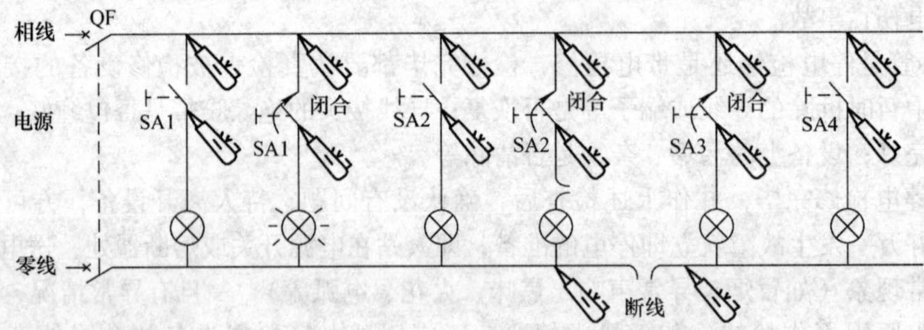

图 7-46 试电笔检查照明电路断路故障方法

3. 短路故障的检修

短路俗称碰线，发生短路故障时，闭合电源开关 QF 立即跳闸或闭合电源开关 QS 后熔丝熔断。特殊的为短路处有明显的烧痕、绝缘炭化，严重时导线绝缘层烧焦甚至引起火灾。

（1）短路故障的原因分析

分析引起短路故障的原因，首先要弄清是新安装的照明电路还是使用多年的照明电路。

对于新安装的照明电路，短路的原因如下：相线、中性线接线错误；接头处绝缘未处理好；相线接地等。

对于使用多年的照明电路，短路的原因如下：电线陈旧，绝缘层老化破损；灯座、灯头、吊线盒、开关的接线线头裸露太长，接线桩螺丝松脱或没有把多绞合线捻紧导致铜丝散开，造成两线相碰而短路。

（2）确定短路故障范围

根据短路故障特征，初步确定故障范围，再用检测工具分段验证故障范围，如采用试灯法来判断是主干线短路还是短路故障发生在支线上。

断开总电源开关 QF 和所有照明灯开关 SA1 ~ SAn，把照明电路一根线从总电源开关 QF 出线端拆掉后，在此处串联试灯（60 ~ 100W 白炽灯），如图 7-47a；或者若有总熔丝，去掉总熔丝一只，将试灯接在去掉的熔丝上（串联在照明干线上），如图 7-47b，并取下各插座熔断器（无熔断器时可将插座上的电器插头拔掉）。

合上电源开关 QF，如果试灯正常点亮发光，说明短路故障在主干线路上；如果检验灯不发亮或微微发红，则表明短路故障发生在支线上。

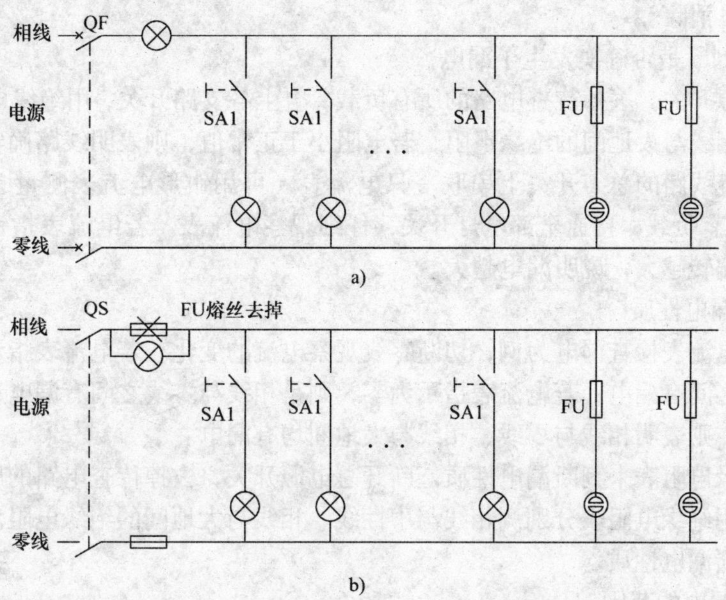

图 7-47　试灯检查照明电路短路故障方法

（3）查找故障所在的支路点

逐个合上各支路开关并观察试灯的发光情况。由于支路灯泡的功率比试灯的功率小、电阻大，支路正常时，电压基本正常，试灯不发亮或微微发红，而支路的灯泡亮度正常。当合上某支路时，试灯突然变亮，而各支路的电灯都不亮，则表明该支路短路。照此方法检查下一支路，直至查完全部支路。

（4）查找故障点

确定了某支路存在短路故障后，断开电源，检查该支路中灯的灯口内有无短路电弧的“黑迹”，若无，可依次检查相关接线盒内的相线与中性线接线是否正确、绝缘是否包扎良好；检查有无将相线与中性线同时接在一个开关的触头上；检查相关插座接线是否短路；检查导线接头是否碰壳（接地）等。

（5）检查插头、插座

逐个装上各插座的熔断器，并观察试灯的发光情况，当安装上某插座的熔断器时，试灯变亮，则表明该插座短路。这时可打开插座盖检查与接线柱相接的两连接导线是否有碰连现象。

（6）检查用电器

逐个插上插座上的用电器，并观察试灯的发光情况。当插上某用电器时试灯变亮，则表明该用电器短路。

4. 漏电故障的检修

照明电路漏电主要是导线或用电器的绝缘因外力而破损、长期使用绝缘发生老化、受到潮气侵袭或者被污染而造成绝缘不良，或接头有毛刺等所引起的。可能发生在相线与中性线间、相线与大地间，也可能是相线与中性线间、相线与大地间均漏电。

严重的漏电会造成短路，甚至触电事故。因此，对漏电切不可认为无关紧要而漠不关心。要定期检查测试线路的绝缘情况，尤其在发生漏电现象后，应分析发生原因，及时找出故障地点，及早消除。

（1）首先判断是否确实发生了漏电

断开总电源开关，去掉待查电路的所有负载，合上各支路开关，用绝缘电阻表分别测相线与中性线、相线与大地间的绝缘电阻，若电阻小于正常值，则表明线路确实漏电。

或在被检查线路的总刀开关上串联一只电流表（可用钳形电流表测量总开关处的相线电流)，取下所有负载，接通全部电灯开关，仔细观察电流表。若电流表指针摆动，则说明有漏电。指针偏转越大，说明漏电越大。

（2）判断漏电性质

先以接入电流表检查漏电为例，切断零线观察电流的变化。若电流表指示不变，则说明是相线与大地之间有漏电；若电流表指示为零，则是相线与零线之间有漏电；若电流表指示变小但不为零，则表明相线与零线、相线与大地间均有漏电。

也可用绝缘电阻表来判断漏电性质。断开总电源开关，去掉待查电路的所有负载，合上各支路开关，用绝缘电阻表分别测相线与中性线、相线与大地间的绝缘电阻。若电阻小于正常值，从而判断漏电性质。

（3）确定漏电的范围

先以接入电流表检查漏电为例，取下支路所有熔断器和断开所有支路灯开关，若电流表指示不变，则表明是主干线路漏电；电流表指示为零则表明是支路漏电；电流表指示变小但不为零，则表明是主干线路和支路均有漏电。

也可用绝缘电阻表来确定漏电的范围。取下支路所有熔断器和断开所有支路灯开关，绝缘电阻没有变化，仍小于正常值，则主干线路漏电；依次断开各支路开关，若断开至某支路时绝缘电阻明显增大，则表明漏电故障就在刚断开的支路上；若断开支路时，绝缘电阻逐渐增大，则表明所断开的几条支路都有漏电。

（4）找出漏电点

按照上述方法确定漏电范围后，依次断开该线路的灯具开关，当断开某一开关时，若电流表指示回零，则是这一分支线漏电；若电流表的指示变小，则说明除这一分支线漏电外还有其他漏电处。若所有灯具开关都断开后，电流表指示不变，则说明是该段干线漏电。依照上述查找方法逐步把故障范围缩小到一个较短的线段内，便可进一步检查该线段内的接头，以及电线穿墙转弯、交叉、绞合、容易腐蚀和易受潮的地方是否有漏电情况。当找到漏电点后，应及时妥善处理。

第 8 章　三相异步电动机的拆装与维修

三相异步电动机分笼型异步电动机和绕线转子异步电动机两种。笼型异步电动机具有结构简单、价格低廉、坚固耐用、维护方便等特点，在国民经济各部门应用非常广泛；绕线转子异步电动机的特点是起动性能和调速性能良好，主要用于有良好起动性能和调速性能要求的机械设备，例如纺织印染、轻工食品、冶金矿山、石油化工、起重运输及工程机械等领域中的驱动和减速装置。

Y 系列三相异步电动机是我国 20 世纪 80 年代设计生产的最先进的异步电动机，采用 B 级绝缘，它符合国际电工委员会（IEC）标准，取代了旧的 J 系列电动机。

Y 系列异步电动机具有较高的效率水平、良好的起动性能和防护性能、运行可靠寿命长、噪声较低、振动较小以及体积小、重量轻、外形美观大方的特点。

Y 系列三相异步电动机不仅满足了国民经济各部门的配套需要，而且还提高了国内外同类产品的互换性，极大地方便了引进设备的配套和维修。Y 系列电动机有两种外壳防护结构形式，即 IP23 及 IP24，分别与传统 J 系列电动机的防护式和封闭式相对应。

8.1　三相异步电动机的铭牌

电动机的铭牌通常钉在机座上，铭牌上要标出电动机型号、额定值（额定功率、额定电压、额定电流、额定转速、额定频率、额定效率）、绝缘等级、温升、连接方式、防护等级、噪声等级等主要技术数据，是使用和维修电动机的依据，必须按照铭牌上标出的额定值和使用条件去选择、安装、使用和维修电动机。

电动机不同生产厂家，其铭牌标示主要技术数据有差异，图 8-1 所示为某厂生产的三相异步电动机的铭牌。

三 相 异 步 电 动 机			
型号　Y132M-4		编号	
7.5kW		15.4A	
380V	1440r/min	LW78dB(A)	
接法　△	防护等级TP44	50Hz	81kg
标准编号	工作制　S1	B级绝缘	年　月
□　□　电　机　厂			

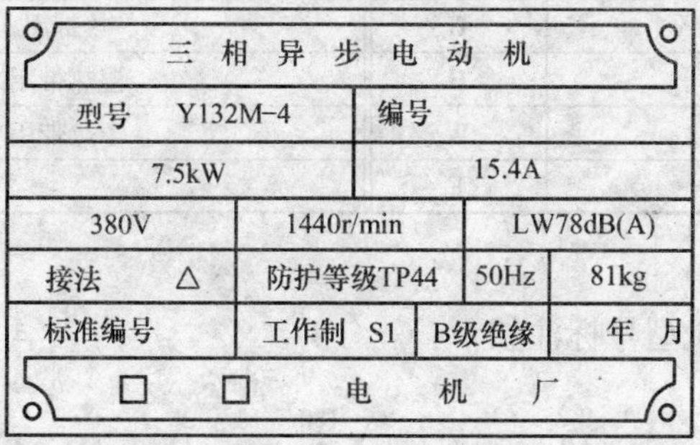

图 8-1　三相异步电动机的铭牌

1. 型号意义

型号是为了表示电动机的品种、规格、极数等而使用的一种产品代号。异步电动机的型号由产品代号、规格代号、特殊环境代号和补充代号四部分组成，其含义如下：

产品代号 1－2 用拼音字母表示电动机特点，字母含义见表 8-1；规格代号 2－2 用拼音字母 L、M 和 S 分别表示长、中、短机座：规格代号 2－3 用数字 1、2 分别表示短、长铁心；特殊环境代号 3 用拼音字母表示；特殊环境条件字母含义见表 8-2。

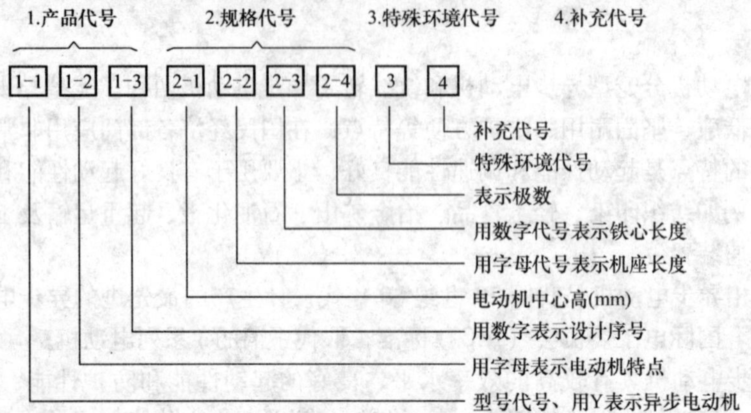

表 8-1 产品代号中表示电动机特点的拼音字母含义

字母	含 义	字母	含 义	字母	含 义
A	(增)安	J	减(速)(力)矩	S	双(笼)
B	(隔)爆、泵	L	立(式)	T	调(速)、电(梯)
C	齿(轮)、(电)磁、噪(声)	LJ	力矩	X	高(效率)
D	电(动机)、多(速)	M	木(工)	Y	异(步电动机)
E	(制)动	O	封(闭式)	Z	(起)重、(冶金)、振(动)
F	防(腐)、阀(门)	P	旁(磁)	W	户(外)
G	辊(道)	Q	高(起动转矩)、潜(水)		
H	船(用)、高(转差率)	R	绕(线)		

表 8-2 异步电动机特殊环境代号的拼音字母含义

特殊环境条件	代号	特殊环境条件	代号
高原用	G	热带用	T
海船用	H	湿热带用	TH
户外用	W	干热带用	TA
化工防腐用	F		

型号标注举例：

Y 系列三相异步电动机型号标注如下：

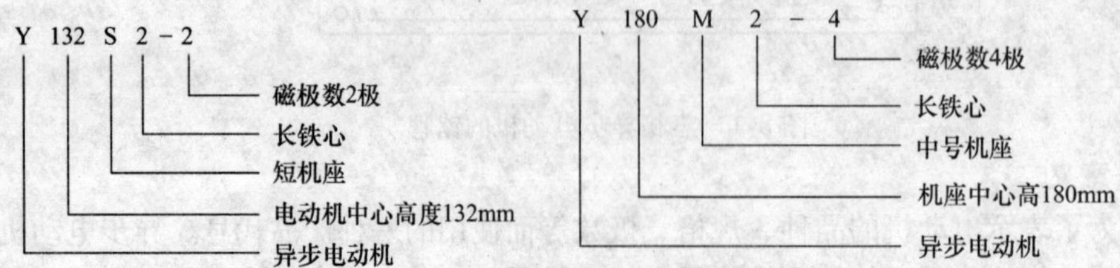

JO_2 系列三相异步电动机旧型号标注如下：

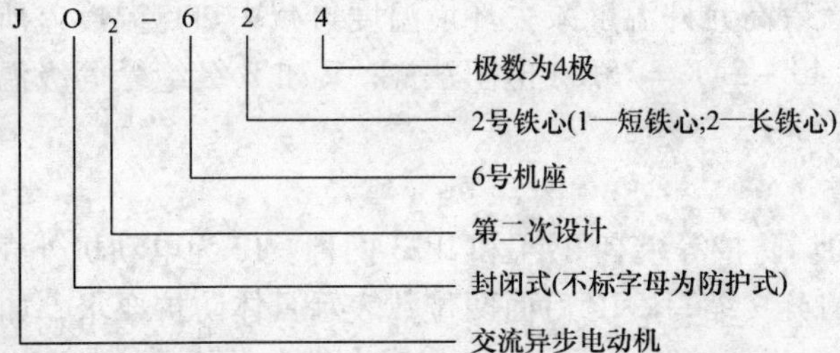

2. 额定功率 P_N

电动机在额定工况下运行时，转轴上输出的机械功率 P_N 称为额定功率，单位用 kW 表示，它表明该台电动机正常使用功率。电动机的负载处于额定功率为 75% ~100% 时，电动机效率和功率因数较高。在选用电动机时，要使电动机的功率与所拖动的机械功率相匹配。

3. 额定频率 f_N

电动机电源频率在符合铭牌要求时的频率，叫做电动机额定频率。我国工频为 50Hz，国外有 60Hz 的。

4. 额定电压 U_N

指施加在三相电动机定子绕组上的线电压，国内电源电压有 10kV、6kV、3kV、380V、220V 等。要求电源电压波动不能超过 ±5% 的额定电压。电压过低，起动困难；电压过高，电动机过热。

5. 额定电流 I_N

当电动机在额定工况下运行时，定子绕组的线电流称为额定电流。实际电流大于额定电流，说明电动机过载，电动机发热；小于额定电流，说明电动机欠载。

电动机的额定功率 P_N 与额定电压 U_N 和额定电流 I_N 之间有如下关系：

$$P_N = \sqrt{3}\eta U_N I_N l\cos\varphi$$

式中　$\cos\varphi$——电动机的功率因数；

η——电动机的效率。

6. 额定转速 n_N

电动机接入额定电压、额定频率和额定负载时，电动机转轴上的转速称为额定转速。电动机过载时，转速降低；欠载时（空载时）转速比额定时稍高些。

7. 绝缘等级及额定温升

电动机绕组采用的绝缘材料按耐热程度共划分为 Y、A、E、B、F、H、C 七个等级，常见的规格有 A、E、B、F、H 级五种，各种绝缘等级的极限工作温度见表 8-3。

表 8-3　电动机绝缘等级、极限工作温度及温升关系

绝缘等级		A	E	B	F	H
极限工作温度/℃		105	120	130	155	180
热点温差/℃		5	5	10	15	15
温升/K	电阻法	60	75	80	100	125
	温度计法	55	65	70	85	105

注：环境温度规定为 40℃。

电动机运行时由于发热，绕组温度高于环境温度，我国规定的标准环境温度为40℃，所以电动机的额定温升应是绕组绝缘最高允许温度减去环境温度再减去热点温度差所得的值。比如E级绝缘的温升为（120 - 40 - 5）K = 75K（电阻法）；又如B级绝缘等级温升为（130 - 40 - 10）K = 80K（电阻法）。

8. 防护等级

防护等级表示电动机的防护能力。防护等级有IP44和IP23两种。IP为电动机外壳防护等级的标志符号，是“国际防护”的英文缩写。IP后面两位数表示具体防护要求，如IP23后面第一位数字2，表示这种电动机结构能够防止手指触及机壳内带电导体或转动部分，并能防止直径大于12mm的小固体异物入内；第二位数字3表示与沿垂直线成60°角或小于60°角的淋水对电动机内部应无有害的影响。IP44的IP后面第一位数字表示这种电动机结构能够防止厚度大于1mm的工具、金属线或类似的物体触及壳内带电导体或转动部分，并能够防止直径大于1mm的小固体异物进入电动机内部，但不包括由外风扇吸风或送风的通风口和封闭式电动机的泄水孔，这些部分应具有二级防护性能。其第二位数字表示任何方向溅水于电动机应无有害影响。

9. 绕组连接方式

三相绕组每相有两个端头，三相共6个端头，可以接成△联结和Y联结，也有每相中间有抽头的，这样三相共有9个端头或更多，可以接成延边三角形联结和三角形联结。一定要按铭牌指示接线，否则电动机不能正常运行，甚至会烧毁。

我国低压小型电动机容量在3kW及以下的380V电压为Y联结；380V、3kW以上的电动机为△联结，可以在起动时，使用Y—△起动器。电动机接线图如图8-2所示。

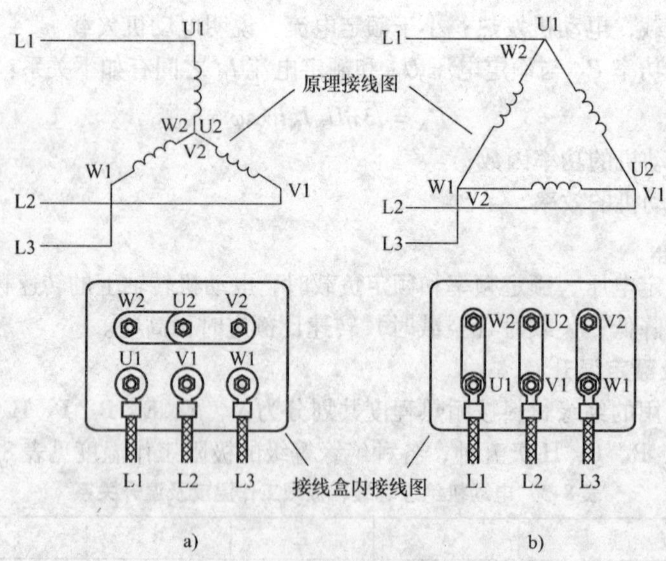

图8-2　三相低压电动机接线

a）绕组Y联结　b）绕组△联结

10. 额定效率 η_N

当电动机在额定负载下运行时，轴上输出的机械功率为电动机额定输出功率 P_N，而从电源供给电动机的电功率为额定输入功率，用 P_I 表示，从电功率转化为输出的机械功率时要产生损耗 ΣP，主要是热能损耗，所以 $P_I > P_N$，其比值称为电动机的效率。当额定运行时额定效率 η_N 为

$$\eta_N = P_N \times 100\% \ / P_I$$

11. 工作制

电动机的运行方式。指电动机符合铭牌规定数据可以持续运行的时间，根据发热条件可以分为连续运行、短时运行、断续（间断）运行三种。

（1）连续运行（S1）

连续运行是电动机持续工作时间较长，温升可达稳定值。属于这一类的生产机械如风机、压缩机、离心泵、机床主轴等。异步电动机多数属于这一种。

（2）短时运行（S2）

短时运行因工作时间较短，温升未达稳定值时就停止运行，而且间歇时间足以使电动机冷却到环境温度，如闸门、节气阀、机床的辅助运行等。我国规定的短时运行标准有 15min、30min、60min、90min 四种。

（3）断续运行（S3）

断续运行是周期性的工作与停机，每一周期不超过 10min，工作时温升达不到稳定值，停机时也来不及降到环境温度，如起重、冶金等机械。一周期内工作时间所占的比率称为负载持续率。我国规定的负载持续率有 15%、25%、40%、60% 四种。

12. 噪声等级

噪声等级标注 LW，单位为 dB。

13. 转子额定电压 U_{2N}、转子额定电流 I_{2N}

对于绕线转子异步电动机还标明转子额定电压 U_{2N} 和转子额定电流 I_{2N}。以上均指线电压和线电流值。

14. 额定功率因数 $\cos\varphi_N$

当电动机在额定工况下运行时，定子相电压与相电流之间的相位差为 $\cos\varphi_N$。

另外，铭牌上还标注了标准编号、出厂编号、出厂年月日、厂名、重量等。

8.2　电动机的选配与安装

8.2.1　电动机的选配与搬运

1. 电动机的选配

1）根据电源种类、电压和频率的高低选择电动机的工作电压。电动机工作电压的选定应以不增加起动设备的投资为原则。

2）根据机械设备负载的匹配需要选择电动机功率，不可任意减小或增加功率。

3）在具有同样功率的情况下，要选用电流小的电动机。

4）根据机械设备的要求选择电动机的转速。

5）根据具体使用环境的实际要求选择电动机温升和防护形式。

2. 电动机的搬运

搬运电动机时，应注意不要使电动机受到损伤和受潮，并要注意安全。

（1）小型电动机的搬运

重量在100kg以下的小型电动机，可以用铁棒穿过电动机上部的吊环做成担架，由人力来搬运；也可以用绳子拴在电动机的吊环或底座上，然后用扛棒来搬。切忌用绳子套在电动机的皮带盘或转轴上，也不要穿过电动机的端盖孔来抬电动机。

（2）中、大型电动机的搬运可用起重机械

如果没有起重机械，可在电动机下面垫一块板子，再在板子下面塞入相同直径的金属管或圆木制成的滚杠，然后用铁棒或木棒撬动。

8.2.2 电动机的安装与校正

1. 电动机的安装

电动机安装地点应选择在干燥、通风好、无腐蚀气体侵害的场所，否则电动机的使用寿命会明显缩短。一般中、小型电动机大多装在机械设备的固定底座上或导轨上，无固定底座的一定要安装在混凝土座墩上。通常，实验室里的电动机多为小型电动机，故多用螺栓把电动机紧固在金属底板上。

在混凝土浇注的水泥墩上安装电动机，为了使其稳定运转，且又不受潮气侵袭，水泥墩的高度不应小于150mm，并用地脚螺栓加以固定，如图8-3所示。地脚螺栓用六角螺栓制成，先用钢锯锯一条25~40mm的缝，再用钢凿把它分成人字形，然后埋入水泥墩里面，埋入长度一般是螺栓直径的10倍左右，人字形开口长度约是埋入长度的一半左右，浇注好混凝土墩。

小型电动机可用人力抬到基础上，较大的电动机，用起重设备或滑轮来安装。安装时，电动机与水泥墩之间应垫衬一层质地坚韧的木板或硬胶皮等防振物；四个紧固螺栓上均要套上弹簧垫圈，按对角线交错依次逐步拧紧螺母。电动机混凝土墩座又分为两种，如图8-3中5及6所示。在有地脚螺钉固定的水泥墩上，供需做小幅度移动的电动机安装使用，电动机和被拖动的机械之间的相对位置可以调节，以保证带传动时不偏移、不滑动，松紧适宜。

2. 电动机的校正

电动机安放在基础上并拧好地脚螺栓或螺钉上的螺母后，用水平尺（仪）对电动机进行纵向和横向的水平校正。如有不平，可用0.5~5mm的钢板垫在电动机机座或安装底板下面，直到符合要求为止，如图8-3所示。

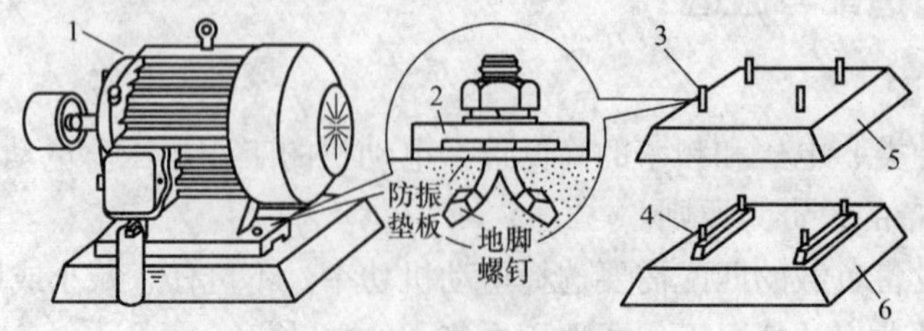

图8-3 电动机安装在混凝土座墩上

1—电动机 2—机座 3—固定的地脚螺栓 4—活动的地脚螺钉 5、6—水泥墩

电动机校正与被驱动的机械设备的传动装置之间互相连接的种类有关。常用的传动装置有带轮、联轴器和齿轮三种。传动装置不同，校正方法也不相同。总之，要安装平整、无振动、传动良好，保证电动机平稳安全运行。

如联轴器传动要求同心度较高；齿轮传动要求两轴保持平行，保证大小齿轮啃合良好，一般应使齿轮接触部分不小于齿宽的2/3，同时还要保持两齿轮的间隙一致，间隙的大小可用塞尺或压铅法进行检查。

8.2.3　电动机传动装置的安装与校正

1. 齿轮传动装置的安装与校正

(1) 齿轮传动装置的安装

安装的齿轮与电动机要配套，转轴的直径要配合安装齿轮的尺寸；齿轮与轴之间的键配合符合技术要求，齿轮轴心线与轴的轴心线应保持重合；所装齿轮的模数、直径和齿形等应与被动轮配套；安装时必须使两轴保持平行，保证大、小齿轮啮合良好，两齿轮间隙一致。

(2) 齿轮传动装置的校正

两齿轴是否平行，可用塞尺或压铅法检查两齿轮的间隙来确定，如果间隙均匀，说明两轴已平行，否则需重新校正。一般齿轮啮合程度可用颜色印迹法来检查，应使齿轮接触部分不小于齿宽的2/3。

2. 带传动装置的安装与校正

(1) 带传动装置的安装

带传动分 V 带和平带两种，安装时应符合如下要求：带轮与轴之间的键配合符合技术要求，带轮轴心线与轴的轴心线应保持重合；两个带轮要装在一条直线上，两轴要安装平行；两个带轮直径大小必须配套；塔式 V 带必须装成一正一反，否则不能进行调速；平带的接头必须连接正确，带扣的正、反面不应搞错，安装时应将有齿的一面放在内侧。

(2) 带传动装置的校正

校正时，首先要使电动机的轴与被驱动机械的轴保持平行，其次两带轮宽度中心线应在一条直线上。如果两带轮宽度相同，可用拉直的细线紧靠被带动机械带轮的端面，再矫正电动机，使其带轮的端面也贴靠细线。如拉直的细线与两带轮的端面刚好贴靠，则电动机已矫正好。如果两带轮宽度不相等，可先用划针在两带轮上画出中心线，然后用一根拉直细线将它对准被传动机械带轮的宽度中心线，如果电动机带轮宽度中心线不与细线重合，则必须移动电动机。在机座下垫薄铁片，直至电动机带轮的宽度中心线与细线重合为止。矫正时，应以大轮为准，逐步调整小轮。

3. 联轴器传动装置的安装与校正

常用的弹性联轴器传动装置的安装步骤与校正方法如下：现将两半联轴器分别装在电动机和被驱动机械的轴上，然后移动电动机使两轴的中心线大约处于一条直线，且使两半联轴器对好方位后，可用钢尺的一边搁在两联轴器边缘的平面上，如图 8-4a 所示。将电动机联轴器每转过 90°测一次，共测四次，若两个外盘无高低之分，则认为电动机和机械的联轴两端面平行，且两根轴已处于同轴心状态，便可把联轴器和电动机分别固定，拧紧地脚螺栓。反之，则需通过增减机械和电动机地脚垫片的厚度来调整，直至符合规定，如图 8-4b 所示。

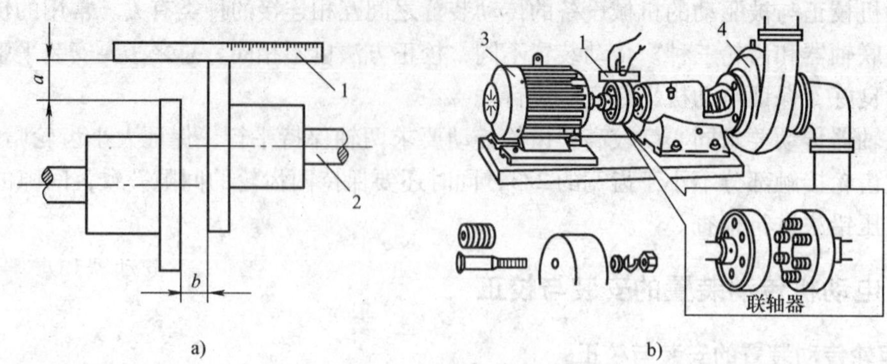

图 8-4 联轴器传动装置的安装与校正

1—钢尺 2—电动机轴 3—电动机 4—机械设备

4. 电动机连接导线的选择与敷设

（1）电动机连接导线的选择

根据电动机驱动的机械设备种类、固定或移动来选择其不同连接导线，导线材料常见的有电线和电缆。移动设备必须选择电缆，固定设备大多采用塑料绝缘线。连接导线截面积的选择首先满足负载电流的需求，其次要考虑敷设方式，并留有安全余量。各电器元器件和电动机间的连接线，可根据实际选择的敷线方式和线管类别来选择导线截面积。

（2）电动机连接导线的敷设

根据实际需求选择导线的敷线方式和穿线管类别，管子规格的选择应根据管内所穿导线的根数和截面积决定，一般规定管内导线的总截面积（包括外护层）不应超过管子内径截面积的40%。线路在室内水平敷设时离地低于2m 的导线以及垂直敷设时离地低于1.3m 的导线，均应穿钢管或硬塑料管加以保护，管口需套上护口圈，以免割伤导线。穿导线的钢管应先预埋（亦称暗敷设方式），连接电动机一端的管口离地不得低于100mm，且尽量接近电动机的接线盒，并用软管伸入接线盒内。在机床等设备上，控制柜内的导线常采用明敷，一般情况下，导线的活动部分通常采用软管连接。

8.2.4 电动机控制保护装置

1. 电动机对控制保护装置的要求

1）每台电动机必须安装一套能单独进行操作的控制开关和单独进行短路及过载保护的保护装置。

2）使用的开关设备，要具有可靠的接通和分断电动机工作电流以及切断故障电流的能力。

3）开关和保护装置标牌应参数清晰，分断标志明显；质量必须可靠，结构完整，操作机构的功能健全。

4）控制保护装置的具体组成，应能满足实际需要，保证安全为原则。

2. 开关设备的选装要求

1）功率在0.5kW 以下的电动机，允许用插销和插座作为电源通断的直接控制；如果进行频繁操作，则应在插座板上安装一道熔断器。

2）功率在 3kW 以下的电动机，可采用 HK 系列开启式负荷开关，开关的额定电流必须大于电动机额定电流的 2.5 倍，且必须在开关内安装熔体的位置上用铜丝接通，并在开关的后一级再装上一道熔断器，作为严重过载和短路保护。

3）功率在 3kW 以上的电动机，可选用 HZ 系列组合开关、DZS 系列小型低压断路器、CJ10 型或 CJ20 型交流接触器等。各类开关的选用可查阅有关电工手册。

4）功率较大的电动机，起动电流较大。为了不影响其他电气设备的正常运行和线路的安全，必须加装起动设备，减小起动电流。常用的起动设备有Y—△起动器和自耦补偿起动器等。

3. 熔断器的选配与安装

一般中、小型电动机通常采用熔断熔体的方法达到切断故障电流的目的。

（1）熔断器的选用

熔断器的规格必须选得大于电动机额定电流的 3 倍。常用的熔断器品种有 RC1A 型（插入式）和 RL 型（螺旋式）两种。RL 型多用于控制箱中。电动机保护一般用螺旋式熔断器。

（2）熔断器的安装

熔断器必须与开关装在同一个控制板上或同一个控制箱内。凡作为保护用的熔断器，必须装在控制开关的后级和操作开关（包括起动开关）的前级。

（3）熔丝的选配

熔丝是用来保护电动机的，不可盲目选配。三相异步电动机一般适用的熔丝额定电流值可参照表 8-4。

如果熔丝经常熔断，不能随意加大熔丝的容量，应查明原因再采取措施。

表 8-4　常用电动机选配熔丝的额定电流值

电动机功率/kW	熔丝额定电流值/A	电动机功率/kW	熔丝额定电流值/A
0.6	3.75	14	45～60
1.1	5.0	20	60～80
1.7	10	28	90～100
2.8	10～15	40	120～150
4.5	15～20	55	130～220
7	20～30	75	220～300
10	30～40	100	300～400

4. 电动机操作开关的安装

电动机的操作开关必须安装在操作时既能监视到电动机的起动和被拖动机械的运转情况，又便于操作且不易被人体或工件等触碰产生误动作的位置上。开关装在墙上时，它装在电动机的右侧。

如果开关需要装在远离电动机的地方，则必须在电动机附近，加装紧急时切断电源用的应急开关；同时还要加装开关合闸前的预示警告装置，以便处于电动机及被拖动机械周围的人得到警告。操作开关的安装位置，还应保证操作者操作时的安全。

5. 控制开关的安装

1）小型电动机不需作频繁操作的或不需作换向和变速操作的，一般只需一个开关。

2）需频繁操作的或需进行换向和变速操作的，则装两个开关（称两级控制），前一个开关作控制电源用，叫控制开关，常用铁壳开关、低压断路器，目前多采用低压断路器，后一个开关用来直接操作电动机的叫操作开关。如果采用起动器，则起动器就是操作开关。

3）凡采用无明显分断点的开关，如电磁起动器，必须装两个开关，在前一级装一个有明显分断点的开关，如刀开关、组合开关等作控制开关。凡容易产生误动作的开关，如手柄倒顺开关、按钮开关等，也必须在前一级加装控制开关，以防开关误动作而造成事故。

4）用断路器作控制开关时，所采用操作开关无保护装置，就应在断路器的前一级装一道熔断器作双重保护，使得热脱扣器或电磁脱扣器失灵时，能由熔断器起保护作用，同时可兼作隔离开关，以便维修时切断电源。

5）采用倒顺开关和电磁起动器作操作开关，而前级用转换开关作控制开关时（一般机床常采用这种结构形式），必须在两级开关之间安装一道熔断器。在三相回路中的熔断器应安装三个型号、规格相同的熔丝，分别串联在三根相线上。

6. 电压表和电流表的安装

有些大、中型或要求较高的电动机，为对电源电压和额定电流进行监视，在控制板上应同时装有电压表和电流表，接线方法如图 8-5 所示，电压表通常只用一只，通过换相开关进行换相测量，电压表的量程为 450V 或 500V。要求较高的应装三个电流表，一般要求的，可只装一个电流表串联在第二相。电流表的规格必须使得电动机起动电流通过，宜选用大于额定电流 2～3 倍的量程。

若电动机额定电流大于 50A，电流的测量应通过互感器进行交流测量，电流互感器的规格同样要大于电动机额定电流的 2～3 倍，配用电流互感器的电流表规格，可选用 5A 的，接线方法如图 8-6 所示。

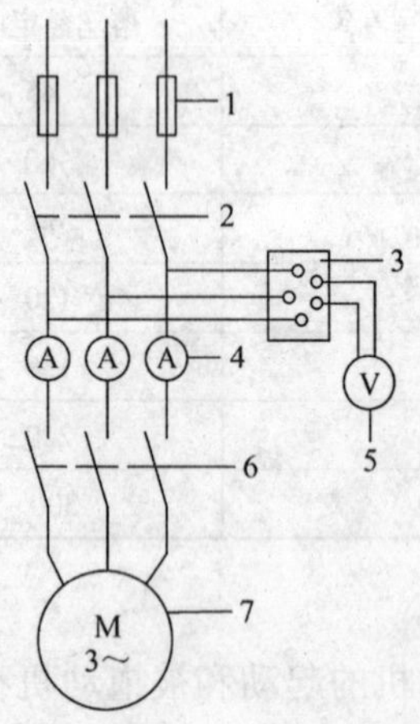

图 8-5　电压表和电流表接线图

1—隔离熔断器　2—控制开关　3—电压表换相开关

4—电流表　5—电压表　6—操作开关　7—电动机

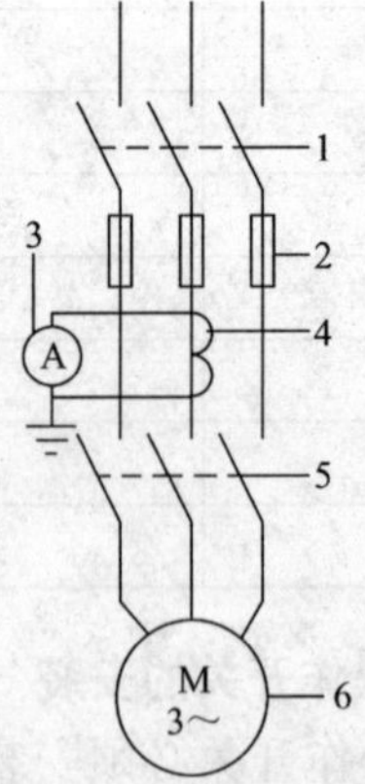

图 8-6　电流互感器与电流表配用接线图

1—控制开关　2—保护熔断器　3—电流表

4—电流互感器　5—操作开关　6—电动机

电动机接线盒内有一块接线排，三相绕组的六个线头按图 8-2 所示的规则分上下两排排列。在电网电压既定的条件下，根据电动机名牌的额定电压可按图 8-2 进行接线。若电动机出现反转，把任意两根电源线的线头对换位置即可。

8.3　电动机运行与维护

8.3.1　电动机起动前的检查

1）凡新装或停用三个月以上的电动机，应先检查其绕组相间及绕组对地的绝缘状况。对一般低压电动机要求摇测绝缘电阻不低于 0.5MΩ，高压电动机要求每 1kV 工作电压绝缘电阻不低于 1MΩ。同时要检查电动机起动设备的绝缘电阻，并使之符合规定要求（低压电器的绝缘电阻同样不应低于 0.5MΩ）。若不符合，则应进行干燥处理。

2）据电动机铭牌要求检查电动机接线是否符合规定接法；若无接线板，要先查明各相绕组端头（首与尾），并按规定接法连接牢靠。要查电源电压是否符合、是否正常，其偏差应在电动机额定电压的 ±10% 范围内可以起动与运行。

3）检查起动设备接线是否正确，动作是否灵活，触头接触是否良好，油浸起动设备是否缺油及油质是否合格。

4）检查熔丝大小是否合乎规定，接触应良好且无损伤现象，电动机以及起动设备外壳的接地保护或接零保护是否良好并连接可靠。

5）查看传动装置有无缺陷，联轴器螺钉与销是否紧固，或传动带松紧是否适度，再用手扳动电动机轴并带动机械，查看转动是否灵活，有无卡涩现象。

6）检查电动机和被带动机械设备的基础是否牢靠；它们及转动装置附近有无杂物及易燃物，若有则均应清除或搬开后方可起动电动机。对于绕线转子异步电动机，还应检查其转子绕组及集电环对地、集电环之间的绝缘电阻，并检查电刷与集电环的接触是否良好，电刷提升机构是否灵活，电刷的压力是否正常（要求为 $1.5 \sim 2.5\mathrm{N/cm^2}$）。

7）确定电动机转向后，上述检查全部通过后，才能正式起动电动机。电动机起动后，要马上进行下面的检查项目：检查电动机的旋转方向是否正确；电动机在起动和加速过程中，是否有异常振动和响声的现象；起动电流是否正常，电压降大小是否影响周围电气设备的正常工作；起动时间是否符合要求；检查三相电压和三相电流是否正常；起动装置工作是否正常；最后还要检查冷却系统和控制系统动作是否正常。

上述检查通过后，认为电动机起动正常，可以继续工作，否则要进行检查和分析，必要时，要停机检查。

电动机投入正常运行后，还要在电动机运转中进行定期巡视检查。

8.3.2　日常维护检查

电动机日常维护检查的要点是及早发现设备的异常状态，及时进行处理，防止事故扩大。维护人员根据继电器保护装置的动作和信号可以发现异常现象，也可以依靠维护人员的经验来判断事故征兆。

1. 外观检查

靠视觉可以发现下列异常现象：电动机外部紧固件是否有松动，零部件是否有毁坏，设备表面是否有油污、腐蚀现象。电动机的各触头和连接处是否有变色、烧痕和烟迹等现象，发生这些现象的原因是由于电动机局部过热、导体接触不良或绕组烧毁等。电压表无指示或不正常，则表明电源电压不平衡、熔断器熔断、转子三相电阻不平衡、单相运转、导体接触不良等；电流表指示过大，则表明电动机过载、轴承故障、绕组匝间短路等。电动机停转，造成的原因有电源停电、单相运转、电压过低、电动机转矩太小、负载过大、电压降过大、轴承烧毁、机械卡住等。

2. 用听诊棒检查

采用听诊棒靠听觉可以听到电动机的各种杂音，其中包括电磁噪声、通风噪声、机械摩擦声、轴承杂音等，从而可判断出电动机的故障原因。引起噪声大的原因，在机械方面有轴承故障、机械不平衡、紧固螺钉松动、联轴器连接不符合要求、定转子铁心相擦等；在电气方面有电压不平衡、单相运转、绕组有断路或击穿故障、起动性能不好、加速性能不好等。

3. 靠嗅觉检查

靠嗅觉可以发现焦味、臭味。造成这种现象的原因是电动机过热、绕组烧毁、单相运转、润滑不好、轴承烧毁、绕组击穿等。

4. 靠触觉检查

靠触觉用手摸机壳表面可以发现电动机的温度过高和振动现象。造成振动的原因是机械负载不平衡、各紧固零部件有松动现象。电动机基础强度不够、联轴点连接不当、气隙不均或混入杂物、电压不平衡、单相运转、绕组故障、轴承故障等。

造成电动机温度过高的原因是过载、冷却风道堵塞、单相运转、匝间短路、电压过高或过低、三相电压不平衡、加速特性不好使起动时间过长、定子和转子相擦、起动器接触不良、频繁起动和制动或反接制动、进口风温过高、机械卡住等。

用手摸电动机表面估计温度高低时，由于每个人的感觉不同，带有主观性，因此要由经验来决定，通常人手感觉与温度的关系见表 8-5。

表 8-5 电动机外壳表面温度与手感的关系

机壳温度/℃	手感	说明	机壳温度/℃	手感	说明
30	稍冷	机壳比体温低，故感觉稍冷	65	非常热	仅能手摸 2 ~ 3s，离开后仍感觉受热
40	稍温	感觉温和	70	非常热	用一个手指触摸，只能坚持 3s
45	温和	用手一摸，就感觉暖和	75	极热	用一个手指触摸，只能坚持 1 ~ 2s
50	稍热	长时间用手摸时，手掌变红	80	极热，以为电动机烧毁	手指稍触便热得想离开，用乙烯树脂带试，会卷缩
55	热	仅能手摸 5 ~ 6s	80 ~ 90	极热，以为电动机烧毁	用手指触摸一下，就感觉到烫得受不了
60	甚热	仅能手摸 3 ~ 4s			

注：当机壳为钢板时，每种温度均应减去 5℃。

8.3.3 例行维护检查

电动机例行维护检查有日常检查、每月或定期巡回检查以及每年检查。

在日常检查中，主要检查润滑系统、外观、温度、噪声、振动以及异常现象，还要检查通风冷却系统，滑动摩擦状况及各部分紧固情况，认真做好检查记录。

每月或定期巡回检查中，主要检查开关、配线。接地装置等是否有松动现象，有无破损部位，如有要提出计划和修理措施，检查粉尘堆积情况，要及时清扫，检查引出线和配线是否有损伤和老化问题。测试绝缘电阻并记录，检查电刷、集电环磨损情况，电刷在刷握内是否灵活等。

每年的检查内容除上述项目外，还要检查和更换润滑剂，必要时要解体电动机进行抽心检查，清扫清洗油垢，检查绝缘电阻，进行干燥处理，检查零部件生锈和腐蚀情况等。

8.4　三相笼型异步电动机的拆装

8.4.1　三相笼型异步电动机的结构

三相笼型异步电动机的结构如图 8-7 所示，三相绕线转子异步电动机结构如图 8-8 所示。

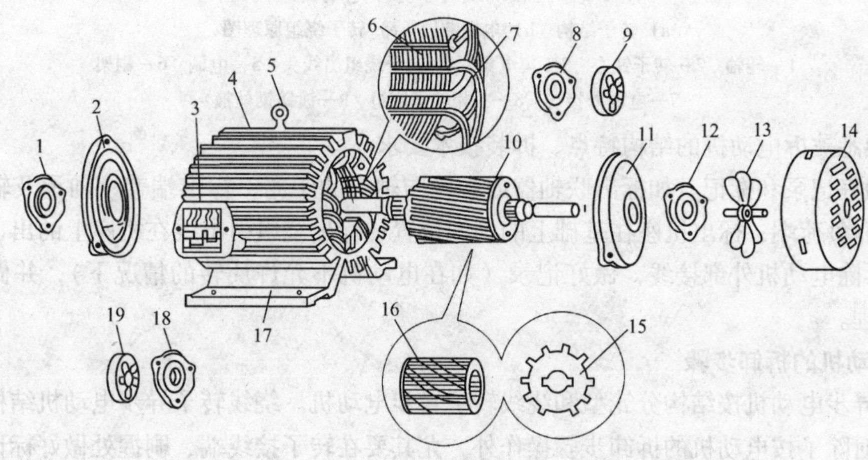

图 8-7　三相笼型异步电动机的结构

1—前轴承外盖　2—前端盖　3—接线盒　4—散热筋　5—吊环　6—定子铁心　7—定子绕组　8—后轴承内盖　9—后轴承　10—转子　11—后端盖　12—后轴承外盖　13—风叶　14—风罩　15—转子铁心　16—笼型转子绕组　17—机座　18—前轴承内盖　19—前轴承

8.4.2　中、小型异步电动机拆装工艺

电动机在使用中因发生故障需检修，或维护保养等原因，需要拆卸和装配。如果拆装方法不正确，会给电动机造成新故障或使用留下隐患。因此掌握正确的拆卸和装配技术是保证电动机修理质量的前提。

1. 拆卸前的准备工作

1）备齐拆卸电动机的专用工具，如拉具、套筒、喷灯、卡圈钳、喷灯、油盘、活动扳手、锤子、螺钉旋具、纯铜棒、铜套、毛刷、砧木等。

2）选好电动机拆装的合适地点，整理好现场环境，清洁电动机表面灰尘和污垢。

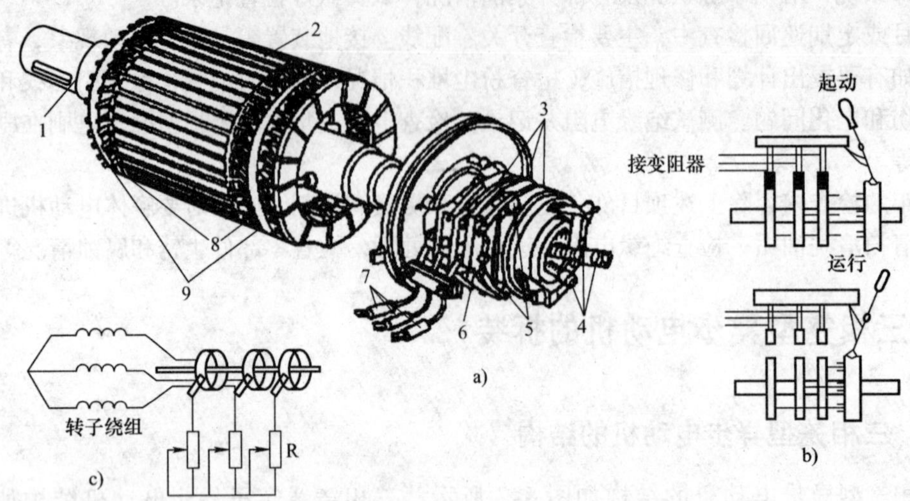

图 8-8　三相绕线转子异步电动机结构

a）转子结构　b）电刷装置　c）转子绕组原理图

1—转轴　2—转子铁心　3—集电集　4—转子绕组出线头　5—电刷　6—刷架

7—电刷外接线　8—三相转子绕组　9—镀锌钢丝箍

3）熟悉被拆电动机的结构特点、拆装技术要求。

4）做好记录和标记。如标出联轴器或带轮与轴台的距离；标出端盖、轴承及轴承盖的负荷端和非负荷端；标出机座在基础上的详细位置；标出绕组引出线在机座上的出口方向。

5）拆除电动机外部接线，做好记录（如在电动机不允许反转的情况下），并做好线头的绝缘处理。

2. 电动机的拆卸步骤

三相异步电动机按结构分笼型和绕线转子异步电动机。绕线转子异步电动机结构相对复杂，拆卸时除了按电动机的拆卸步骤操作外，尤其要在转子接线端、刷握处做好标记和记录电刷装置把手的行程。无前轴承盖笼型异步电动机的拆卸步骤比较简单，下面介绍有前后轴承盖的笼型异步电动机拆卸步骤：

1）卸下传送带或负载端联轴器。

2）拆掉接线盒内的电源、接线和接地线，拆掉电源接线时要做好原始记录，必要时拴上临时标志牌。

3）卸下带轮，卸下方法后面介绍。

4）卸下前轴承外盖。

5）做好前端盖与机座的配合处原始记录（如果原来有，可确认后不再记录），然后拆下前端盖。

6）拆下风扇罩，所有螺栓、螺钉、垫圈放在专用盒内保存，以免遗失。

7）取下外风扇卡箍，卸下外风扇。

8）卸下后轴承外盖。

9）卸下后端盖，事先也要做好与机座配合间的记录。

10）抽转子，放在转子支架或平坦的干净地面上。

11）最后可拆卸转子上的前后轴承和前后轴承内盖。

3. 主要部件的拆卸方法

（1）联轴器或带轮的拆卸

做好原始记录，如带轮或联轴器前后位置以防安装时装反。另外，要测量带轮或联轴器与电动机前端盖或转轴根部间的距离，如图 8-9a、b、c、d 所示。

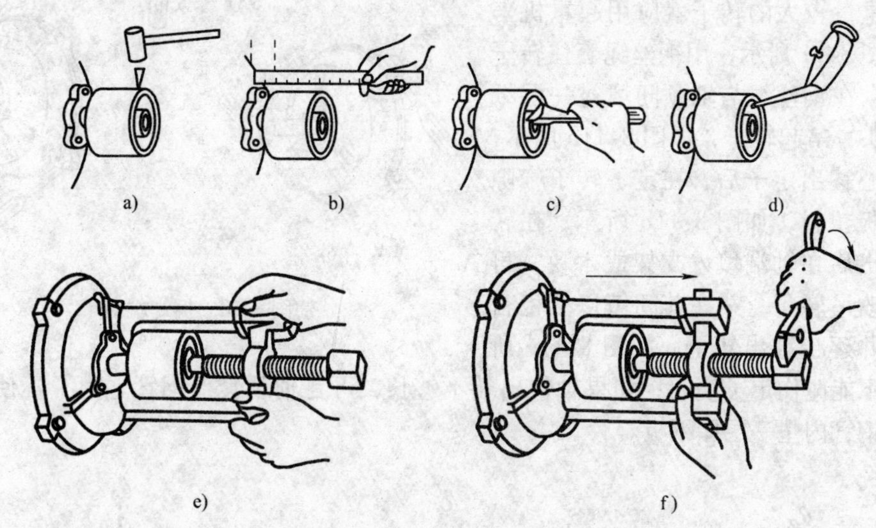

图 8-9　轮或联轴器的拆卸

先旋松带轮上的固定螺钉或固定键，敲去定位销，在带轮或联轴器内孔和转轴结合处加入煤油，待数分钟后拆卸。装上拆卸专用工具——拉具，调整好各拉脚之间的距离，如图 8-9e、f 所示。拉具有两爪和三爪两种，小型的是丝杠式的，重型的有液压式的，操作时，拉钩要对称地钩住带轮或联轴器内圈，两钩爪受力一致。有时为了防滑，还得用金属丝将两拉杆捆绑在一起。中间主螺杆应与转轴中心线一致。在旋动螺杆时要保持两臂平衡，用力均匀、平稳。对轴中心较高的电动机，可在拉具下面垫上木块。若转轴与带轮内孔结合处锈蚀或过盈尺寸偏大，拉不下来时，可用加热法先将拉具装好并扭紧到一定程度，用石棉包住转轴，然后用热水（最好为 100℃）快速浇带轮或联轴器，或用氧乙炔焰或喷灯快速而均匀地加热带轮或联轴器，待温升到 250℃左右，加力旋转拉具螺杆，可顺利地将带轮或联轴器拔下。拆卸较大的带轮或联轴器对轮时，可用规格较大的液压三爪拉具来完成。注意，对于齿轮传动件，不可直接用高温加热齿部，以防齿轮退火。

（2）拆卸轴承盖和端盖

轴承外盖在拆卸前做好记号，以防安装时前后装反，然后用扳手拧下轴承外盖的固定螺钉即可。

拆端盖前要做好机壳与端盖连接处的记号。然后用扳手或套管扳手旋下端盖的固定螺钉如大、中型电动机，可用端盖上的顶丝均匀加力，将端盖从机座止口中顶出。没有顶丝孔的端盖，可用撬棍或大螺钉旋具插入端盖突起的根部均匀加力，将端盖撬出止口，如图 8-10 所示。若是拆卸小型电动机，在前后轴承盖和端盖螺钉全部拆掉后，可双手抱住电动机，使其竖立，轴头向下，利用自身重力在垫有厚木板的地面上轻轻一触，就可松脱端盖。拆卸较重的端盖，在拆卸前必须用吊车或其他起重设备将端盖吊好再拆，否则容易破坏端盖或碰伤其他机件，甚至伤及操作人员。

(3) 抽出转子

如果转子重量不大，可用手将转子托起抽出；重量较大的转子就应用起重机来吊出，如图 8-11 所示，用钢丝绳套住转子两端轴颈，在钢丝绳与轴颈间填衬一层纸板或棉纱头，吊起转子，如图 8-11a 所示；将转子重心移出定子后，在定、转子气隙间塞入纸板垫衬，如图 8-11b 所示；在转子重心移出后在轴端填入支架或木块，再将钢丝绳改吊转子，并在其间填以纸板衬垫，吊起并逐步移出转子，如图 8-11c 所示。注意不能碰伤定子绕组；如果轴伸出端不够长，可在轴颈套上钢管。为了不使轴颈刮伤，应在钢管内垫一层厚纸板。

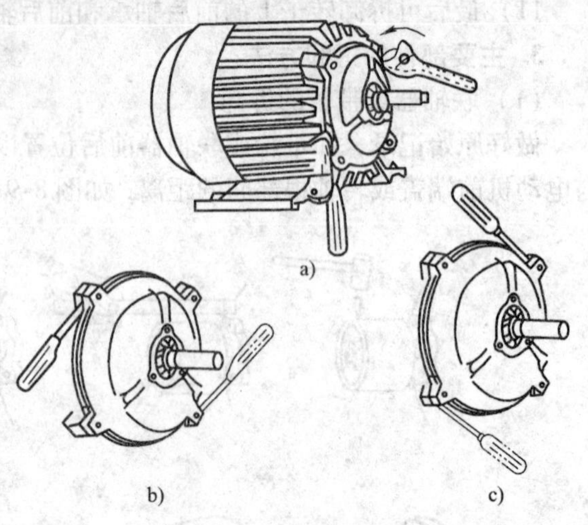

图 8-10 拆卸端盖

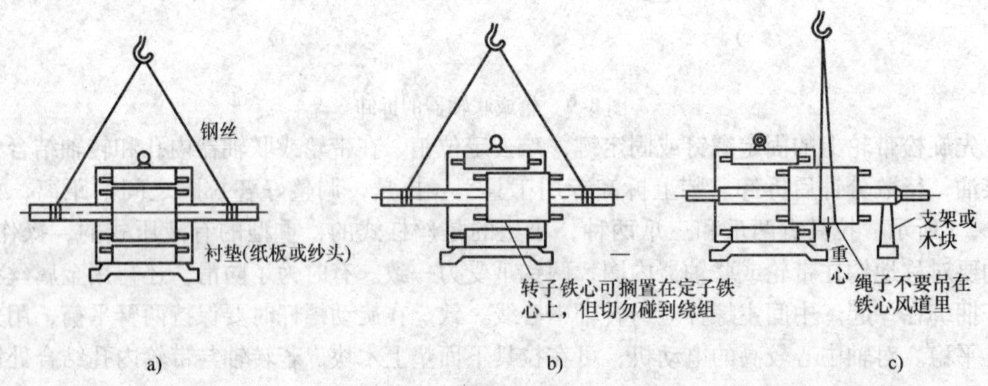

图 8-11 用起重设备吊出转子

(4) 轴承的拆卸

轴承的拆卸常遇到两种情况：一种是在转轴上拆卸；另一种是在端盖内拆卸。下面分述这两种情况下的轴承拆卸工艺。

在转轴上拆卸轴承常用三种方法，一种是用拉具按拆卸带轮的方法进行拆卸。拆卸时，钩爪要抓牢轴承内圈，以免损坏轴承，如图 8-12a 所示。第二种方法是在没有拉具的情况下，用端部呈楔形的铜棒，在倾斜方向顶住轴承内圈，用榔头敲打，边敲打铜棒，边把楔形端沿轴承内圈均匀移动，直到敲下轴承，如图 8-12b 所示。第三种拆卸法是用两块厚铁板在轴承内圈下夹住转轴。铁板用能容纳转子的圆筒支住，在转轴上端面垫上厚木板或铜板，敲打取下轴承，如图 8-12c 所示。

拆卸端盖轴承孔内的轴承，可用图 8-12d 所示的方法，要求铁筒外径小于轴承外径 1 ~ 2mm。垫板内径大于轴承外径，其厚度大于轴承厚度。另外，可采取加热拆卸。因轴承装配

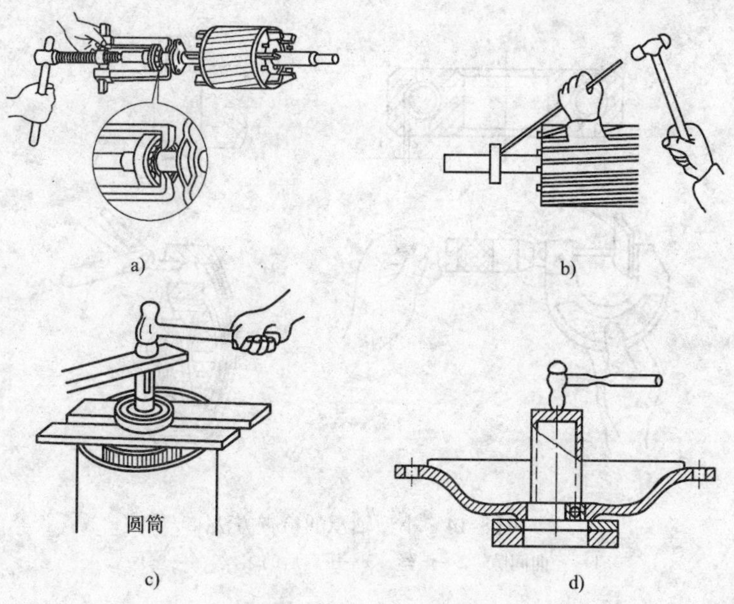

图 8-12　滚动轴承的拆卸

过紧或轴承氧化锈蚀不易拆卸时，可将 80～100℃的废机油淋浇在轴承内圈上，趁热用上述方法拆卸。为了防止热量过快扩散，可先将轴承用布包好再拆。

4. 轴承的清洗与检查

（1）将轴承放入煤油桶内浸泡 5～10min

待轴承上油膏落入煤油中，再将轴承放入另一桶比较洁净的煤油中，用细软毛刷将轴承边转边洗，最后在汽油中洗一次，用布擦干即可。

（2）检查轴承有无裂纹、滚道内有无生锈等

再用手转动轴承外圈，观察其转动是否灵活、均匀，是否有卡位或过松的现象，小型轴承可用左手的拇指和食指捏住轴承内圈并摆平，用另一只手轻轻地用力推动外钢圈旋转，如图 8-13 所示。如轴承良好，外圈应转动平稳，并逐渐减速至停，转动中没有振动和明显的停滞现象，停止转动后的钢圈没有倒退现象。如果轴承有缺陷，转动时会有杂音和振动，停止时像制动一样突然，严重的还会倒退反转。这样的轴承应及时更换。

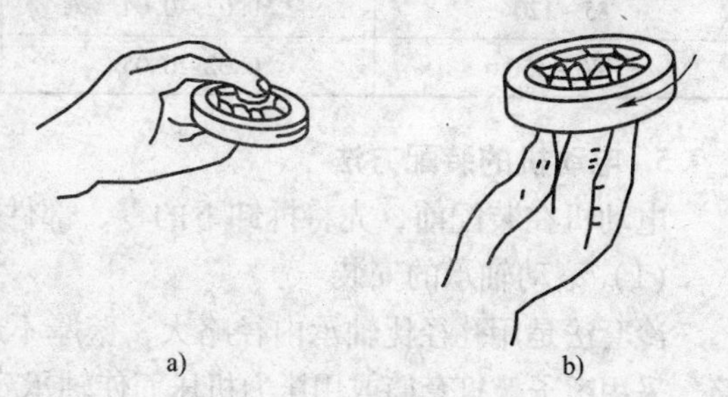

图 8-13　轴承的检查方法

（3）用塞尺或熔丝检查轴承间隙

将塞尺插入轴承内圈滚珠与滚道间隙内并超过滚珠球心，使塞尺松紧适度，此时塞尺的厚度即为轴承的径向间隙。也可用一根直径为 1～2mm 的熔丝将其压扁（压扁的厚度应大于轴承间隙），将这根熔丝塞入滚珠与滚道的间隙内，转动轴承外圈，将熔丝进一步压扁，然后抽出，用千分尺测量熔丝弧形方向的平均厚度，即为该轴承的径向间隙，如图 8-14 所示。

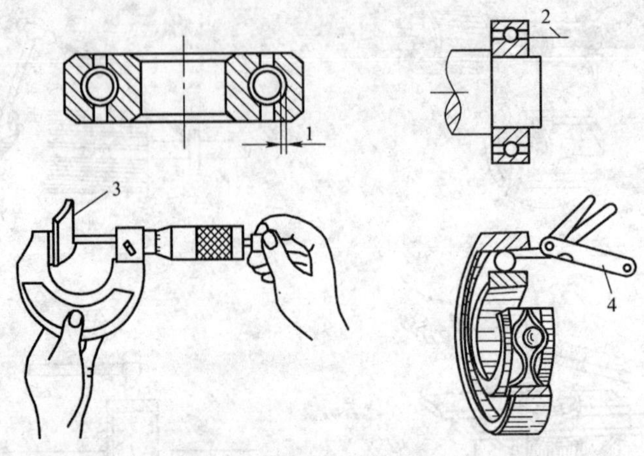

图 8-14 小型轴承的检查方法

1—径向间隙 2—熔丝 3—压扁后的熔丝 4—塞尺

滚动轴承磨损间隙如超过表 8-6 的许可值，就应更换轴承。

表 8-6 滚动轴承磨损的许可值 （单位：mm）

轴承内径	径向间隙		
	新滚珠轴承	新滚柱轴承	磨损最大允许值
20 ~ 30	0.01 ~ 0.02	0.03 ~ 0.05	0.10
35 ~ 50	0.01 ~ 0.02	0.05 ~ 0.06	0.10
55 ~ 80	0.01 ~ 0.02	0.06 ~ 0.08	0.25
85 ~ 120	0.02 ~ 0.04	0.08 ~ 0.10	0.30
130 ~ 150	0.02 ~ 0.05	0.10 ~ 0.12	0.35

5. 电动机的装配方法

电动机在装配前，先将拆卸下的零、部件修复，彻底清洗，准备好更换件等。

（1）滚动轴承的安装

冷套法是用孔径比轴承内径略大，壁厚不超过轴承内套径向尺寸，长度适当的铁管或套筒，采用锤子敲打套筒或用压力机压而使轴承到位的方法；热套法是将轴承放入 80 ~ 100℃的变压器油中预热 30 ~ 40min，然后用锤子或套筒把轴承推入到位的方法。轴承到位后用压缩空气吹净并擦干、装好轴承后，按要求加入润滑脂。注意，在安装轴承前应先套入轴承内盖。

（2）装润滑脂

在轴承内、外圈里和轴承盖里装的润滑脂应洁净，塞装要均匀，一般两极电动机装满 1/3 ~ 1/2 的空间容积；四极及其以上的电动机装满轴承的 2/3 空间容积。轴承内外盖的润滑脂一般为盖内容积的 1/3 ~ 1/2。

（3）后端盖的安装

将转子轴伸出端朝下垂直放于木垫板上，后端盖轴承孔对准轴承，用木锤将后端盖均匀逐步打入到位，装上轴承外盖，紧固内外轴承盖的螺栓时要逐步拧紧。

（4）转子的安装

按照抽出转子的方法装入带后端盖的转子，并使后端盖对准与机座间预先作的记号，旋好固定螺钉，将端盖打入止口后，再旋好螺钉，但不要拧紧。

（5）前端盖的安装

将前端盖对准与机座的标记，用木锤均匀敲击端盖四周，不可单边着力，并拧上端盖的紧固螺钉，不要拧紧。拧紧前端盖的紧固螺钉前，要用木锤在前端盖圆周均匀敲打，按对角线上下左右逐步分别拧住前端盖螺栓。不能先拧紧一个，再拧紧另一个，这样易造成耳攀断裂或转子同心度不良等。

装前轴承外端盖。先在外轴承盖孔内插入一根螺钉，一手顶住螺钉，另一手缓慢转动转轴，轴承内盖也随之转动，当手感觉到轴承内外盖螺孔对齐时，就可以将螺钉拧入内轴承盖的螺孔内，再装另两根螺钉。拧紧时，也应逐步拧紧。按照以上拧紧螺钉的方法，分别将前后端盖螺栓全部拧紧到位。

（6）刷架、风扇叶、风罩的安装

绕线转子异步电动机的刷架要按所做的标记装上，安装前要做好集电环、电刷表面和刷握内壁的清洁工作。安装时，集电环与电刷的吻合要密切，弹簧压力要调匀，风扇的定位螺钉要拧到位且不松动。

上述零部件装完后，要用手转动转子，检查其转动是否灵活、均匀，无停滞或偏重现象。

（7）带轮或联轴器的安装

将抛光布卷在圆木上，把带轮或联轴器的轴孔打磨光滑；用抛光布把转轴的表面打磨光滑；对准键槽把带轮或联轴器套在转轴上；调整好带轮或联轴器与键槽的位置后，将木板垫在键的一端，轻轻敲打，使键慢慢进入槽内。安装大型电动机的带轮时，可先用固定支持物顶住电动机的另一端和千斤顶的底部，再用千斤顶将带轮顶入。

6. 装配后的检验

1）检查电动机的转子转动是否轻便灵活，如转子转动比较沉重，可用纯铜棒轻敲端盖，同时调整端盖紧固螺栓的松紧程度，使之转动灵活。检查绕线转子电动机的刷握位置是否正确，电刷与集电环接触是否良好，电刷在刷握内是否卡住，弹簧压力是否均匀等。

2）检查电动机的绝缘电阻值，用绝缘电阻表测量电动机定子绕组相与相之间、各相对地之间的绝缘电阻，绕线转子异步电动机还应检查转子绕组及绕组对地间的绝缘电阻。

3）根据电动机的铭牌与电源电压，正确接线，并在电动机外壳上安装好接地线，用钳形电流表分别检测三相电流是否平衡。

4）用转速表测量电动机的转速。

5）让电动机空转运行 30min 后，检测机壳和轴承处的温度，观察振动和噪声。绕线转子电动机在空载时，还应检查电刷有无火花及过热现象。

8.5　三相异步电动机常见故障分析与排除

8.5.1　三相异步电动机的常见故障分析与处理

三相异步电动机的常见故障及处理方法见表 8-7。

表 8-7 三相异步电动机常见故障一览表

故障现象	故障原因	处理方法
电动机不能起动	(1) 电源未接通 (2) 绕组断路、短路接地接线错误 (3) 熔体熔断 (4) 绕线转子异步电动机起动时误操作 (5) 过电流继电器整定值过小 (6) 控制设备接线错误	(1) 检查开关、熔断器、各触头及电动机引线，并修复 (2) 采用仪表检查，并进行修理处理 (3) 查出故障后，按电动机规格配新熔丝 (4) 检查集电环短路装置及起动变阻器位置。起动时隔开短路装置、串联变阻器 (5) 适当调大 (6) 校正接线
电动机接入电源后，熔断器熔断或断路器跳闸	(1) 电动机断相起动 (2) 定、转子绕组接地或短路 (3) 电动机负载过大或被机械部分卡住 (4) 熔体截面积过小 (5) 绕线转子异步电动机所接的起动电阻太小或被短路 (6) 电源至电动机间，连接线短路	(1) 检查电源线、电动机引出线、熔断器、开关各触头，找出断线或假接故障后进行修复 (2) 采用仪表检查，进行修理处理 (3) 将负载调至额定，排除被拖动机构的故障 (4) 如果熔断器不起保护作用，可按下式选择熔断器额定电流 熔断器额定电流 = 起动电流/(2 ~ 3) (5) 消除短路故障或增大起动电阻 (6) 检查短路点后进行修复
电动机通电后不起动，并嗡嗡响	(1) 极数改变，重绕的电动机槽配合选择不当 (2) 定、转子绕组断路 (3) 绕组引出线始末端接错或绕组内部接反 (4) 电动机负载过大或被卡住 (5) 三相电源未能全部接通 (6) 电源电压过低 (7) 小型电动机的润滑脂过硬、变质或轴承装配过紧	(1) 选择合理绕组形式和极距；适当车小转子直径；重新计算绕组系数 (2) 查明断路点进行修复；检查绕线转子电刷与集电环接触状态；检查起动电阻是否断路或电阻过大 (3) 检查绕组始末端，判定绕组始末端是否正确 (4) 对负载进行调整，并排除机械故障 (5) 更换熔断的熔断器，紧固松动的接线螺钉，用万用表检查电源线一相断线或虚接故障，进行修复 (6) 三角形联结误接成星形联结时，应改正；电源电压低时，应与供电部门联系解决，配线电压降太大时，应改用粗电缆线 (7) 更换合格的润滑脂；检查轴承装配尺寸，并使之合理
电动机外壳带电	(1) 电源线与接地线搞错 (2) 电动机绕组受潮、绝缘严重老化 (3) 引出线与接线盒接地 (4) 绕组端部接触端盖接地	(1) 纠正接线错误 (2) 电动机进行干燥处理，老化的绝缘应更新或绕组重绕 (3) 包扎或更新引出线绝缘，修理接线盒 (4) 拆下端盖检查绕组接地点，将接地点绝缘加强，端盖内垫以绝缘纸
电动机空载或负载时，电流表指针不稳、摆动	(1) 绕线转子异步电动机有一相电刷接触不良 (2) 绕线转子集电环的短路装置接触不良 (3) 转子的笼条开焊或断条 (4) 绕线转子绕组一相断路	(1) 调整刷压和改善电刷与集电环的接触面质量 (2) 检查和修理集电环短路装置 (3) 采用开口变压器或用其他方法检查，并予修复 (4) 采用校验灯或万用表检查断路处并排除故障

（续）

故障现象	故障原因	处理方法
电动机起动困难，加额定负载后，电动机的转速比额定转速低	（1）电源电压过低 （2）电动机绕组三角形联结误接成星形联结 （3）绕线转子电刷或起动变阻器接触不良 （4）定、转子绕组有局部线圈接错或接反 （5）绕组重绕时匝数过多 （6）绕线转子一相断路 （7）电刷与集电环接触不良	（1）用电压表检查电动机输入端电源电压。确认电源电压过低后，进行调整 （2）改为三角形联结 （3）检修电刷和起动变阻器的接触部位 （4）检查出故障线圈后进行正确接线 （5）按正确的匝数重绕 （6）用校验灯或万用表检查断路处，然后排除故障 （7）改善电刷与集电环的接触面积，研磨电刷工作面，调压和车削集电环表面等
绝缘电阻低	（1）绕组受潮或被水淋湿 （2）绕组绝缘粘满粉尘油垢 （3）电动机接线板损坏，引出线绝缘老化、破裂 （4）绕组绝缘老化	（1）进行加热烘干处理 （2）清洗绕组油污并经干燥、绝缘处理 （3）重包引线绝缘，更换或修理出线盒及接线板 （4）经鉴定可重绕绕组，如能继续使用，要经清洗干燥绝缘处理

8.5.2　三相异步电动机常见故障的分析与检查方法

三相异步电动机的故障是多种多样的，产生的原因也比较复杂。检查电动机故障时，要充分了解电动机的实际情况，按照先外后内，先机后电的检查顺序进行故障的分析与检查，才能正确、迅速地找出故障原因。在对电动机外观、绝缘电阻、电动机外部接线等项目进行详细检查时，如未发现异常情况，可对电动机做进一步的通电试验；将三相低电压（30% U_N）通入电动机三相绕组并逐步升高，当发现声音不正常、有异味或转不动时，立即断电检查。如起动未发现问题，可测量三相电流是否平衡，电流大的一相可能是绕组短路，电流小的一相可能是多路并联绕组中的支路断路。若三相电流平衡，可使电动机继续运行1～2h，随时用手检查铁心部位及轴承端盖的温度，发现烫手，立即停车检查。如绕组过热则是绕组短路；如铁心过热，则是绕组匝数不够，或铁心硅钢片间的绝缘损坏。以上检查均在电动机空载下进行。

通过上述检查，确认电动机内部有问题，就可拆开电动机做进一步检查：

（1）检查绕组部分

查看绕组端部有无积尘和油垢，查看绕组绝缘、接线及引出线有无损伤或烧伤。若有烧伤，烧伤处的颜色会变成暗黑色或烧焦，有焦臭味。烧坏一个绕组中的几匝线圈，可能是匝间短路造成的，烧坏几个绕组，多半是相间或连接线（过桥线）的绝缘损坏所引起的；烧坏一相，这多为△联结中由一根电源断电所引起的；烧坏两相，这是由一相绕组断路而产生的；若三相全部烧坏，大都由于长期过载或起动时卡住引起，也可能是绕组接线错误引起的，可查看导线是否烧断和绕组的焊接处有无脱焊、虚焊现象。

（2）检查铁心部分

查看转子、定子表面有无擦伤的痕迹。若转子表面只有一处擦伤，而定子表面全是擦伤，这大都是由于转子弯曲或转子不平衡造成的；若转子表面一周全都有擦伤的痕迹，定子表面只有一处伤痕，这是由于定子、转子不同心造成的，造成不同心的原因是机座或端盖止口变形或轴承严重磨损使转子下落；若定子、转子表面均有局部擦伤痕迹，则是由上述两种原因共同引起的。

（3）检查轴承部分

查看轴承的内、外套与轴颈和轴承室配合是否合适，同时也要检查轴承的磨损情况。

（4）检查其他部分

查看风扇叶是否损坏或变形，转子端环有无裂痕或断裂，再用短路测试器检查导条有无断裂。

1. 定子绕组故障的排除方法

绕组是电动机电气部分的核心，与机械部分相比较，绕组是更容易损坏而造成故障的部件。常见的定子绕组故障有绕组断路、绕组短路、绕组接地及绕组接错嵌反等。

（1）绕组断路的检修

绕组断路多发生在电动机绕组的端部、各绕组部件的接线头或电动机的引出线端等地方，因此首先要检查这些地方。故障的主要原因有绕组受外力的作用而断裂，接线头焊接不良而松脱，绕组短路或负载电流过大、过热而烧断。

1）检查方法：对电动机断路可用绝缘电阻表、万用表（放在低电阻挡）或校验灯等来检查。检查时，对于三角形联结的电动机，必须把三相绕组的接线拆开后每相分别测试，如图 8-15 所示。

对于单线绕制的定子绕组而言，则表不通或灯不亮时，说明该相绕组断路。如无法判定断路点时，可将该相绕组中间一半的连接点处剖开绝缘，进行分段测试，如此逐步缩小故障范围，最后找出故障点。

图 8-15　用绝缘电阻表或校验灯检查定子绕组断路
a）△联结的检验　b）Y联结的检验

中等容量电动机定子绕组采用多根导线并绕和多支路并联，其中假若断若干根或断开一路时，常采用以下两种方法检查：

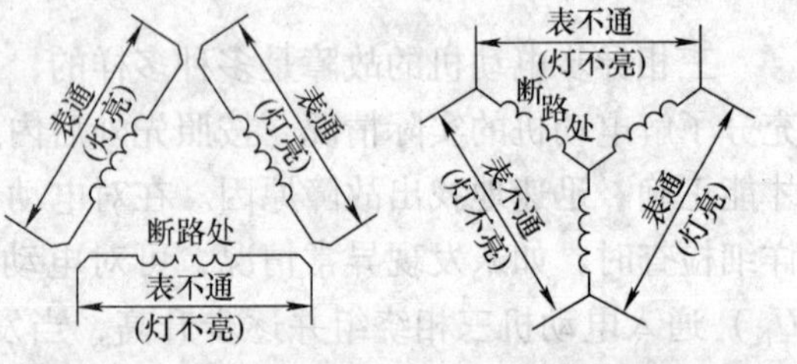

① 三相电流平衡法：对于Y联结的电动机，将三相绕组并联，通入低压大电流（电流值≤额定值），如果三相电流值相差大于 5%，电流小的一相为支路断路相，如图 8-16a 所示；对于△联结的电动机，需拆开触头，分别测量每相绕组的两端，如果三相电流相差大于 5%，电流小的一相为支路断路相，如图 8-16b 所示。

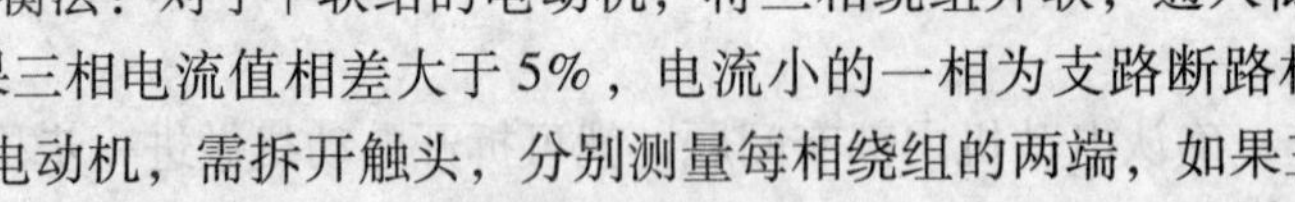

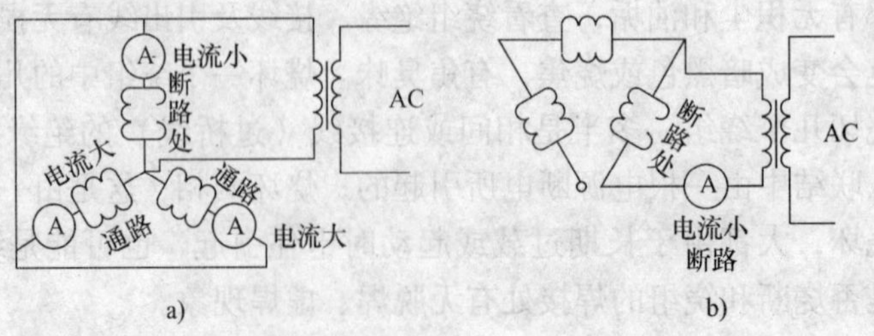

图 8-16　用三相电流平衡法检查电动机多支路绕组断路
a）Y联结的检查　b）△联结的检查

② 直流电阻测量法：分别给每相绕组加上一个数值为 6～12V 的直流电压 U，再测量流过该绕组中的电流 I，则该绕组的直流电阻为 $R = U/I$；或用电桥测量各相绕组的直流电阻，测量三次求取平均值，并尽量减少测量误差。对故障相而言，其电阻 R 较正常相大，故在相同的电压 U 作用下，流过直流电流表的电流较小，因此也可从电流表的读数中判断出读数小的一相为故障相。并参照上面的办法逐步缩小故障范围，最后找出故障点。

2）故障修理：对于引出线或接线头扭断、脱焊等引起的断路故障，在找到故障点后，只需将导线连接并焊牢，包扎新的绝缘材料，即可使用；如果断路发生在槽口处或槽内难以焊接时，则可用穿绕修补法更换个别绕组；如故障严重难以修补时，则需重新绕线。

（2）绕组接地的检修

绕组接地故障指电动机定子绕组与铁心或机壳间因绝缘损坏而相碰触。造成这种故障的原因如下：电动机长期过载运行，致使绝缘老化；或导线松动，硅钢片未压紧，有尖刺等原因，在振动情况下擦伤绝缘；或因转子与定子相擦使铁心过热，烧伤槽楔和槽绝缘，或金属异物掉进绕组内部损坏绝缘，以及在重绕定子绕组时损伤绝缘，使铁心与导线相碰等。出现这种故障后，会造成绕组过电流发热，从而会造成匝间短路及机壳带电，易引起触电事故。

1）检查方法如下：

① 用绝缘电阻表检查：将绝缘电阻表的两个出线端分别与电动机绕组和机壳相连，以 120r/min 的速度摇动绝缘电阻表手柄，如所测绝缘值在 0.5MΩ 以上，说明被测电动机绝缘良好；在 0.5MΩ 以下或接近零，说明电动机绕组已受潮或绕组绝缘很差。如果被测绝缘电阻值为“0”，同时有的接地点还会发出放电声或微弱的放电现象，则表明绕组已接地。若有时指针摇摆不定，说明绝缘已被击穿。

② 用校验灯检查：拆开各绕组间的连接线，用 36V 灯泡与 36V 的低电压串联，逐一检查各相绕组与机座的绝缘情况，若灯泡发光，说明该绕组接地；灯光不亮，说明绕组绝缘良好；灯泡微亮，说明绕组已击穿。

2）故障修理：如果接地点在槽口或槽底绕组出口处，可用绝缘材料垫入绕组的接地处，再检查故障是否已经排除，如已排除，则可在该处涂上绝缘漆。如果发生在端部明显处，则可用绝缘带包扎后涂上绝缘漆，再进行烘干处理。如果发生在槽内，则需更换绕组或用穿绕修补法进行修复。

用穿绕修补法修复故障绕组的过程如下：先将定子绕组在烘箱内加热到 80～100℃，以使绕组外部绝缘软化，再打出故障绕组的槽楔，将该绕组两端用剪线钳剪断，并将此绕组的上、下层从槽内一根一根地抽出。原来的槽绝缘是否更换可视实际情况而定。用原来规格的导线，量得与原绕组相当的长度（或稍长些），在槽内来回穿绕到原来的匝数，一般而言，穿到最后几匝时很困难，此时可用比导线稍粗的竹签（如织毛线所用的竹针）做引线棒，进行穿绕，一直到无法再穿绕为止，比原绕组稍少几匝也可以。穿绕修补后，再进行接线、烘干和浸漆等处理。

（3）绕组绝缘不良的检修

绕组绝缘不良的原因主要如下：电动机长期不用，周围环境潮湿，或电动机受日晒雨淋，或长期过载运行及油污、灰尘、化学腐蚀性气体等入侵，可能使绕组的绝缘电阻下降。

检修方法：用绝缘电阻表测得的定子绕组对地绝缘电阻小于 0.5MΩ，但又没有到零

（此时若用万用表欧姆挡 R×100 或 R×1k 挡测量有一定的读数），则说明电动机定子绕组已严重受潮或被油污、灰尘等侵入。此时可以先将绕组表面擦抹及吹刷干净，然后放在烘箱内慢慢烘干，当烘到绝缘电阻上升到达 0.5MΩ 以上后，再给绕组浇一次绝缘漆并重新烘干，以防回潮。

（4）绕组短路的检修

绕组短路的原因主要是由于电动机电流过大、电压过高、机械损伤、重新嵌绕时损伤绝缘、绝缘老化脆裂、受潮等原因引起的。绕组短路情况有绕组匝间短路、极相组短路和相间短路（绕组相与相之间短路）。

1）检查方法如下：

① 外部检查：使电动机空载运行 20min，然后拆卸两边端盖，用手摸绕组的端部，如果有一个或一组绕组比其他的热，这部分绕组很可能短路，也可以观察绕组有无焦脆现象。如果有，该绕组可能短路。

② 用绝缘电阻表检查相间短路：拆开三相绕组的接头，分别检查三相绕组间绝缘电阻，若阻值很低，说明该三相间短路。

③ 直流电阻法：利用低阻值欧姆表或电桥分别测量各相绕组的直流电阻，阻值较小的一相有可能是匝间短路。

④ 用钳形电流表测三相绕组的空载电流，检查匝间短路，空载电流明显偏大的一相有匝间短路故障。

⑤ 用短路测试器检查绕组匝间短路：用测空载电流或直流电阻的方法来判断绕组是否有匝间短路，有时准确度不是很高，可能会出现误判断，而且也不容易判断到底是哪个绕组有匝间短路。因此，常用短路测试器来检查绕组的匝间短路故障。短路测试器是利用变压器原理来检查绕组匝间短路的。测试时，将短路测试器励磁绕组接 36V 低压交流电源，沿槽口逐槽移动，当经过短路绕组时，相当于变压器二次侧短路，电流表的读数会显著增大，如图 8-17 所示，从而查出短路绕组。

也可用图 8-18 所示的方法，将一片厚 5mm 的钢片或废锯条放在被测绕组的另一边所在的槽口上，若被测绕组短路，钢片就会产生振动。使用测试器要注意以下事项：作△联结的电动机引出线端要先拆开；绕组若是多路并联的，要先断开；在双层绕组中，一个槽内嵌有不同绕组的两条边，要确定究竟是哪个绕组短路，应确定该槽内两个绕组的另两条边，分别将钢片放在左、右边相隔一个节距的槽口上，都测试后才能确定。

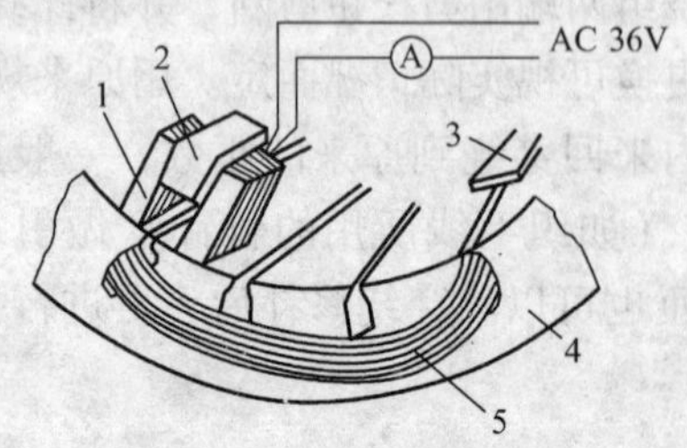

图 8-17 用短路测试器查找短路绕组
1—开口铁心 2—励磁绕组 3—钢片
4—定子铁心 5—定子绕组端部

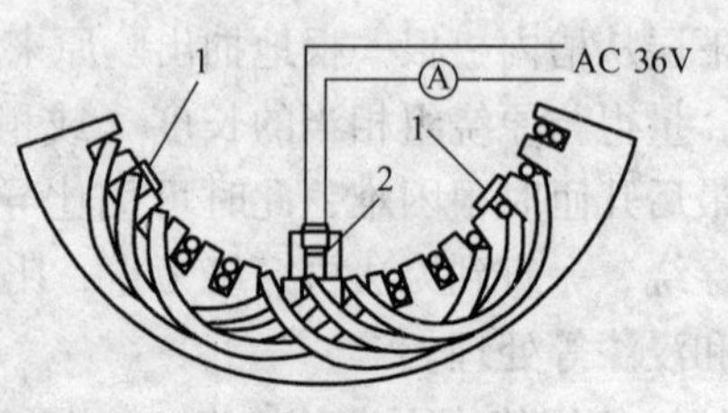

图 8-18 双层绕组匝间短路测试方法
1—钢片 2—短路测试器

2）绕组短路的修理：绕组匝间短路故障，一般事先不易发现，往往均是在绕组烧损后才知道，因此遇到这类故障往往需视故障情况全部或部分更换绕组。用穿绕修补法修复部分绕组的办法前已叙述，全部更换绕组可参看后面的“三相异步电动机定子绕组的重绕”部分。

绕组相间短路故障，如发现得早，未造成定子绕组烧损事故，可以找出故障点用竹楔插入两绕组的故障处（如插入有困难，可先将绕组加热），把短路部分分开，再垫上绝缘材料，并涂绝缘漆使绝缘恢复。如已造成绕组烧损，则应更换部分或全部绕组。

（5）绕组接线错误或嵌反的检查与处理

绕组接线错误或某一绕组嵌反时会引起电动机振动，发出较大的噪声，电动机转速降低甚至不转。同时会造成电动机三相电流严重不平衡，使电动机过热，而导致熔丝熔断或绕组烧损。

绕组接线错误或嵌反故障通常分两种情况：一种是外部接线错误；另一种是某一极相组接错或某几个绕组嵌反。

绕组接线错误或嵌反的检查方法如下：先拆开电动机，并取出转子。将低压直流电源（一般在 6V 左右）逐步加在三相定子绕组的每一相上（如电动机定子绕组采用丫联结，则将直流电源两端分别接到中性点和某相绕组的出线端；如是△联结，则必须拆开三相绕组的连接点），用指南针沿定子内圆周移动；如绕组接线正确，则指南针顺次经过每一极相组时，就南北交替变化，如图 8-19 所示。如指南针在某一个极相组的指向与图 8-19 所示方向相反，则表示该极相组接反。如果指南针经过同一极相组不同位置时南北指向交替变化，则说明该极相组中有个别绕组嵌反。这时可以把绕组故障部位的连接线或过桥线加以纠正。如果指南针的指向不清楚，可适当提高直流电源的电压，或更换磁性较强的指南针再进行检查。

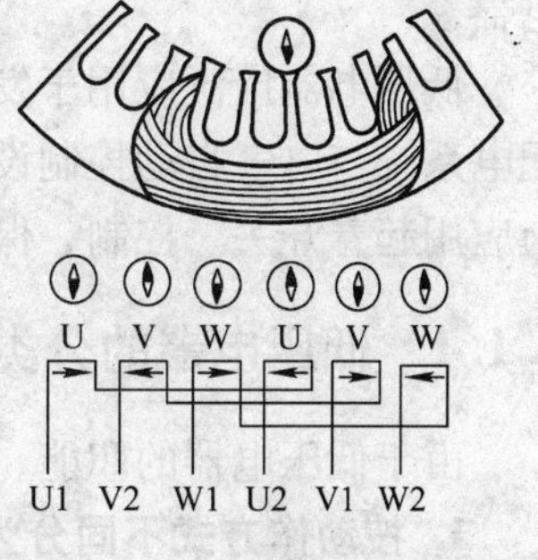

图 8-19　用指南针法检查绕组接错或接反

2. 转子绕组故障的排除

（1）笼型转子故障的检查与排除

笼型转子的常见故障是断条，断条后的电动机一般能空载运行，但当加上负载后，电动机转速将降低，甚至停转。若用钳形电流表测量三相定子绕组电流，电流表指针会往返摆动。

断条的检查办法通常有以下两种：

1）用短路测试器检查：如图 8-20 所示，将短路测试器加上励磁电压后，放在转子铁心槽口上沿转子周围逐槽移动，若导条完好，则电流表指示的是正常短路电流。若测试器经过某一槽口时电流有明显下降，则表示该处导条断裂。

2）导条通电法：在转子导条端环两端加上一个几伏的低压交流电，再在转子表面撒上铁粉或用断锯条沿转子各导条依次测试。当某导条处不吸铁粉或锯条时，则说明该处导条已断裂。转子导条断裂故障一般较难修理，通常是更换转子。

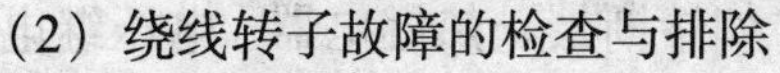

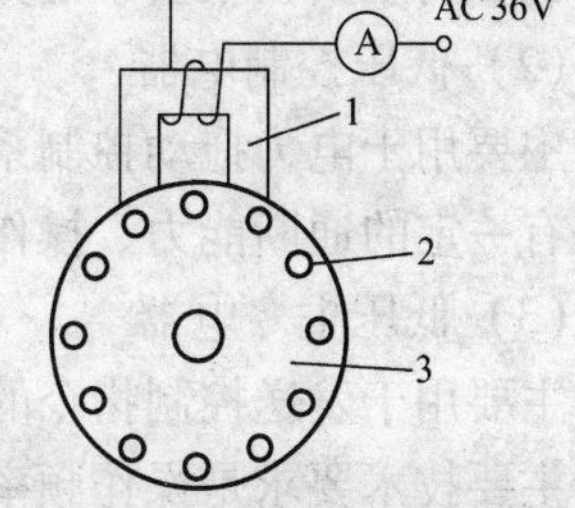

图 8-20　用短路测试器检查断条

1—短路测试器　2—导条　3—转子

（2）绕线转子故障的检查与排除

一般中小型绕线转子的结构与三相定子绕组结构相仿，因此故障的检查及修理方法也相似，这里不再叙述。

第9章　常用低压电器的选用

9.1　概述

在工业、农业、交通运输等部门中使用的各种生产机械，多数是靠电动机拖动运行的，电动机的开停、调速等通常是由低压电器构成的继电器 - 接触器控制系统进行控制的。

电器是根据外界特定的信号和要求，自动或手动接通和断开电路，断续或连续地改变电路参数，实现对电路或非电对象的切换、控制、保护、检测、变换和调节的电气器件。电器的种类繁多，构造各异。根据其工作电压高低，电器可分为高压电器和低压电器。低压电器是指工作在交流电压小于1200V，直流电压小于1500V的电路中的电器。

低压电器广泛应用于发电厂、变电站、工矿企业、交通运输、农业、国防工业等电力输配电系统与电气自动控制设备以及计算机控制系统等领域中，它对电能的产生、输送、分配与应用起着开关、控制、保护与调节等作用。

9.1.1　低压电器的分类与应用

由于低压电器的职能、品种和规格的多样化，常用低压电器分类方法有多种。

1. 按动作方式不同分为自动切换电器和手动切换电器

1）自动切换电器指依靠电器本身参数的变化而自动完成动作或状态变化的电器，如接触器、继电器等。

2）手动切换电器指依靠人工直接操作完成动作切换的电器，如按钮、刀开关等。

2. 按用途不同分配电电器、控制电器、主令电器、保护电器、执行电器

（1）低压配电电器

主要用于低压供电系统，如刀开关、负荷开关、组合开关、自动开关以及熔断器等。对这类电器的主要技术要求是分断能力强、限流效果好、动态稳定及热稳定性能好。

（2）低压控制电器

主要用于电力拖动控制系统，如接触器、继电器、控制器等。对这类电器的主要技术要求是有一定的通断能力、操作频率高、电器和机械寿命要长。

（3）低压主令电器

主要用于发送控制指令的电器，如按钮、主令开关、行程开关和万能开关等。对这类电器的主要技术要求是操作频率要高、抗冲击、电器和机械寿命要长。

（4）低压保护电器

主要用于对电路和电气设备进行安全保护的电器，如熔断器、热继电器、电压继电器、电流继电器和避雷器等。对这类电器的主要技术要求是有一定的通断能力、反应要灵敏、可靠性要高。

（5）低压执行电器

主要用于执行某种动作和传动功能的电器，如电磁铁、电磁离合器等。

大多数电器既可作控制电器，亦可作保护电器，它们之间没有明显的界线。如电流继电器既可按“电流”参量来控制电动机，又可用来保护电动机不致过载；又如行程开关既可用来控制工作台的往返运动及行程长度，又可作为终端开关保护工作台不致闯到导轨外面去。

另外，低压电器按工作原理分电磁式电器、非电量控制电器；按输出触头的工作形式分有触头电器、无触头电器；按灭弧介质分空气、真空、油等低压电器；按工作条件分有一般工业用电器、船用电器、化工用电器、矿用电器、牵引用电器、航空用电器等。也有按外壳防护等级、安装类别等来分类的。

9.1.2 低压电器选用的一般原则

目前，我国大约生产的低压电器有 130 多个系列，品种近千种，规格上万类，用途多样。如何正确地选用低压电器（选用合理、使用正确、技术和经济相互兼顾）非常重要。由于品种繁多，低压电器的选用方法有其特殊性，选用时应遵循的基本原则如下：

1. 安全原则

使用安全可靠是对任何电路的基本要求，保证电路和用电设备的可靠运行是正常生活与生产的前提。

2. 经济原则

经济性包括电器本身的经济价值和使用该种电器产生的价值。前者要求合理适用，后者必须保证运行可靠，不致因故障而引起各类经济损失。

9.1.3 低压电器选用的注意事项

1）控制对象（如电动机或其他用电设备）的分类和使用环境。

2）确认有关的技术数据，如控制对象的额定电压、额定功率、操作特性、起动电流倍数、操作频度和工作制等。

3）了解电器的正常工作条件，如环境空气温度、相对湿度、海拔、允许安装方位、振动和有害气体等方面的能力。

4）了解电器的主要技术性能，如用途、种类、额定电压、控制能力、接通能力、分断能力、工作制和使用寿命等。

9.2 低压配电电器

低压配电电器有低压开关和熔断器等。低压开关一般为非自动切换电器，常用的主要类型有刀开关、负荷开关、组合开关、低压断路器等。它在电路中主要起隔离、转换、接通和分断电路的作用。

9.2.1 刀开关

根据不同的工作原理、使用要求、结构形式和组成特点分类，刀开关产品的主要类型有大电流刀开关、负荷开关、熔断器式刀开关等。常用的产品如下：HD11～HD14（单投）和HS11～HS13（双投）系列刀开关；HK1、HK2系列开启式负荷开关（俗称胶盖开关）；HH3、HH4系列封闭式负荷开关（俗称铁壳开关）；HR3系列熔断器式刀开关等。另外，刀开关按极数分为单极、双极和三极；按操作方式分为直接手柄操作方式、杠杆操作机构式和电动操作机构式；按刀开关转换方向分单投和双投等。

1. 大电流刀开关

刀开关是一种刀楔形触头的、结构比较简单的手动控制电器，主要用于配电设备中的隔离电源，使线路出现明显断开点。在低压电路中，刀开关用于不频繁接通和分断的交、直流低压（≤500V）电路，或用于将电路与电源隔离。

在机电设备中，刀开关主要用作电源开关，一般不能用来闭合或断开电动机的工作电流，因其没有专用的灭弧罩或只具有很简单的灭弧装置，所以不能带负荷闭合刀开关，不能用来切断故障电流，只有主电路的接触器或断路器断开以后，才可通过拉下刀开关来隔离供电电源。在各系列刀开关中，100～400A均采用单刀片，600～1500A均采用双刀片。

刀开关由操作手柄、刀片、触头座和底板等组成，常见的刀开关结构如图9-1a所示。转动手柄后，刀片与刀夹座相接，从而接通电路。图9-1b所示为其图形符号，其文字符号为QK。一般刀开关由于触头分断速度慢，灭弧困难，仅用于切断小电流电路。若用刀开关切断较大电流的电路，特别是切断直流电路时，为了使电弧迅速熄灭以保护开关，可采用带有快速断弧刀片的刀开关，如图9-2所示。图9-2中主刀片用弹簧与断弧刀片相连，在切断电路时，主刀片首先从尾座脱出，这时断弧刀片仍留在刀夹座内，电路尚未断开，无电弧产生。当主刀片拉到足够远时，在弹簧的作用下，断弧刀片与刀夹座迅速脱离，使电弧很快拉长而熄灭。

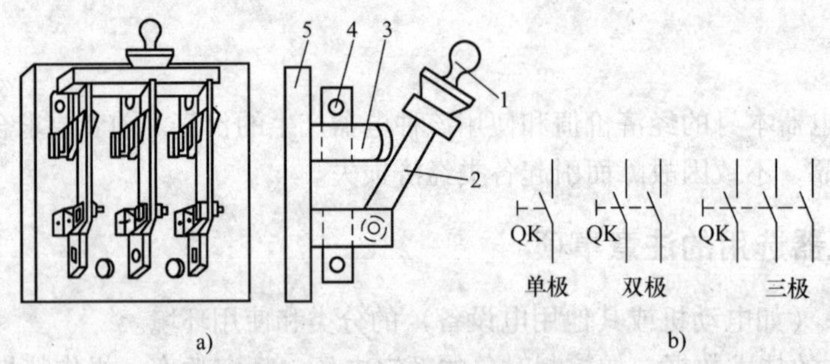

图9-1　一般刀开关

a）刀开关的结构图　b）图形符号

1—刀片支架和手柄　2—刀片（动触头）　3—刀夹座（静触头）　4—接线端子　5—绝缘底板

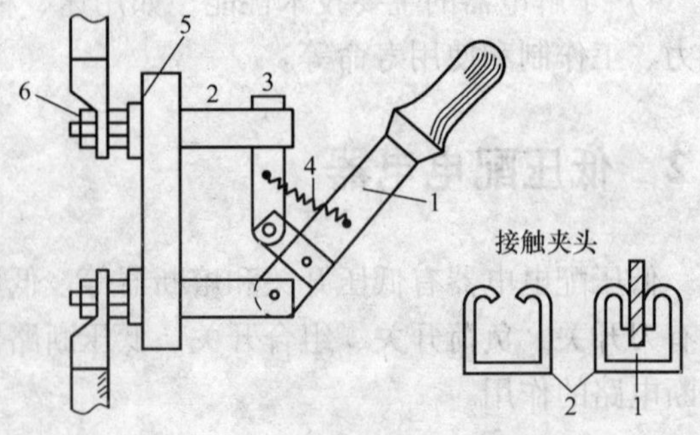

图9-2　具有断弧刀片的刀开关

1—主刀片　2—刀夹座　3—断弧刀片

4—刀片快断弹簧　5—底座　6—接线端子

常用的三极刀开关长期允许通过电流有100A、200A、400A、600A和1000A五种。

刀开关在安装时，注意手柄要向上，不能倒装或平装。因为在分断电流时，刀片和触头座间会产生电弧。正确安装时，作用在电弧上的电动力和热空气的上升方向一致，就使得电弧迅速拉长而熄灭。如果装倒了，热空气的拉弧作用正好相反，阻止电弧拉长，使电弧不易熄灭，容易烧坏刀片及触头座甚至造成极间短路。倒装还有一个不利之处就是开关可能会因受振动或松动而使刀片自动下落，引起误合闸，对人身和设备安全造成隐患。

刀开关的技术参数有额定电压、额定电流、分断能力、机械寿命和电寿命。

选用刀开关时，其额定电压应等于或大于电路额定电压，其额定电流应等于或稍大于电路工作电流；如果回路中有电动机，则应按电动机的起动电流来计算。此外，还要考虑电路中可能出现的最大短路峰值电流是否在该额定电流等级所对应的峰值电流以下。刀开关的极数和操作方式可根据实际需要选定。

接线时，要将电源线接在上面，负载线接在下面，这样当拉闸后，刀片与电源隔离，负载线就没有电压，以保证检修的安全。

2. 熔断器式刀开关

熔断器式刀开关即熔断器式隔离开关，是以熔断体或带有熔断体的载熔件作为动触头的较大规格的一种隔离开关，具有一定的接通分断能力和短路分断能力，主要用于中央配电屏、动力箱及电缆、导线的过载和短路保护。例如，RTO系列由填料式熔断器作为触刀，做成两断口带灭弧的刀开关，极限分断能力达到5kA，在正常供电情况下接通和切断电源由刀开关承担。当线路发生过载或短路故障时，由熔断器切断故障电流，其操作方式有前面侧方操作、前面中央操作和侧面操作等。

常用的型号有HR3、HR5、HR6及RT0系列。其中HR3系列刀开关主要用于交流50Hz、额定电压380V或直流额定电压440V、额定电流100～600A的工业企业配电网络中，作为电气设备及线路的过负荷和短路保护用，并在正常供电情况下不频繁接通和分断交、直流电路。

熔断器式刀开关的选用：选用时除应按使用的电源电压和负载的额定电流选择外，还必须根据使用场合、操作方式、维修方式等，要符合开关的型式特点。

熔断器式刀开关安装使用安全注意事项如下：

1）应垂直安装在配电盘上，并保证在合闸时触刀与刀座接触良好。

2）RT0型熔断器应固定在带有弹簧钩子锁板的绝缘梁上。在正常运行时，保证熔断器不脱扣，而当熔体因故障熔断后，只需按下钩子便可以很方便的更换熔断器。

9.2.2　负荷开关

负荷开关有开启式负荷开关和封闭式负荷开关等，也称熔断器式刀开关。

1. 开启式负荷开关

（1）开启式负荷开关的结构

开启式负荷开关俗称胶盖刀开关或刀开关，在电路中的作用是不频繁地接通和分断有负载电路以及小容量线路的短路保护。图9-3a所示是HK系列开启式负荷开关的结构图，主要由瓷底座、静触头、触刀、瓷柄、熔体和胶盖等构成。图9-3b所示为其图形符号，其文字符号为QS。其结构简单，价格低廉，常用作照明电路和电热电路的电源开关，也可用来控制5.5kW以下异步电动机的起动与停止。因其无专门的灭弧装置，故不宜频繁分合电路。现在工厂机床电气控制系统中已很少使用这种电器。

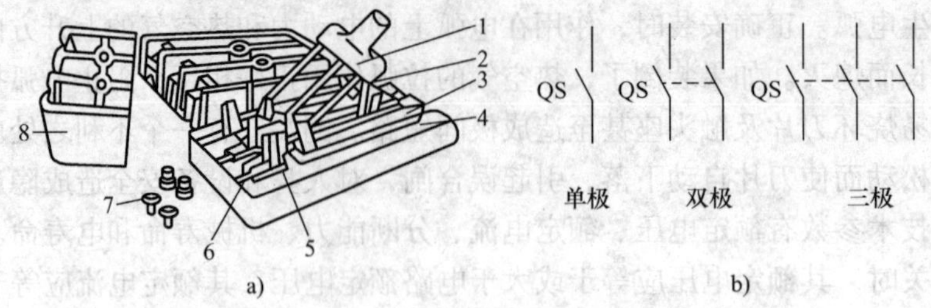

图 9-3 开启式负荷开关的结构图与图形符号

a）开启式负荷开关的结构图 b）图形符号

1—瓷柄 2—动触头（触刀） 3—出线座 4—瓷底座 5—静触头 6—进线座 7—胶螺帽 8—胶盖

刀开关种类很多，有两极的（额定电压为250V）和三极的（额定电压为380V），额定电流10～100A不等，其中60A及以下的才用来控制电动机。

（2）开启式负荷开关的选用与使用注意事项

选用刀开关时应注意，刀开关的额定电压应等于或大于电路额定电压，其额定电流应等于（在开启闭合通风良好的场合）或稍大于（在封闭的开关柜内或散热条件较差的工作场合，一般选1.15倍）工作电流。在开关柜内使用还应考虑操作方式，如杠杆操作机构、螺旋式操作机构等。当用刀开关控制电动机时，考虑其起动电流可达（4～7）倍的额定电流，选择刀开关的额定电流应是电动机额定电流的3倍左右。

开启式负荷开关的安装使用安全注意事项如下：

1）开启式负荷开关必须垂直安装在配电板或控制箱上，并且电源进线孔在上方。

2）接线时电源进线和出线不能接反，否则更换熔丝时易发生触电事故。

3）分断负载时，应尽快拉闸，以减小电弧的影响。

4）使用过程中若发现动触头和静触头接触歪斜，应及时修复，否则会由于接触电阻增大，使动触头和静触头因过热而损坏。

5）开关在合闸时，应保证三相触头同时合闸，而且要接触良好，如果接触不良或有一相没合上，会使电动机因缺相运行而烧毁。

6）更换熔丝必须在开关断开的情况下进行。换上的新熔丝应与原熔丝规格相同。

2. 封闭式负荷开关

封闭式负荷开关俗称铁壳开关，一般用于小型电力排灌、电热器、电气照明线路的配电设备，用于不频繁接通与分断电路，也可以直接用于异步电动机的非频繁全压起动控制。图9-4所示是封闭式负荷开关的外形结构，主要由钢板外壳、触刀开关、操作机构、熔断器等组成，其图形符号、文字符号与开启式负荷开关相同。

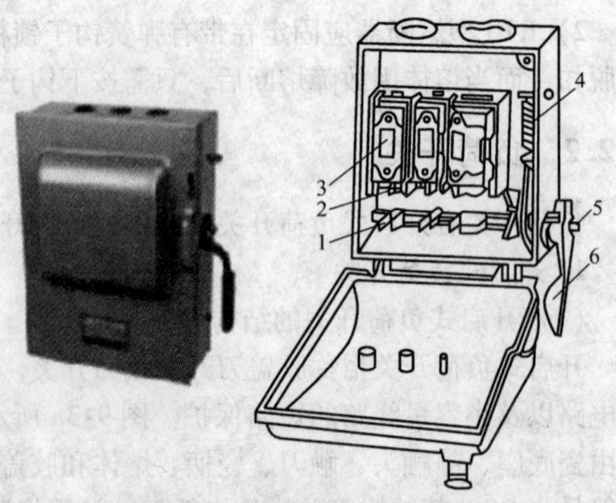

图 9-4 封闭式负荷开关外形结构

1—刀式动触头 2—夹座 3—熔断器 4—速断弹簧 5—转轴 6—手柄

(1) 封闭式负荷开关特点

与刀开关相比具有以下特点：

1）触头设有灭弧室（罩）、电弧不会喷出，能够通断负荷电流，可不必顾虑会发生相间短路事故。

2）熔丝的分断能力高，一般为5kA，高者可达50kA以上。

3）多数操作机构由储能合闸式装置和机械联锁装置组成，前者可使开关的合闸和分闸速度与操作速度无关，从而改善开关的动作性能和灭弧性能；后者则保证了在合闸状态下打不开箱盖及箱盖未关妥前合不上闸，提高了安全性。

4）有坚固的封闭外壳，可保护操作人员免受电弧灼伤。

(2) 封闭式负荷开关的选用与使用安全注意事项

封闭式负荷开关有HH3、HH3、HH10、HH11等系列，其额定电流在10～400A可供选择，其中60A及以下的可用于异步电动机的全压起动控制。

用封闭式负荷开关控制电加热和照明电路时，可按电路的额定电流选择。用于控制异步电动机时，由于开关的通断能力为$4I_e$，而电动机全压起动电流却在（4～7）额定电流以上，故开关的额定电流应为电动机额定电流的1.5倍以上。

封闭式负荷开关安装使用安全注意事项如下：

1）封闭式负荷开关必须垂直安装在配电板上，安装高度以操作方便和安全为原则，一般安装高度为离地面1.3～1.5m。

2）封闭式负荷开关的外壳接地螺钉必须可靠接地或接零。

3）封闭式负荷开关的电源和负载的进出线必须穿过开关的进出线孔，同时在进出线孔加装绝缘垫圈。

4）采用管子敷线时，管子应穿入进出线孔，并用管扣螺母拧紧，露出螺母的丝扣为2～4扣。如果管子不进出线孔，也可接一股金属软管和铁壳开关连接，金属软管两端均采用软管接头固定。

5）封闭式负荷开关的接线有两种形式，一种是电源线和封闭式负荷开关的静触头相连，负载引出线接开关熔丝下的下桩头。这种接线形式在开关拉闸后，刀与熔丝不带电，便于维修和更换熔丝。另一种接线形式是电源接开关熔丝下的下桩头，负载接开关的静触头。这种接线在开关的刀发生故障时熔丝熔断，切断电源。

6）使用操作时，不允许面对着开关进行操作，以免万一发生故障伤人，应用左手操作合闸。

7）更换熔丝必须在开关断开的情况下进行。换上的新熔丝应与原熔丝规格相同。

8）封闭式负荷开关不允许随意放在地面上使用。

9.2.3　组合开关

组合开关又称转换开关，它实际上也属于刀开关的范畴。常用的组合开关有HZ5、HZ10、HZW系列。主要用于交流50Hz、额定电压380V、额定电流60A及以下的电路中，不频繁地接通和断开电源引入开关，用作7.5kW以下小功率电动机起动、停止、变速、换向的控制，用作控制电路换接，也可用作局部照明电路。

组合开关的结构如图9-5a所示，组合开关沿转轴自下而上分别安装了三层开关组件，每层上均有一个动触头、一对静触头及一对接线端子，各层分别控制一条支路的通与断，形成组合开关的三极。当手柄每转过一定角度，就带动固定在转轴上的三层开关组件中的三个动触头同时转动至一个新位置，在新位置上分别与各层的静触头接通或断开。组合开关图形符号如图9-5b所示，其文字符号为SCB。

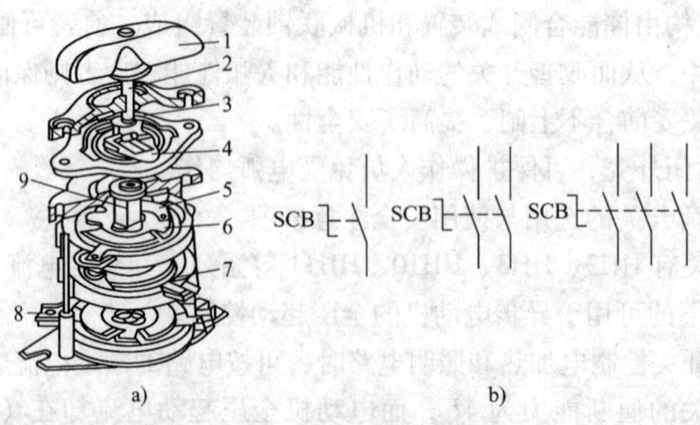

图9-5 组合开关结构与图形符号

1—手柄 2—转轴 3—弹簧 4—凸轮 5—绝缘垫板 6—动触头 7—静触头 8—接线端子 9—绝缘杆

组合开关的主要技术参数有额定电压、额定电流、通断能力、机械寿命、电寿命等。组合开关有单极、双极、三极、四极等，额定持续电流有10A、25A、60A、100A等多种。

选用组合开关要注意，组合开关用作隔离开关时，其额定电流应为低于被隔离电路中各负载电流的总和；用于控制电动机时，其额定电流一般取电动机额定电流的1.5~2.5倍。应根据电气控制线路中的实际需要，确定组合开关接线方式，正确选择符合接线要求的组合开关规格。

组合开关安装使用安全注意事项如下：

1）组合开关安装时，应使手柄保持水平旋转位置。

2）由于组合开关通短能力较低，故不能用来分断故障电流。用作电动机正反转控制时，必须在电动机完全停止转动后才能接通电源。

3）当负载的功率因数为0.5~0.8时，组合开关应降低容量使用，否则会影响开关的寿命，当负载的功率因数小于0.5时，由于熄弧困难，不宜采用HZ系列组合开关。

4）使用组合开关时，应保持开关清洁，面板和触头不能有油污。

9.2.4 低压断路器

低压断路器俗称自动开关、空气开关，是低压配电网络和电力拖动系统中非常重要的一种电器。当电路发生故障时能自动切断电路，有效地保护串联在它后面的电气设备。在正常情况下，用于不频繁地接通和断开电路及控制电动机运行状态。其保护参数可以人为整定，使用方便、操作安全、工作可靠。常见的故障保护功能有过电流（含短路）保护、欠电压保护、过载保护等。在跳闸（脱扣）故障排除后手动复位，一般不需要更换零部件，因此是目前使用最广的低压电器之一。

1. 低压断路器的结构和工作原理

(1) 低压断路器的结构

低压断路器按照结构形式分为框架式和塑料外壳式两大类。框架式断路器为敞开式结构，适用于大容量配电装置；塑料外壳式断路器的特点是外壳用绝缘材料制作，具有良好的安全性，广泛用于电气控制设备及建筑物内作电源线路保护，以及对电动机进行过载和短路保护。

低压断路器由触头系统、灭弧装置、各种可供选择的脱扣器与操作机构、自由脱扣机构等部分组成。低压断路器所装脱扣器主要有电磁脱扣器（用于短路保护）、热脱扣器（用于过载保护）、失压脱扣器、过励脱扣器以及由电磁和热脱扣器组合而成的复式脱扣器等。

(2) 低压断路器工作原理

低压断路器工作原理如图9-6a所示。图中选用了过载、欠电压和热脱扣等三种脱扣器。低压断路器的主触头靠操作机构手动分合闸，在正常工作状态下能接通和分断工作电流，并有自由脱扣机构将主触头锁在合闸位置上。其中，触头合闸时，与转轴相连的锁扣扣住跳扣，使弹簧（1）受力而处于储能状态。正常工作时，热脱扣器的发热元件13温升不高，不会使双金属片弯曲到顶动连杆的程度；电磁脱扣器的线圈磁力不大，不能吸引衔铁（8）去拨动连杆，开关处于正常供电状态。当电路发生短路或过流故障时，过电流脱扣器的衔铁（8）被吸合，将拨动连杆，使跳扣被顶离锁扣，弹簧（1）的张力使触点分离切断主电路，及时有效地切除高达数十倍额定电流的故障电流；当电网电压过低或为零时，脱扣器线圈的磁场力减弱，衔铁（10）受弹簧（9）拉力向上移动，顶起连杆使跳扣与锁扣分开切断回路，起到失压保护作用。从而在过电流与零压时保证了电路及电路中设备的安全；当电动机出现过载故障时，热脱扣机构动作使低压断路器触头分离，保证了电动机的安全运行。低压断路器根据不同用途可配备不同的脱扣器。低压断路器电气图形符号及文字符号如图9-6b所示。

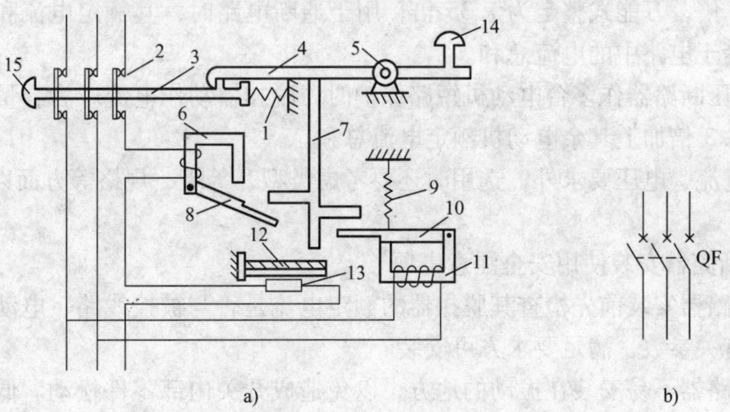

图9-6 DZ型塑壳低压断路器式工作原理图

1、9—弹簧 2—触头 3—锁扣 4—跳扣 5—转轴 6—电磁脱扣器 7—连杆 8、10—衔铁 11—欠电压脱钩器 12—双金属片 13—发热元件 14—停止按钮 15—接通按钮

常用的低压断路器有DW15、DW16、CW系列框架式断路器和DZ5、DZ15、DZ20、DZ25系列塑壳式断路器。常用断路器外形如图9-7所示。

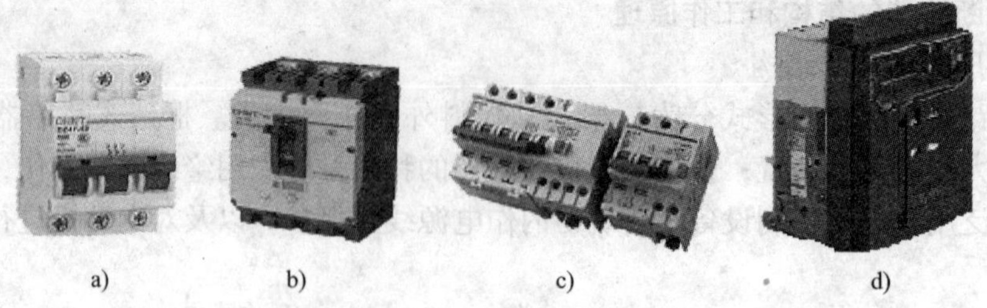

a) b) c) d)

图 9-7 常用断路器

a）微型断路器 b）塑壳断路器 c）漏电断路器 d）空气断路器

近年来还引进了国外先进技术生产的 ME、AE、AH 及 3WE 系列具有高分断能力的万能式断路器和利用美国西屋公司制造技术的 H 系列及德国西门子公司制造技术的 DZ108 等系列塑壳断路器。我国生产带漏电保护功能的低压断路器有 DZ15LE、DZL18、DZL20、DZL25 等系列。

低压断路器的主要参数有额定工作电压、壳架额定电流等级、极数、脱扣器类型及额定电流、短路分断能力、分断时间等。

2. 低压断路器的选用和使用注意事项

（1）低压断路器的选用

选用低压断路器的总原则是保证低压断路器脱扣器的动作电流整定值要小于单相短路电流的 2/3，以确保动作可靠。

1）能满足正常工作需要，能躲过正常电流峰值，能承受短时电流的冲击而不损坏并排除故障。

2）使用时除要求额定电压大于或等于线路电压外，用于控制时，还要求电磁脱扣器的瞬时动作电流为负荷电流的 6 倍；用于电动机保护时，要求塑壳式低压断路器脱扣器整定为起动电流的 1.7 倍，万能式整定为 1.35 倍；用于通断电路时，其额定电流和脱扣器动作电流均应大于或等于电路中的电流总和。

3）选用低压断路器作多台电动机短路保护时，脱扣器动作电流应为容量最大一台电动机起动电流的 1.3 倍加上其余电动机额定电流总和。

除有上述电流、电压要求外，选用时还要考虑类型、等级、规格等方面以及上下级保护匹配等问题。

（2）低压断路器安装使用安全注意事项

1）低压断路器安装前先检查其脱扣器的额定电流是否与被控线路、电动机等的额定电流相符，核实有关参数，满足要求方可安装。

2）低压断路器不易安装在振动的地方，以免造成开关内部零件松动。低压断路器一般应垂直安装在配电板上，灭弧室应位于上部。

3）操作手柄或传动杠杆的开合位置应正确，操作力不应大于产品允许规定的值。

4）触头在闭合、断开过程中，可动部分与灭弧室的零件不应有卡住现象。

5）触头开关应紧密可靠，接触电阻小。

6）对低压断路器要定期检修（半年至少一次）并清污，尤其是触头的油污与杂质。如发现触头表面粗糙或黏有金属熔化后产生的颗粒，应清除它们，以保证触头良好接触，以免影响操作和影响绝缘。

7）定期检查脱扣器及时限机构的整定值，对长期未用而重新投入使用的，应认真检查接线是否良好，是否正确可靠，并进行绝缘测量等质检工作，有延时的还要检查其延时。

8）过电流脱扣器的整定值一旦调好后就不允许随意变动，而且使用时间长了要检查其弹簧是否生锈卡住，以免影响其动作。

9）在低压断路器分断短路电流以后，应在切除上一级电源的情况下，及时检查其触点状况并清除灭弧室内壁、栅片上的烟尘与金属颗粒。

10）操作机构在使用一定次数后（通常为机械寿命的 1/4 左右，机械寿命在 2000 ~ 20000 次），应给操作机构添加润滑油。

9.2.5　低压熔断器

低压熔断器是低压配电网络和电力拖动系统中最简单、最常用的一种安全保护电器，广泛应用于电网及用电设备的短路保护或过载保护。当线路或电气设备发生短路或严重过载时，通过熔断器的电流达到或超过了某一规定值时，熔体熔断自动切断电路，从而使线路或电气设备脱离电源，起到保护作用。

1. 熔断器的分类

熔断器的类型有很多，按外观可分为螺旋式、管式、插入式等，按结构可分为开启式、半封闭式和封闭式。封闭式熔断器又分为有填料、无填料管式和有填料螺旋式等。按用途分有工业用熔断器、保护半导体器件熔断器、具有两段保护特性的快慢动作熔断器、自复式熔断器等。

2. 熔断器的结构与主要技术参数

（1）熔断器的结构

熔断器主要由熔体、安装熔体的熔管和绝缘底座三部分组成。熔体是熔断器的核心，制成丝状或片状。熔体的材料一种是由低熔点金属铅、锡合金或锌等导电性能差的金属制成，多用于小电流的电路；另一种是由高熔点金属铜、银等导电性能好的金属制成，多用于大电流的电路。新型的熔体通常设计成灭弧栅状和具有变截面片状结构。熔管是装熔体的外壳，由陶瓷、绝缘钢纸或玻璃纤维制成，在熔体熔断时兼有灭弧作用。绝缘底座是熔断器的座，用于外接引线和固定熔管。

熔断器的外形结构如图 9-8a、b、c 所示，其图形符号和文字符号 9-8d 所示。

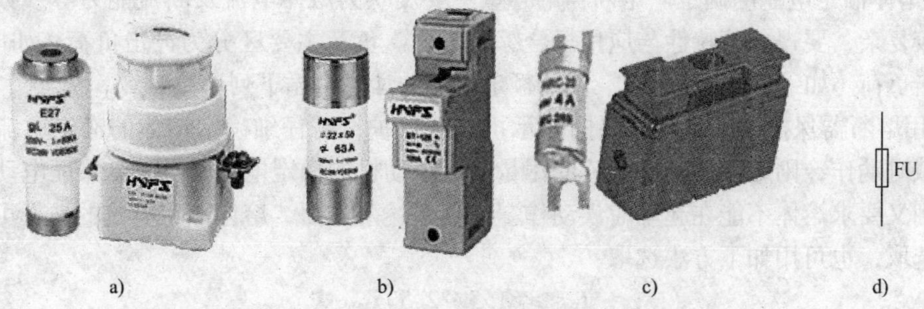

图 9-8　熔断器的外形结构和图形符号

a）螺旋式熔断器　b）圆筒形帽熔断器　c）螺栓连接熔断器　d）图形符号

(2) 熔断器的主要技术参数

熔断器的主要技术参数有额定电压、额定电流、熔体额定电流等级、极限分断能力等。

1) 熔断器的额定电压是指熔断器长期正常工作时能够承受的电压。其额定电压值一般等于或大于电气设备的额定电压。

2) 熔断器的额定电流是指熔断器长期正常工作时，各部件温升不超过规定值时所能承受的电流。

3) 熔体额定电流是指在规定的工作条件下，电流长时间通过熔体而熔体不熔断的最大电流。

熔断器的额定电流与熔体的额定电流是两个不同的概念。熔断器的额定电流等级比较少，熔体的额定电流等级比较多，通常一个额定电流等级的熔断器可以配用若干个额定电流等级的熔体，但熔体的额定电流最大不能超过熔断器的额定电流值。

熔断器流过熔体的电流与熔断时间的关系为，流过熔体的电流越大，熔断所需的时间就越短。

4) 熔断器的极限分断能力通常是指熔断器在额定电压及一定功率因素条件下，能分断的最大短路电流值。在电路中出现的最大电流值一般是指短路电流值。因此，极限分断能力也是反映了熔断器分断短路电流的能力，体现了短路瞬间保护特性。

由上可知，熔断器对过载反应是很不灵敏的，当电气设备发生轻度过载时，熔断器将持续很长时间才熔断，有时甚至不熔断。因此，熔断器一般不宜作为过载保护，主要用作短路保护。

(3) 熔断器的选用

熔断器的选用主要包括熔断器的类型、额定电压、额定电流和熔体额定电流等。熔断器的类型主要由设计电气控制系统时整体确定，熔断器的额定电压应大于或等于实际电路的工作电压，因此确定熔体的额定电流和熔断器额定电流是选用熔断器的主要任务。

1) 熔断器类型的选择。选择类型时，主要依据负荷保护要求和短路电流的大小确定。用于电动机过载保护，则一般要求熔断器容量不大，也不要求限流，但希望其安秒特性平稳；用于配电时，如短路电流较大或有易燃品的地方，则选高分断能力或要求带限流作用的，如 RT0 系列有填料封闭管式熔断器；在经常发生故障的地方，最好用可拆式的，如 RClA、RLl、RMl0 等系列熔断器；在机床控制电路中，选用 RL 系列螺旋式熔断器；用于晶闸管的保护，选用 RLS 或 RS 系列快速熔断器等。

2) 熔体额定电流的确定。熔断器的容量主要反映为熔体电流及断流能力等参数，确定起来比较复杂，要视负荷特性与应用场合综合考虑。负荷主要区分为冲击负荷（如电动机）和非冲击负荷（如一般照明线路）。熔体额定电流的计算遵循下列原则：

① 用熔断器保护电动机时，要同时承担过载保护，需仔细确定熔体的额定电流。要求在轻过载时动作，则熔体的额定电流应尽量接近电动机的额定电流；同时要保证电动机正常起动，则又要求熔体不能在起动时误动作。综合上述两方面，熔体额定电流的选择可参照相关资料选取，也可用如下方法选取：

$$I_{RN} \geqslant (1.5 \sim 2.5) I_{MN}$$

式中 I_{RN}——熔体的额定电流；

I_{MN}——电动机的额定电流。

② 对于感应电动机，取 I_{RN} 为

$$I_{RN} \geqslant (1 \sim 1.25) I_{MN}$$

③ 对起动时间较长的某些笼型异步电动机，可按 3 倍 I_{MN} 考虑。连续工作制直流电动机，选与其 I_{MN} 相等的 I_{RN}；反复工作制时，一般直流电动机选 I_{RN} 为 1.25 倍的 I_{MN}。

④ 对用作异步电动机短路保护的熔断器，其熔体额定电流 I_{RN} 的确定，主要区别不同应用情况。如保护单台电动机，则熔体额定电流的选择方法同前；如保护多台电动机，则熔体额定电流按下式计算：

$$I_{RN} \geqslant (1.5 \sim 2.5) I_{MNm} + \sum I_{MN}$$

式中　I_{MNm}——多台电动机中额定电流最大值；

$\sum I_{MN}$——其余电动机额定电流的总和。

⑤ 对于照明线路或电阻炉等没有冲击性电流的负载，熔体的额定电流应大于或等于电路的工作电流。

3）熔断器额定电流的确定。一般熔断器额定电流大于或等于熔体额定电流，通常大一级，特别情况可小一级，这取决于熔管质量和过载情况。熔断器的分断能力应大于电路中可能出现的最大短路电流。

4）依据动作特性校验所选熔断器以及上下级的配合。前者是熔断器自身特性与保护对象的匹配问题，在要求时才进行校验。后者是熔断器之间的配合问题，为使两级保护相互配合良好，两级熔体额定电流的比值不小于 1.6∶1。

（4）低压熔断器的安装使用安全注意事项

1）熔断器及熔体的容量应符合设计要求。

2）安装熔断器除保证足够的电气距离外，还应保证足够的间距，以保证拆卸，更换熔体方便。

3）安装熔体必须保证接触可靠，否则将造成接触电阻过大而发热或断相，引起负载缺相运行烧毁电动机。

4）安装熔体时不能有机械损伤，否则使截面积变小，电阻增大，发热增加，保护特性变坏，动作不准确。且注意新熔体的规格尺寸，形状与原熔体相同。

5）有熔体指示的熔芯，其指示器方向应安装在便于观察侧。

6）瓷插式熔断器应垂直安装，熔体不允许用多根较小熔体代替一根较大的熔体，否则会影响熔体的熔断时间。瓷质熔断器底座安装在金属板上时应垫软绝缘衬垫。

7）螺旋式熔断器是进线应接在底座的中心端上，出线应接在螺纹壳上，以防调换熔体时发生触电事故。

8）拆换熔断器通常应不带电进行切换，有些熔断器允许带电情况下更换，但也要注意切断负荷，以免发生危险。

9）快速熔断器的熔体不能用普通熔断器的熔体代替。

10）对 RM10 系列熔断器，在切断过三次相当于分断能力的电流后，必须更换熔管，以保证能可靠地切断所规定分断能力的电流。

9.3　接触器

接触器是电力系统和自动控制系统中应用非常广泛的一种自动切换电器，用作正常条件

下频繁地接通或断开交直流主电路及大容量控制电路，主要用于控制电动机、无感或微感电力负荷（如电阻炉、白炽灯等）以及电力设备（如电容器柜、电力变压器等）。它还具有欠电压、零电压释放保护功能，并且可以实现远距离控制，同时还具有控制容量大、工作可靠、操作频率高、使用寿命长、体积小及重量轻等优点，因此在电力拖动系统中得到了广泛的应用。

9.3.1 接触器的类型

接触器按触头系统的驱动机构分为电磁接触器、气体接触器、液压接触器以及用晶闸管组成的无触头接触器。每种又可以细化分成多类，如交、直流接触器；单极、双极、三极和多极接触器；有灭弧室、无灭弧室接触器；常开式、常闭式及混合式接触器；真空式、空气式接触器等。

其中交流接触器应用最为广泛，直流接触器则应用范围较小。交流接触器通常有三对主触头，直流接触器有两对主触头。接触器的动、静触头一般置于灭弧罩内。常用的交流接触器型号有 CJ20、CJ40 等系列，引进的产品采用积木式结构，可以根据需要加装辅助触头、空气延时触头、热继电器及机械联锁附件。接触器的安装方式有螺钉固定和快速卡装式（卡装在标准导轨上）两种。

9.3.2 交流电磁接触器的结构、原理及技术参数

1. 交流电磁接触器的结构

交流电磁接触器有电磁机构、触头系统、灭弧装置和其他部件构成，其外形结构如图 9-9a 所示，其图形符号如图 9-9b 所示，其文字符号为 KM。

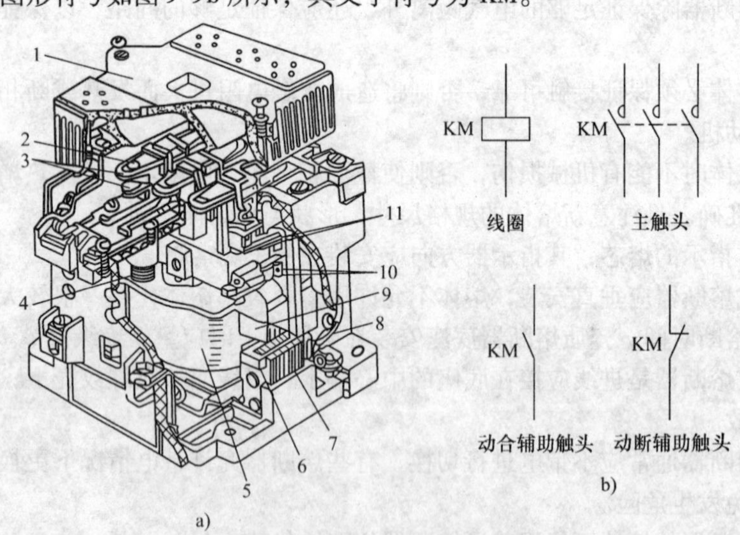

图 9-9 电磁接触器的结构、图形和文字符号

a）电磁接触器结构 b）电磁接触器图形和文字符号

1—灭弧罩 2—触头压力弹簧片 3—主触头 4—反作用弹簧 5—线圈 6—短路环 7—静铁心 8—缓冲弹簧 9—动铁心 10—辅助常开触头 11—辅助常闭触头

（1）电磁机构

电磁机构由电磁线圈、动铁心（衔铁）9 和静铁心组成，其作用是将电磁能转换成机械

能，产生电磁吸力带动触头动作。

（2）触头系统

包括主触头和辅助触头。主触头用于接通或断开主电路，通常为三对常开触头。辅助触头用于控制电路，起电气联锁作用，故又称联锁触头，一般有常开触头和常闭触头各两对。

（3）灭弧装置

电流容量在 10A 以上的接触器在主触头处都设有灭弧装置，对于小容量的接触器，常采用双断口触头灭弧、电动力灭弧、相间弧板隔弧及陶土灭弧罩灭弧；对于大容量的接触器，采用纵缝灭弧罩及栅片灭弧。

（4）其他部件

包括反作用弹簧、缓冲弹簧、触头压力弹簧片、传动机构及外壳等。

2. 交流电磁接触器的工作原理

交流电磁接触器的工作原理如图 9-10 所示，当接触器的电磁线圈 C 通电后，线圈中流过的电流产生磁场，使静铁心产生足够大的电磁吸力，克服反作用弹簧的反作用力，将衔铁 A 吸合。衔铁通过传动机构带动可动触头 F、J、M 闭合，实现互锁或接通线路；当接触器线圈断电时，由于电磁吸力消失，衔铁在反作用弹簧的作用下释放，各触头随之复位，断开线路或解除互锁。接触器的主触头用于通断主电路，其额定电流较大，可达几百安；辅助触头用于接通或断开控制电路，其额定电流为 0～5A。

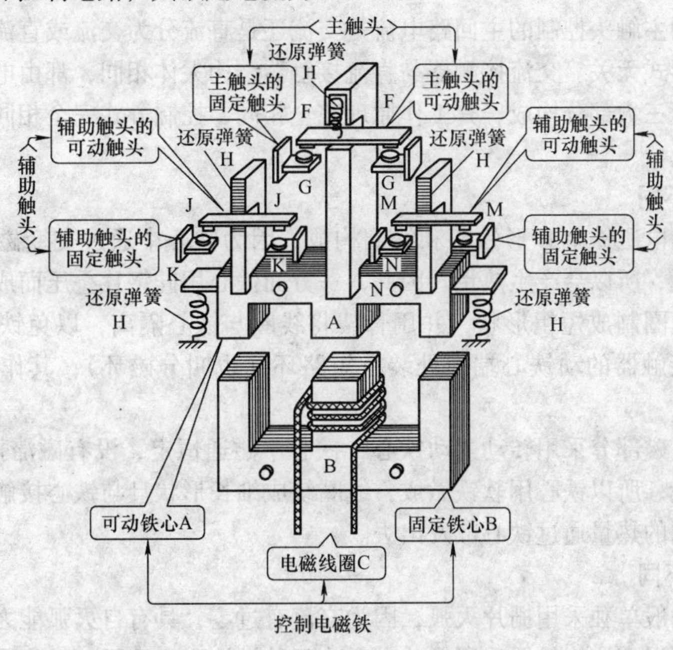

图 9-10　交流电磁接触器的工作示意图

3. 主要技术参数

电磁接触器的主要参数有主触头的额定电流、电压、数量，辅助触头的额定电流、电压、数量、类型，线圈的电源种类，使用寿命、操作频率、外形尺寸、安装方式等。

（1）电磁接触器的额定电压

电磁接触器的额定电压是指主触头的额定电压。交流电有 220V、380V 和 500V，在特殊场合应用的额定电压可达1140V，直流电主要有110V、220V和440V。

（2）电磁接触器的额定电流

电磁接触器的额定电流是指主触头的额定工作电流。它是在一定的条件（额定电压、使用类别和操作频率等）下规定的，目前常用的电流等级为10~800A。

（3）吸引线圈的额定电压

吸引线圈的额定电压常用的交流有36V、127V、220V和380V，直流有24V、48V、220V和440V。

（4）机械寿命和电气寿命

因为电磁接触器是频繁操作电器，应有较高的机械和电气寿命，该指标是产品质量的重要指标之一。

（5）额定操作频率

额定操作频率是指每小时允许的操作次数，一般为300次/h、600次/h和1200次/h。

（6）动作值

动作值是指接触器的吸合电压和释放电压。规定接触器的吸合电压大于线圈额定电压的85%时应可靠吸合，释放电压不高于线圈额定电压的70%。

9.3.3 交流接触器与直流接触器的差异

按照接触器的主触头控制的主回路电流是交流还是直流分为交流或直流接触器，与接触器线圈中电流的形式无关。交流接触器与直流接触器结构大体相同，都由电磁动作机构、触头系统和灭弧装置三大部分构成，其工作原理完全相同，控制方式完全相同，但具体结构和用途存在差异。

1. 电磁机构不同

交流接触器的电磁铁由E形铁心和线圈构成，因为铁心中通过交变磁通，铁心中有磁滞损耗和涡流损耗，所以会产生热量。因此，一方面铁心用硅钢片叠压而成，以减少铁心损耗。另一方面将线圈制成短粗形状，并用骨架将线圈与铁心隔离，以免铁心的热量传给线圈。另外，交流接触器的动铁心端面处装有短路环（也叫分磁环），其作用是消除铁心振动，降低噪声。

直流接触器电磁部分采用转动式动铁心，铁心中磁通恒定，没有磁滞损耗和涡流损耗，工作中不产生热量，所以铁心用软铁做成，线圈绕成细长形状且与铁心接触较紧密，不用骨架，目的是将线圈的热量通过铁心散发出去。

2. 灭弧措施不同

交流接触器一般单独采用栅片灭弧，因为交流有过零，具有自灭弧能力。而直流电弧没有自灭弧能力，所以直流接触器采用栅片和磁吹两种措施联合灭弧，触头采用耐电弧能力更强的材料制成，动触头和静触头的间距更大，触头面积更大。

3. 自身耗能不同

交流接触器的铁心会产生涡流和磁滞损耗，而直流接触器没有铁心损耗；交流接触器的线圈在刚接通的瞬间起动电流大，消耗功率大，而在触头吸合后所需的维持电流较小，消耗的功率也小，直流接触器线圈通直流电，电流数值能满足起动和维持吸合的双重需要。因此，直流接触器自身耗能大于交流接触器。

4. 选用方法不同

选用接触器的依据是电源电压和负载电流。选用交流接触器时在电压参数合适的前提下，接触器电流参数越大，电路工作越可靠，寿命越长。但选用直流接触器时，电流参数应等于或接近负载电流数值。

由于以上差异，交流接触器和直流接触器一般情况下是不能混用的，在特殊场合，交流接触器与直流接触器可以相互代用，但代用时需增设辅助电路。

9.3.4　交流接触器的选用与使用安全注意事项

1. 交流接触器的选用

1）依据接触器所控制负载的使用类别、工作性质、负载轻重、电流类别选择接触器类别。

2）依据被控对象的功率和操作情况，确定接触器的容量等级。

3）根据对控制回路要求选择线圈的参数。根据使用地点周围环境选择相应的规格。由于被控对象千差万别，难以有简单、统一的选择方法，通常要注意下列参数的确定：

① 接触器主触头额定工作电压。要求其大于或等于主电路额定电压。

② 接触器吸引线圈的额定电压及工作频率。要求两者必须与接入此线圈的控制电路的额定电压及频率相等。

③ 额定电流等级确定。按技术条件规定的使用类别使用时，接触器的额定电流应大于或等于负载的额定电流。还要注意的是接触器主触头的额定工作电流是在规定条件下（额定工作电压、使用类别、操作频率等）能够正常工作的电流值，主触头的额定工作电流应大于或等于负载的电流。当实际使用条件不同时，这个电流值也将随之改变。轻任务使用类别设计的接触器用于重任务时，应降低容量使用，如降一个等级使用。对反复短时工作的接触器，其额定电流应大于负载的等效热稳定电流。对于电动机负载，接触器主触头额定电流常按下列经验公式来计算：

$$I_N = \frac{P_N \times 10^3}{KU_N}$$

式中　K——经验系数，$K = 1 \sim 1.4$；

I_N——主触头额定电流，单位为 A；

P_N——电动机的额定功率，单位为 W；

U_N——电动机的额定电压，单位为 V。

④ 吸引线圈的额定电压。其应与控制电路电压相一致，接触器在线圈额定电压 85% ~ 105% 时应能可靠地吸合。

⑤ 选择接触器型号时，要同时考虑负载、主电路、控制电路的要求来确定型号与触头数量。主触头和辅助触头的数量应能满足控制系统的需要。

2. 接触器的安装使用安全注意事项

1）接触器安装前应先检查线圈的电压是否与电源的电压相符。然后检查各个触头接触是否良好，有无卡阻现象。最后将铁心极面上的防锈油擦净，以免油垢黏滞造成断电不能释放的故障。

2）接触器安装时，其底面应与地面垂直，倾斜应小于 5°。

3）组装时勿使螺钉、垫圈等零件落入接触器内，以免造成机械卡阻和短路故障。

4）接触器触头表面应经常保持清洁，不允许涂油，当触头表面因电弧作用而形成金属小珠时，应及时铲除，但银及银合金触头表面产生的氧化膜，由于接触电阻很小，不必锉修，否则将缩短触头的寿命。

5）不允许将交流接触器接到直流电源上，否则会烧毁线圈。

6）直流接触器在结构上无短路环，其灭弧装置在耐压性能等方面与交流接触器不同，要加以注意。

9.4 继电器

继电器是一种根据某种输入信号（电量或非电量）的变化，接通或断开控制电路，从而实现自动控制和保护电力拖动装置的电器。其输入量可以是电压、电流等电气量，也可以是温度、时间、速度、压力等非电气量。当输入量达到一定值时，输出量将发生跳跃式变化。通常应用于自动控制电路，在电路中起着自动调节、安全保护、转换电路等作用。

继电器的种类很多，按输入量可分为电压继电器、电流继电器、时间继电器、热继电器、速度继电器以及温度、压力、计数、光继电器等；按工作原理可分为电磁式继电器、感应式继电器、电动式继电器、电子式继电器等；按用途可分为控制继电器、保护继电器等。

电磁式继电器的结构、工作原理与接触器相似，继电器在电路中所起的作用是控制触头的断开或闭合，而触头又是控制电路通断的，从这一点来看继电器与接触器是相同的。但继电器与接触器又有区别，主要表现在两方面：一是输入信号不同，继电器的输入信号可以是各种物理量，如电压、电流、时间、速度、压力等，而接触器的输入量只能是电压；二是所控制的线路不同，继电器主要用于小电流电路，反映控制信号，其触头通常接在控制电路中，故无主触头和辅助触头之分，触头电流容量较小（一般在5A以下），且无灭弧装置，而接触器用于控制电动机等大功率、大电流电路及主电路。

9.4.1 中间继电器

1. 中间继电器的结构与工作原理

中间继电器实质上是一种电磁式电压继电器，在控制电路中起逻辑变换和状态记忆的功能，当其他继电器的触头数或触头容量不够时，可借助中间继电器来扩大它们的触头数或触头容量，从而起到中间转换的作用。中间继电器的电磁线圈属于电压线圈，但它的触头数量较多（一般有4对动合触头，4对动断触头），触头容量较大（额定电流为5~10A），动作灵敏。

中间继电器由电磁机构和触头系统组成。其工作原理如下：当线圈外加额定控制电压为（85%~110%）U_S时，电磁机构衔铁吸合，带动触头动作；线圈电压为（20%~75%）U_S时衔铁释放，触头复位。常用的中间继电器有JZ7、JZ14等系列，中间继电器的结构和电气图形符号及文字符号如图9-11所示。

图9-12所示为常用中间继电器的外形结构。此图表明，中间继电器的工作原理虽然相同，但具体结构千差万别，形状各异，工作性能也有一定差别。因此，在选用中间继电器时，除了要充分考虑技术参数外，其外形结构及其对安装空间的影响也必须适当关注。

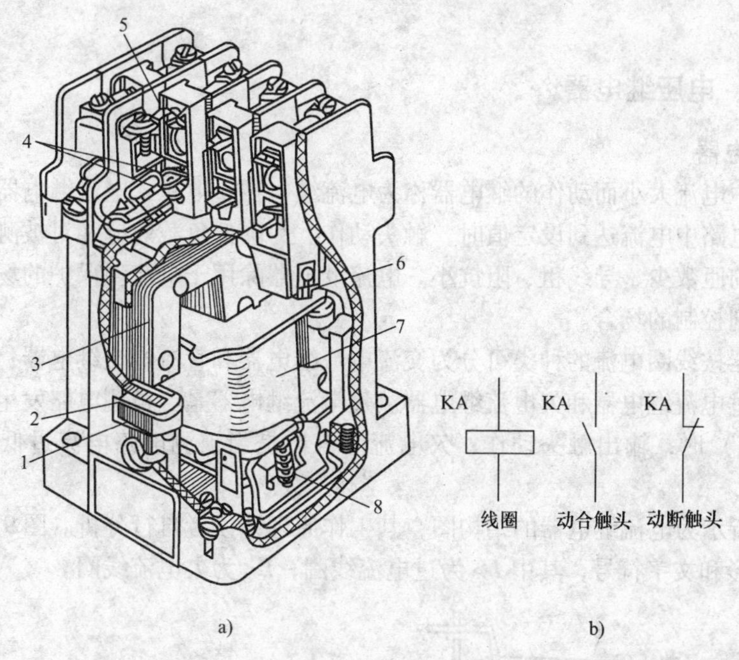

图9-11　JZ7型中间继电器的结构、图形和文字符号

a）结构　b）图形和文字符号

1—静铁心　2—短路环　3—动铁心　4—动合触头　5—动断触头　6—复位弹簧　7—线圈　8—反作用弹簧

图9-12　中间继电器的外形结构

2. 中间继电器的选用

根据中间继电器在控制电路中的作用，选用中间继电器时应遵循以下原则：

1）触头的额定电压及额定电流应大于控制电路所使用的额定电压及控制电路的工作电流。

2）触头的种类和数量应满足控制电路的需要。

3）电磁线圈的电压等级应与控制电路电源电压相同。

4）使用过程中的操作频率不超过继电器许用操作频率。

一般情况下，选用可根据中间继电器的触头数量、种类及吸引线圈的额定电压来确定型号。

9.4.2 电流、电压继电器

1. 电流继电器

根据线圈中电流大小而动作的继电器称为电流继电器。电磁式电流继电器的线圈与被测电路串联，当电路中电流达到设定值时，触头动作。为降低负载效应和对被测量电路参数的影响，其线圈的匝数少、导线粗、阻抗小。电流继电器除用于电流型保护的场合外，还经常用于按电流原则控制的场合。

电流继电器按线圈电流的种类可分为交流电流继电器和直流电流继电器；按动作电流的大小又可分为过电流继电器和欠电流继电器。过电流继电器是当被测电路发生短路及过电流（超过整定电流）时，输出触头动作；欠电流继电器是当被测电路电流过低时，输出触头复位。

图 9-13a 所示为电流继电器的结构图，其工作原理请读者自行分析。图 9-13b 所示为电流继电器的图形和文字符号，其中 $I>$ 为过电流线圈，$I<$ 为欠电流线圈。

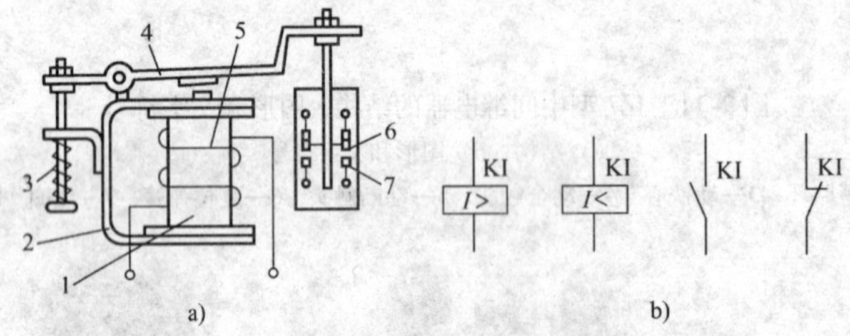

图 9-13 电流继电器

a）结构 b）图形和文字符号

1—铁心 2—磁轭 3—反作用弹簧 4—衔铁 5—电流线圈 6—动触头 7—静触头

过电流继电器，工作时负载电流流过线圈，当负载电流不超过整定值时，衔铁不产生吸合动作。当负载电流高出整定电流时衔铁产生吸合动作。过电流继电器主要用于过电流和短路保护，它比熔断器的结构复杂，但过载保护性能优于熔断器，而且事故后不必像熔断器那样更换元器件，可重复使用，常用于电动机过载及短路保护中。一般选取线圈额定电流（整定电流）等于最大负载电流。过电流继电器整定范围为（110% ~400%）额定电流，其中交流过电流继电器为（110% ~400%）I_N，直流过电流继电器为（70% ~300%）I_N。常用的电流继电器型号有 JL12、JL15 等。

欠电流继电器，当线圈电流达到或大于动作电流值时，衔铁吸合动作；当线圈电流低于动作电流值时衔铁立即释放。正常工作时，由于负载电流大于线圈动作电流，衔铁处于吸合状态。当电路的负载电流降至线圈释放电流值以下时，衔铁释放，所以欠电流继电器的动作电流为释放电流而不是吸合电流。欠电流继电器动作电流整定范围是：吸合电流为(30% ~50%)I_N，释放电流为（10% ~20%)I_N。欠电流继电器用于欠电流保护或控制，如直流电动机励磁绕组的弱磁保护、电磁吸盘中的欠电流保护、绕线式异步电动机起动时电阻的切换控制等。常用的电流继电器型号有 JL14 – Q 等。

选用电流继电器时，主要根据是主电路内的电流种类和额定电流。首先根据对负载的保护作用（是过电流还是欠电流）来选用电流继电器的类型，线圈电流的种类要与负载电路一致。其次，电流继电器的动作电流整定范围满足保护电流的需要。最后，要根据控制电路的要求选择触头的类型（是常开还是常闭）和数量。

2. 电压继电器

电压继电器是根据输入电压大小而动作的继电器。它的结构与电流继电器类似，但其线圈为电压线圈，其匝数多、导线细、阻抗大。在使用时，电压继电器要并联在电路中。

电压继电器按电压性质分为交、直流电压继电器两种，按动作电压值的不同分为欠电压继电器和过电压继电器两种。图 9-14 所示为电压继电器的图形和文字符号，其中 $U>$ 为过电压线圈，$U<$ 为欠电压线圈。

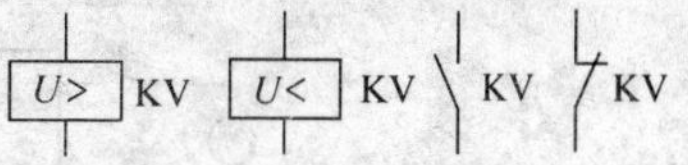

图 9-14　电压继电器的图形和文字符号

对于过电压继电器，当线圈电压为额定值时，衔铁不产生吸合动作。当电路电压大于其线圈电压的整定值 [(110% ~115%) U_N] 时，衔铁才产生吸合动作。主要用于对电路或设备作过电压保护。由于直流电路中一般不会出现波动较大的过电压现象，因此在产品中没有直流过电压继电器。

对于欠电压和零电压继电器，当线圈电压达到线圈额定电压值 [(20% ~50%) U_N] 时，衔铁吸合动作，当线圈电压低于线圈额定电压某一值 [对欠电压继电器为（40% ~70%) U_N，对零电压继电器为（5% ~25%) U_N] 时衔铁立即释放。欠电压继电器有交流欠电压继电器和直流欠电压继电器之分，在电路中起欠电压保护作用。

选用电压继电器时，主要根据是被保护电路内的电压种类和电压等级。首先是根据在控制电路中的作用（是过电压还是欠电压）来选用电压继电器的类型，线圈电压的种类要与负载电路一致。再是电压继电器的动作电压范围满足保护电压的需要。最后，要根据控制电路的要求选择触头的类型（是常开还是常闭）和数量。

9.4.3　固体继电器

固体继电器（Solid State Relay，SSR）是 20 世纪 70 年代后期发展起来的一种新型无触头继电器，可以取代传统的继电器和小容量接触器。固体继电器与通常的电磁继电器不同，它无触头，输入电路与输出电路之间光（电）隔离，由分立元件、半导体微电子电路芯片和电力电子器件组装而成，如图 9-15 所示。以阻燃型环氧树脂为原料，采用灌封技术将其封闭在外壳中，使其与外界隔离，具有良好的耐压、防腐、防潮、抗振动性能。固体继电器可以实现用微弱的控制信号（几毫安到几十毫安）控制 0.1A 直至几百安电流负载，进行无触头接通或分断。

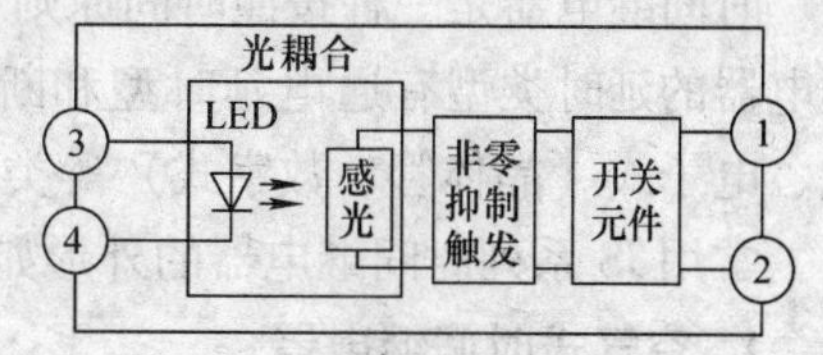

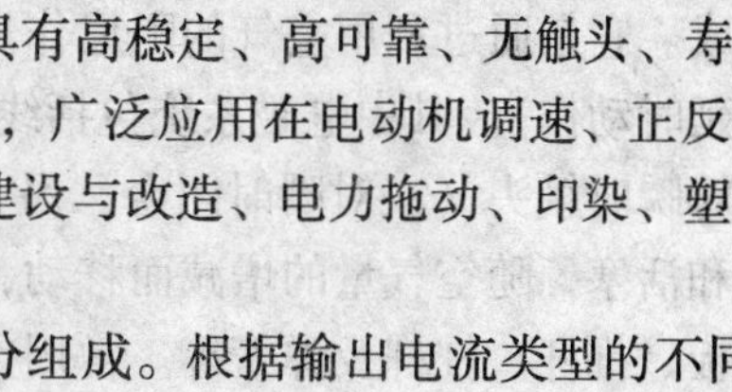

图 9-15　固体继电器的内部结构

由于固体继电器接通和断开负载时不产生火花，又具有高稳定、高可靠、无触头、寿命长、与 TTL 和 CMOS 集成电路有着良好的兼容性等优点，广泛应用在电动机调速、正反转控制、调光、家用电器、烘箱加温控温、输变电电网的建设与改造、电力拖动、印染、塑料加工、煤矿、钢铁、化工和军用等方面。

固体继电器由输入电路、驱动电路和输出电路三部分组成。根据输出电流类型的不同，固体继电器分为交流和直流两种类型。交流固体继电器（AC－SSR）以双向晶闸管为输出开关器件，用来通、断交流负载；直流固体继电器（DC－SSR）以功率晶体管为开关器件，用来通、断直流负载。从外部接线来看，固体继电器是一种四端器件，两个输入端，两个输出端（AC－SSR对应为双向晶闸管的阴阳两极，DC－SSR对应为晶体管的集电极和发电极）。输入端接控制信号，输出端与负载、电源串联，SSR实际上是一个受控的电力电子开关，其等效电路如图9-16a所示。当输入端给定一个控制信号时，输出端导通；输入端无控制信号时，输出端关断截止。图9-16b所示为图形符号。

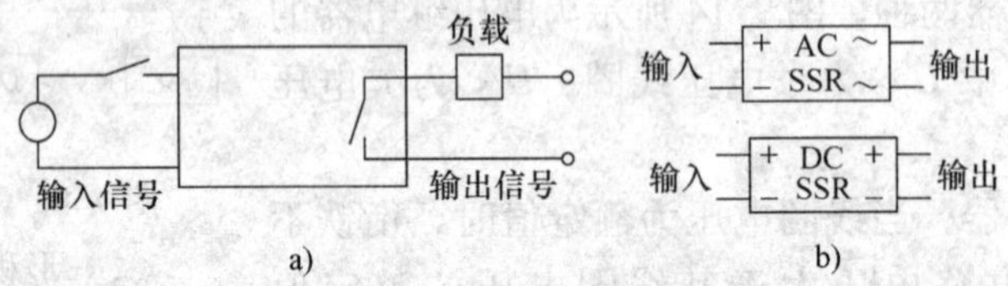

图9-16 固体继电器的等效电路图和图形符号

交流固体继电器根据触发信号方式不同分为过零型触发（Z型）和非过零型或随机型（P型）触发两种，过零型和非过零型之间的区别主要在于负载交流电流导通的条件。过零触发型电源电压处在非过零区，其输出端负载无电流，只有当电源电压到达过零区时，输出端负载中才有电流流过；非过零触发型不管电源电压处在什么状态，输入端施加信号电压时，输出端负载立刻导通。非过零型触发在输入端控制信号撤销时输出端负载立即截止；过零触发型要等到电源电压到达过零区时，输出端负载才关断（复位）。即过零型触发具有电压过零时开启，负载电流过零时关断的特性。常用的交流AC－SSR有GTJ6系列、JGC－F系列、JGX－F和JGX－3/F系列等。

固体继电器输入电路采用光耦隔离器件，抗干扰能力强。输入信号电压在3V以上，电流在100mA以下，输出点的工作电流达到10A，故控制能力强。当输出负载容量很大时，可用固体继电器驱动功率管，再去驱动负载。使用时还应注意固体继电器的负载能力随温度的升高而降低。其他使用注意事项请参阅固体继电器的产品使用说明。

9.4.4 时间继电器

时间继电器是一种按照时间原则工作的继电器，根据预定时间来接通或分断电路。时间继电器的延时类型有通电延时型和断电延时型两种形式；结构分为空气式、电动式、电磁式、电子式（晶体管、数字式）等类型。

常用JS系列时间继电器的外形如图9-17所示。

1. 空气式时间继电器

空气式时间继电器由电磁系统、触头系统（两个微动开关）、空气室和传动机构等部分组成。它是通过利用空气的阻尼作用来实现延时的（即利用空气通过小孔节流的原理来获得延时动作）。其中电磁系统包括线圈、衔铁、铁心、反力弹簧及弹簧片等；触头系统包括两对瞬时触头（一对瞬时闭合，另一对瞬时分断）和两对延时触头；空气室内有一块橡皮膜和活塞，随空气量的增减而移动，气室有调节螺钉，可以调节延时的长短；传动机构包括推板、推杆、杠杆及弹簧等。常用空气式时间继电器JS7－A系列有通电延时和断电延时两

图 9-17　JS 系列时间继电器

种类型。图 9-18 所示为 JS7－A 型空气阻尼式时间继电器的工作原理图。

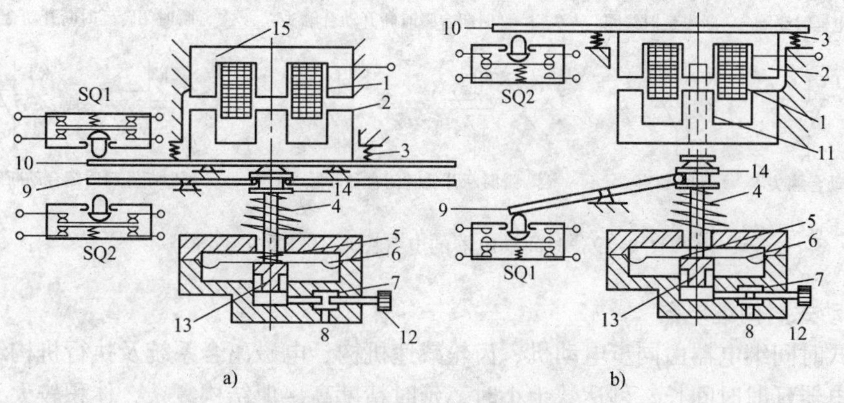

图 9-18　JS7－A 型空气阻尼式时间继电器工作原理图

a）通电延时型　b）断电延时型

1—线圈　2—衔铁　3—复位弹簧　4、5—弹簧　6—橡皮膜　7—节流孔　8—进气孔　9—杠杆　10—推板　11—推杆　12—调节螺钉　13—活塞　14—活塞杆　15—固定铁心

图 9-18a 所示为通电延时型时间继电器，其工作原理如下：当线圈通电时衔铁克服复位弹簧（反力弹簧）的阻力与固定铁心立即吸合，活塞杆在弹簧（4）的作用下向上移动，使与活塞相连的橡皮膜也向上运动，但受到进气孔进气速度的限制，这时橡皮膜下面形成空气稀薄的空间，与橡皮膜上面的空气形成压力差，对活塞的移动产生了阻尼作用。空气由气孔进入气囊，经过一段时间，活塞才能完成全部行程而压动微动开关 SQ2，使动断触头延时断开，动合触头延时闭合。延时时间的长短决定于节流孔的节流程度，进气越快，延时越短，旋动节流孔调节螺钉可调节进气孔的大小，从而达到调节延时时间长短的目的。延时范围分为 0.4～180s 和 0.4～60s 两种规格。微动开关 SQ1 在衔铁吸合后，通过推板立即动作，使动断触头瞬时断开，动合触头瞬时闭合。

当线圈断电时，衔铁在复位弹簧的作用下，通过活塞杆将活塞推向最下端，这时橡皮膜下方气室内的空气通过橡皮膜、弹簧（5）和活塞的局部迅速从橡皮膜上方气室缝中排掉，使得微动开关 SQ2 的动断触头瞬时闭合，动合触头瞬时断开，而 SQ1 触头也立即复位。

空气阻尼式断电延时型时间继电器与空气阻尼式通电延时型时间继电器的原理与结构均

相同，只是将其电磁机构翻转180°安装，即为断电延时型。

图9-18b所示为断电延时型时间继电器，其工作原理如下：当线圈通电时，衔铁被吸合，带动推板压合微动开关SQ2，使动断触头瞬时断开，动合触头瞬时闭合。与此同时，衔铁压动推杆，使活塞杆克服弹簧（4）的阻力向下移动，通过杠杆使微动开关SQ1也瞬时动作，动断触头断开，动合触头闭合，没有延时作用。

当线圈断电时，衔铁在复位弹簧的作用下瞬时释放，通过推板使SQ2触头瞬时复位。与此同时活塞杆在弹簧（4）及气室各部分元器件作用下延时复位，使SQ1各触头延时动作。

时间继电器的电气图形符号及文字符号如图9-19所示。

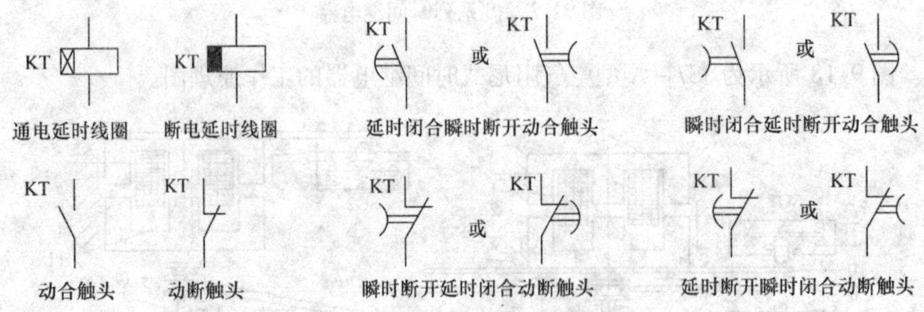

图9-19 时间继电器的电气图形符号及文字符号

2. 电动式时间继电器

电动式时间继电器由同步电动机、齿轮减速机构、电磁离合系统及执行机构组成，电动式时间继电器延时时间长，可达数十小时，延时精度高，但结构复杂，体积较大，常用产品有JS10、JS11系列和7PR系列。

3. 电子式时间继电器

电子式时间继电器有晶体管式（阻容式）和数字式（又称计数式）两种不同的类型。晶体管式时间继电器是基于电容充、放电工作原理延时工作的。数字式时间继电器由脉冲发生器、计数器、数字显示器、放大器及执行机构组成，具有定时精度高、延时时间长、调节方便等优点，通常还带有数码输入、数字显示等功能，应用范围广，可取代阻容式、空气式、电动式等时间继电器。常用的晶体管式时间继电器有JSJ、JS14、JS20、JSF、JSCF、JSMJ、JJSB、ST3P等系列。常用的数字式时间继电器有JSS14、JSS20、JSS26、JSS48、JS11S、JS14S等系列。

4. 时间继电器的选用

时间继电器的选用主要是延时方式和参数配合问题，选用时要考虑以下4个方面：

（1）延时方式的选择

时间继电器有通电延时或断电延时两种，应根据控制电路的要求来选用。动作后复位时间要比固有动作时间长，以免产生误动作，甚至不延时，这在反复延时电路和操作频繁的场合，尤其重要。

（2）类型选择

对延时精度要求不高的场合，一般采用价格较低的电磁式或空气阻尼式时间继电器；反之，对延时精度要求较高的场合，可采用电子式时间继电器。

（3）线圈电压选择

根据控制电路电压来选择时间继电器吸引线圈的电压。

（4）电源参数变化的选择

在电源电压波动大的场合，采用空气阻尼式或电动式时间继电器比采用晶体管式好，而在电源频率波动大的场合，不宜采用电动式时间继电器，在温度变化较大处，则不宜采用空气阻尼式时间继电器。

5. 时间继电器调整和使用注意事项

（1）JS7 – A 系列时间继电器

JS7 – A 系列时间继电器通电延时和断电延时可在规定时间范围内自行调整，但由于此时间继电器无刻度，要准确调整延时时间就比较困难。平时应经常清除灰尘和油污，以免增大延时的误差。

（2）JS11 系列时间继电器

JS11 系列时间继电器通电延时范围调节后，如需精确延时，应首先接通同步电动机电源，以减少电动机起动引起的误差。对通电延时时间继电器，调节整定延时时间必须在断开离合电磁铁线圈电源后才能进行；对断电延时时间继电器，调节整定延时时间必须在接通离合电磁铁线圈电源后才能进行。

（3）JS20 系列晶体管时间继电器

JS20 系列晶体管时间继电器在使用前必须核对额定工作电压与将接入的电源电压是否相符，直流型的不要将电源的正负极性接错；接线时必须按接线端子图正确接线，触头电流不允许超过额定电流；继电器与底座间有扣攀锁紧，在拔出继电器本体前要先扳开扣攀，然后缓慢地拔出继电器。

9.4.5　热继电器

热继电器是用来对连续运行的电动机进行过载保护的一种电器，以防止电动机过热而烧毁。大部分热继电器除了具有过载保护功能以外，还具有断相保护、温度补偿、自动与手动复位等功能。从结构原理上看，热继电器有双金属片式和电子式两类。

1. 热继电器的结构及工作原理

双金属片式热继电器的结构原理如图 9-20 所示，热继电器主要由双金属片、加热元件、动作机构、触头系统、整定装置及手动复位装置等组成。工作时，其动断触头串联在控制电路中，热元件接在电动机的主回路。双金属片作为温度检测元件，由两种膨胀系数不同的金属片压焊而成，当加热元件 A、B、C 加热后，两层金属片因伸长率（膨胀系数）不同而弯曲。加热元件串联在电动机定子绕组中，在电动机正常运行时电流较小，热元件产生的热量不会使双金属片产生较大的弯曲，故热继电器正常工作时不动作；当电动机过载时，流过热元件的电流加大，经过一定的时间，热元件产

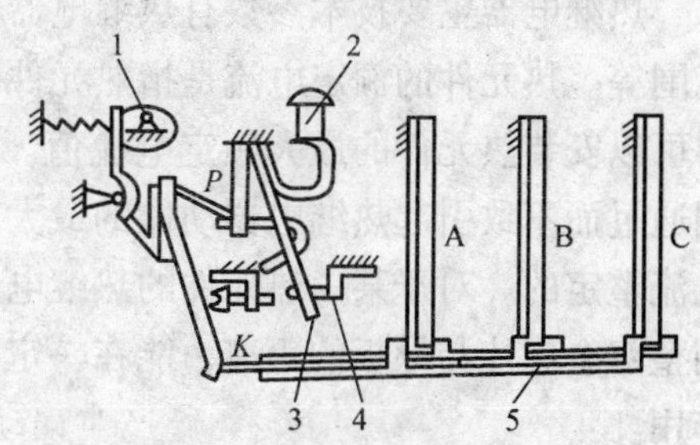

图 9-20　双金属片式热继电器结构原理图

1—凸轮　2—复位按钮　3—动触头
4—动断静触头　5—外导板

生的热量使双金属片的弯曲程度超过一定值时，就通过导板推动热继电器的触头动作（动合触头闭合、动断触头断开）。通常用其串联在接触器线圈电路的动断触头来切断接触器线圈电流，使电动机主电路断开，从而实现过载保护功能。热继电器动作后一般不能立即复位，需待电流正常、双金属片复原后，再按复位按钮，才能使之回到正常状态。

热继电器电气图形符号分为热元件和触头两部分，触头有动合、动断两类，电气图形及文字符号如图 9-21 所示。

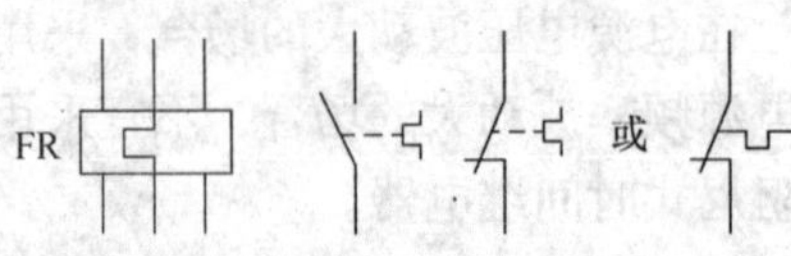

图 9-21 热继电器电气符号及文字符号

图 9-22 所示是 4 种常用热继电器的外形。此图表明，热继电器的工作原理虽然相同，但具体结构因附加功能不同而不同，使用性能也有一定差别。因此，在选用热继电器时，在满足性能要求的前提下，外形结构及其对安装空间的影响，也应当加以考虑。

图 9-22 常用热继电器外形

2. 热继电器的保护方式

热继电器的保护方式有两相和三相保护两大类。两相保护的热继电器装有两个发热元件，分别串联到三相电路中的两相。当三相平衡较好时可用两相保护，否则采用三相保护继电器，以保证反映任何一相过载。

热继电器不能作为短路保护，因为金属片弯曲要一个时间过程，其动作时间特性不能满足分断故障电流的速度要求。

3. 热继电器主要技术参数

热继电器主要技术参数有热继电器额定电流、相数、热元件额定电流、整定电流及调节范围等。热元件的额定电流是指热元件的最大整定电流值，热继电器的额定电流是指热继电器可以安装热元件的最大额定电流值。热继电器（热元件）的整定电流是指热元件能够长期通过而不致引起热继电器动作的最大电流值。通常热继电器的整定电流是按电动机的额定电流整定的。对于某一热元件的热继电器，可以手动调节整定电流旋钮，带动偏心轮机构，调整双金属片与导板的距离，能在一定范围内调节其电流的整定值，起到可靠保护电动机的作用。

用于电动机热保护继电器常用的系列有 JR16、JR20、JR28、JR36 系列热继电器，NRE6、NRE8 系列电子式过载继电器，引进生产的法国 TE 公司 LR－D 系列、德国西门子公司的 3UA 系列、德国 ABB 公司的 T 系列等热继电器。

4. 热继电器的选用

热继电器选用是否恰当，是它能否可靠地进行过载保护的关键。选用时主要考虑的因素有额定电流或热元件整定电流，要求其均应大于被保护电路或设备的正常工作电流。作为电动机保护时，要考虑其型号、规格和特性、正常起动时的起动时间和起动电流、负载的性质等。在接线上，星形联结的电动机应选普通两相或三相保护继电器，三角形联结的电动机要选带断相保护的热继电器。在额定电流配合上，热元件的额定电流要大于电动机的额定电流；热继电器的额定电流要大于或等于电动机的额定电流，一般整定为相等，如电动机冲击性大或起动时间较长，则整定值要适当高些。用于异步电动机保护的热继电器在同一电压等级，可有多种不同的动作电流整定值。总之，选用热继电器时要注意下列 5 点：

1）根据电动机额定电压和额定电流计算出热元件的电流范围，然后选型号及电流等级。

2）根据热继电器与电动机的安装条件不同、环境不同，对热元件电流要做适当调整。如高温场合热元件的电流应放大 1.05 ~ 1.20 倍。一般情况下，热元件的整定电流为电动机额定电流的 0.95 ~ 1.05 倍。如果电动机过载能力较差，热元件的整定电流可取电动机额定电流的 0.6 ~ 0.8 倍。另外，整定电流应留有一定的上下限调整范围。

3）设计成套电气装置时，热继电器尽量远离发热电器。

4）通过热继电器的电流与整定电流之比称为整定电流倍数。其值越大，发热越快，动作时间越短。

5）对于点动（断续控制）、重载起动、频繁正反转及带反接制动等运行的电动机，一般不用热继电器作过载保护。

5. 热继电器安装使用注意事项

1）热继电器只能作为电动机的过负荷保护，不能作为短路保护使用。因为发生短路，表明电路已出事故，必须立即切断电源，把故障压缩到最小范围，用热继电器作保护元件就不能达到这个要求。

2）安装热继电器时，应清除触头表面尘污，以免因接触电阻太大或电路不通影响热继电器的动作性能。

3）热继电器必须按照产品说明书中规定的方法安装。当它与其他电器装在一起时，应注意将它装在其他电器的下方，以免其动作特性受到其他电器发热的影响。

9.4.6 速度继电器

速度继电器分为电磁式和电子式。电磁式速度继电器是根据电磁感应原理制成的，是一种检测旋转体转速和转向的继电器，当转速达到规定值后继电器动作，广泛用于生产机械运动部件的速度控制和反接控制快速停车，例如用于三相笼型异步电动机的反接制动电路中。此处仅介绍电磁式速度继电器的工作原理。在机床控制中，常用的速度继电器有 JY1 和 JFZ0 系列两种。

1. 电磁式速度继电器的结构和工作原理

电磁式速度继电器主要由转子、定子及触头三部分组成，具体外形结构和内部结构如图 9-23 所示。电磁式速度继电器的转子是一个圆柱永久磁铁，使用时一般连接于转动轴或电动机轴上，与转动轴或电动机轴同步旋转。定子是一个笼型空心圆环，由硅钢片叠成，

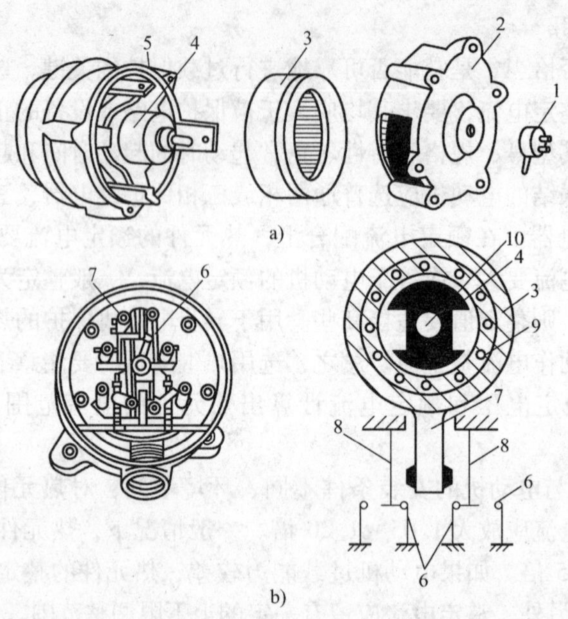

图 9-23 JY1 系列电磁式速度继电器的结构和工作原理

a）结构 b）工作原理

1—连接头 2—端盖 3—定子 4—转子 5—可动支架 6—静触头

7—胶木摆杠 8—簧片（动触头） 9—定子绕组 10—转轴

并装有笼型绕组。定子空套在转子上，能独自偏摆。当转轴或电动机转动时，速度继电器的转子随之转动，这样就在速度继电器的转子和定子圆环之间的气隙中产生旋转磁场而感应电势并产生电流，此电流与旋转的转子磁场作用产生转矩，使定子偏转，其偏转角度与转轴或电动机的转速成正比。当偏转到一定角度时，与定子连接的摆锤推动动触头，使动断触头断开，电动机转速进一步升高后，摆锤继续偏摆，使动触头与静触头的动合触头闭合。当转轴转速下降到 100r/min 左右或停止时，由于笼型绕组的电磁力不足，摆锤偏转角度随之下降，动触头在簧片作用下复位（动合触头断开、动断触头闭合）。当转轴的旋转方向改变时，继电器的转子与定子的转向也改变，这时定子就可以触动另外一组触头，使之断开与闭合。

电磁式速度继电器的动作转速一般不低于 120r/min，复位转速约在 100r/min 以下，工作时，允许的转速高达 1000～3600r/min。

速度继电器主要根据转轴或电动机的额定转速来选择。安装接线时，要注意正反向的触头不能接错，否则就不能起到应有的作用。使用电磁式速度继电器作反接制动时，应将永久磁铁装在被控制电动机的同一根轴上，而将其触头串联在控制电路中，与接触器、中间继电器配合，以实现反接制动。

2. 电磁式速度继电器的图形符号及文字符号

电磁式速度继电器的转轴连接示意和触头的电气图形符号及文字符号如图 9-24 所示，速度继电器有正转和反转两组切换触头，电气符号中“n”可以用“$n>$”表示正转，“$n<$”表示反转。

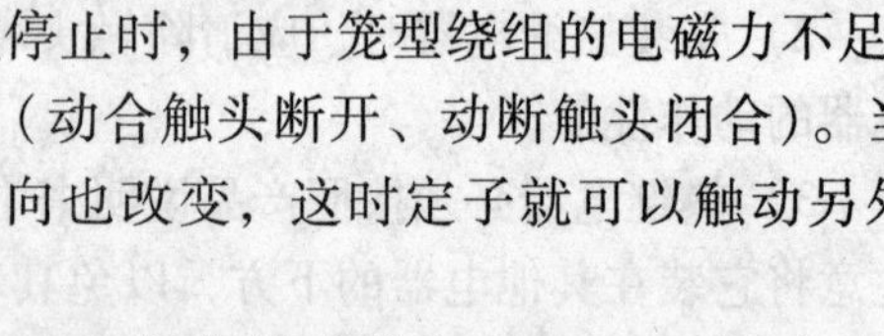

KS
n KS n KS
继电器转子 动合触头 动断触头

图 9-24 电磁式速度继电器的电气图形符号及文字符号

9.4.7　漏电保护器

漏电保护器又叫漏电保安器、漏电开关，是一种行之有效的防止人身触电的保护装置。它是一种在规定条件下，当漏电电流达到或超过给定值时，能够自动断开的组合电器。其型号有很多，常见的有单相、三相等漏电保护开关，另外还有漏电插头、插座等产品，其外形如图 9-25 所示。

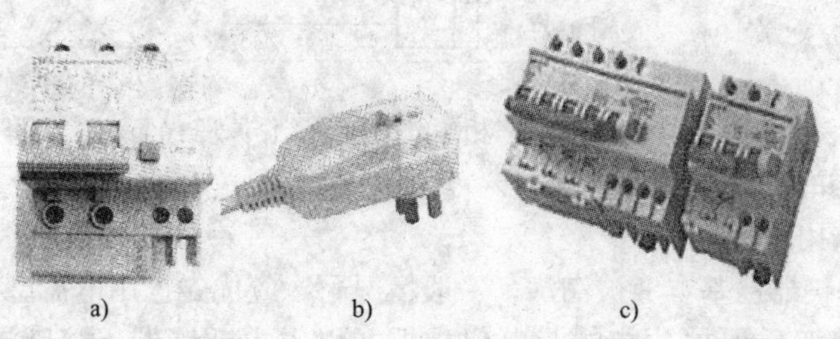

图 9-25　漏电保护器的外形

a）单相漏电保护开关　b）漏电保护插头　c）三相漏电保护开关

1. 漏电保护器的结构和工作原理

漏电保护器有电压型和电流型之分，电压型漏电保护器已基本淘汰，现在常用的电流型漏电保护器主要由主开关、零序电流互感器、漏电脱扣器、电子控制板等部件组成。

单相漏电保护器的工作原理如图 9-26 所示，当无漏电电流时，零序电流互感器 TA 的一次电流矢量和为零，TA 无感应电流输出，脱扣器不动作，正常向负载供电。当被保护电路漏电或人身触电时，通过零序电流互感器的一次绕组的矢量和不等于零，零序电流互感器的二次绕组产生感应电压，并通过电子放大器 A 进行放大，线圈 L 得电吸合，带动漏电保护器上的开关 QS 动作，切断电源，从而起到了防止人身触电的保护作用。漏电保护器对电气设备的漏电电流极为敏感。当人体接触了漏电的用电器时，产生的漏电电流只要达到 10 ~ 30mA，就能使漏电保护器在极短的时间（如 0.1s）内跳闸，切断电源。

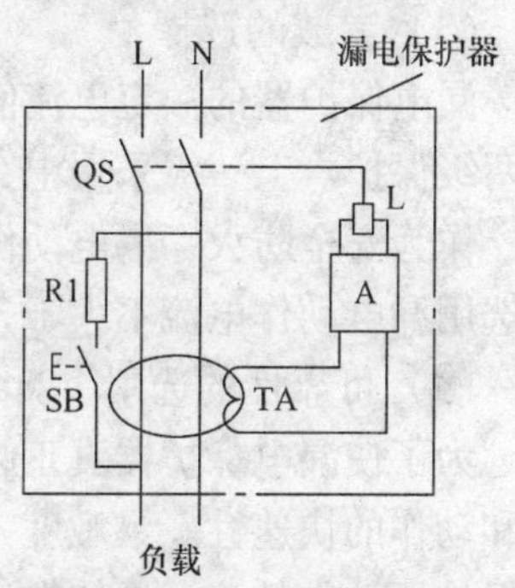

图 9-26　单相漏电保护器的工作原理

SB 为试验按钮，它和电阻 R1 组成试验回路，试验回路的两端接在 TA 输入端和输出端不同相的导线上，以便按下 SB 时在 TA 中流过一个模拟的接地故障电流，检查漏电保护器是否正常。

图 9-27 所示为三相漏电保护器工作原理。当正常工作时，不论三相负载是否平衡，通过零序电流互感器主电路的三相电流相量之和等于零，故其二次绕组中无感应电动势产生，漏电保护器工作在闭合状态。如果发生漏电或触电事故，三相电流之和便不再等于零，而等于某一电流值 I_s。I_s 会通过人体、大地、变压器中性点形成回路，这样零序电流互感器二次侧产生与 I_s 对应的感应电动势加到脱扣器上，当 I_s 达到一定值时，脱扣器动作，推动主开关的锁扣，断开主电路。

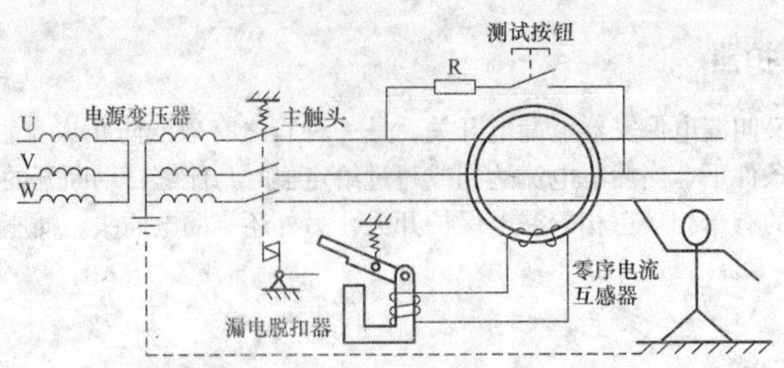

图 9-27 三相漏电保护器工作原理

2. 漏电保护器的选择

（1）型式的选用

电压型漏电保护器已基本上被淘汰，一般情况下，应优先选用电流型漏电保护器，可选择带有过载和短路双重保护功能的漏电保护器，以省去断路器、熔断器，减少元器件和费用。

（2）极数的选用

单相 220V 电源供电的电气设备，应选用两极式漏电保护器；三相三线制 380V 电源供电的电气设备，应选用三极式漏电保护器；三相四线制 380V 电源供电的电气设备，或者单相设备与三相设备共用电路，应选用三极四线式、四极四线式漏电保护器。

（3）参数的选择

漏电保护器的额定电流值不应小于实际负载电流。为保证漏电保护的灵敏度，最好采用分两级保护。上一级采用中、低灵敏度的，下一级选用高灵敏度的。

作为安全防火，漏电动作电流可选用 50 ~ 100mA 的漏电保护器。作为人身安全保护用，应选用漏电动作电流不大于 30mA 的漏电保护器。

（4）可靠性的选用

为了使漏电保护器真正起到漏电保护作用，其动作必须正确可靠，即应具有合适的灵敏度和动作的快速性。灵敏度（即漏电保护器的额定漏电动作电流）是指人体触电后促使漏电保护器动作的流过人体电流的数值。灵敏度低，流过人体的电流太大，起不到漏电保护作用；灵敏度过高，又会造成漏电保护因线路或电气设备在正常微小的漏电下而误动作，使电源切断。家庭装于配电板（箱）上的漏电保护器，其灵敏度宜在 15 ~ 30mA 左右；装于某一支路或仅针对某一设备或家用电器（如空调器、电风扇等）用的漏电保护器，其灵敏度可选 5 ~ 10mA。

快速性是指通过漏电保护器的电流达到起动电流时，能否迅速地动作。合格的漏电保护器动作时间不应大于 0.1s，否则对人身安全仍有威胁。

3. 漏电保护器的安装

在安装漏电保护器时应注意以下 8 点：

1）安装前，应仔细阅读使用说明书。

2）安装漏电保护器后，被保护设备的金属外壳仍应进行可靠的保护接地。

3）漏电保护器的安装位置应远离电磁场和有腐蚀性气体环境，并注意防潮、防尘、防振。

4）漏电保护器应垂直安装，倾斜度不得超过 5°，电源进线必须接在漏电保护器的上方，即标有“电源”的一端；出线应接在下方，即标有“负载”的一端。

5）作为住宅漏电保护时，漏电保护器应装在进户电能表和断路器之后的配电板上，安装方法如图 9-28 所示。

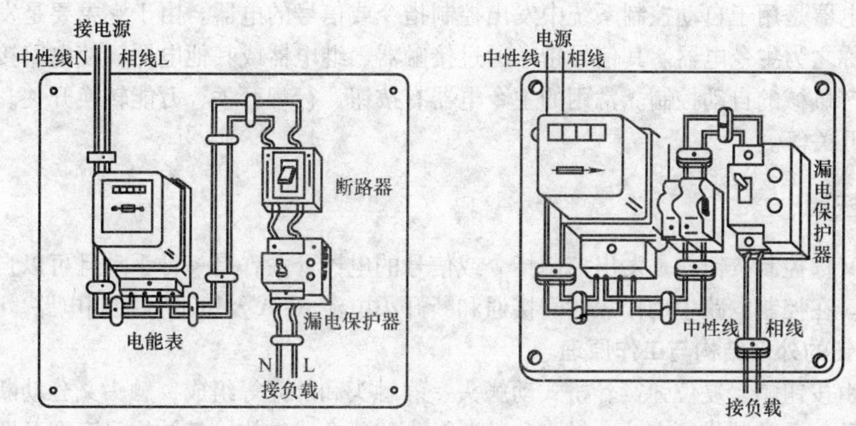

图 9-28　单相漏电保护器的安装

6）安装时必须严格区分中性线和保护线，三极四线式或四极式漏电保护器的中性线 N 应接入漏电保护器。经过漏电保护器的中性线不得作为保护线，不得重复接地或接设备的外露可导电部分；保护线 PE 不得接入漏电保护器。其安装方法如图 9-29 所示。

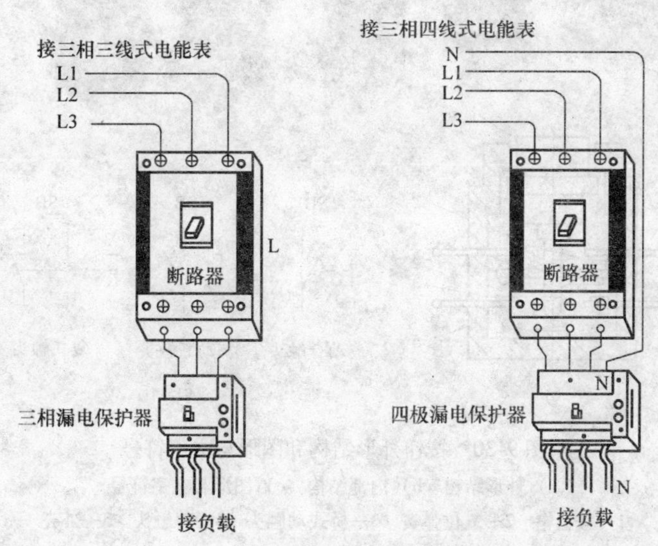

图 9-29　三相漏电保护器的安装

7）漏电保护器接线完毕投入使用前，应先做漏电保护动作试验，即按动漏电保护器上的试验按钮，漏电保护器应能瞬时跳闸切断电源。试验 3 次，确定漏电保护器工作稳定，才能投入使用。

8）对投入运行的漏电保护器，必须每月进行一次漏电保护动作试验，用试验按钮检查漏电保护器动作的可靠性。此外在初次使用或异地使用、长期未使用而再次使用的场合，以及雷电过后等，都应用试验按钮试验，以便及时发现问题，进行维修。

9.5　低压主令电器

主令电器是用于自动控制系统中发出控制指令或信号的电器。由于它主要是发出操作指令，从而称之为主令电器。其信号指令通过接触器、继电器或其他电器，使电路接通或分断来实现生产机械的自动控制。常用的主令电器有按钮、行程开关、万能转换开关、主令控制器、脚踏开关等。

9.5.1　按钮

按钮又称控制按钮，是发出控制指令或信号的电器开关，是一种手动且可以自动复位的主令电器。在控制电路中用作短时间接通和断开小电流（5A 及以下）控制电路。

1. 按钮的外形结构与工作原理

按钮由按钮帽、复位弹簧、桥式动触头、静触头和外壳等组成，触头又分动断触头和动合触头两种，通常制成具有动合触头和动断触头的复合式结构。其结构示意图及图形与文字符号如图 9-30 所示。

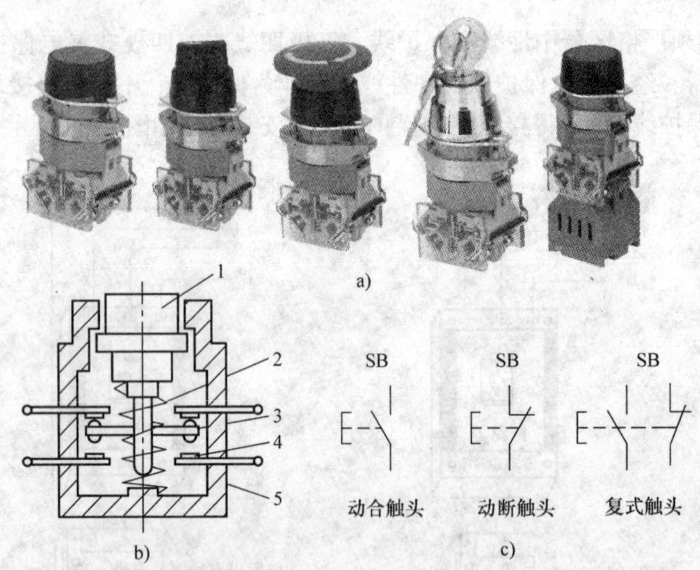

图 9-30　按钮外形结构和图形与文字符号

a）外形结构　b）内部结构　c）图形与文字符号

1—按钮帽　2—复位弹簧　3—桥式动触头　4—静触头　5—外壳

按钮的工作原理如下：按钮被按下时，桥式动触头下移，动断静触头断开、动合静触头接通；松开按钮在复位弹簧的作用下，桥式动触头复位，动合静触头断开、桥式动触头经过一定行程（时间）后，动断静触头闭合复位。

按钮的结构形式和操作方法有多种多样，可以满足不同控制系统的要求，适用于不同工作场合。按钮按触头结构和用途不同，分为起动按钮（动合按钮）、停止按钮（动断按钮）和复合按钮。按功能分为自动复位和带锁定功能两种形式；按操作方式有一般式、蘑菇头急停式、旋转式、钥匙式等；按颜色有红、绿、黑、黄、蓝、白、灰等，通常以红色表示停止，绿色表示起动，黑色表示点动。按钮并非人按才动作，根据实际需要，也有扳、旋、拨等动作方式。

我国自行设计的常用按钮有 LA2、LA4、LA10、LA18、LA19、LA20、LA25 等系列。引进国外技术生产的有 LAY3、LAY5、LAY8、LAY9 系列和 NP2、NP3、NP4、NP5、NP6 等系列。其中 LA2 系列按钮有一对动合和一对动断触头，具有结构简单、动作可靠、坚固耐用的优点。LA18 系列按钮采用积木式结构，触头数量可按需进行拼装。LA19 系列为按钮开关与信号灯的组合，按钮兼作信号灯灯罩，用透明塑料制成。

2. 按钮的主要参数和选用

按钮的主要参数有额定电压（AC 380V/DC 220V）、额定电流（5A）。

选用按钮时应遵循以下原则：

1）根据使用场合，选择控制按钮的种类，如开启式、防水式、防腐式等。

2）根据用途，选用合适的结构形式和操作方式，如钥匙式、紧急式、带灯式等。

3）按控制回路的需要，确定额定电压、额定电流、触头数量及种类等参数。

4）按工作状态指示和工作情况的要求，选择按钮及指示灯的颜色。

3. 安装注意事项

按钮开关安装时的注意事项如下：

1）按钮安装在面板上，应布置整齐，排列合理。如根据电动机起动的先后顺序，从上到下或从左到右排列布置；相邻按钮间距为 50 ~ 100mm；倾斜安装时与水平面的倾角不宜小于 30°。

2）同一机床部件的几种不同的工作状态（如上、下；前、后；左、右等），应使每一对相反状态的按钮安装在一起，以便操作方便，不易误操作。

3）为了应付紧急情况，当面板上按钮较多时，总停车按钮应安装在显眼而容易操作的地方，并有鲜明的标记。

4）按钮安装应牢固，接线正确，接线螺丝应拧紧，减少接触电阻。按钮操作时应灵活、可靠、无卡阻。

5）触头应保持清洁，防止接线时触碰。

9.5.2　位置开关

用于机械运动部件位置检测的开关主要有行程开关、接近开关和光电开关等器件。在机床电路中应用最普遍的是行程开关。行程开关又称限位开关，作用与按钮相同，只是其触头的动作不是用手按动，而是利用生产机械某些运动部件上的挡铁，碰撞行程开关，使其触头动作，来分断或接通控制电路。其行程开关主要用于检测运动机械的位置，控制运动部件的运动方向、行程长短以及限位保护。

行程开关按其结构可分为通用式、微动式、机械触觉式和高精度式等；行程开关按外壳防护形式分为开启式、防护式及防尘式；按动作速度分为瞬动和慢动（蠕动）；按复位方式分为自动复位和非自动复位；按接线方式分为螺钉式、焊接式及插入式；按操作头的型式分为直杆式（柱塞式）、直杆滚轮式（滚轮柱塞式）、转臂式、万向式、叉式（双轮式）、铰链杠杆式等；常用的行程开关有 LX2、LX19、LXK1、LXK3 等系列和 LXW5、LXW - 11 等系列微动行程开关。

1. 行程开关的外形结构与工作原理

行程开关的结构分为操作机构、触头系统和外壳三个部分，其操作机构根据其感知物体位置的动作方式可分为滚珠摆杆型、可调式滚珠摆杆型、可调式摆杆型、密封柱塞型、密封滚珠柱塞型、盘簧型等各种类型和样式。滚珠摆杆型行程开关的内部结构如图9-31a所示。当运动机械的挡铁压到滚轮上时，杠杆连同转轴一起转动，并推动撞块。当撞块被压到一定位置时，推动微动开关动作，使动合触头分断，动断触头闭合。当运动机械的挡铁离开后，复位弹簧使行程开关各部位部件恢复常态。通用行程开关的外观如图9-31b所示。

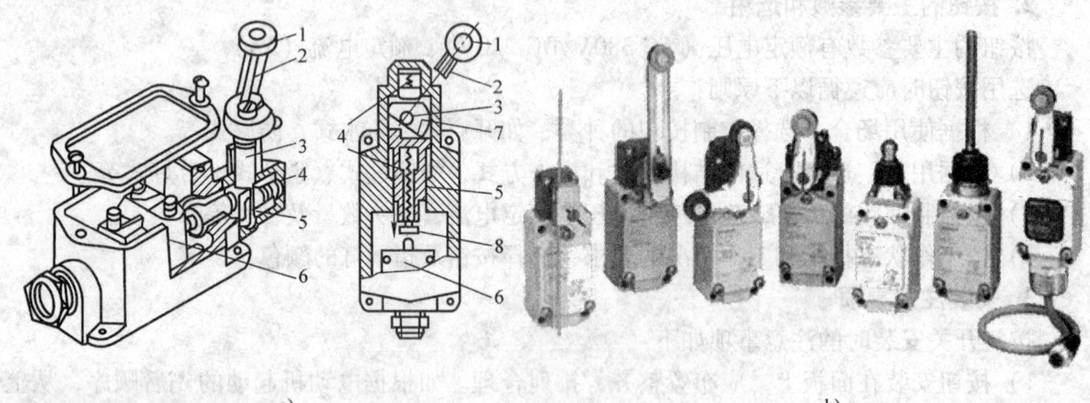

图9-31 通用行程开关的结构

1—滚轮 2—杠杆 3—转轴 4—复位弹簧 5—撞块 6—微动开关 7—凸轮 8—调节螺钉

2. 行程开关的选用

行程开关在选用时应根据动作要求及触头数量和安装位置来选用，一般应遵循下述原则：

1）根据控制对象和使用地点来确定是选用行程开关类型。

2）根据使用安装条件来确定防护型式，如开启式或保护式。

3）根据控制回路的电压和电流选择系列。

4）根据机械与行程开关的传送力与位移关系来选择合适的头部型式。

安装行程开关时应注意滚轮的方向不能装反，与挡铁碰撞的位置应符合控制电路的要求，并确保能可靠地与挡铁碰撞。

9.5.3 接近开关

接近开关是代替行程开关等接触式检测方式，以无接触方式检测物体的接近和被检测对象有传感器的总称，它不但可完成行程控制和限位保护，还可用于高频计数、测速、液位控制、零件尺寸检测、加工程序的自动衔接等。由于它具有非接触式检测触发、响应速度快、可在不同的检测距离内动作、输出信号稳定、工作可靠、寿命长、重复定位精度高以及能适应恶劣的工作环境等特点，所以在机床、纺织、印刷、塑料等工业生产中应用广泛。

接近开关根据其输出配线方式有两线和三线之分；根据其输出驱动电源的类型可分为交

流开关型、直流开关型、交直流两用型输出；根据其输出驱动方式可分为PNP输出、NPN输出、继电器输出；根据其输出开关方式可分为动合输出、动断输出、动合+动断输出。根据其是否需要电源可分为有源型和无源型两种。

1. 常用接近开关

常用接近开关的外形如图9-32a所示，图形符号和文字符号如图9-32b所示。接近开关按检测对象不同分为通用型（主要检测黑色金属，如铁等）、所有金属型（在相同的检测距离内检测任何金属）、有色金属型（主要检测铝一类的有色金属）。按工作原理不同分为电感式接近开关、电容式接近开关、霍尔接近开关、光电式接近开关、热释电式接近开关、超声波式接近开关、其他型式的接近开关等。

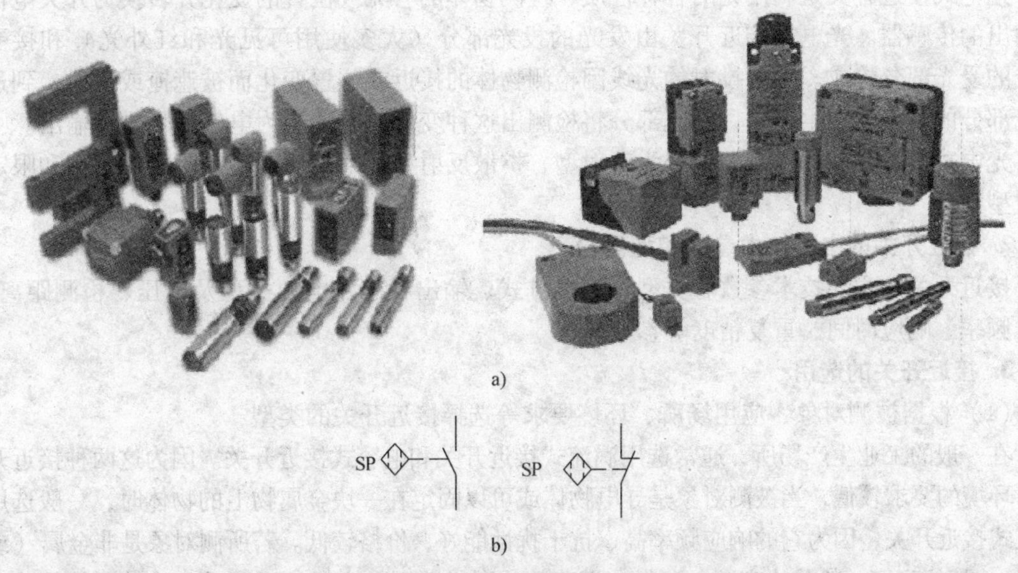

图9-32　常用接近开关的外形和图形与文字符号

（1）电感式接近开关

电感式接近开关由振荡器、开关电路及放大输出电路三大部分组成。振荡器产生一个交变磁场，当导电物体接近这一磁场并达到感应距离时，在导电物体内产生涡流，从而导致振荡衰减以至停振。振荡器振荡及停振的变化被后级放大电路处理并转换成开关信号，触发输出驱动控制器件，从而达到非接触式检测目的。

电感式接近开关可做成螺纹型、圆柱型、方型、扁平型、矮圆柱型、槽型、组合型、特殊型、贯穿型等，用户可根据实际需要选择相应的形状。这种接近开关价格便宜，能检测可导电的各类金属材料，因此在机械行业得到了广泛的应用。

（2）电容式接近开关

电容式接近开关由两同轴金属电极板构成，电极板A和B连接在高频振荡器的反馈回路中，当被测物体接近传感器时，引起电极板A、B之间的耦合电容增加，电路开始振荡，振荡的振幅由数据分析电路测得，并形成开关信号。

这种接近开关不但可以检测金属导体，而且还可以检测不导电的非金属体，也可以检测绝缘的液体或粉状物体等。其产品形状与电感式接近开关相似。

(3) 霍尔接近开关

霍尔元件是一种磁敏元件，利用霍尔元件做成的开关，叫做霍尔开关。当磁性物件接近霍尔开关时，检测面上的霍尔元件因产生霍尔效应而使开关内部电路状态发生变化，由此识别附近有磁性物体存在，进而控制开关的通或断。这种接近开关的检测对象必须是磁性物体。

与电感式接近开关相比，霍尔接近开关具有可穿过金属进行检测，能安装在金属中，可并排紧密安装等优点。缺点是检测距离受磁场强度及接近方向影响。霍尔传感器常适用于气动、液动、气缸和活塞泵的位置测定，也可作限位开关用。

(4) 光电式接近开关

光电式接近开关是利用光的各种性质，检测物体的有无或位置的变化并转换为开关电信号输出的传感器。光电式接近开关由发光的投光部分（大多使用可见光和红外光）和接受光线的受光部分构成。如果投射的光线因检测物体的接近或位置变化而被遮掩或反射，到达受光部分的量将会发生变化，受光部分将检测出这种变化，并转换为电气信号进行输出。

光电式接近开关按检测方式分为对射型、扩散反射型、回归反射型、距离设定型和限定反射型。

2. 接近开关的主要技术参数和型号含义

接近开关的主要技术参数有类型、输出方式、输出状态、电源类型及电压、检测距离、动作频率、响应时间、重复精度等参数。

3. 接近开关的选用

(1) 根据被测对象、应用场所、环境要求等选择接近开关的类型

在一般的工业生产场所，通常选用涡流式接近开关和电容式接近开关。因为这两种接近开关对环境的要求较低，当被测对象是导电物体或可以固定在一块金属物上的物体时，一般选用涡流式接近开关，因为它的响应频率高、抗干扰性能好、价格较低。若所测对象是非金属（或金属）、液位高度、粉状物高度、塑料、烟草等，则应选用电容式接近开关。这种开关的响应频率低，但稳定性好。安装时应考虑环境因素的影响，若被测物为导磁材料或者为了区别与它一起运动的物体而把磁钢埋在被测物体内时，应选用霍尔接近开关，它的价格最低。

在环境条件比较好、无粉尘污染的场合，可采用光电接近开关。因光电接近开关工作时对被测对象几乎无任何影响，在要求较高的传真机上和烟草机械上被广泛使用。

在防盗系统中，自动门通常使用热释电接近开关、超声波接近开关、微波接近开关。有时为了提高识别的可靠性，往往组合使用上述几种接近开关。

(2) 根据现场具体的控制要求确定工作频率、可靠性及精度、检测距离、安装尺寸、触头形式、触头数量及输出形式、电源类型、电压等级等参数。

确定完参数后选择具体的型号。

9.5.4 万能转换开关

万能转换开关是一种多挡位、多段式、控制多回路的主令电器，当操作手柄转动时，带动开关内部的凸轮机构转动，从而使触头按规定顺序闭合或断开。万能转换开关一般用于交流500V、直流440V、约定发热电流20A以下的电路，作为电气控制电路的转换和配电设备的远距离控制、电气测量仪表转换，也可用于小容量异步电动机、伺服电动机、微电动机的

直接控制。万能转换开关按用途分主令控制和控制电动机两种。

图 9-33 所示为 LW6 系列万能转换开关某一层的结构示意图，它主要由触头座、操作定位机构、凸轮、手柄等部分组成，其操作位置有 0 ~ 12 个，触头底座有 1 ~ 10 层，每层底座均可装三对触头。每层凸轮均可做成不同形状，当操作手柄带动凸轮转动到不同位置时，可使各对触头按设置的规律接通和分断，因而这种开关可以组成数百种控制电路方案，以适应各种复杂要求，故被称为“万能”转换开关。常用的万能转换开关有 LW5、LW6、LW12 等系列。

万能转换开关的触头在电路中的图形表示如图 9-34 所示。图形表示中每行水平的两条实线表示一对触头，垂直的虚线表示操作手柄位置。各对触头在不同操作位置的通断状态是在该触头与相应虚线的相交位置的下方涂黑圆点表示接通，没有涂黑圆点表示断开。另一种是用触头通断状态接通表来表示，图 9-34b 中以“ × ”表示触头闭合，空白表示断开。万能转换开关的文字符号为 SA。

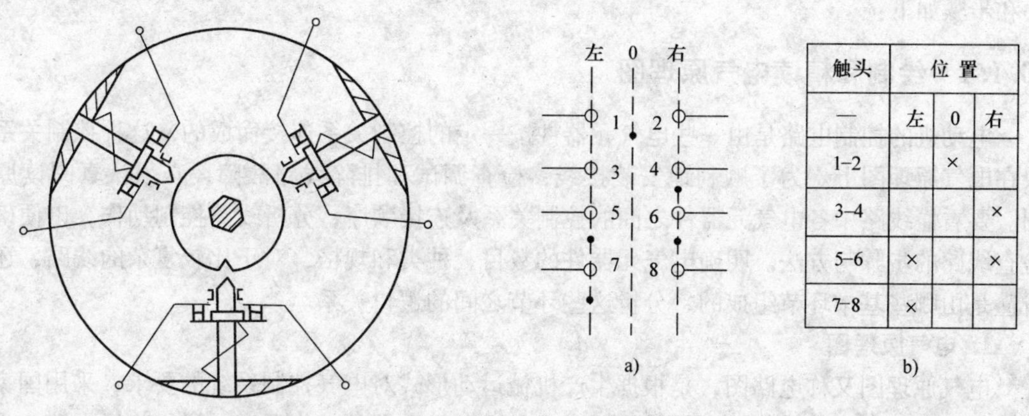

触头	位置		
—	左	0	右
1–2		×	
3–4			×
5–6	×		×
7–8	×		

图 9-33　万能转换开关

图 9-34　万能转换开关的表示符号
a）画“ · ”标记表示　b）接通表表示

万能转换开关根据用途、接线方式、所需触头挡数和额定电流来选用。

安装时的注意事项如下：

1）万能转换开关的安装位置应与其他电器元器件或机床的金属部分有一定的间隔，以免在通断过程中可能因电弧喷出发生对地短路故障。

2）安装时一般应水平安装在屏板上，但也可倾斜或垂直安装。应尽量使手柄保持水平旋转位置。

第10章 电动机基本控制线路的安装与维修技术

10.1 电动机控制电路安装步骤和方法

电动机控制电路是用导线将电动机、电器、仪表等电气元器件连接起来，并实现某种要求的电气控制电路。根据不同的生产机械运动，对电动机运转提出的要求，包括起动、正反转、制动、调速及联锁等。为了实现这些要求，需用各种电器组成一个电气控制系统。目前广泛采用的接触器、继电器控制系统具有结构简单、价格低廉、维修方便等优点。其安装方法和步骤如下：

10.1.1 绘制和精读电气原理图

电动机的控制电路是由一些电气元器件按一定的控制关系连接而成的，这种控制关系反映在电气原理图上。为了顺利地安装接线，检查调试和排除线路故障，必须认真阅读原理图。要看懂线路中各电气元器件之间的控制关系及连接顺序，分析线路控制动作，以便确定检查线路的步骤与方法。明确电气元器件的数目、种类和规格，对于比较复杂的线路，还应看懂是由哪些基本环节组成的，分析这些环节之间的逻辑关系。

1. 电气原理图

电气原理图又称电路图，是根据生产机械运动形式对电气控制系统的要求，采用国家统一规定的电气图形符号和文字符号，按照电气设备和电器的工作顺序，详细表示电路、设备或成套装置的全部基本组成和连接关系，而不考虑其实际位置的一种简图。电气原理图能充分表达电气设备和电器的用途、作用和工作原理，是电气线路安装、调试和维修的理论依据。

绘制和精读电气原理图时应遵循以下原则：

1）电气原理图一般分电源电路、主电路和辅助电路三部分来绘制。

① 电源电路画成水平线，三相交流电源相序L1、L2、L3自上而下依次画出，中性线N和保护地线PE依次画在相线之下。直流电源的“+”端画在上边，“-”端画在下边。电源开关要水平画出。

② 主电路是从电源向用电设备供电的路径，由主熔断器、接触器的主触头、热继电器的热元件以及电动机等组成。主电路通过的电流较大，一般要画在电气原理图的左侧并垂直电源电路，用粗实线来表示。

③ 辅助电路一般包括控制电路、信号电路、照明电路及保护电路等。辅助电路由继电器和接触器的线圈、继电器的触头、接触器的辅助触头、主令电器的触头、信号灯和照明灯等电气元器件组成。辅助电路通过的电流都较小，一般不超过5A。画辅助电路图时，辅助电路要跨接在两根电源线之间，一般按照控制电路、信号电路和照明电路的顺序依次垂直画在主电路图的右侧，且电路中与下边电源线相连的耗能元器件（如接触器和继电器的线圈、

信号灯、照明灯等）要画在电路图的下方，而电器的触头要画在耗能元件与上边电源线之间。为读图方便，一般应按照自左至右、自上而下的排列来表示操作顺序。

2）原理图中各电气元器件不画实际的外形图，而是采用国家统一规定的电气图形符号和文字符号来表示。

3）原理图中所有电器的触头位置都按电路未通电或电器未受外力作用时的常态位置画出。分析原理时，应从触头的常态位置出发。

4）原理图中各个电气元器件及其部件（如接触器的触头和线圈）在图上的位置是根据便于阅读的原则安排的，同一电气元器件的各个部件可以不画在一起，即采用分开表示法。但它们的动作却是相互关联的，因此必须标注相同的文字符号。若图中相同的电器较多时，需要在电器文字符号后面加注不同的数字，以示区别，如SB1、SB2或KM1、KM2、KM3等。

5）画原理图时，电路用平行线绘制，尽量减少线条和避免线条交叉并尽可能按照动作顺序排列，便于阅读。对交叉而不连接的导线在交叉处不加黑圆点；对“+”形连接点（有直接电联系的交叉导线连接点），必须要用小黑圆点表示；对“T”形连接点处则可不加。

6）为安装检修方便，在电气原理图中各元器件的连接导线往往予以编号，即对电路中的各个触头用字母或数字编号。

① 主电路的电气连接点一般用一个字母和一个一位或二位的数字标号，如在电源开关的出线端按相序依次编号为L11、L12、L13。然后按从上至下，从左至右的顺序，标号的方法是经过一个元器件就变一个号，如L21、L22、L23；L31、L32、L33…。单台三相交流电动机（或设备）的三根引出线按相序依次编号为U、V、W。对于多台电动机引出线的编号，为了不致引起误解和混淆，可在字母前用不同的数字加以区别，如1U、1V、1W；2U、2V、2W…。

② 辅助电路编号按“等电位”原则从上至下、从左至右的顺序用数字依次编号，每经过一个电气元器件后，编号要依次递增。控制电路编号的起始数字必须是1，其他辅助电路编号的起始数字依次递增100，如照明电路编号从101开始、信号电路编号从201开始等。

2. 安装接线图

安装接线图是根据电气设备和电气元器件的实际位置和安装情况绘制的，只用来表示电气设备和电气元器件的位置、配线方式和接线方式，而不明显表示电气动作原理。为了具体安装接线、检查线路和排除故障，必须根据原理图查阅安装接线图。安装接线图中各电气元器件的图形符号及文字符号必须与原理图核对。

绘制和精读安装接线图应遵循以下原则：

1）接线图中一般显示出如下内容：电气设备和电气元器件的相对位置、文字符号、端子号、导线号、导线类型、导线截面积、屏蔽和导线绞合等。

2）在接线图中，所有的电气设备和电气元器件都按其所在的实际位置绘制在图样上。元器件所占图面按实际尺寸以统一比例绘出。

3）同一电气的各元器件根据其实际结构，使用与原理图相同的图形符号画在一起，并用点画线框上，即采用集中表示法。

4）接线图中各电气元器件的图形符号和文字符号必须与原理图一致，并符合国家标准，以便对照检查、接线。

5）各电气元器件上凡是需要接线的部件端子都应绘出并予以编号，各接线端子的编号必须与原理图上的导线编号相一致。

6）接线图中的导线有单根导线、导线组（或线扎）、电缆等之分，可用连续线和中断线来表示。凡导线走向相同的可以合并，用线束来表示，到达接线端子板或电气元器件的连接点时再分别画出。在用线束来表示导线组、电缆等时可用加粗的线条表示，在不引起误解的情况下也可采用部分加粗。另外，导线及管子的型号、根数和规格应标注清楚。

7）安装配电板内外的电气元器件之间的连线，应通过端子进行连接。

3. 位置图

位置图是根据电气元器件在控制板上的实际安装位置，采用简化的外形符号（如正方形、矩形、圆形等）而绘制的一种简图。它不表达各电气的具体结构、作用、接线情况以及工作原理，主要用于电气元器件的布置和安装。图中各电气的文字符号必须与原理图和接线图的标注相一致。

在实际中，原理图、接线图和位置图要结合起来使用。

10.1.2 电气元器件的检查

安装接线前应对所使用的电气元器件逐个进行检查，以保证电气元器件质量。对电气元器件的检查主要有以下6方面：

1）根据电气元器件明细表，检查各电气元器件是否有短缺，核对它们的规格是否符合设计要求。

2）电气元器件外观是否整洁，外壳有无破裂，零部件是否齐全，各接线端子及紧固件有无缺损、锈蚀等现象。

3）电气元器件的触头是否光滑，接触面是否良好，有无熔焊黏连变形、严重氧化锈蚀等现象；触头闭合分断动作是否灵活；触头开距、超程是否符合标准；接触压力弹簧是否正常。核对各电气元器件的电压等级、电流容量、触头数目等。

4）电器的电磁机构和传动部件的运动是否灵活；衔铁有无卡住，吸合位置是否正常等，使用前应清除铁心端面的防锈油。

5）用绝缘电阻表检查电气元器件的绝缘电阻是否符合要求；用万用表检查所有电磁线圈的通断情况。

6）检查有延时作用的电气元器件功能，如时间继电器的延时动作、延时范围及整定机构的作用；检查热继电器的热元件和触头的动作情况。

10.1.3 电气元器件的安装

按照接线图规定的位置将电气元器件安装在配电板上，元器件之间的距离要适当，既要节省板面，又要方便走线和维修。安装时应按以下步骤进行：

1. 定位

根据电器产品说明书上的安装尺寸（或将电气元器件摆放在确定好的位置），用划针在安装孔中心作好记号，元器件应排列整齐，以保证在连接导线时做得横平竖直，整齐美观，同时尽可能减少弯折和交叉。若采用导轨安装电气元器件，只需确定其导轨固定孔的中心点。对线槽配线，还要确定线槽安装孔的位置。

2. 打孔

确定电气元器件等的安装位置后，在钻床上（或用手电钻）在作好记号处打孔。打孔时，应选择合适的钻头（钻头直径略大于固定螺栓的直径），并用钻头先对准中心点冲眼，进行试打；试打出来的浅坑应保持在中心位置，否则应予校正。

3. 固定

用固定螺栓，把电气元器件按确定的位置，逐个固定在底板上。紧固螺栓时，应在螺栓上加装平垫圈和弹簧垫圈，不要用力过大，以免将电气元器件的塑料底座压裂而损坏。对导轨式安装的电气元器件，只需按要求把电气元器件插入导轨即可。

10.1.4　电动机控制电路的安装要求

1. 元器件安装

在控制板上按布置图安装电气元器件和走线槽，并贴上醒目的文字符号。安装电气元器件和走线槽时，应做到横平竖直、固定牢固、排列整齐和便于走线等。

2. 选择导线

根据电动机的额定功率、控制电路的电流容量、控制回路的子回路数以及配线方式选配连接导线。

（1）导线的类型

硬线只能固定安装于不动部件之间，且导线的截面积应小于0.5mm²。若在有可能出现振动的场合或导线的截面积大于等于0.5mm² 时，必须采用软线。考虑到机械强度的原因，所用导线的最小截面积，在控制板外为1mm²，在控制板内为0.75mm²。但对控制板内很小电流的电路连线且无振动的场合，可采用0.2mm² 的硬线。

（2）导线的绝缘

导线必须绝缘良好，并应具有抗化学腐蚀能力。在特殊条件下工作的导线，必须同时满足使用条件的要求。

（3）导线的截面积

在必须能承受正常条件下流过的最大稳定电流的同时，还应考虑到线路允许的电压降、导线的机械强度以及与熔断器相配合。

（4）导线的颜色

对复杂的电气电路，其主电路和控制回路应选择不同颜色的导线，对控制回路的子回路数较多场合，最好每一个控制子回路选配一种颜色的导线，以便安装、识别、检查及维修。

3. 布线要求

按电气接线图确定的走线方向进行布线。可先布主回路线，也可先布控制回路线。配电板线槽配线的具体工艺要求如下：

1）布线时，严禁损伤线芯和导线绝缘。

2）控制板上各电气元器件接线端子引出导线的走向，以元器件的水平中心线为界限，在水平中心线以上，接线端子引出的导线必须进入元器件上面的走线槽；在水平中心线以下，接线端子引出的导线必须进入元器件下面的走线槽。任何导线都不允许从水平方向进入走线槽内。

3）各电气元器件接线端子上引出或引入的导线，除间距很小和元器件机械强度很差允许直接架空敷设外，其他导线必须经过走线槽进行连接。

4）各电气元器件与走线槽之间的外露导线应走线合理，并尽可能做到横平竖直，变换走向要垂直。同时，同一个元器件上位置一致的端子和同型号电气元器件中位置一致的端子上引出或引入的导线，应敷设在同一平面上，并应做到高低一致或前后一致，不得交叉。

5）进入走线槽内的导线要完全置于走线槽内，并应尽可能避免交叉，装线时不要超过走线槽容量的70%，以便于能方便地盖上线槽盖，也便于以后的装配和维修。

6）所有接线端子、导线线头上都应套有与原理图上相应触头一致线号的编码套管，并按线号进行连接，连接必须牢靠，不得松动。

7）接线端子必须与导线截面积和材料性质相适应。当接线端子不适合连接软线或较小截面积的软线时，可以在导线端头穿上针形或叉形轧头并压紧。

8）一般一个接线端子只能连接一根导线，如果采用专门设计的端子，可以连接两根或多根导线，但导线的连接方式必须是公认的，在工艺上成熟的各种方式，如夹紧、反接、焊接、绕接等，并应严格按照连接工艺工序要求进行。

9）主回路和控制回路线号套管必须齐全，每一根导线的两端都必须套上编码套管。在遇到6和9或16和91这类倒顺都能读数的号码时，必须作记号加以区别，以免造成线号混淆。

10.1.5 按接线图接线

接线时必须按接线图规定的走线方位进行。通常从电源端起按接线号顺序做，先做主电路，后做控制电路。接线前应做好准备工作，按主电路和控制电路的电流容量选择导线的截面及导线两端的穿线号管。使用多股导线时应准备好烫锡工具或压线钳。接线时按以下步骤进行：

1）选择合适的导线截面，按接线图规定的方位，在固定好的电气元器件之间测量所需要的长度，截取长短适当的导线，剥去导线两端绝缘皮，其长度应满足连接需要。为保证导线与端子接触良好，压接时将芯线表面的氧化物去掉，使用多股导线时应将线头绞紧烫锡。

2）走线时应尽量避免导线交叉，先将导线校直，把同一走向的导线汇成一束，依次弯向所需要的方向。走线应横平竖直，拐直角弯。做线时要用手将拐角做成90°的慢弯，导线弯曲半径为导线直径的3~4倍，不要用钳子将导线做成死弯，以免损伤导线绝缘层及芯线。做好的导线应绑扎成束，用非金属线卡卡好。

3）将成形好的导线套上写好的线号管，根据接线端子的情况，将芯线弯成圆环或直接压进接线端子。

4）接线端子应紧固好，必要时加装弹簧垫圈，防止电器动作时因受振动而松脱。

5）同一接线端子内压接两根以上导线时，可套一只线号管，导线截面不同时，应将截面大的放在下层，截面小的放在上层，所有线号要用不易褪色的墨水，用印刷体书写清楚。

10.1.6 检查线路

安装完毕的控制电路板，必须经过认真检查后，才能通电试车，以防止接线错误或漏接线引起线路动作不正常，甚至造成短路事故。应按以下步骤进行检查：

1. 核对接线

按电气原理图或电气接线图从电源端开始，逐段核对接线及接线端子处线号，重点检查主回路有无漏接、错接及控制回路中容易接错的线号，还应核对同一导线两端线号是否一致。

2. 检查端子接线是否牢固

检查端子上所有接线压接是否牢固，接触是否良好，不允许有松动、脱落现象，以免通电试车时因导线虚接造成故障。

3. 用万用表检查

在控制电路不通电时，用手动来模拟电器的操作动作，用万用表测量线路的通断情况。应根据控制电路的动作来确定检查步骤和内容；根据原理图和接线图选择测量点，先断开控制电路检查主电路，再断开主电路检查控制电路，主要检查以下内容：

1）主电路不带负荷（即电动机）时相间绝缘情况，接触主触头接触的可靠性，正反转控制电路的电源换相线路和热继电器、热元件是否良好，动作是否正常等。

2）控制电路的各个环节及自锁、联锁装置的动作情况及可靠性，设备的运动部件、联动元器件动作的正确性及可靠性，保护电器动作准确性等。

4. 用 500V 绝缘电阻表检查线路的绝缘电阻

绝缘电阻不应小于1MΩ。

10.1.7　电路故障检修测量方法

常用的电动机基本控制电路故障的检修测量方法有电压法、电阻法。

1. 电压法

利用仪表测量线路上某点的电压值来判断电动机控制电路故障点的范围或元器件故障的方法叫电压法或电压测量法。用电压法检测电路故障简单、明了、直观，但应注意线路中的交流电压和直流电压的测量，并应根据该线路上的电压值，选择好万用表的电压量程，切不可用万用表的电流挡或电阻挡在线路上带电进行测量，以免烧坏万用表。例如按图 10-1 所示方法进行测量。

2. 电阻法

利用仪表测量线路上某点或某个元器件的通断来确定故障点的方法叫电阻法。用电阻法来检查电动机控制电路故障时，应先切断电源，然后用万用表电阻挡对有怀疑的线路或元器件进行测量，否则会烧坏万用表。用电阻法测量同电压法一样，同样简单，明了、直观，它主要用在检测元器件好坏或线路的通断上。例如按图 10-2 所示方法进行测量。

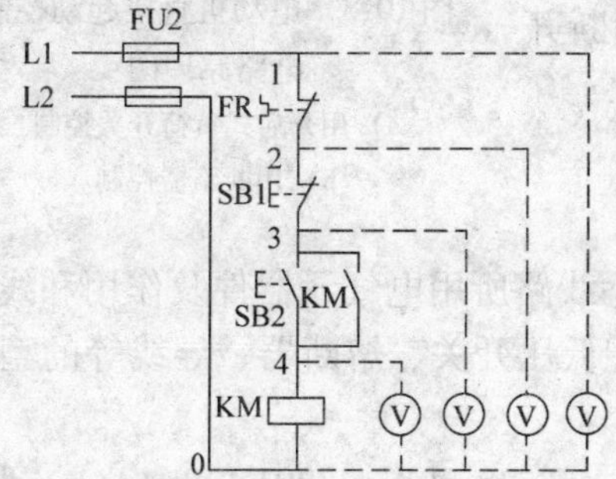

图 10-1　电压分解测量法示意图

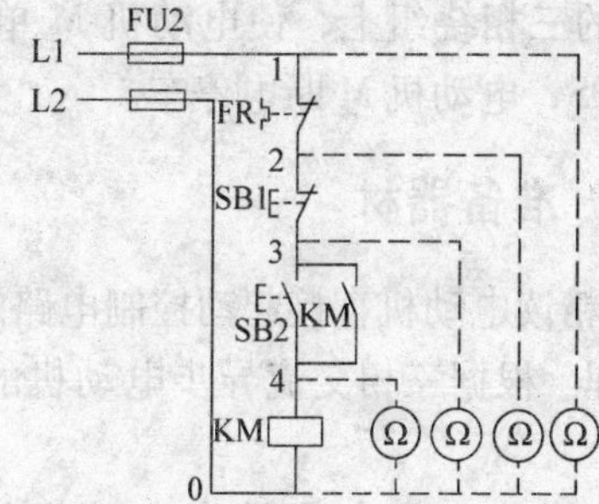

图 10-2　电阻分解测量法示意图

10.1.8 通电试车

为保证人身安全，通电试车时必须有专人监护，试车前应做好准备工作，一般要清点工具及材料，装好接触器的灭弧罩，检查熔断器的熔体是否符合要求，拉、合各开关，使按钮、行程开关处于未通电状态，检查三相电源电压是否正常，然后按以下顺序通电试车：

1. 空操作试验

装好控制电路中熔断器熔体，不接主电路负载，试验控制电路的动作是否可靠，接触器动作是否正常，检查接触器自锁、联锁控制是否可靠，用绝缘棒操作行程开关，检查其行程及限位控制是否可靠，观察各电器动作灵活性，注意有无卡住现象，细听各电器动作时有无过大的噪声，检查线圈有无过热及异常气味。

2. 带负载试车

控制电路经过数次空操作试验动作无误后，即可断开电源，接通主电路带负载试车。电动机起动前应先做好停车准备，起动后要注意电动机运行是否正常。若发现电动机起动困难、发出噪声、电动机过热、电流表指示不正常，应立即停车断开电源进行检查。

3. 调试

有些线路的控制动作需要调试，如定时运转线路的运行和间隔时间、Y—△起动控制电路的转换时间、反接制动控制电路的终止速度等。试车正常后，才能投入运行。

10.2 三相异步电动机直接起动控制电路的安装与维修

电动机容量在10kW以下者，一般采用全电压直接起动方式来起动。普通机床上的冷却泵、小型台钻和砂轮机等小容量电动机可直接用刀开关起动。

10.2.1 工作原理

电动机直接起动控制电路的原理如图10-3所示，电路由刀开关QS、熔断器FU及三相笼型异步电动机M组成。其中刀开关QS为电路电源开关，熔断器FU为电路的短路保护。以图10-3a为例来分析其工作原理，手动合上电源开关QS，三相电从L1、L2、L3引入，经过刀开关QS至L11、L12、L13点，经过熔断器FU，接在三相笼型异步电动机M的三相绕组上，使电动机M单向运转。手动断开刀开关QS，电动机M断电停车。

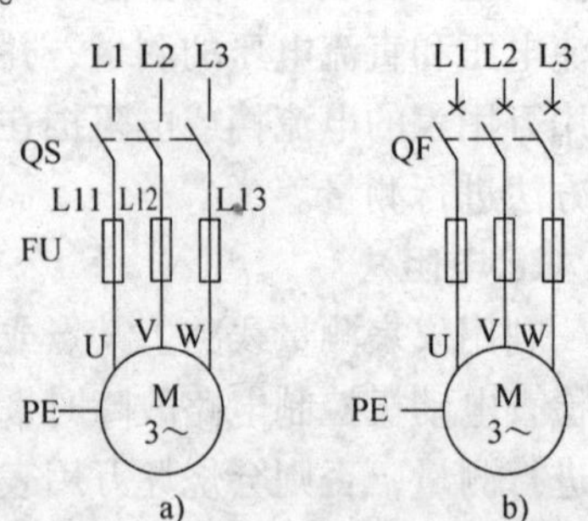

图10-3 电动机直接起动控制电路原理图
a）用开启式负荷开关控制
b）用断路器控制

10.2.2 准备器材

1）精读电动机直接起动控制电路的原理图，熟悉线路所用电气元器件及作用和线路的工作原理。根据三相交流异步电动机的规格正确选配低压开关、熔断器、导线等的型号及规格。

本章均以三相交流异步电动机的规格（Y90S－2，1.5kW，380V，3.4A，Y联结，2840r/min）为例，选择电气元器件，见表10-1。

表 10-1　电气元器件及部分电工器材明细表

序号	名　称	型号与规格	数量
1	三相异步电动机	Y90S－2，1.5kW，380V，3.4A，Y联结，2840r/min	1
2	刀开关或断路器	HK1－30/3 或 DZ 20Y－100	1
3	熔断器	RT18－32/25	3
4	端子排	JX2－1015，380V，10A，15 节	1
5	动力电路导线	BVR－1.5mm^2（黑色）	若干
6	接地线	BVR－1.5mm^2（黄绿色）	若干
7	电线管	ϕ16	若干
8	控制板	500mm×450mm×20mm	1
9	电工通用工具	验电笔，钢丝钳，螺钉旋具，电工刀，尖嘴钳，剥线钳，手电钻，活扳手，压接钳	1
10	万用表	自定	1
11	绝缘电阻表	自定	1
12	钳形电流表	自定	1
13	劳保用品	绝缘鞋，工作服等	1

2）检查所选用的电气元器件的外观应完整无损，附件、备件齐全。

3）检查万用表、绝缘电阻表检测电气元器件及电动机的有关技术数据是否符合要求。

10.2.3　电动机直接起动控制电路的安装工艺

工艺要求和安装步骤详见 10.1 节，安装接线示意如图 10-4 所示。

下面简述安装步骤：

1）在控制板上按图 10-4 安装电气元器件。电气元器件安装应牢固，并符合工艺要求。

2）根据电动机位置标划线路走向、电线管和控制板支持点位置，做好敷设和支持准备。

3）敷设电线管并穿线。电线管的施工应按工艺要求进行，整个管路应连成一体并进行可靠接地。管内导线不得有接头，导线穿管时不能损伤绝缘层，导线穿好后将管口套上护圈。

4）安装电动机。同时连接控制开关至电动机的导线。要求控制开关必须安装在操作时能监视到电动机的起动和被拖动机械运动情况的位置上，并应能保证操作安全。

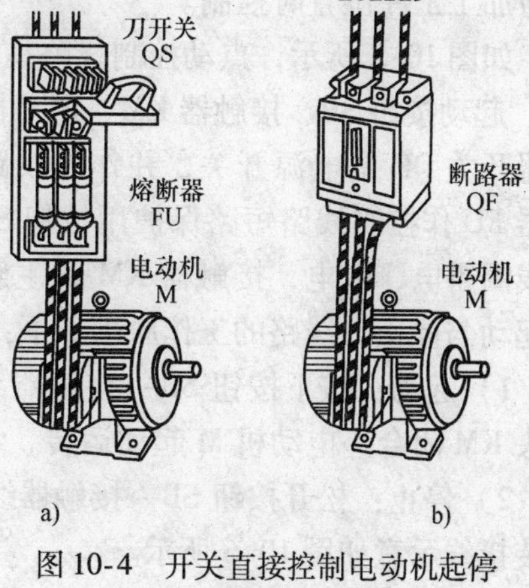

图 10-4　开关直接控制电动机起停线路接线示意图
a）用开启式负荷开关控制
b）用断路器控制

5）电动机在座墩或底座上的固定必须牢固。在紧固地脚螺栓时，必须按对角线均匀受力，依次交错逐步拧紧，以防止在换向时产生滚动而引起事故。

6）连好接地线。电动机和控制开关的金属外壳以及连成一体的线管，按规定要求必须接到保护接地专用端子上。

7）检查安装质量，并进行绝缘电阻测量，然后将三相电源接入控制开关。

8）自检布线的正确性、合理性、可靠性及元器件安装的牢固性。

9）经检查合格后进行通电试车。

10.2.4 电动机直接起动控制电路安装的注意事项

1）电动机使用的电源电压和绕组的接法必须与铭牌上规定的相一致。

2）接线时，必须先接负载端，后接电源端；先接接地线，后接三相电源相线。

3）通电试车时，必须先空载运行，当运行正常时再接上负载运行，若发现异常现象应立即断电检查。

4）当控制开关远离电动机而看不到电动机的运转情况时，必须另设开车的信号装置。

5）通电试车时必须有专人监护。

6）突然断电时，应及时断开开关 QS，否则当电源恢复时，电动机会自动起动，可能造成人身和设备事故。

10.3 点动与连续运行控制电路安装与检修

10.3.1 工作原理

1. 点动控制

点动控制，是指按下按钮，电动机就得电运行，松开按钮，电动机就失电停转。这种控制方法常用于电动葫芦的起重电动机控制、车床的快速移动电动机控制、试车控制、调整刀具与加工工件位置时控制。

如图 10-5 所示，点动控制线路是由三相断路器开关 QF、起动按钮 SB、接触器 KM、电动机 M 组成。其中断路器开关 QF 是电源开关，并作主线路短路保护用，熔断器 FU 作控制线路短路保护用按钮 SB 控制接触器 KM 的线圈得电、失电，接触器 KM 的主触头控制电动机 M 的起动与停止。线路的工作原理如下：

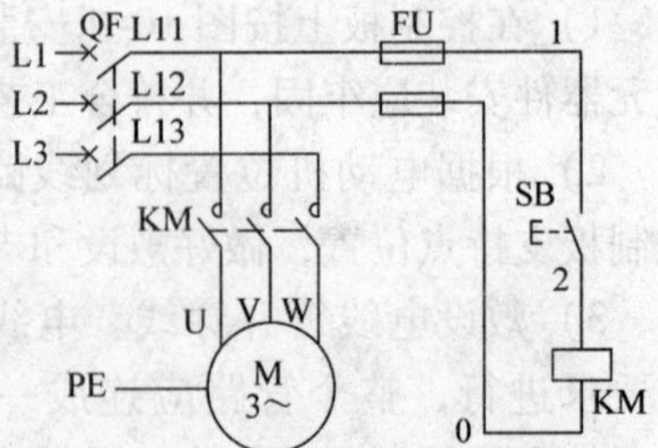

图 10-5 点动控制线路原理图

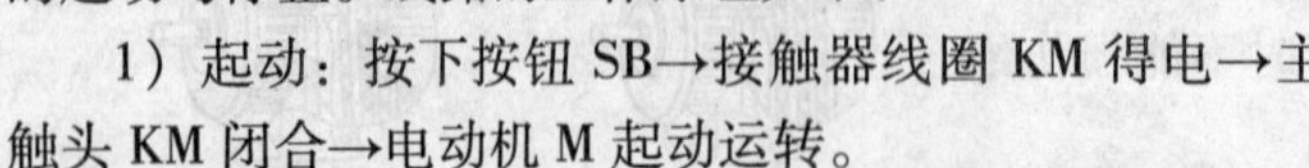
1）起动：按下按钮 SB→接触器线圈 KM 得电→主触头 KM 闭合→电动机 M 起动运转。

2）停止：松开按钮 SB→接触器线圈 KM 失电→主触头 KM 分断→电动机 M 断电停转。安装接线示意如图 10-6 所示。

2. 连续控制

如果要使上述点动控制线路中的电动机连续运行，起动按钮 SB 必须始终用手按住，这显然是很不方便的。为了实现电动机的连续运行，线路原理如图 10-7 所示，线路接线示意如图 10-8 所示。由图可见，在原来点动控制线路上，在起动按钮的两端并联了接触器的一个动合触头，为了将电动机停止，在控制线路中串联了一个停止按钮。

合上电源开关 QF，可实现以下控制：

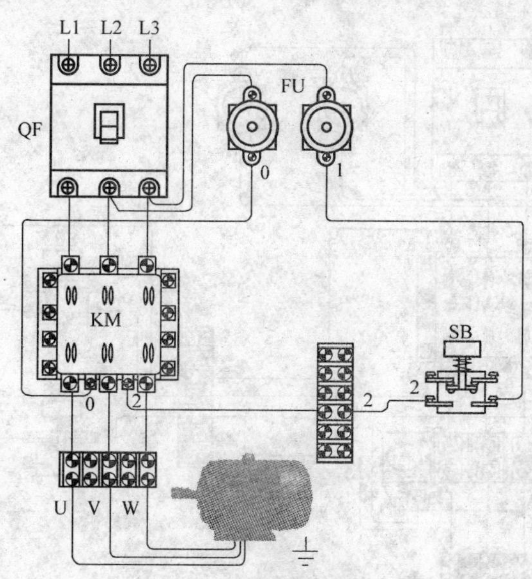

图 10-6 点动控制线路接线示意图

1）起动：按下起动按钮 SB2→KM 因线圈得电吸合，KM 动合辅助触头闭合（进行自锁），同时 KM 主触头闭合→电动机 M 运转。

松开 SB2，接触器 KM 线圈因能通过和 SB2 并联的自锁触头（已处于闭合状态）继续通电，电动机 M 保持运转。

2）停止：按下停止接钮 SB1→KM 因线圈断电而释放→KM 动合辅助触头断开，同时 KM 主触头断开→电动机 M 停转。

当起动按钮松开后，控制电路仍能保持接通的线路，叫做具有自锁的控制线路。与起动按钮 SB2 并联的 KM 动合辅助触头叫做自锁触头。

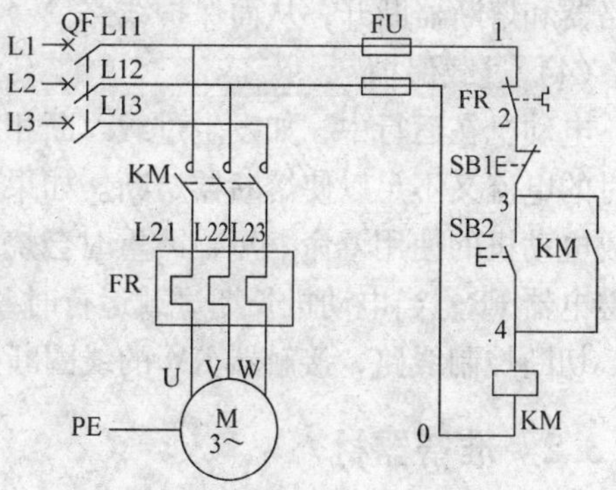

图 10-7 连续控制线路原理图

图 10-7 所示的控制线路中有以下 4 项保护功能：

（1）欠电压保护

电动机运行时，电源电压下降，电动机的电流就会上升，电压下降越严重，电流上升得就越高，这样就会烧坏电动机。在具有自锁功能的控制线路中，当电动机运转时，若电源电压降低（一般在工作电压的 85% 以下），接触器磁通则变得很弱，电磁吸力不足，衔铁在反力弹簧的作用下释放，自锁触头断开，失去自锁，同时主触头也断开，电动机停转，得到了保护。

（2）失压保护

电动机运行时，遇到电源临时停电，在恢复供电时，如果未加防范措施而让电动机自行起动，很容易造成设备及人身事故。采用了自锁控制线路后，由于自锁触头和主触头在停电时已一起断开，这样控制电路和主电路都不会自行接通。在恢复供电时，如果没有按下起动

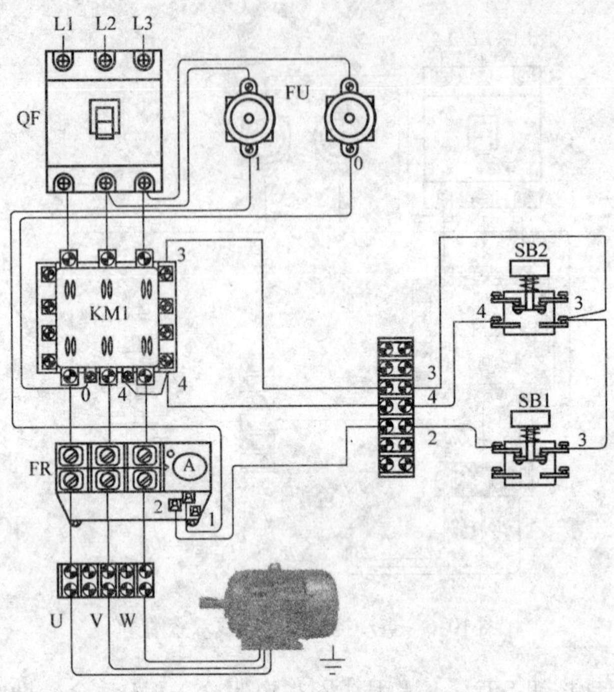

图 10-8 连续控制线路接线示意图

按钮 SB2，电动机就不会自行起动。这种在突然断电时能自动切断电动机电源的保护为失压（或零压）保护。

（3）短路保护

断路器 QF 对主电路进行短路保护，FU 对控制电路进行短路保护。当电路发生短路时，断路器和熔断器断开，从而保护线路。

（4）过载保护

电动机在运行中，如发生过载、断相或频繁起动都可能使电动机的电流超过额定值，但这时的电流又不足以使熔断器熔断。如果长期这样运行，将会引起电动机过热，绝缘损坏，造成电动机的使用寿命缩短，严重时会烧坏电动机。在图 10-7 所示的控制线路中，安装了热继电器 FR，当电动机长期过载运行时，热继电器动作，串联在控制电路中的动断触头断开，切断控制线路，接触器 KM 的线圈断开，主触头断开，电动机 M 便停转。

10.3.2 准备器材

1）根据电动机的型号正确选配低压电气元器件，见表 10-2。

2）调整热继电器的整定电流值。

表 10-2 电气元器件及部分电工仪表明细表

序号	名 称	型号与规格	数 量
1	三相异步电动机	Y80L2－4，3kW，220V/380V，11.7/6.8A，Y/△联结，1430r/min	1
2	断路器	DZ20Y－100	1
3	熔断器及熔芯配套	RT18－32/25	3

（续）

序号	名　称	型号与规格	数　量
4	熔断器及熔芯配套	RT18 - 32/2	2
5	接触器	CJ8 - 20，线圈电压 380V	1
6	热继电器	JR16 - 20/3，整定电流 11.7A	1
7	三联按钮	LA8 - 3H 或 LA4 - 3H	1
8	端子排	JX2 - 815，380V，8A，15 节	1
9	主电路导线	BVR - 1.5mm^2	若干
10	控制电路导线	BVR - 1.0mm^2	若干
11	按钮线	BVR - 0.75mm^2	若干
12	接地线	BVR - 1.5mm^2	若干
13	走线槽	18mm × 25mm	若干
14	控制板	500mm × 450mm × 20mm	1
15	异型编码套管	ϕ3.5mm	若干
16	电工通用工具	验电笔，钢丝钳，螺钉旋具，电工刀，尖嘴钳，剥线钳，手电钻，活扳手，压接钳等	1
17	万用表	自定	1
18	绝缘电阻表	自定	1
19	钳形电流表	自定	1
20	劳保用品	绝缘鞋，工作服等	1

10.3.3　连续运行控制电路的安装工艺

工艺要求和安装步骤详见 10.1 节。绘制接线图，如图 10-9 所示。

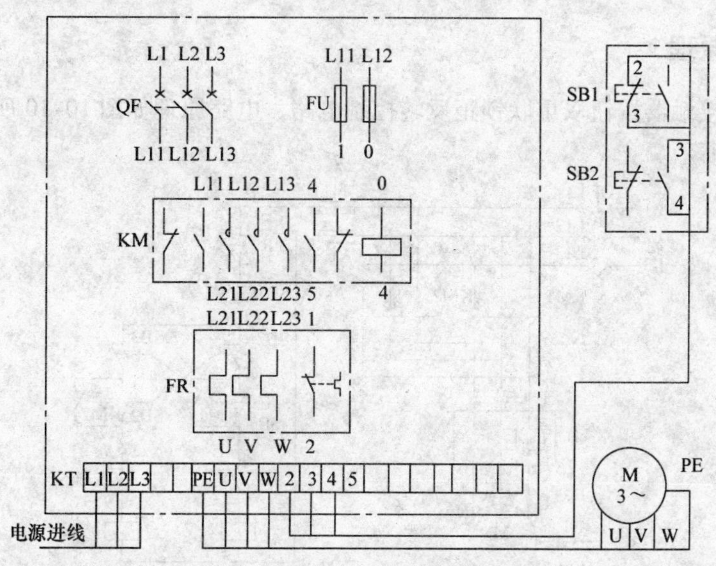

图 10-9　连续运行控制电路的接线图

10.3.4 连续运行控制电路安装的注意事项

1）电动机及按钮的金属外壳必须可靠接地。接至电动机的导线必须穿在导线通道内加以保护，或采用坚韧的四芯橡皮线或塑料护套线进行临时通电校验。

2）采用螺旋式熔断器时，电源进线应接在其下接线座上，出线则应接在上接线座上。确保用电安全。

3）按钮内接线时，用力不可过猛，以防螺钉打滑。

4）热继电器的热元件应串联在主电路中，其动断触头应串联在控制电路中。

5）热继电器的整定电流应按电动机的额定电流自行调整，绝对不允许弯折双金属片。

6）在一般情况下，热继电器应置于手动复位的位置上。若需要自动复位，可将复位调节螺钉沿顺时针方向向里旋足。

7）热继电器因电动机过载动作后，若需再次起动电动机，必须待热元件冷却后，才能使热继电器复位。一般自动复位时间大于5min，手动复位时间大于2min。

8）编码套管套装要正确。

9）通电试车时必须有指导老师在现场，并做到安全文明生产。

10）如果点动采用复合按钮，其动断触头必须与自锁触头串联。

11）通电试车时，必须先空载点动后再连续运行。当运行正常时再接上负载运行，若发现异常情况应立即断电检查。

10.4 电动机正反转控制电路的安装与维修

电动机正反转控制电路是电动机常见的基本控制电路，它利用电源的换相原理来实现电动机正反转控制。常见的电动机正反转控制电路有转换开关正反转控制电路、接触器联锁正反转控制电路、按钮联锁正反转控制电路以及接触器按钮双重联锁正反转控制电路。

10.4.1 工作原理

这里仅介绍接触器按钮双重联锁正反转控制电路，电路原理如图10-10所示，控制接线示意如图10-11所示。

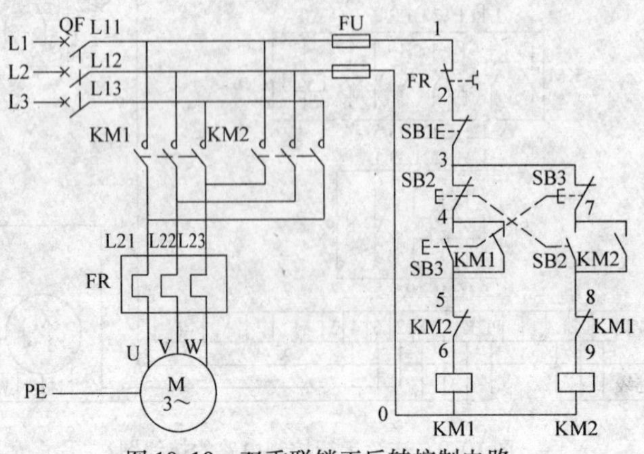

图10-10 双重联锁正反转控制电路

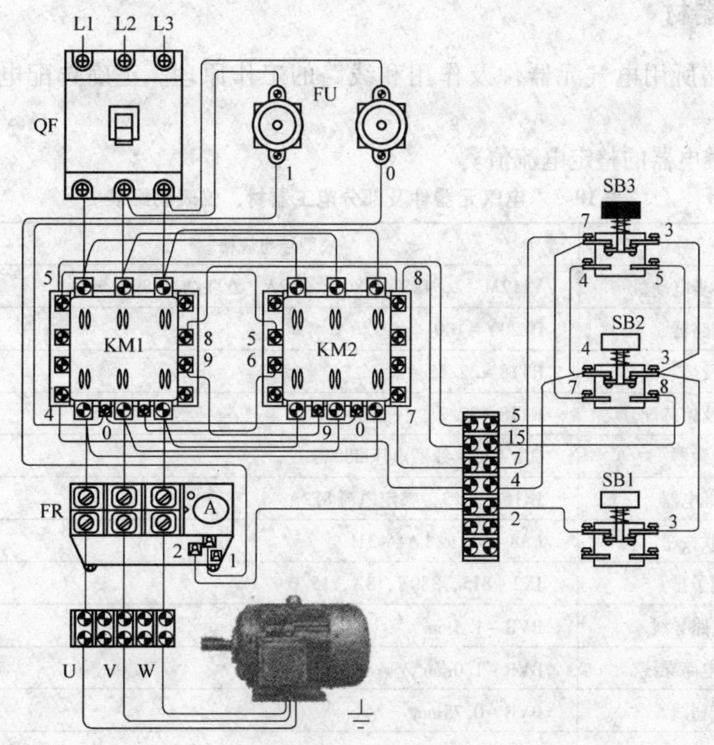

图 10-11　双重联锁正反转控制接线示意图

接触器按钮双重联锁正反转控制电路，结合了接触器联锁和按钮联锁正反转控制电路两者的优点，操作方便，工作安全可靠。

其电路工作原理如下：合上电源开关 QF。当需要电动机正转时，按下正转起动按钮 SB3，按钮 SB3 串联在接触器 KM2 线圈回路 3 号线至 7 号线之间的动断触头立即断开。接触器 KM1 线圈通过以下途径得电：L11 号线→FU→1 号线→FR 动断触头→2 号线→SB1 动断触头→3 号线→SB2 动断触头→4 号线→SB3 动合触头→5 号线→接触器 KM2 动断触头→6 号线→接触器 KM1 线圈→0 号线→FU→L12 号线。接触器 KM1 得电自锁，其主触头闭合接通电动机 M 的正转电源，电动机 M 起动正转。同时串联在接触器 KM2 线圈回路 8 号线至 9 号线之间的接触器 KM1 辅助动断触头断开，对接触器 KM2 线圈实现联锁。

同理，当需要电动机 M 反转时，按下反转起动按钮 SB2，按钮 SB2 串联在接触器 KM1 线圈回路 3 号线至 4 号线之间的动断触头立即断开。接触器 KM2 线圈通过以下途径通电：L11 号线→FU→1 号线→FR 动断触头→2 号线→SB1 动断触头→3 号线→SB3 动断触头→7 号线→SB2 动合触头→8 号线→接触器 KM1 动断触头→9 号线→接触器 KM2 线圈→0 号线→FU→L12 号线。接触器 KM2 得电自锁，其主触头闭合接通电动机 M 的反转电源，电动机 M 起动反转。同时串联在接触器 KM1 线圈回路 5 号线至 6 号线之间的接触器 KM2 辅助动断触头断开，对接触器 KM1 线圈实现联锁。

当需要停车时，按下停车按钮 SB1，接触器 KM1 或 KM2 线圈失电释放，所有动合、动断触头复位，电动机 M 断电停车。

10.4.2 准备器材

1）熟悉线路所用电气元器件及作用和线路的工作原理。正确选配电气元器件见表10-3。

2）调整热继电器的整定电流值。

表10-3 电气元器件及部分电工器材、仪表明细表

序号	名称	型号与规格	数量
1	三相异步电动机	Y112M－2，4kW，380V，8.2A，△联结，2890r/min	1
2	断路器	DZ20Y－100	1
3	熔断器及熔芯配套	RT18－32/25	3
4	熔断器及熔芯配套	RT18－32/2	2
5	接触器	CJ8－20，线圈电压380V	2
6	热继电器	JR16－20/3，整定电流8.2A	1
7	三联按钮	LA8－3H或LA4－3H	1
8	端子排	JX2－815，380V，8A，15节	1
9	主电路导线	BVR－1.5mm^2	若干
10	控制电路导线	BVR－1.0mm^2	若干
11	按钮线	BVR－0.75mm^2	若干
12	接地线	BVR－1.5mm^2	若干
13	走线槽	18mm×25mm	若干
14	控制板	500mm×450mm×20mm	1
15	异型编码套管	ϕ3.5mm	若干
16	电工通用工具	验电笔，钢丝钳，螺钉旋具，电工刀，尖嘴钳，剥线钳，手电钻，活扳手，压接钳等	1
17	万用表	自定	1
18	绝缘电阻表	自定	1
19	钳形电流表	自定	1
20	劳保用品	绝缘鞋，工作服等	1

10.4.3 接触器按钮双重联锁正反转控制电路的安装工艺

工艺要求和安装步骤详见10.1节，绘制接线图如图10-12所示。

10.4.4 接触器按钮双重联锁正反转控制电路安装的注意事项

1）~9）同10.3节中的连续运行控制电路安装的注意事项。

10）起动电动机时，在按下起动按钮SB2的同时，必须按住停车按钮SB1，以保证万一出现事故时可立即按下SB1停车，以防止事故扩大。

11）通电试车时，合上电源开关QF，按下正转起动按钮SB2或反转起动按钮SB3，观察控制是否正常，并在按下SB2后再按下SB3，观察有无联锁作用。同时按下SB2和SB3

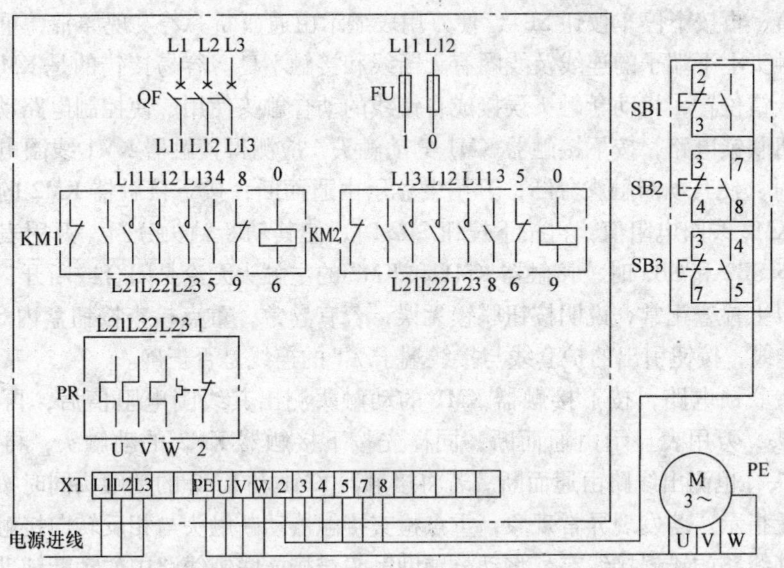

图 10-12　接触器按钮双重互锁正反转控制电路接线图

时，观察电动机运行情况。通电试车时必须有专人监护。

10.4.5　接触器按钮双重联锁正反转控制电路的检修方法

1. 检查线路

（1）检查主电路

断开电源开关 QF，取下熔体，断开控制电路，用万用表分别测量开关 QS 下端子 L11～L12、L11～L13、L12～L13 之间的电阻，应均为断路（R→∞）。若某次测量结果为短路（R→0），则说明所测两相之间的接线有短路现象，应仔细检查排除故障。

按下接触器 KM1 或 KM2 的动触头，检查辅助动合触头应闭合，辅助动断触头应断开，测量接触器线圈电阻。在接触器完好时，重复上述测量，用万用表应分别测得电动机两相绕组的阻值。若某次测量结果为断路（R→∞），则说明所测两相之间的接线有断路现象，应仔细检查，找出断路点，并排除故障。

检查电源换相通路，将万用表两只表笔分别接在 U～L11、V～L12、W～L13 的接线端子上，按下接触器 KM1 的动触头，测量结果为短路（R→0），若某次测量结果为断路（R→∞），则说明所测的接线有断路现象，应仔细检查，找出断路点，并排除故障。按下接触器 KM2 的动触头，重复上述测量，在 U～L11、W～L13 端子上测得电阻值为电动机 U 相绕组和 W 相绕组之间的电阻值。在 V～L12 端子上测量结果为短路（R→0）。

（2）检查控制电路

将万用表两只表笔分别接到 L21 和 L22 端子上进行以下检查。

检查起动、停止控制，分别按下接触器 KM1、KM2 的动触头，应测得接触器 KM1、KM2 的线圈电阻值，在按下接触器 KM1、KM2 的动触头的同时，再按下停车按钮 SB1，万用表应显示电路由通而断，说明起动、停止控制电路正常。

检查自锁电路，分别按下接触器 KM1、KM2 的动触头，应依次测得接触器 KM1、KM2

线圈的电阻值，再按下停车按钮 SB1，使万用表显示由通而断。若发现异常，重点检查接触器自锁线，触头上下端子的连线及线圈有无断线和接触不良。容易接错的是 KM1 和 KM2 的自锁线相互接错位置，将动断触头误接成自锁线的动合触头使用，使控制电路动作不正常。

检查按钮联锁电路，按下接触器 KM1 的动触头，应测得接触器 KM1 线圈电阻值，再按下按钮 SB3 时，使其动断触头分断，万用表显示由通而断；按下接触器 KM2 的动触头，应测得接触器 KM2 线圈电阻值，再按下按钮 SB2 时，使其动断触头分断，万用表显示由通而断；同时按下 SB2 和 SB3 时，接触器 KM1 和 KM2 的主触头无论是闭合或断开，万用表显示为开路。如以上检查正常，说明按钮联锁无误；若有异常，重点检查按钮盒内 SB1、SB2 和 SB3 之间的连线，按钮引出的护套线与接线端子 XT 的连线是否正确。

辅助触头联锁电路，按下接触器 KM1 的动触头测出其线圈电阻值后，再按下接触器 KM2 的动触头，万用表显示由通而断，同样先按下接触器 KM2 的动触头，再按下接触器 KM1 的动触头，也测出线路由通而断。若将接触器 KM1 和 KM2 的动触头同时按下，万用表显示为断路无指示。若发现异常现象，重点检查接触器动断触头与相反转向接触器线圈的连线。常见联锁线路的错误接线有：将动合辅助触头错接成联锁线路中的动断辅助触头；把接触器的联锁线错接到同一接触器的线圈端子上使用，引起联锁控制电路动作不正常。

检查过载保护环节，取下热继电器 FR 盖板，轻拨热元件自由端使其触头动作，应测得热继电器动断触头由通而断；动合触头由断至通，然后按下复位按钮使触头复位。

2. 试车

完成上述各项检查后，检查三相电源，将热继电器按电动机额定电流整定好，在有人监护下试车。

（1）空操作试验

拆掉电动机绕组的连接线，合上开关 QF 作以下试车。

1）起动、停车控制。按下 SB2，接触器 KM1 应立即动作并保持吸合状态，按下 SB1，接触器 KM1 应立即释放；再按下 SB3，接触器 KM2 应立即动作并保持吸合状态，按下 SB1，接触器 KM1 应立即释放。重复操作几次，检查线路的可靠性。

2）正反向联锁控制。按下 SB2 使接触器 KM1 通电动作，然后缓慢地轻按 SB3，KM1 应立即释放，继续将 SB3 按到底，接触器 KM2 应通电动作，再缓慢地轻按 SB2，KM2 应立即释放，继续将 SB2 按到底，KM1 又通电动作，应重复操作几次，检查联锁控制的可靠性。

3）检查辅助触头联锁。按下 SB2，接触器 KM1 线圈通电动作并自锁，再按下 SB3，接触器 KM1 释放后，接触器 KM2 线圈通电动作并自锁。接触器 KM1 动断触头对接触器 KM2 线圈有联锁作用，同样按下 SB3，接触器 KM2 线圈通电动作并自锁，再按下 SB2，接触器 KM2 释放后，接触器 KM1 动作，接触器 KM2 的动断辅助触头对接触器 KM1 线圈有联锁作用。反复操作几次，检查联锁控制线路的可靠性。

（2）带负载试车

断开电源，接上电动机引出线，合上开关 QS。

1）正反向控制。按下 SB2 使电动机正向起动，注意电动机运行时有无异常响声；按下 SB1 使 KM1 线圈断电释放，电动机断电，待电动机停止转动后，再按下 SB3 使电动机反向起动，并注意电动机的转向应与上次操作运行的方向相反，按下 SB1，KM2 线圈断电释放，电动机断电停止运行。

2）联锁控制。按下 SB2 使电动机正向运行。待电动机达到正常转速后再按下 SB3 电动机应立即反向起动运行，当电动机达到正常转速后再次按下 SB2，观察电动机和控制电路的动作可靠性，但不能频繁操作，而且要待电动机转速正常后再作换向操作，以防止接触器燃弧或电动机过载发热。

如果同时按下 SB2 和 SB3，KM1 和 KM2 均不会通电动作。

10.5　电动机减压起动控制电路的安装与维修

电动机采用全压直接起动时，其起动电流一般为额定电流的 4～7 倍。常用的减压起动方法有四种：定子绕组串联电阻减压起动；Y—△减压起动；自耦补偿减压起动；延边△减压起动。

10.5.1　工作原理

1. 定子绕组串联电阻减压起动电路

定子绕组串联电阻减压起动电路如图 10-13 所示。主电路由转换开关 QS、熔断器 FU1、接触器 KM1 和 KM2 主触头、电阻 R、热继电器 FR、电动机 M 组成；控制电路由熔断器 FU2、热继电器 FR 动断触头、停车按钮 SB1 动断触头、起动按钮 SB2 动合触头、时间继电器 KT 线圈及延时闭合动合触头、接触器 KM1 和 KM2 线圈及辅助动合、动断触头组成。图 10-13 中串联电阻 R 是为了限制电动机 M 的起动电流。

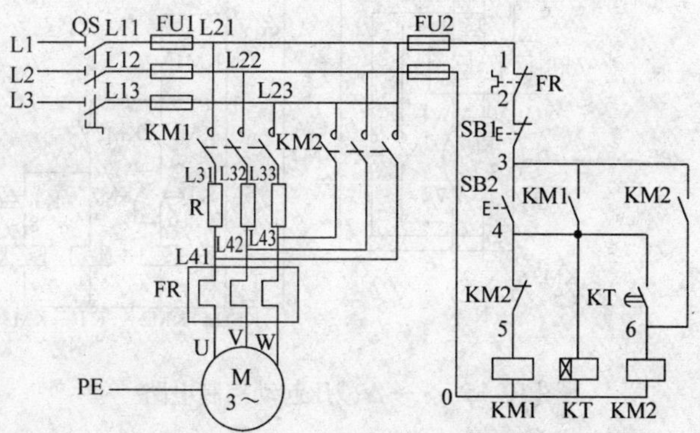

图 10-13　定子绕组串联电阻减压起动控制电路

电路工作原理如下：合上电源总开关 QS，按下起动按钮 SB2，接触器 KM1 线圈通电自锁，电动机 M 串联电阻减压起动。同时时间继电器 KT 线圈得电吸合并开始计时，当电动机 M 的转速上升到一定值时，KT 延时时间到，接在 4 号线至 6 号线间的 KT 延时闭合动合触头闭合，接通 KM2 线圈的电源，接触器 KM2 线圈通电自锁，其主触头将限流电阻 R 短接，电动机 M 全压运转。同时，串联在 KM1 线圈回路 4 号线至 5 号线间的 KM2 动断触头断开，使接触器 KM1 和时间继电器 KT 断电，从而延长了接触器 KM1 和时间继电器 KT 的使用寿命，节省了电能，提高了电路的可靠性。停车时，按下停车按钮 SB1，线圈 KM2 断电释放，电动机 M 停转。

2. ㄚ—△减压起动控制电路

ㄚ—△减压起动控制电路是在电动机起动时将定子绕组接成星形，每相绕组承受的电压为电源的相电压（220V），随着电动机转速的升高，待起动结束后再将定子绕组换接成△联结，每相绕组承受的电压为电源线电压（380V），此时电动机进入额定电压下正常运行。即电动机绕组在接成三角形时，其每相绕组所承受的电压值为接成星形时的1.73（即$\sqrt{3}$）倍，其所通过的电流值也为接成星形时的3倍。与其他减压起动方法相比，ㄚ—△减压起动投资少，线路简单，但其起动转矩特性差，因此只适用于轻载或空载起动的场合。凡是正常运行时定子绕组接成三角形的笼型异步电动机，均可采用这种减压起动方法。图10-14所示为电动机定子绕组星形和三角形联结原理图。

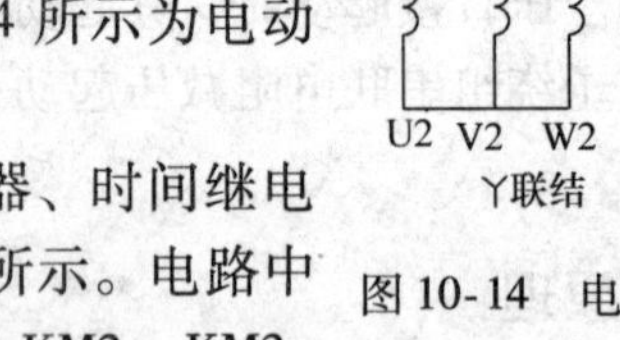

图10-14 电动机定子绕组星形和三角形联结原理图

ㄚ—△减压起动电路中应用最广的是用接触器、时间继电器组成的自动控制方式，其控制电路如图10-15所示。电路中除有熔断器、热元件外，还有三个接触器KM1、KM2、KM3。其中KM1为电源接触器，用于通断主电路，KM3和KM2分别为控制接触器和运行接触器。当KM3吸合时电动机为ㄚ联结，实现减压起动，KM2在起动结束后吸合，电动机为△联结，实现正常运行。其工作原理如下：

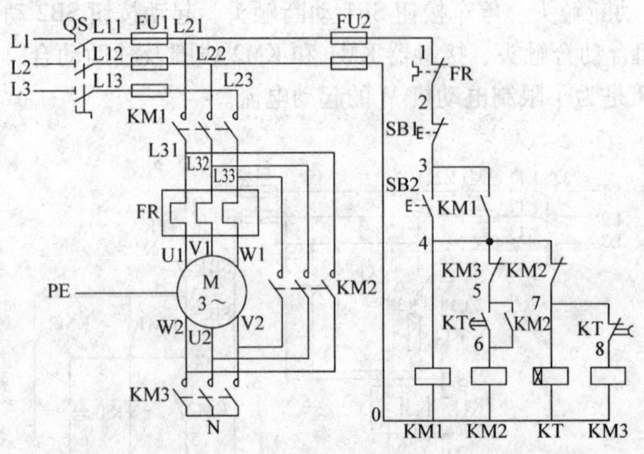

图10-15 ㄚ—△减压起动控制电路

合上电源开关QS后，按下起动按钮SB2，接触器KM1、时间继电器KT、接触器KM3线圈通电吸合。KM1在3号线至4号线间的动合触头闭合自锁，接触器KM1、KM3主触头将电动机M绕组接成星形减压起动。同时，接触器KM3在4号线至5号线间的动断触头断开，切断接触器KM2线圈回路电源，使得在接触器KM3吸合时，接触器KM2不能吸合。经过一定时间后电动机转速升高至一定值时，电动机电流下降，时间继电器KT延时达到整定值，其在5号线至6号线之间延时闭合动合触头闭合，在7号线至8号线之间延时断开动断触头断开，切断接触器KM3线圈回路的电源，接触器KM3失电释放，同时KM3在4号线至5号线之间的动断触头复位闭合，接通接触器KM2线圈回路电源，接触器KM2线圈通电吸合自锁，其主触头与接触器KM1主触头将电动机M绕组接成三角形全压运行。而接触器KM2在4号线至7号线间的动断触头断开，切断时间继电器KT和接触器KM3线圈的电源通路，时间继电器 KT 失电释放，并保障在接触器 KM2 吸合时接触器 KM3 不能吸合。利用 KM2 的动断触头断开 KT 线圈的电源，使 KT 退出运行，这样可延长时间继电器的寿命并节约电能。停车时按下 SB1 停车按钮，接触器 KM1、KM2 的线圈相继断电释放，电动机 M 停转。

10.5.2　准备器材

1）熟悉线路所用电气元器件及作用和线路的工作原理，正确选配电气元器件见表 10-4。

2）调整热继电器的整定电流值和时间继电器的整定时间。

表 10-4　电气元器件及部分电工器材、仪表明细表

序号	名　称	型号与规格	数量
1	三相异步电动机	Y132MS－4，5.5kW，380V，11.6A，△联结，1440r/min	1
2	组合开关	HZ8－25/3	1
3	熔断器及熔芯配套	RT18－32/25	3
4	熔断器及熔芯配套	RT18－32/2	2
5	接触器	CJ8－20，线圈电压 380V	3
6	时间继电器	JS7－2A 线圈电压 380V	1
7	热继电器	JR16－20/3，整定电流 11.6A	1
8	三联按钮	LA8－3H 或 LA4－3H	1
9	端子排	JX2－815，380V，8A，15 节	1
10	主电路导线	BVR－1.5mm^2	若干
11	控制电路导线	BVR－1.0mm^2	若干
12	按钮线	BVR－0.75mm^2	若干
13	接地线	BVR－1.5mm^2	若干
14	走线槽	18mm×25mm	若干
15	控制板	500mm×450mm×20mm	1
16	异型编码套管	ϕ3.5mm	若干
17	电工通用工具	验电笔，钢丝钳，螺钉旋具，电工刀，尖嘴钳，剥线钳，手电钻，活扳手，压接钳等	1
18	万用表	自定	1
19	绝缘电阻表	自定	1
20	钳形电流表	自定	1
21	劳保用品	绝缘鞋，工作服等	1

10.5.3　Y—△减压起动控制电路的安装工艺

工艺要求和安装步骤详见 10.1 节，绘制接线图，如图 10-16 所示。

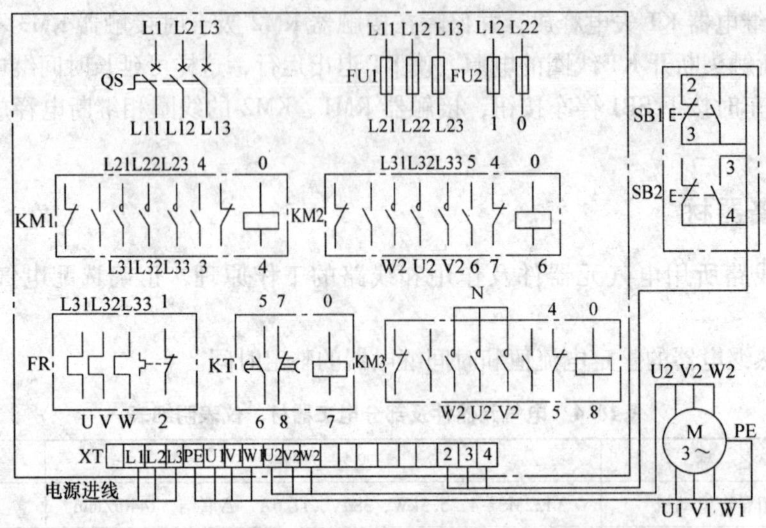

图 10-16 Y—△减压起动控制电路接线图

10.5.4 Y—△减压起动控制电路安装的注意事项

1）~9）同 10.3 节中的点动与连续运行控制电路安装的注意事项。

10）Y—△减压起动的电动机必须有 6 个出线端子，且定子绕组在△联结时的额定电压等于三相电源线电压。

11）时间继电器和热继电器的整定值，应在不通电时预先整定好，并在试车时校正。

12）时间继电器的安装位置，必须使时间继电器断电后，动铁心释放时的运动方向垂直向下。

13）接线时要保证电动机△联结的正确性，即接触器 KM2 主触头闭合时，应保证定子绕组的 U1 与 W2、V1 与 U2、W1 与 V2 相连接。

14）接触器 KM3 的进线必须从三相定子绕组的末端引入，若误将其从首端引入，则在 KM3 吸合时，会产生三相电源短路事故。

15）在通电试车时，应根据Y—△减压起动控制电路的控制要求进行独立校验，如果出现故障应能自行排除，必须有专人监护。

10.5.5 Y—△减压起动控制电路的检修

1. 检查线路

（1）检查主电路

取下 FU2 熔体，断开控制电路，装好 FU1 熔体，用万用表分别测量开关 QS 下端子 L11 ~ L12、L11 ~ L13、L12 ~ L13 之间的电阻，应均为断路（R→∞）。若某次测量结果为短路（R→0），这说明所测两相之间的接线有短路现象，应仔细检查排除故障。

星形起动电路，同时按下接触器 KM1 和 KM3 的动触头，重复上述测量，用万用表应分别测得电动机各相绕组的值。若某次测量结果为断路（R→∞），这说明所测两相之间的接线有断路现象，应仔细检查，找出断路点，并排除故障。

三角形运行电路，同时按下接触器 KM1 和 KM2 的动触头，重复上述测量，用万用表应分别测得电动机两相绕组串联后再与第三相绕组并联的电阻值。

（2）检查控制电路

装好 FU2 熔体，将万用表表笔接到 L21、L22 处进行以下检查：

1）起动联锁控制电路。按下起动按扭 SB2，测出 KM1、KT 和 KM3 三个线圈的并联电阻值；按下接触器 KM1 的动触头，使其动合触头闭合，也应测出 KM1、KT 和 KM3 三个线圈的并联电阻值；同时按下接触器 KM1 和 KM2 的动触头，使其动合触头闭合，动断触头分断，应测出 KM1 和 KM2 两个线圈的并联电阻值。同时按下接触器 KM1、KM2 和 KM3 的动触头，使其动合触头闭合，动断触头分断，应测出 KM1 线圈的电阻值。

2）KT 的控制作用。按下起动按扭 SB2，测出 KM1、KT 和 KM3 三个线圈的并联电阻值，再按住 KT 电磁机构的衔铁，等到 KT 的延时断开动断触头分断切除 KM3 的线圈，应测出电阻值增大。

2. 试车

检查三相电源，将热继电器按电动机的额定电流整定好，在一人操作一人监护下进行试车。

（1）空操作试验

拆掉电动机绕组的连线，合上开关 QS。按下起动按钮 SB2，KM1、KM3 和 KT 线圈应同时通电动作，待 KT 的延时断开触头分断后，KM3 断电释放，同时 KT 的延时闭合触头接通，KM2 线圈通电动作，KM2 动断触头分断，KM3 和 KT 退出运行。按下停车按钮 SB1、KM1 和 KM2 同时释放。重复操作几次，检查线路动作的可靠性。

（2）带负载试车

断开电源，恢复电动机连接线，并作好停车准备，合上开关 QS，接通电源。按下起动按钮 SB2，电动机通电起动，应注意电动机运行的声音，待几秒后线路转换，观察电动机是否全压运行转速达到额定值。若Y—△转换时间不合适，可调节 KT 的针阀，使延时转换时间更准确。如电动机运行时发现异常现象，应立即停车检查后，再投入运行。

参考文献

[1] 赵承荻．维修电工技能训练［M］．北京：中国劳动社会保障出版社，2001.
[2] 劳动部培训司．维修电工生产实习［M］.2 版．北京：中国劳动出版社，1994.
[3] 袁维义．电工技能实训［M］．北京：电子工业出版社，2003.
[4] 马高原，兰家福．维修电工技能训练［M］．北京：机械工业出版社，2004.
[5] 谈文华．电工安全技术考核［M］．北京：机械工业出版社，2005.
[6] 刘亚霞，蓝波．维修电工操作实践［M］．北京：中国电力出版社，2006.
[7] 刘法治．电力线路操作实训［M］．北京：化学工业出版社，2006.
[8] 邓金福．机电设备维修电工［M］．北京：中国电力出版社，2006.
[9] 李保宏．常用电工电路解易通［M］．北京：人民邮电出版社，2006.
[10] 张志远．维修电工技能培训与鉴定考试用书［M］．济南：山东科学技术出版社，2006.
[11] 王兰君，张景皓．电工实用技术巧学巧用［M］．北京：电子工业出版社，2006.
[12] 李建国．电工常用电气线路［M］．北京：化学工业出版社，2007.
[13] 黄海平．常用电气线路 290 例［M］．北京：科学出版社，2007.
[14] 君兰工作室．电工操作实用技术［M］．北京：科学出版社，2007.
[15] 郑凤翼．电工电路［M］．北京：人民邮电出版社，2008.
[16] 王兆晶．维修电工技能［M］．北京：机械工业出版社，2008.
[17] 陈家斌．维修电工现场实用技术［M］．郑州：河南科学技术出版社，2008.
[18] 黄海平，姜辉，谢振虎．电工操作技能与维修技巧［M］．郑州：河南科学技术出版社，2008.
[19] 刘法治．新编维修电工操作技术［M］．北京：机械工业出版社，2010.
[20] 陈海波，等．电工入门一点通［M］．北京：机械工业出版社，2010.
[21] 王德胜，韩红彪．电气控制系统设计［M］．北京：电子工业出版社，2011.

电工电子技能培训大讲堂

序号	书　名	书　号	定价	出版时间	条形码
1	电工技能学用速成（第2版）	35019-4	30	201108	9787111350194
2	图表速学电工技能	29739-0	29.8	201005	9787111297390
3	电工安全一点通	28552-6	19	201004	9787111285526
4	常见电气故障快速诊断与维修	28593-9	25	201004	9787111285939
5	电子元器件选用快速入门	28610-3	18	201109	9787111286103
6	电子元器件的选用与检测即学即用	29095-7	45	201005	9787111290957
7	常见电子元器件使用技巧	28589-2	27	201004	9787111285892
8	新编实用电子电路208例	29079-7	25	201008	9787111290797
9	电工电子工具与仪表速培教程	29013-1	16	201103	9787111290131
10	常用电器检测方法与拆修技能速训	29099-5	18	201005	9787111290995
11	常用电器易损件检测与换修技能快速入门	29100-8	16	201006	9787111291008
12	家用电器检测与维修技术	28669-1	29	201004	9787111286691
13	家用电器单元电路识图与故障分析	28670-7	22	201006	9787111286707
14	电动自行车维修入门精要与速修技巧（第2版）	37073-4	26	201203	9787111370734
15	显像管检测与再生技能短训教程（第2版）	33807-9	25	201105	9787111338079
16	高新空调器故障代码含义速查速用宝典	33085-1	49.8	201103	9787111330851
17	空调器原理与维修即学即用	28642-4	19	201009	9787111286424
18	微波炉维修入门精要与速修技巧	30220-9	20	201006	9787111302209
19	手机维修入门精要与速修技巧（第2版）	37074-1	28	201203	9787111370741

电工电子维修技术初学丛书

序号	书　名	书　号	定价	出版时间	条形码
1	商用电磁炉微波炉维修技术初学问答	28178-8	38	200910	9787111281788
2	电磁炉维修技术初学问答	20704-7	20	200806	9787111207047
3	微波炉维修技术初学问答	23531-6	29.8	200902	9787111235316
4	新型厨卫电器实用与维修技术初学问答	26713-3	45	200906	9787111267133
5	全自动洗衣机使用与维修技术初学问答	25036-4	30	200904	9787111250364
6	新型手机使用与维修技术初学问答	24379-3	39	200808	9787111243793

维修一线丛书

序号	书　名	书　号	定价	出版时间	条形码
1	数字电视机顶盒维修一线资料速查速用	37324-7		201203	
2	液晶电视维修一线资料速查速用	36938-7		201203	
3	小家电维修一线资料速查速用（第2版）	36655-3	49.8	201201	9787111366553
4	变频空调器维修一线资料速查速用	35995-1	39.8	201201	9787111359951
5	空调器维修一线资料速查速用（第2版）	31399-1	47	201011	9787111313991
6	电动车维修一线资料速查速用（第2版）	35398-0	39.8	201110	9787111353980
7	彩电维修一线资料速查速用（第2版）	33792-8	59.8	201106	9787111337928
8	汽车电器维修一线资料速查速用	33696-9	49.8	201105	9787111336969
9	电磁炉维修一线资料速查速用（第2版）	33082-0	49.8	201104	9787111330820

10	液晶显示器维修一线资料速查速用	33039-4	49.8	201104	
11	开关电源维修一线资料速查速用（第2版）	31824-8	49	201101	
12	电冰箱维修一线资料速查速用	31192-8	38	201010	
13	新型洗衣机维修一线资料速查速用	29096-4	38	201001	
14	手机维修一线资料速查速用	24051-8	45	200905	

轻轻松松学电工系列

序号	书　名	书　号	定价	出版时间	条形码
1	电焊工从业上岗一本通	37118-2		201203	
2	维修电工从业上岗一本通	36861-8	29.8	201202	
3	零起点学维修电工技术	36361-3	30	201202	
4	电工技能随身读	35768-1	28	201111	
5	图说电工识图入门	35631-8	29.8	201110	
6	图说万用表使用入门	35279-2	33	201111	
7	图说电工实用技能入门	34722-4	39.8	201108	
8	常用电工技能一本通	34515-2	29.8	201107	
9	常用电动工具使用维护修理速成	34771-2	49.8	201107	
10	从零开始学电工	30676-4	39.8	201107	
11	电工检修一点通	30304-6	26	201106	
12	电工入门一点通	30405-0	28	201201	
13	诗画学电工	29776-5	26	201102	
14	怎样做一名合格的电工（第2版）	29415-3	40	201003	
15	电工技能快速入门	27400-1	28	201003	
16	电工实习教程	23264-3	29.5	201201	
17	电类课程实操技能训练教程	23270-4	26	200802	
18	维修电工职业技能鉴定、操作技能试题精编	27564-0	30	200909	
19	电工安全操作禁忌实例	24378-6	18	200808	
20	电气接地、接零安全安装方法与技巧	20275-2	15	200902	